普通高等教育"十一五"国家级规划教材
普通高等教育电气工程与自动化类系列教材

电机及拖动基础

上　册

第 5 版

合肥工业大学　　张晓江　顾绳谷　主　编
　　　　　　　　唐海源　姚守猷　副主编

机械工业出版社

全书分为上、下两册，包括"电机学"和"电力拖动基础"两门课程的主要内容。本书为上册，主要为电机部分，体系仍参照首版，本着"电机理论"为"电力拖动"构建基础理论和专业知识平台的主旨，以电动机为切入点，并做了修订和增删。内容顺序为：磁路，直流电机，变压器，异步电机，同步电机，控制电机，附录以及电机实验等。电机的基本理论中，有些值得深思却又被遗漏的理论性问题，择要增写成附录，以供读者探索。本书是修订版第 5 版，内容有所增删，部分内容做了调整，增加了附录 G、电机教学基本实验，对直线异步电动机一节做了充实。另附有部分习题参考答案。

本书配套有电子课件，并且单独出版了《电机及拖动基础实验》以及《电机及拖动基础习题解答与学习指导》。

本书可作为高校本科自动化、电气工程及其自动化等专业的教材，也可以作为电气类或与自动化类其他专业有关课程以及"运动控制"课程的基础教材，对广大工程技术人员也有重要的参考价值。

本书配套资源可登录 www.cmpedu.com 注册下载。

图书在版编目(CIP)数据

电机及拖动基础．上册/张晓江，顾绳谷主编. —5 版. —北京：机械工业出版社，2016.11（2025.6 重印）

普通高等教育"十一五"国家级规划教材 普通高等教育电气工程与自动化类系列教材

ISBN 978-7-111-54604-7

Ⅰ. ①电… Ⅱ. ①张…②顾… Ⅲ. ①电机—高等学校—教材②电力传动—高等学校—教材 Ⅳ. ①TM3②TM921

中国版本图书馆 CIP 数据核字(2016)第 195504 号

机械工业出版社（北京市百万庄大街 22 号 邮政编码 100037）
策划编辑：王雅新 责任编辑：王雅新 张利萍 刘丽敏
责任校对：佟瑞鑫 封面设计：马精明
责任印制：张 博
三河市宏达印刷有限公司印刷
2025 年 6 月第 5 版第 17 次印刷
184mm×260mm・19.25 印张・439 千字
标准书号：ISBN 978-7-111-54604-7
定价：59.80 元

电话服务 网络服务
客服电话：010-88361066 机 工 官 网：www.cmpbook.com
010-88379833 机 工 官 博：weibo.com/cmp1952
010-68326294 金 书 网：www.golden-book.com
封底无防伪标均为盗版 机工教育服务网：www.cmpedu.com

前　　言

本书的第 1 版（上、下册）于 1980 年问世，1982 年获机械工业出版社三十周年优秀图书一等奖；1988 年获全国机电类优秀教材二等奖。第 1 版在经过全国高校选用十余年后，进行了修订，于 1997 年出版了第 2 版，并被列为全国普通高等教育自动化专业的规划教材。2004 年 1 月本书经过进一步修订后，作为"21 世纪普通高等教育规划教材"，出版了第 3 版。第 3 版获得机械工业出版社 2004 年度科技进步二等奖。本书经过再次修订，2009 年 1 月出版了第 4 版，与第 3 版相比较，第 4 版内容有所增删，部分内容做了调整。第 4 版由教育部批准为"普通高等教育'十一五'国家级规划教材"。三十多年来，本书受到全国众多高校老师和同学的欢迎，选作教材使用，受到广泛好评。

为推动制造业高端化、智能化、绿色化发展，本书在 2023 年重印时，在相关章节融入了党的二十大报告的内容。

为了便于组织教学，这次第 5 版在修订时仍将"电机"及"电力拖动"两部分内容相对集中，分别安排在上、下两册中。

上册在第 4 版的基础上，内容做了适当的调整。第 5 版的修改主要本着结合专业特点和适当兼顾电机学科体系的原则进行，以所谓传统四大电机加控制电机作为总体安排，仍以拖动系统中的主要元件——交、直流电机为主要分析对象。整体内容有所增加，部分内容做了调整，第五章中直线异步电动机一节做了充实。增加了附录 G"两相异步电动机的不对称运行"。七个附录（附录 A、B、C、D、E、F、G）旨在使读者在解读之后，能粗略地了解电机学科在历来的理论分析上的两种基本分析方法，合成磁场理论法与动态耦合电路法，两者各有优点，又有"异曲同工"之妙（附录 C），以及两相异步电动机不对称运行时的分析方法（附录 G）。继而使读者又可认识到现有四大类电机均有"优势"与不足之处。进入 20 世纪 80 年代后，电机学科经过与电力电子学科的交叉与渗透，衍生出了一种调速特性良好的"电子控制电动机"，或称"自控式同步电动机"或"无换向器电动机"（第六章第二节详述）。与此同时，经众多学者努力探索和求真，初步揭示了电机中机电能量转换"之所以然"之谜（附录 E、附录 F）。在"回顾与展望"中，向读者展示了电机学科的广阔前景。

第 5 版下册中删除了一些过时的电机起动、调速方法；增加了近年来在工业领域广泛使用的直流电机 PWM 调速方式，软起动器-三相异步电动机组合、变频器-三相异步电动机组合等内容；作为应用实例，简要介绍了近年来高速发展的高铁动车组列车牵引电机系统的工作原理；有关 MATLAB/Power System Blockset 用于电力拖动系统的内容也得到进一步充实；还增加了涵盖电力拖动主要内容的教学参考实验，可供不同院校参考（注：带"*"的章节为选读内容）。

本书采用的常用文字符号和图形符号均已参照我国现行国家标准，在第 5 版（上、下册）中，分别列表，进一步统一了符号。

本书可以作为高校本科自动化、电气工程及其自动化等专业的教材，也可以作为电气类或自动化类其他专业有关课程及"运动控制"课程的基础教材，对工程技术人员也有重要的参考价值。本书上、下册均附有部分习题的参考答案。

与本书配套，已经出版了《电机及拖动基础习题解答与学习指导》和《电机及拖动基础实验》两本教材。

本书第 5 版由合肥工业大学张晓江、顾绳谷主编，唐海源、姚守猷为副主编。上册由唐海源（除第五章第八节、附录 G 外）编写和修订，中山大学陈鸣编写了上册第五章第八节及附录 G；下册由张晓江编写和修订。

由于作者水平有限，谬误之处在所难免，欢迎广大读者不吝赐教。对在本书编写和出版过程中提出过意见、建议和帮助的同志表示衷心感谢。

为了配合课堂教学，本书上、下册均配有电子课件，欢迎使用本书作为教材的老师登录 www.cmpedu.com 注册下载。

编　者

目　　录

前　言
上册常用符号表
绪　言 ………………………………………… 1
第一章　磁路 ……………………………… 6
第一节　磁路的基本定律 ……………………… 6
第二节　常用的铁磁材料及其特性 …………… 10
第三节　直流磁路的计算 ……………………… 14
第四节　交流磁路的特点 ……………………… 16
小结 ……………………………………………… 16
习题 ……………………………………………… 17
第二章　直流电机 ………………………… 19
第一节　直流电机的工作原理及结构 ………… 19
第二节　直流电机的铭牌数据 ………………… 24
第三节　直流电机的绕组 ……………………… 25
第四节　直流电机的励磁方式及磁场 ………… 32
第五节　感应电动势和电磁转矩的计算 ……… 37
第六节　直流电机的运行原理 ………………… 40
第七节　直流电机的换向 ……………………… 51
小结 ……………………………………………… 55
习题 ……………………………………………… 56
第三章　变压器 …………………………… 59
第一节　变压器的工作原理、分类及结构 …… 59
第二节　单相变压器的空载运行 ……………… 64
第三节　单相变压器的基本方程式 …………… 68
第四节　变压器的等效电路及相量图 ………… 70
第五节　等效电路的参数测定 ………………… 74
第六节　三相变压器 …………………………… 76
第七节　变压器的稳态运行 …………………… 82
第八节　自耦变压器与互感器 ………………… 87
小结 ……………………………………………… 90
习题 ……………………………………………… 92
第四章　异步电机（一）——三相异步电动机的基本原理 ………… 94
第一节　三相异步电动机的工作原理及结构 ………………………………………… 94
第二节　三相异步电动机的铭牌数据 ……… 101
第三节　三相异步电动机的定子绕组 ……… 101
第四节　三相异步电动机的定子磁动势及磁场 ……………………………………… 109
第五节　三相异步电动机定子绕组的电动势 ……………………………………… 122
小结 …………………………………………… 127
习题 …………………………………………… 128
第五章　异步电机（二）——三相异步电动机的运行原理及单相异步电动机 ………… 130
第一节　三相异步电动机运行时的电磁过程 ……………………………………… 130
第二节　三相异步电动机的等效电路及相量图 …………………………………… 138
第三节　三相异步电动机的功率和转矩 …… 146
第四节　三相异步电动机的工作特性及其测取方法 ……………………………… 150
第五节　三相异步电动机参数的测定 ……… 153
第六节　三相异步电动机的转矩与转差率的关系 ………………………………… 155
第七节　单相异步电动机 …………………… 156
第八节　直线异步电动机 …………………… 162
小结 …………………………………………… 165
习题 …………………………………………… 166
第六章　同步电机 ………………………… 168
第一节　三相同步电动机 …………………… 168
第二节　自控式同步电动机——无换向器电动机 ………………………………… 180
第三节　其他同步电动机 …………………… 187
小结 …………………………………………… 191
习题 …………………………………………… 192
第七章　控制电机 ………………………… 193
第一节　伺服电动机 ………………………… 193
第二节　测速发电机 ………………………… 200

V

第三节　自整角机 ·················· 205
第四节　旋转变压器 ················ 210
第五节　力矩电动机 ················ 214
小结 ···································· 215
习题 ···································· 216
附录 ································· 218
附录 A　小型单相变压器的计算 ······· 218
附录 B　变压器的瞬变过程 ············ 223
附录 C　用耦合电路法导出电机稳态运行时的电动势平衡方程式 ········ 226

附录 D　同步电动机的小振荡 ········· 237
附录 E　机电能量转换简述 ············ 241
附录 F　就耦合场中磁能变化，试探机电能量转换之端倪——附录 E 之补充 ····························· 245
附录 G　两相异步电动机的不对称运行 ································· 247
附录 H　电机教学基本实验 ············ 253
上册部分习题参考答案 ··················· 294
参考文献 ······································ 295

上册常用符号表

A	A 相	F_m	异步电机的励磁磁动势
A	面积；线负荷	F_{ad}	直轴电枢磁动势
a	a 相	F_{aq}	交轴电枢磁动势
a	交流绕组的并联支路数；直流电枢绕组的并联支路对数	$F_{\phi 1}$	单相绕组的基波磁动势
		$F_{\varphi\nu}$	单相绕组的 ν 次谐波磁动势
B	B 相	F_{y1}	一个整矩线圈的基波磁动势
B	磁通密度	F_{q1}	q 个线圈的基波合成磁动势
B_δ	气隙磁通密度	$F_{q\nu}$	q 个线圈的谐波磁动势
B_{ad}	直轴电枢磁场磁通密度	f	频率
B_{aq}	交轴电枢磁场磁通密度	f_1	异步电动机定子频率
C	C 相	f_2	异步电动机转子频率
C	电容	f_ν	ν 次谐波频率
C_T	转矩常数	H	磁场强度
C_e	电动势常数	H_δ	气隙磁场强度
D_a	电枢外径	i	电流的瞬时值
E	电动势（交流表示有效值）	I	电流（交流表示有效值）；同步电机的电枢电流；直流电机的线路电流
E_ϕ	相电动势		
E_0	空载电动势，励磁电动势		
E_1	变压器一次绕组（电机定子绕组）由主磁通感应的电动势有效值	I_a	直流电机的电枢电流
		I_m	交流励磁电流
		I_f	直流励磁电流
E_2	变压器二次绕组（电机转子绕组）由主磁通感应的电动势有效值	I_μ	励磁电流中的无功分量
		I_N	额定电流
		I_0	空载电流
E_2'	E_2 的归算值	I_k	短路电流；堵转电流
E_q	q 个线圈的合成电动势	I_1	变压器一次电流；异步电机定子电流
e	电动势的瞬时值		
e_x	换向时的电抗电动势	I_2	变压器二次电流；异步电机转子电流
e_a	换向时的电枢反应电动势		
F	磁动势，力	I_2'	I_2 的归算值
F_a	电枢磁动势	K	换向片数

k	变压器的电压比	p_{Cu}	铜耗
k_i	异步电动机的电流比	p_{Fe}	铁耗
k_e	异步电动机的电动势比	p_Δ	杂散损耗
k_{q1}	基波分布因数	p_{mech}	机械损耗
k_{y1}	基波节距因数	p_k	负载损耗
k_{w1}	基波绕组因数	Q	槽数
$k_{q\nu}$	ν 次谐波的分布因数	q	每极每相槽数
$k_{y\nu}$	ν 次谐波的节距因数	R	电阻
$k_{w\nu}$	ν 次谐波的绕组因数	R_m	励磁电阻；磁阻
L	自感	R_1	变压器一次绕组（感应电机定子）电阻
$L_{1\sigma}$	变压器一次绕组（感应电机定子）的漏磁电感	R_2	变压器二次绕组（感应电机转子）电阻
$L_{2\sigma}$	变压器二次绕组（感应电机转子）的漏磁电感	R_2'	R_2 的归算值
l	长度	R_f	励磁绕组电阻
M	互感	R_a	电枢电阻
m_1	交流电机定子相数	R_k	变压器（异步电机）的短路电阻
m_2	异步电机转子相数	S	视在功率
N	每相串联匝数	S_N	额定视在功率
N_y	每个线圈的匝数	s	转差率
n	转子转速	s_N	额定转差率
n_N	额定转速	s_m	最大转矩时的转差率
n_0	空载转速	T	转矩
n_s	同步转速	T_c	换向周期
n_ν	ν 次谐波旋转磁场的转速	T_N	额定转矩
Δn	转速差	T_k	堵转转矩
P	功率	T_0	空载转矩
P_N	额定功率	T_e	电磁转矩
P_e	电磁功率	T_{max}	最大转矩
P_{mech}	机械功率	T_2	负载转矩
P_k	堵转功率；短路功率	t	时间
P_1	输入功率	U	电压（交流表示有效值）
P_2	输出功率	U_N	额定电压
P_0	空载功率	U_ϕ	相电压
p	损耗；极对数	U_1	电源电压；定子端电压
		U_0	空载电压；零序电压

U_k	短路电压；堵转电压	$Z'_{2\sigma}$	$Z_{2\sigma}$ 的归算值
u	电压的瞬时值	Δu	电压调整率
$2\Delta u_s$	每对电刷的电压降	α	角度；相邻两槽间的电角度
W	功；能	β	负载系数
W_m	磁场能量	δ	气隙；功率角
W_e	电能	ε	小数；短距角
X	电抗	η	效率
X_a	电枢反应电抗	η_N	额定效率
X_{ad}	直轴电枢反应电抗	η_{max}	最大效率
X_{aq}	交轴电枢反应电抗	θ	角度；功率角
X_σ	定子漏抗	Λ	磁导
X_t	同步电抗	Λ_σ	漏磁导
X_d	直轴同步电抗	λ	单位面积的磁导
X_q	交轴同步电抗	μ	磁导率
X_m	励磁电抗	μ_0	空气磁导率
X_k	短路电抗	μ_{Fe}	铁心磁导率
$X_{1\sigma}$	变压器一次绕组（感应电机定子）漏抗	ν	谐波次数
		τ	极距
$X_{2\sigma}$	变压器二次绕组（感应电机转子）漏抗	Φ	磁通量
		Φ_0	空载磁通；同步电机的主磁通
$X'_{2\sigma}$	$X_{2\sigma}$ 的归算值	Φ_m	变压器或异步电机的主磁通
X'_d	直轴瞬态电抗	Φ_σ	漏磁通
y	绕组合成节距	Φ_{ad}	直轴电枢反应磁通
y_1	线圈节距	Φ_{aq}	交轴电枢反应磁通
y_c	换向器节距	Φ_ν	ν 次谐波磁通
Z	阻抗；电枢导体数	ϕ	磁通量的瞬时值
Z_m	励磁阻抗	φ	相角；功率因数角
Z_k	短路阻抗	ψ	磁链；内功率因数角
$Z_{1\sigma}$	变压器一次绕组（感应电机定子）漏阻抗	Ω	转子的机械角速度
		Ω_s	同步机械角速度
$Z_{2\sigma}$	变压器二次绕组（感应电机定子）漏阻抗	ω	角频率；电角速度

绪　　言

一、电机及电力拖动技术的发展概况

电能是现代大量使用的一种能量形式。这种能量形式有许多优点，如生产和变换比较经济、传输和分配比较容易、使用和控制比较方便等。人类自从使用了电能，便从繁重的体力劳动中得到了解放，劳动生产率大大提高，并能完成手工劳动不易或不能完成的生产任务。电能已成为国民经济各部门中动力的主要来源。

电能的生产、变换、传输、分配、使用和控制等，都必须利用电机作为能量转换或信号变换的机电装置。在电力工业中，发电机和变压器是电站和变电所中的主要设备。在工业企业中，大量应用电动机作为原动机去拖动各种生产机械。如在机械工业、冶金工业、化学工业中，机床、挖掘机械、轧钢机、起重机械、抽水机、鼓风机等都要用大大小小的电动机来拖动；在自动控制技术中，各式各样的小巧灵敏的控制电机作为检测、放大、执行和解算元件被广泛应用。

新中国第一台水轮发电机组

不论是旋转电机的能量转换，还是控制电机的信号变换，都是通过电磁感应作用而实现的，因此分析电机内部的电磁过程及其所表现的特性时，要应用有关电磁学的规律，如基尔霍夫第一、第二定律、全电流定律、电磁感应定律和电磁力定律等。但是，电机毕竟是一种机械，除电磁规律以外，还涉及结构、工艺、材料等方面的问题，所以电机在拖动系统中是一种综合性的装置或元件。

电机的发明至今已有180多年的历史，其发展大体上可以分成三个时期：①直流电机的产生和形成；②交流电机的形成；③电机理论、设计和制造工艺逐步达到完善。

电机是随着生产发展而产生和发展的，到19世纪末，各种交、直流电机的基本类型及其基本理论和设计方法，大体上都已经建立起来了，而电机的发展反过来又促进社会生产力的不断提高。以前，电机的发展过程是由诞生到在工业上初步应用、各种电机的初步定型以及电机理论和电机设计计算的建立和发展。在由电气化时代进入原子能、计算机及自动化时代的今天，不仅对电机提出了诸如性能良好、运行可靠、单位容量的质量小、体积小等方面越来越多的要求，而且随着自动控制系统和计算装置的发展，在旋转电机的理论基础上，发展出多种高精度、快响应的控制电机，成为电机学科的一个独立分支。与此同时，电力电子学等学科的渗透使电机这一较为成熟的学科得到新的发展。

新中国成立以来，我国的电机制造工业发生了巨大变化，经过工程技术人员的努力，不仅建成了独立自主和完整的体系，而且有一些产品已经达到或接近世界先进水平。就各种拖动系统中的主要设备——电动机而言，已经研制成功 $2 \times 5000 \mathrm{kW}$ 的直流电动机、4700kW 的直流发电机和 42MW 的同步发电机。电力变压器的最大容量已做到 840MV·A，电压最高达 750kV。在中小型电机和控制电机方面，亦自行设计和生产了 125 个系列，上千个品种，几千个规格的各种电机。由于生产上的需要，最近几年，对电机的新原理、新结构、新工艺、新材料、新的运行方式和调试方法，亦进行了许多摸索、研究和试验工作，取得了不少成就。

当前科学技术突飞猛进，因此电机在制造上也向着大型、巨型发展。中小型电机正向多用途、多品种方向发展，向高效节能方向发展。在应用上，由于计算机技术迅速发展，将会出现由机器人工作的无人工厂，以计算机作为这些工厂的"中枢神经"，使实现无人化成为可能。在这个时代里，某些特种电机必须具有快速响应、精确定位、快速起动和停止等比人的手脚更复杂而精巧的运动。理论上，在电机中应用了控制技术，使电机具有更良好的特性，使各类电机成为各种机电系统中一种极其重要的执行元件。因此，它将和电力电子学、计算机、控制论结合起来，发展成一门新的学科。

上面简述了电机的发展概况。同样，应用各种电动机拖动各种生产机械的电力拖动技术，其发展也是有一个过程的。

最初，电力拖动代替了蒸汽或水力的拖动。当时电动机拖动生产机械的方式是通过天轴实现的，称为"成组拖动"。它是由一台电动机拖动一组生产机械，从电动机到各生产机械的能量传递以及在各生产机械之间的能量分配完全用机械方法，靠天轴及机械传动系统来实现。电动机远离生产机械，车间里有大量的天轴、长带和带轮等。能量传递过程中的损耗大，效率低，生产率低，灰尘大，劳动条件与卫生条件很差，而且易出事故。另外，如果电动机发生故障，则成组的生产机械将停车，甚至整个生产可能停顿。这是一种陈旧落后的电力拖动方式。

为了克服上述缺点，自 20 世纪 20 年代以来，生产机械上广泛采用一种"单电动机拖动系统"。在这一系统中，一台生产机械用一台单独的电动机拖动。这样，电动机与生产机械在结构上配合密切，可以用电气方法调节每台生产机械的转速，从而进一步简化机械结构，而且易于实现生产机械运转的全部自动化。

但是，如果用一台电动机拖动具有多个工作机构的生产机械，则机械内部仍将保留着复杂的机械传动机构。因此，自 20 世纪 30 年代起，广泛采用了"多电动机拖动系统"，即每一个工作机构用单独的电动机拖动，因而生产机械的机械结构可大为简化。例如，具有三个主轴的龙门铣床用三台电动机拖动，每台电动机拖动一根主轴运动。某些生产机械的生产过程长而且连续，如造纸、印刷、纺织、轧制等机械，也都采用多电动机拖动系统。这些机械一般由多个分部组成，每一分部可用单独电动机拖动。

必须指出，在只有一个工作机构的生产机械上有时也采用多电动机拖动系统。例如，链式运输机的工作机构是一条长的链式运输带，它往往采用多台电动机拖动。

在多电动机拖动系统中，各台电动机可在机械上采用刚性连接或摩擦连接等。很多情况下也采用电气方法联系，如用电气控制线路及装置实现各电动机间的转速关系保持恒定（如电轴系统），维持某一参数（如张力）在容许范围内（如造纸、纺织、印刷、轧制等生产机械）以及各电动机间互相联锁（保证一定的起动运转、停车程序）等。

随着生产的发展，对上述单电动机拖动系统及多电动机拖动系统提出了更高的要求，如要求提高加工精度与工作速度，要求快速起动、制动及逆转，实现在很宽的范围

绪　言

内调速及整个生产过程自动化等。要完成这些任务，除电动机外，必须有自动控制设备，以组成自动化的电力拖动系统。

现代工业的电力拖动一般都要求局部或全部的自动化，因此必然要与各种控制元件组成的自动控制系统联系起来，而电力拖动则可视为自动化电力拖动系统的简称。在这一系统中可对生产机械进行自动控制，如实现自动控制起动、制动、调速、同步，自动维持转速、转矩或功率为恒定值，按给定程序或者实时根据要求而改变速度、改变转向和工作机构的位置，以及使工作循环自动化等。

随着电机、电器制造业以及各种自动化元件的发展，自动化电力拖动系统得到不断的更新与发展。

最初采用的控制系统是继电器—接触器型的，属于有触点断续控制系统，称为继电器—接触器自动控制系统。

风力发电

20 世纪 30 年代初，出现了发电机—电动机组，使调速性能优异的直流电动机得到了广泛的应用。在直流电动机的拖动系统中，由于电机、电器、自动化元件及电力电子器件的不断更新与发展，在上述发电机—电动机组的基础上，发展成为采用交磁电机扩大机、磁放大器、可控离子变流器及晶闸管整流器等组成的自动化直流电力拖动系统。目前，晶闸管、IGBT 等直流自动电力拖动系统已得到广泛的应用，自动化的直流电力拖动成套设备正在向大容量的方向发展，并做到集中控制、集中监视。在自动化元件方面已有整套标准控制单元，控制装置集成化、小型化、微型化，做到结构上组合安装积木化；微型化的自动化装置可直接装于电动机机座上，做到与电动机一体化，节省专用的控制柜；设备可靠性高，维护简便，许多设备都可做到锁门运行，不需监视与维护。

与直流电动机相比，交流电动机具有结构简单、价格便宜、维护方便、转动惯量小等一系列优点，单机功率比直流电机高得多，电压容易做成高压，还能实现高速运转。

中国首台 330 千伏超高压变压器

20 世纪 40 年代末到 50 年代，国外对串级及离子变频的交流调速系统进行了一些研究，并提出了无换向器电动机的原理。其后，晶闸管、大功率晶体管及 IGBT 等电力电子自关断器件的出现，为交流调速系统开辟了广阔的前途，目前已进入扩大应用及系列化阶段，性能指标进一步提高。串级调速系统、变频调速系统及自控式同步电动机（无换向器电动机）正在向大容量发展；控制系统已实现集成化，并且已经在工业中广泛应用；交流电力拖动已经逐渐取代直流拖动。

随着近代电力电子技术和计算机技术的发展以及现代控制理论的应用，自动化电力拖动正向着计算机控制的生产过程自动化的方向迈进。在一些现代化的工厂里，力求做到从原料进厂到产品出厂都是自动化或半自动化的，而且达到高速、优质、高效率地生产。但必须指出，在大多数综合自动化系统中，例如在计算机集成制造系统（CIMS）中，自动化的电力拖动系统仍然是不可缺少的组成部分。

目前，世界已处于信息化的时代。以信息化带动工业化，以工业化促进信息化，是我国实现现代化的道路。由于电力拖动是各类工业（特别是制造业）、各种生产机械的主要拖动方式，其理论与技术的发展，必将在我国实现现代化与工业化的进程中，起着十分重要的作用。

党的二十大报告中提出"加快构建新发展格局，着力推动高质量发展"。"坚持把发展经济的着力点放在实体经济上，推进新型工业化，加快建设制造强国、质量强国、航天强国、交通强国、网络强国、数字中国。实施产业基础再造工程和重大技术装备攻关工程，支持专精特新企业发展，推动制造业高端化、智能化、绿色化发展。巩固优势产业领先地位，在关系安全发展的领域加快补齐短板，提升战略性资源供应保障能力"。"推动经济社会发展绿色化、低碳化是实现高质量发展的关键环节。加快推动产业结构、能源结构、交通运输结构等调整优化。"

目前，我国的绿色环保新能源事业在党和国家政策的支持下，得到了飞速的发展，取得举世瞩目的成就。电机学作为一门古老的学科，在今天又焕发出新的青春活力。无论在风力发电系统中，还是在电动汽车上，或是在我国高端制造的靓丽名片——高铁上，电机都是主要的机电能量转换设备。

二、本课程的性质、任务与内容

本课程是自动化、电气工程及其自动化等专业的一门专业基础课。

本课程的任务是使学生掌握常用交流电机、直流电机、控制电机及变压器等的基本结构与工作原理以及电力拖动系统的运行性能、分析计算、电机选择与实验方法，为学习"电力拖动自动控制系统""反馈控制理论""计算机控制技术"等课程准备必要的基础知识。

本课程主要研究电机与电力拖动系统的基本理论问题，同时也联系到科学实验与生产实际的内容，具有原"电机学"及"电力拖动基础"的基本内容。在学完本课程之后，应达到下列要求：

1) 了解常用铁磁材料的特性，掌握磁路基本定律及计算方法。
2) 熟悉常用交、直流电机及变压器的基本结构和工作原理，对交、直流电机绕组的基本形式及其连接规律要有一定的认识。
3) 掌握交、直流电机及变压器稳态运行时的基本理论、运行性能及其分析方法。
4) 在对称运行时，熟练运用等效电路计算变压器和三相异步电动机的性能。
5) 掌握控制电机的工作原理、特性及用途。
6) 掌握分析电动机机械特性及各种运行状态（起动、反接制动、能耗制动、回馈制动）的基本理论。
7) 掌握电力拖动机械过渡过程的基本特性及其主要的分析方法，了解机械惯性和电磁惯性同时作用时对直流电力拖动过渡过程的影响。
8) 掌握电力拖动系统中电动机参数调速方法的基本原理和技术经济指标。
9) 掌握选择电机的原理与方法。
10) 掌握电机与电力拖动系统的基本实验方法与技能，并具有熟练的运算能力。
11) 了解电机与拖动今后发展的方向。

为了深入掌握本课程的有关内容，应在教学过程中选择适当份量的课外作业进行练习。习题内容可与实验内容结合起来。课外作业的主要内容为：

1) 直流磁路的正问题计算。
2) 直流电动机工作特性的计算。
3) 变压器运行特性的计算。
4) 交流绕组磁动势的计算。

5）三相异步电动机工作特性的计算。
6）运动方程式中各参数折算的计算。
7）他励直流电动机调速特性的计算。
8）他励直流电动机过渡过程的计算。
9）三相异步电动机机械特性的计算。
10）三相异步电动机起动设备的计算。
11）三相异步电动机调速特性的计算。
12）三相异步电动机过渡过程的计算。
13）硬轴连接双电动机拖动系统机械特性的计算。
14）长期变化负载下电动机功率的计算。
15）短期工作方式电动机功率的计算。
16）断续工作方式电动机功率的计算。

本课程在教学过程中，必须进行必要的实验，其主要目的和要求为：

1）通过实验，对交、直流电动机的工作特性及机械特性的性质、基本原理和理论计算加以验证。

2）通过进行独立的实验操作，学会测定各种电机（包括变压器）的工作特性、电力拖动的机械特性及电机参数的方法，提高实验技能和熟练程度。

下面列出本课程的主要实验内容供选做：

1）直流电动机工作特性的测定。
2）直流发电机实验。
3）单相变压器实验。
4）三相变压器极性和联结组的测定。
5）三相异步电动机实验。
6）三相同步电动机的起动和V形曲线的测定。
7）交流伺服电动机的特性测定。
8）交、直流测速发电机实验。
9）自整角机实验。
10）他励直流电动机在各种运转状态下机械特性的测定。
11）他励直流电动机飞轮惯量的测定。
12）三相异步电动机起动与调速实验。
13）三相绕线转子异步电动机各种运转状态下机械特性的测定。
14）电轴系统示范实验。

本课程与"电力拖动自动控制系统""电力电子技术""电器控制"等课程的分工必须明确，以免有些内容遗漏或重复。在交、直流电机的起、制动及调速部分，本书只介绍其基本原理、方法、特性，以及调速方法的技术经济指标，而如何实现自动起、制动及调速的电路以及分析系统的动态特性等问题，不属于本书介绍的范围。这些内容应在一些后续课程中讲授。

第一章

磁　路

> **内容提要**
>
> 本章介绍磁路的基本知识和基本定律，并对无分支磁路和有分支磁路的计算方法作简要说明。另外，还介绍了铁磁物质的分类及其磁化特性。

第一节　磁路的基本定律

磁场作为电机实现机电能量转换的耦合介质，其强弱程度和分布状况不仅关系到电机的参数和性能，还决定电机的体积、重量。然而电机的结构、形状比较复杂，并有铁磁材料和气隙并存，很难用麦克斯韦方程直接求解。因此，在实际工程中，将电机各部分磁场等效为各段磁路，并认为各段磁路中磁通沿其截面积均匀分布，各段磁路中磁场强度保持为恒值，其意义是各段磁路的磁压降应等于磁场内对应点之间的磁位差。从工程观点来说，将复杂的磁场问题简化为磁路计算，其准确度是足够的。

一、磁场的几个常用物理量

1. 磁感应强度 B

磁场是电流通入导体后产生的，表征磁场强弱及方向的物理量是磁感应强度 B，它是一个矢量。磁场中各点的磁感应可以用闭合的磁感应矢量线来表示，它与产生它的电流方向可以用右手螺旋定则来确定，如图 1-1 所示。

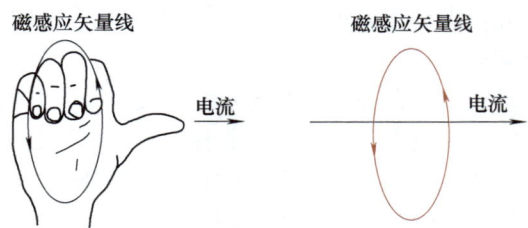

图 1-1　磁感应矢量线回转方向与电流方向的关系

国际单位制中，B 的单位为 T（特斯拉），$1\text{T} = 1\text{Wb}/\text{m}^2$（韦伯/米^2）。

2. 磁通 Φ

在均匀磁场中，磁感应强度 B 与垂直于磁场方向面积 A 的乘积，为通过该面积的通量，称为磁通量，简称磁通 Φ（一般情况下，磁通则定义为 $\Phi = \int B \mathrm{d}A$）。由于 $B = \Phi/A$，B 也称为磁通量密度，或简称磁通密度。若用磁感应矢量线来描述磁场，通过单位面积磁感应矢量线的疏密反映了磁感应强度（磁通密度）的大小以及磁通量的多少。

国际单位制中，Φ 的单位为 Wb（韦伯）。

3. 磁场强度 H

磁场强度 H 是计算磁场时所引用的一个物理量，它也是一个矢量。用来表示物质磁导能力大小的量称为磁导率 μ，它与磁场强度 H 的乘积等于磁感应强度，即

$$B = \mu H$$

真空的磁导率为 μ_0，国际单位制中 $\mu_0 = 4\pi \times 10^{-7} \mathrm{H/m}$，铁磁材料的磁导率 $\mu_{\mathrm{Fe}} \gg \mu_0$。国际单位制中，$H$ 的单位为 A/m。

二、磁路的概念

如同把电流流过的路径称为电路一样，磁通所通过的路径称为磁路。不同的是磁通的路径可以是铁磁物质，也可以是非磁体。图 1-2 所示为两种常见的磁路。

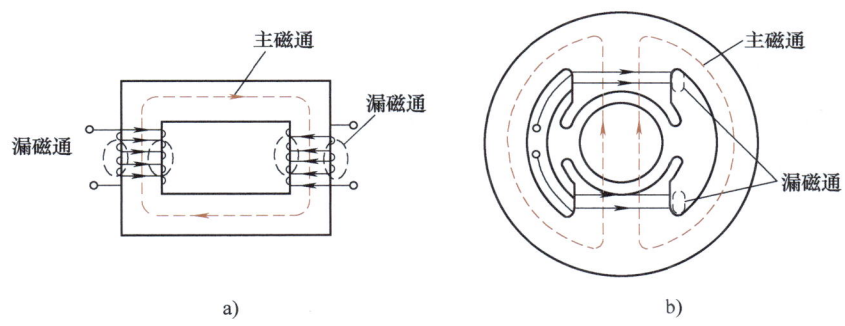

图 1-2　两种常见的磁路
a）变压器磁路　b）两极直流电机磁路

在电机和变压器里，常把线圈套装在铁心上，当线圈内通有电流时，在线圈周围的空间（包括铁心内、外）就会形成磁场。由于铁心的导磁性能比空气要好得多，所以绝大部分磁通将在铁心内通过，这部分磁通称为主磁通，是进行能量转换或传递的介质。围绕载流线圈，在部分铁心和铁心周围的空间，还存在少量分散的磁通，这部分磁通称为漏磁通，漏磁通不参加能量转换或传递。主磁通和漏磁通所通过的路径分别构成主磁路和漏磁路。图 1-2 中示意地表示出了这两种磁路。

用以激励磁路中磁通的载流线圈称为励磁线圈，励磁线圈中的电流称为励磁电流。若励磁电流为直流，磁路中的磁通是恒定的，不随时间变化而变化，这种磁路称为直流磁路，直流电机的磁路就属于这一类。若励磁电流为交流，磁路中的磁通是随时间变化而变化的，这种磁路称为交流磁路，交流铁心线圈、变压器、感应电机的磁路都属于这一类。

三、磁路的基本定律

进行磁路分析和计算时，常用到以下几条定律。

1. 安培环路定律

沿着任何一条闭合回线 L，磁场强度 H 的线积分值 $\oint_L H \cdot \mathrm{d}l$ 等于该闭合回线所包围的总电流值 $\sum i$（代数和），这就是<u>安培环路定律</u>，如图 1-3 所示。用公式表示，即

$$\oint_L H \cdot \mathrm{d}l = \sum i \tag{1-1}$$

式中，若电流的正方向与闭合回线 L 的环行方向符合右手螺旋关系，i 取正号，否则取负号。例如，在图 1-3 中，i_2 取正号，i_1 和 i_3 取负号，故有 $\oint_L H\mathrm{d}l = -i_1 + i_2 - i_3$。

若沿着回线 L，磁场强度 H 处处相等（均匀磁场），且闭合回线所包围的总电流是由通有电流 i 的 N 匝线圈所提供，则式（1-1）可简写成

$$Hl = Ni \tag{1-2}$$

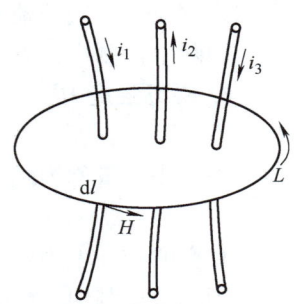

图 1-3 安培环路定律

2. 磁路的欧姆定律

图 1-4a 所示是一个等截面无分支的铁心磁路，铁心上有励磁线圈 N 匝，线圈中通有电流 i；铁心截面积为 A，磁路的平均长度为 l，μ 为材料的磁导率。若不计漏磁通，并认为各截面上磁通密度均匀，且垂直于各截面，则磁通量将等于磁通密度乘以面积，即

$$\Phi = \int B \mathrm{d}A = BA \tag{1-3}$$

而磁场强度等于磁通密度除以磁导率，即 $H = B/\mu$，于是式（1-2）可改写成

$$Ni = lB/\mu = \Phi l/(\mu A) \tag{1-4}$$

或

$$F = \Phi R_\mathrm{m} = \Phi/\Lambda \tag{1-5}$$

式中 $F = Ni$——作用在铁心磁路上的安匝数，称为磁路的磁动势，单位为 A；

　　　R_m——磁路的磁阻，$R_\mathrm{m} = l/(\mu A)$，它取决于磁路的尺寸和磁路所用材料的磁导率，单位为 H^{-1}，$1\mathrm{H}^{-1} = 1\mathrm{A/Wb}$；

　　　Λ——磁路的磁导，$\Lambda = 1/R_\mathrm{m}$ 它是磁阻的倒数，单位为 H，$1\mathrm{H} = 1\mathrm{Wb/A}$。

式（1-5）表明，作用在磁路上的磁动势 F 等于磁路内的磁通量 Φ 乘以磁阻 R_m，此关系与电路中的欧姆定律在形式上十分相似，因此式（1-5）称为<u>磁路的欧姆定律</u>。这里，把磁路中的磁动势 F 类比于电路中的电动势 E，磁通量 Φ 类比于电流 I，磁阻 R_m 和磁导 Λ 分别类比于电阻 R 和电导 G。图 1-4b 所示为相应的模拟电路图。

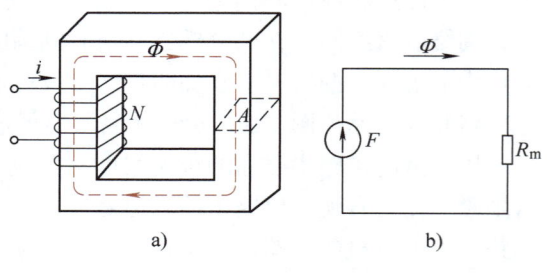

图 1-4 无分支铁心磁路
a) 磁路　b) 模拟电路图

第一章 磁 路

磁阻 R_m 与磁路的平均长度 l 成正比，与磁路的截面积 A 及构成磁路材料的磁导率 μ 成反比。需要注意的是，导电材料的电导率 γ 是常数，则电阻 R 为常数；而铁磁材料的磁导率 μ 和磁阻 R_m 均不为常数，是随磁路中磁感应强度 B 的饱和程度大小而变化的。这种情况称为非线性，因此用磁阻 R_m 定量对磁路计算时就不很方便，但一般用它定性说明磁路问题还是可以的。

[**例1-1**] 有一闭合铁心磁路，铁心的截面积 $A = 9 \times 10^{-4} \mathrm{m}^2$，磁路的平均长度 $l = 0.3\mathrm{m}$，铁心的磁导率 $\mu_{Fe} = 5000\mu_0$，套装在铁心上的励磁绕组为 500 匝。试求在铁心中产生 1T 的磁通密度时，需要多少励磁磁动势和励磁电流。

解 用安培环路定律求解：

磁场强度 $$H = B/\mu_{Fe} = \frac{1}{5000 \times 4\pi \times 10^{-7}} \mathrm{A/m} = 159 \mathrm{A/m}$$

磁动势 $$F = Hl = 159 \times 0.3 \mathrm{A} = 47.7 \mathrm{A}$$

励磁电流 $$i = F/N = \frac{47.7}{500} \mathrm{A} = 9.54 \times 10^{-2} \mathrm{A}$$

3. 磁路的基尔霍夫定律

（1）**磁路的基尔霍夫第一定律** 如果铁心不是一个简单回路，而是带有并联分支的磁路，如图 1-5 所示，当在中间铁心柱上加有磁动势 F 时，磁通的路径将如图中虚线所示。若令进入闭合面 A 的磁通为负，穿出闭合面的磁通为正，从图 1-5 可见，对闭合面 A 显然有

$$-\Phi_1 + \Phi_2 + \Phi_3 = 0$$

或 $$\sum \Phi = 0 \tag{1-6}$$

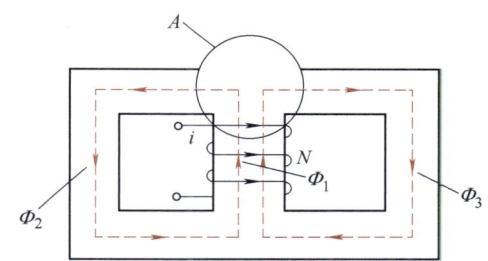

图 1-5 磁路的基尔霍夫第一定律

式（1-6）表明，穿出或进入任何一闭合面的总磁通恒等于零，这就是磁通连续性定律。比拟于电路中的基尔霍夫第一定律 $\sum i = 0$，该定律亦称为磁路的基尔霍夫第一定律。

（2）**磁路的基尔霍夫第二定律** 电机和变压器的磁路总是由数段不同截面积、不同铁磁材料的铁心组成的，还可能含有气隙。磁路计算时，总是把整个磁路分成若干段，每段由同一材料构成、截面积相同且段内磁通密度处处相等，从而磁场强度亦处处相等。例如，图 1-6 所示磁路由三段组成，其中两段为截面积不同的铁磁材料，第三段为气隙。若铁心上的励磁磁动势为 Ni，根据安培环路定律（磁路欧姆定律）可得

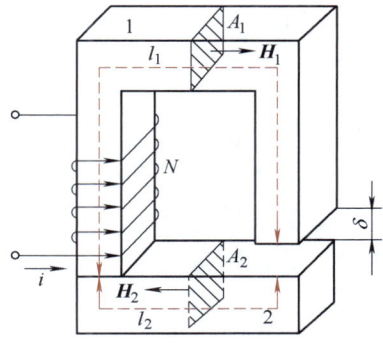

图 1-6 磁路的基尔霍夫第二定律

$$Ni = \sum_{k=1}^{3} H_k l_k = H_1 l_1 + H_2 l_2 + H_\delta \delta = \Phi_1 R_{m1} + \Phi_2 R_{m2} + \Phi_\delta R_{m\delta} \tag{1-7}$$

式中 l_1、l_2——1、2 两段铁心的平均长度，其截面积各为 A_1 和 A_2；

δ——气隙长度;

H_1、H_2——1、2 两段磁路内的磁场强度;

H_δ——气隙内的磁场强度;

Φ_1、Φ_2——1、2 两段铁心内的磁通;

Φ_δ——气隙内磁通;

R_{m1}、R_{m2}——1、2 两段铁心磁路的磁阻;

$R_{m\delta}$——气隙磁阻。

由于 H_k 亦是磁路单位长度上的磁位降,$H_k l_k$ 则是一段磁路上的磁位降,它也等于 $\Phi_k R_{mk}$,Ni 是作用在磁路上的总磁动势,故式(1-7)表明:沿任何闭合磁路的总磁动势恒等于各段磁路磁位降的代数和。类比于电路中的基尔霍夫第二定律,该定律就称为磁路的基尔霍夫第二定律,此定律实际上是安培环路定律的另一种表达形式。

必须指出,磁路和电路虽然具有类比关系,但是二者性质却是不同的,分析计算时也有以下几点差别:

1)电路中有电流 I 时,就有功率损耗 I^2R;而在直流磁路中,维持一定的磁通量 Φ 时,铁心中没有功率损耗。

2)在电路中可以认为电流全部在导线中流通,导线外没有电流。在磁路中,则没有绝对的磁绝缘体,除了铁心中的磁通外,实际上总有一部分漏磁通散布在周围的空气中。

3)电路中导体的电阻率 ρ 在一定的温度下是不变的,而磁路中铁心的磁导率 μ_{Fe} 却不是常值,它是随铁心的饱和程度大小而变化的。

4)对于线性电路,计算时可以应用叠加原理,但对于铁心磁路,计算时不能应用叠加原理,因为铁心饱和时磁路为非线性。

所以,磁路与电路仅是一种形式上的类似,而不是物理本质的相似。

第二节 常用的铁磁材料及其特性

为了在一定的励磁磁动势作用下能激励较强的磁场,以使电机和变压器等装置的尺寸缩小、质量减轻、性能改善,必须增加磁路的磁导率。当线圈的匝数和励磁电流相同时,铁心线圈激发的磁通量要比空心线圈大得多,所以电机和变压器的铁心常用磁导率较高的铁磁材料制成。下面对常用的铁磁材料及其特性做简要说明。

一、铁磁物质的磁化

铁磁物质包括铁、镍、钴等以及它们的合金。将这些材料放入磁场中,磁场会显著增强。铁磁材料在外磁场中呈现出很强的磁性,此现象称为铁磁物质的磁化。铁磁物质能被磁化的原因是在它内部存在着许多很小的被称为磁畴的天然磁化区。在图 1-7 中,磁畴用一些小磁铁来示意表明。在没有外磁场的作用时,各个磁畴排列混乱,磁效应互相抵消,对外不显示磁性(见图 1-7a)。在外磁场的作用下,磁畴就顺外磁场方向而转向,排列整齐并显示出磁性来。这就是说铁磁物质被磁化了(见图 1-7b)。由此形成的磁化磁场,叠加在外磁场上,使合成磁场大为加强。由于磁畴产生的磁化磁场比非铁磁物质在同一磁场强度下所激励的磁场强得多,所以铁磁材料的磁导率 μ_{Fe} 要比非铁磁材料大得多。非铁磁材料的磁导率接近于真空的磁导率 μ_0，电机中常用的铁磁材料磁导率 $\mu_{Fe}=(2000\sim6000)\mu_0$。

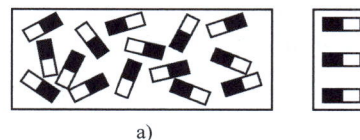
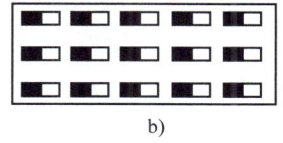

图 1-7　铁磁物质的磁化

a）未磁化　b）磁化

二、磁化曲线和磁滞回线

1. 起始磁化曲线

在非铁磁材料中，磁通密度 B 和磁场强度 H 之间呈直线关系，直线的斜率就等于 μ_0。铁磁材料的 B 与 H 之间则为非线性关系。将一块未磁化的铁磁材料进行磁化，当磁场强度 H 由零逐渐增大时，磁通密度 B 将随之增大。用 $B=f(H)$ 描述的曲线就称为起始磁化曲线，如图 1-8 所示。

起始磁化曲线基本上可分为四段：开始磁化时，外磁场较弱，磁通密度增加得不快，见图 1-8 中 Oa 段。随着外磁场的增强，铁磁材料内部大量磁畴开始转向，趋向于外磁场方向，此时 B 值增加得很快，见图中 ab 段。若外磁场继续增加，大部分磁畴已趋向外磁场方向，可转向的磁畴越来越少，B 值亦增加得越来越慢，见图中 bc 段，这种现象称为饱和。达到饱和以后，磁化曲线基本上成为与非铁磁材料的 $B=\mu_0 H$ 特性相平行的直线，见图中 cd 段。磁化曲线开始拐弯的 b 点，称为膝点或饱和点。

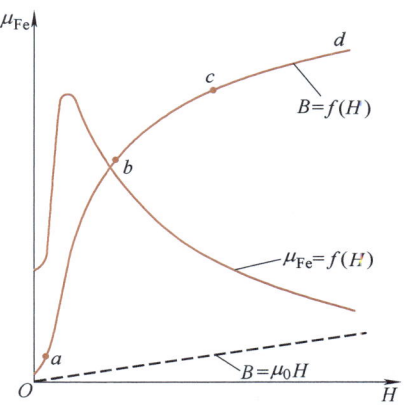

图 1-8　铁磁材料的起始磁化曲线和 $B=f(H)$ 及 $\mu_{Fe}=f(H)$ 曲线

由于铁磁材料的磁化曲线不是一条直线，所以磁导率 $\mu_{Fe}=B/H$ 也不是常数，将随着 H 值的变化而变化。进入饱和区后，μ_{Fe} 急剧下降，若 H 再增大，μ_{Fe} 将继续减小，直至逐渐趋近于 μ_0。图 1-8 中同时还示出了曲线 $\mu_{Fe}=f(H)$，这表明在铁磁材料中，磁阻随饱和度增加而增大。

各种电机、变压器的主磁路中，为了获得较大的磁通量，又不过分增大磁动势，通常把铁心内工作点的磁通密度选择在膝点附近。

2. 磁滞回线

若将铁磁材料进行周期性磁化，B 和 H 之间的变化关系就会变成如图 1-9 中曲线 $abcdefa$ 所示形状。由图可见，当 H 开始从零增加到 H_m 时，B 相应地从零增加到 B_m；以后逐渐减小磁场强度 H，B 值将沿曲线 ab 下降。当 $H=0$ 时，B 值并不等于零，而等于 B_r。这种去掉外磁场之后，铁磁材料内仍然保留的磁通密度 B_r 称为剩余磁通密度，简称剩磁。要使 B 值从 B_r 减小到零，必须加上相应的反向外磁场。此反向磁场强度称为矫顽力，用 H_c 表示。B_r 和 H_c 是铁磁材料的两个重要参数。铁磁材料所具有的这种磁通密度 B 的变化滞后于磁场强度 H 变化的现象，叫作磁滞。呈现磁滞现象的 B-H 闭合回线，称为磁滞回线，见图 1-9 中的 $abcdefa$。磁滞现象是铁磁材料的另一个特性。

3. 基本磁化曲线

对同一铁磁材料，选择不同的磁场强度 H_m 反复进行磁化时，可得不同的磁滞回线，如图 1-10 所示。将各条回线的顶点连接起来，所得曲线称为基本磁化曲线或平均磁化曲线。基本磁化曲线与起始磁化曲线的差别很小。磁路计算时所用的磁化曲线都是基本磁化曲线。图 1-11 所示为电机中常用的硅钢片、铸铁、铸钢的基本磁化曲线。

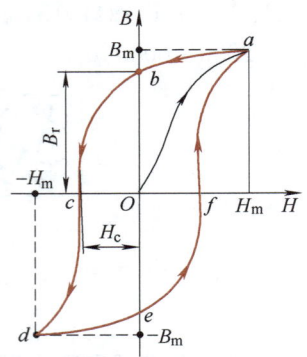

图 1-9 铁磁材料的磁滞回线

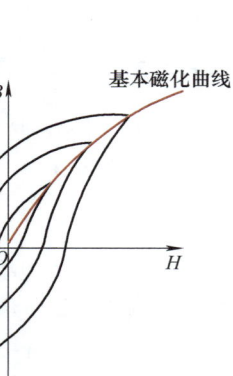

图 1-10 基磁化曲线

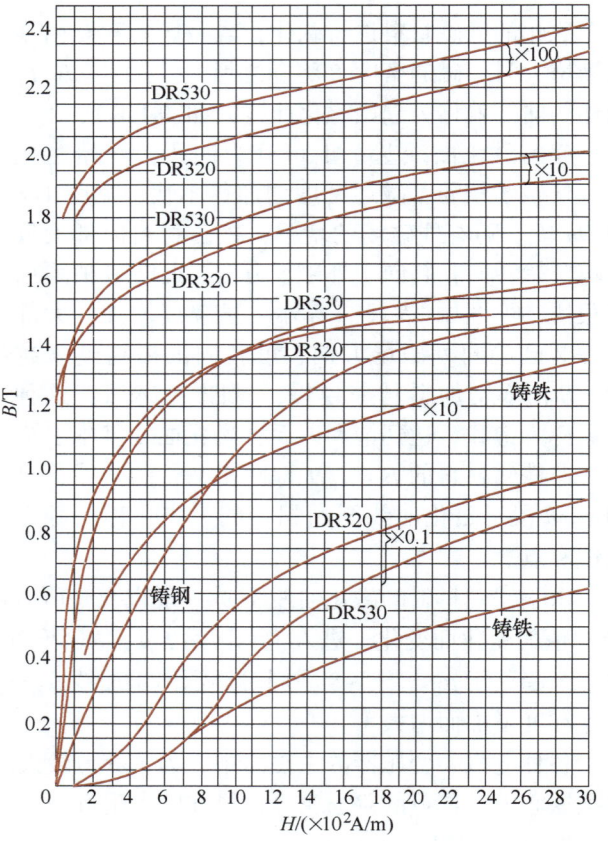

图 1-11 电机常用铁磁材料的基本磁化曲线

三、铁磁材料

按照磁滞回线的形状不同，铁磁材料可分为软磁材料和硬磁（永磁）材料两大类。

1. 软磁材料

磁滞回线较窄，剩磁 B_r 和矫顽力 H_c 都小的材料，称为软磁材料，如图 1-12a 所示。

常用的软磁材料有电工硅钢片、铸铁、铸钢等。软磁材料磁导率较高,可用来制造电机、变压器的铁心,磁路计算时,可以不考虑磁滞现象,用基本磁化曲线是可行的。

2. 硬磁材料

磁滞回线较宽,剩磁 B_r 和矫顽力 H_c 都大的铁磁材料称为<u>硬磁材料</u>,如图 1-12b 所示。由于剩磁 B_r 大,可用以制成永久磁铁,因而硬磁材料亦称为永磁材料,如铝镍钴、铁氧体、稀土钴、钕铁硼等。

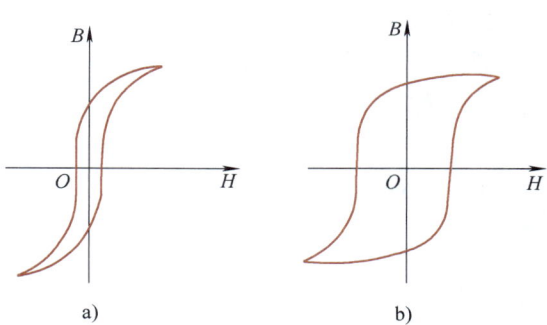

图 1-12 软磁和硬磁材料的磁滞回线
a)软磁材料 b)硬磁材料

四、铁心损耗

1. 磁滞损耗

铁磁材料置于交变磁场中,材料被反复交变磁化,磁畴相互不停地摩擦而消耗能量,并以产生热量的形式表现出来,造成的损耗称为<u>磁滞损耗</u>。

分析表明,磁滞损耗 p_h 与磁场交变的频率 f、铁心的体积 V 和磁滞回线的面积 $\oint HdB$ 成正比,即

$$p_h = fV \oint HdB \tag{1-8}$$

实验证明,磁滞回线的面积与磁通密度的最大值 B_m 的 n 次方成正比,故磁滞损耗亦可改写成

$$p_h = C_h f B_m^n V \tag{1-9}$$

式中,C_h 为磁滞损耗系数,其大小决定于材料的性质;对于一般电工用钢片,$n = 1.6 \sim 2.3$。由于硅钢片磁滞回线的面积较小,故电机和变压器的铁心常用硅钢片叠片制成。

2. 涡流损耗

因为铁心是导电的,当通过铁心的磁通随时间变化时,由电磁感应定律知,铁心中将产生感应电动势,并引起环流。这些环流在铁心内部做旋涡状流动,称为涡流,如图 1-13 所示。涡流在铁心中引起的损耗,称为<u>涡流损耗</u>。

分析表明,频率越高,磁通密度越大,感应电动势就越大,涡流损耗也越大。铁心的电阻率越大,涡流所经过的路径越长,涡流损耗就越小。对于由硅钢片叠成的铁心,经推导可知,涡流损耗 p_e 为

$$p_e = C_e \Delta^2 f^2 B_m^2 V \tag{1-10}$$

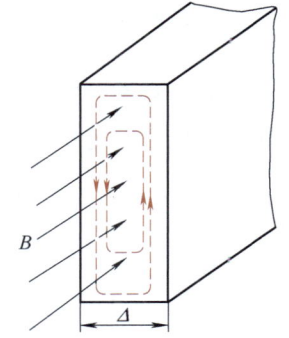

图 1-13 硅钢片中的涡流

式中 C_e——涡流损耗系数,其大小取决于材料的电阻率;

Δ——钢片厚度,为减小涡流损耗,电机和变压器的铁心都采用含硅量较高的薄硅钢片(厚度为 0.35~0.5mm)叠成。

3. 铁心损耗

铁心中的磁滞损耗和涡流损耗都将消耗有功功率，使铁心发热。磁滞损耗与涡流损耗之和，称为<u>铁心损耗</u>，用 p_{Fe} 表示，即

$$p_{Fe} = p_h + p_e = (C_h f B_m^n + C_e \Delta^2 f^2 B_m^2) V \tag{1-11}$$

对于一般的电工钢片，正常工作点的磁通密度为 $1T < B_m < 1.8T$，式（1-11）可近似写成

$$P_{Fe} \approx C_{Fe} f^{1.3} B_m^2 G \tag{1-12}$$

式中　C_{Fe}——铁心的损耗系数；

　　　G——铁心重量。

铁心的损耗与频率的 1.3 次方、磁通密度的二次方和铁心重量成正比。

第三节　直流磁路的计算

磁路计算所依据的基本原理是安培环路定律，其计算有两种类型，一类是给定磁通量，计算所需要的励磁磁动势，称为磁路计算的正问题；另一类是给定励磁磁动势，求磁路内的磁通量，称为磁路计算的逆问题。电机、变压器的磁路计算通常属于第一类。

对于磁路计算的正问题，步骤如下：

1）将磁路按材料性质和不同的截面尺寸分段。

2）计算各段磁路的有效截面积 A_k 和平均长度 l_k。

3）计算各段磁路的平均磁通密度 B_k；$B_k = \Phi_k / A_k$。

4）根据 B_k 求出对应的磁场强度 H_k，对铁磁材料，H_k 可从基本磁化曲线上查出；对于空气隙，可直接用 $H_\delta = B_\delta / \mu_0$ 算出。

5）计算各段磁路的磁位降 $H_k l_k$，最后求得产生给定磁通量时所需的励磁磁动势 F，$F = \sum H_k l_k$。

对于逆问题，由于磁路是非线性的，常用试探法去求解。

一、简单串联磁路

<u>简单串联磁路</u>就是<u>不计漏磁影响，仅有一个磁回路的无分支磁路</u>，如图 1-14 所示。此时通过整个磁路的磁通量相同，但由于各段磁路的截面积不同或材料不同，各段的磁通密度也不一定相同。这种磁路虽然简单，却是磁路计算的基础。下面举例说明。

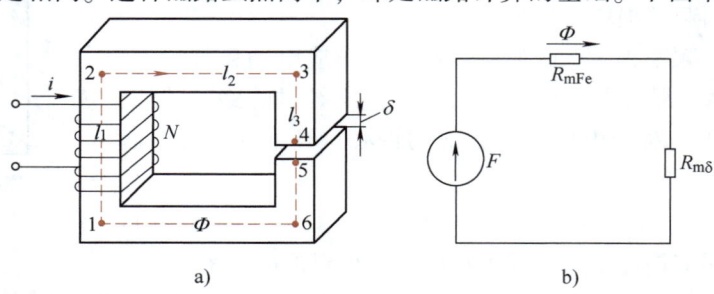

图 1-14　简单串联磁路

a）串联磁路　b）模拟电路图

第一章 磁 路

[**例 1-2**] 磁路铁心材料由铸钢和空气隙构成,铁心截面积 $A_{Fe} = 3 \times 3 \times 10^{-4} m^2$,磁路平均长度 $l_{Fe} = 0.3 m$,气隙长度 $\delta = 5 \times 10^{-4} m$,如图 1-14 所示。求该磁路获得磁通量为 $\Phi = 0.0009 Wb$ 时所需的励磁磁动势。考虑到气隙磁场的边缘效应,在计算气隙有效面积时,通常在长、宽方向各增加一个 δ 值。

解 铁心内磁通密度为

$$B_{Fe} = \frac{\Phi}{A_{Fe}} = \frac{0.0009}{9 \times 10^{-4}} T = 1 T$$

从图 1-11 中的铸钢磁化曲线查得,与 B_{Fe} 对应的 $H_{Fe} = 9 \times 10^2 A/m$,则

铁心段的磁位降 $\quad H_{Fe} l_{Fe} = 9 \times 10^2 \times 0.3 A = 270 A$

空气隙内磁通密度 $\quad B_\delta = \frac{\Phi}{A_\delta} = \frac{0.0009}{3.05^2 \times 10^{-4}} T \approx 0.967 T$

气隙磁场强 $\quad H_\delta = \frac{B_\delta}{\mu_0} = \frac{0.967}{4\pi \times 10^{-7}} A/m \approx 77 \times 10^4 A/m$

气隙磁位降 $\quad H_\delta l_\delta = 77 \times 10^4 \times 5 \times 10^{-4} A = 385 A$

励磁磁动势 $\quad F = H_{Fe} l_{Fe} + H_\delta l_\delta = 655 A$

二、简单并联磁路

简单并联磁路是指考虑漏磁影响,或磁路有两个以上分支。电机和变压器的磁路大多属于这一类。

[**例 1-3**] 图 1-15 所示并联磁路,铁心所用材料为 DR530 硅钢片,铁心柱和铁轭的截面积均为 $A = 2 \times 2 \times 10^{-4} m^2$,磁路段的平均长度 $l = 5 \times 10^{-2} m$,气隙长度 $\delta_1 = \delta_2 = 2.5 \times 10^{-3} m$,励磁线圈匝数 $N_1 = N_2 = 1000$ 匝。不计漏磁通,试求在气隙内产生 $B_\delta = 1.211 T$ 的磁通密度时,所需的励磁电流 i。

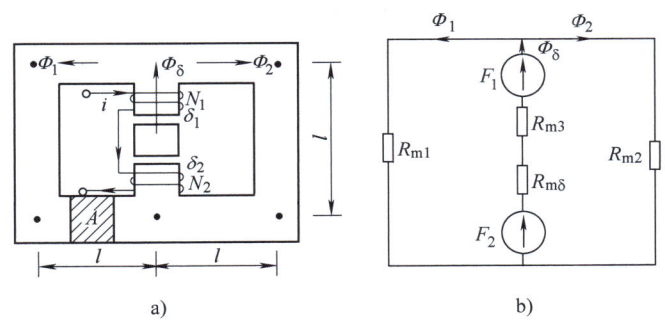

图 1-15 简单并联磁路
a) 并联磁路 b) 模拟电路图

解 由于磁路是并联且对称的,故只需计算其中一个磁回路即可。根据磁路基尔霍夫第一定律,得

$$\Phi_\delta = \Phi_1 + \Phi_2 = 2\Phi_1 = 2\Phi_2$$

根据磁路基尔霍夫第二定律,得

$$\sum H_k l_k = H_1 l_1 + H_3 l_3 + 2H_\delta \delta = N_1 i_1 + N_2 i_2$$

由图 1-15a 知,中间铁心段的磁路长度为

$$l_3 = l - 2\delta = (5 - 0.5) \times 10^{-2} \text{m} = 4.5 \times 10^{-2} \text{m}$$

左、右两边铁心段的磁路长度均为

$$l_1 = l_2 = 3l = 3 \times 5 \times 10^{-2} \text{m} = 15 \times 10^{-2} \text{m}$$

（1）气隙磁位降

$$2H_\delta \delta = 2\frac{B_\delta}{\mu_0}\delta = 2 \times \frac{1.211}{4\pi \times 10^{-7}} \times 2.5 \times 10^{-3} \text{A} = 4818 \text{A}$$

（2）中间铁心段的磁通密度

$$B_3 = \frac{\Phi_\delta}{A} = \frac{1.211 \times (2 + 0.25)^2 \times 10^{-4}}{4 \times 10^{-4}} \text{T} = 1.533 \text{T}$$

从图 1-11 中 DR530 的磁化曲线查得，与 B_3 对应的 $H_3 = 19.5 \times 10^2 \text{A/m}$，则中间铁心段的磁位降

$$H_3 l_3 = 19.5 \times 10^2 \times 4.5 \times 10^{-2} \text{A} = 87.75 \text{A}$$

（3）左、右两边铁心段的磁通密度

$$B_1 = B_2 = \frac{\Phi_\delta/2}{A} = \frac{0.613 \times 10^{-3}/2}{4 \times 10^{-4}} \text{T} = 0.766 \text{T}$$

由 DR530 的磁化曲线查得，$H_1 = H_2 = 215 \text{A/m}$，由此得左、右两边铁心段的磁位降

$$H_1 l_1 = H_2 l_2 = 215 \times 15 \times 10^{-2} \text{A} = 32.25 \text{A}$$

（4）总磁动势和励磁电流为

$$\sum Ni = 2H_\delta \delta + H_3 l_3 + H_1 l_1 = (4818 + 87.75 + 32.25) \text{A} = 4938 \text{A}$$

$$i = \frac{\sum Ni}{N} = \frac{4938}{2000} \text{A} = 2.469 \text{A}$$

第四节　交流磁路的特点

在铁心线圈中通以直流电流来励磁，分析（直流磁路）要简单些，因为励磁电流是恒定的，在线圈内和铁心中不会产生感应电动势，在一定的电压 U 下，线圈中的电流决定于线圈本身的电阻，功率损耗也只有 $I^2 R$。铁心线圈中通以交流电流时，因为电流是随时间变化的，其电磁关系（电压和电流关系及功率损耗等方面）与直流磁路有所不同。但在每一瞬间仍和直流磁路一样，遵循磁路的基本定律，可以使用相同的基本磁化曲线。磁路计算时，为表明磁路的工作点和饱和情况，磁通量和磁通密度均用交流的瞬时的最大值表示，磁动势和磁场强度则用有效值表示。

交变磁通除了会在铁心中引起损耗之外，还有以下两个效应：

1）磁通量随时间变化，必然会在励磁线圈中产生感应电动势 $e = -N\dfrac{\mathrm{d}\phi}{\mathrm{d}t}$。

2）磁饱和现象会导致励磁电流、磁通和电动势波形的畸变。

有关交流磁路和铁心线圈的计算，将在变压器一章中进一步讨论。

小　　结

本章在物理、电路课程的基础上，复习了磁路的有关常用量；分析了物质的磁化过

程及铁磁材料的基本磁化曲线；阐述了磁路中的欧姆定律、基尔霍夫第一定律、基尔霍夫第二定律，它们的数学形式为：$\Phi = F/R_m$、$\sum \Phi = 0$ 与 $\sum Hl = \sum Ni$。通过磁路和电路的类比，建立起较清晰的磁路概念。按照磁路结构，可分为无分支磁路和有分支磁路，对于对称有分支磁路，只需计算其中一个磁回路即可。电机、变压器磁路通常属于磁路计算的正问题，其计算步骤是先按磁路材料和截面积的不同分段，再由 $\Phi \rightarrow B \rightarrow H \rightarrow Hl \rightarrow \sum Ni$ 求解。分析磁路时，要注意到铁磁材料构成的磁路是非线性的问题，其磁阻不是常数，而是随着磁路饱和程度大小而变化的。另外，交流磁路与直流磁路也是有区别的，当磁通 Φ 随时间变化时，会在励磁线圈中产生感应电动势，并使铁心发热而产生铁心损耗，同时还导致励磁电流、磁通、电动势波形畸变。

习　题

1-1　磁路计算所依据的基本原理是什么？若磁路上有几个磁动势同时作用，磁路计算时能否用叠加原理？为什么？

1-2　铁磁材料是如何分类的，它们各有什么特点？简述铁磁材料的磁化过程。

1-3　什么是铁磁材料的基本磁化曲线？基本磁化曲线与起始磁化曲线有什么不同？

1-4　磁路计算正问题的步骤是什么？

1-5　在交变磁场中，铁心中的磁滞损耗和涡流损耗是怎样产生的？它们与哪些因素有关？

1-6　说明交流磁路与直流磁路的异同点。

1-7　铁心由 DR320 硅钢片叠成，如图 1-16 所示，已知线圈匝数 $N = 1000$，铁心厚度为 2.5cm，叠加片系数为 0.93。不计漏磁，试计算：

（1）中间铁心柱磁通为 7.5×10^{-4} Wb，不计铁心的磁位降时所需的直流励磁电流；

（2）考虑铁心的磁位降，产生同样磁通量时所需的励磁电流。

1-8　一个闭合环形铁心线圈如图 1-17 所示，其匝数 $N = 300$，铁心中磁感应强度为 0.9T，磁路的平均长度为 45cm。试求：

（1）铁心材料为铸铁时，线圈中的电流；

（2）铁心材料改用 DR320 硅钢片时，线圈中的电流。

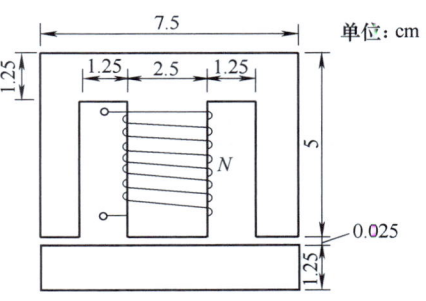

图 1-16　习题 1-7 图

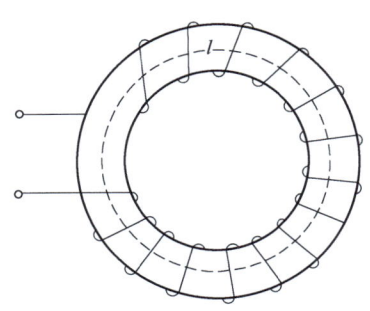

图 1-17　习题 1-8 图

1-9 有一个环形铁心线圈,其内径为 10cm,外径为 15cm,铁心材料为铸钢。磁路中含有一空气隙,其长度为 0.2cm。若线圈中通有 1A 的电流,要得到 0.9T 的磁感应强度,试求线圈的匝数是多少?

1-10 如图 1-18 所示铸钢铁心,各项尺寸见表 1-1。左边线圈通入电流产生磁动势 1500A。试求下列三种情况下右边线圈应加的磁动势值:

(1) 气隙磁通为 1.65×10^{-4} Wb 时;

(2) 气隙磁通为零时;

(3) 右边铁心柱中的磁通为零时。

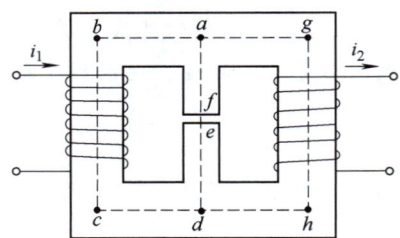

图 1-18 习题 1-10 图

表 1-1 习题 1-10 中铸钢铁心的各项尺寸

路径	截面积/($\times 10^{-4}$ m^2)	长度/($\times 10^{-2}$ m)
abcd	4	50
aghd	5	75
af	2.5	10
fe	2.75	0.25
ed	2.5	10

第二章

直 流 电 机

> **内容提要**
>
> 本章以直流电动机为讨论的主要对象,分析直流电机的工作原理、结构、电路、磁路、运行原理及换向等问题,为电力拖动系统提供元件的性能知识。
>
> 讨论问题时,既运用在电路课程中所学习过的基本电磁规律,又注意到直流电动机是拖动系统中的元件,以及在其中进行机电能量转换的物理现象。

旋转电机是一种机电能量转换的机电装置,把电能转换为机械能的称为电动机,把机械能转换为电能的称为发电机。电流有交、直流之分,所以旋转电机也有直流电机与交流电机两大类。

直流电动机的调速性能很好,起动转矩较大,特别是调速性能为交流电动机所不及。因此,在对电动机的调速性能和起动性能要求较高的生产机械上,大都使用直流电动机进行拖动。但是,直流电动机的制造工艺复杂,生产成本较高,维护较困难,可靠性较差,所以,在现代工业的拖动系统中,直流电动机与交流电动机"各得其所"。直流发电机也有和直流电动机一样的上述缺点,随着电力电子技术的发展,特别是在大功率电力电子器件问世以后,直流发电机有逐步被整流电源所取代的趋势。不过,目前,有些直流电源,如大型同步发电机的励磁电源以及化学工业中的电镀、电解等设备的电源还是采用直流发电机供电的方式。

第一节 直流电机的工作原理及结构

一、直流电机的工作原理

(一) 直流电动机的工作原理

直流电动机的工作原理是建立在安培定律的基础上的。这里先回顾一下安培定律。根据实验可知,若磁场与载流导体互相垂直(见图2-1a),作用在该导体上的电磁力为

$$F = Bil \tag{2-1}$$

式中 B——磁场的磁感应强度(Wb/m^2);

i——导体中的电流(A);

l——导体的有效长度(m)。

由此计算出来的电磁力单位是 N·m，其方向用左手定则（见图 2-1b）确定。

由于绝大多数的电动机须做连续的旋转运动，因此，必须使载流导体在磁场中所受到的电磁力能形成一种方向不变的转矩，才能构成电动机。我们先观察一下图 2-2 所示的一种简单电磁装置，它能否使载流导体所受的电磁力形成一种方向不变的转矩呢？

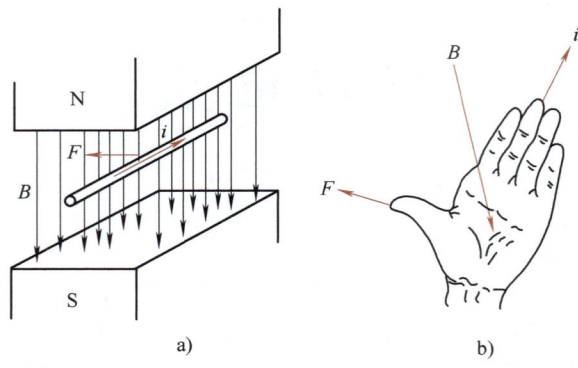

图 2-1 载流导体在磁场内受到的电磁力及左手定则

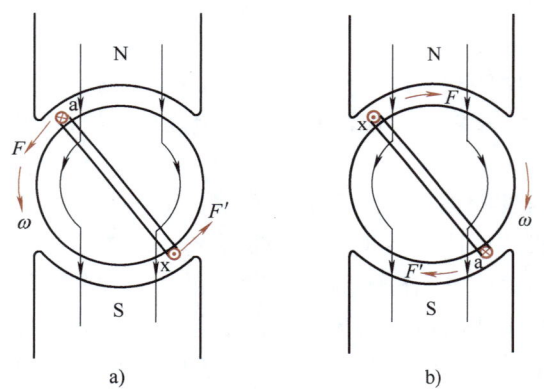

图 2-2 载流线圈在气隙磁场中产生电磁转矩

在图 2-2 中，N、S 为一对固定的磁极（一般是电磁铁，也可以是永久磁铁），两磁极之间装着一个可以转动的铁质圆柱体，圆柱体的表面上固定着一个线圈，上线圈边为 a，下线圈边为 x（以后把这个装有线圈的铁质圆柱体称为电枢）。N 极与 S 极的磁场通过圆柱体形成回路。当线圈 ax 中通入直流电流（由 a 边流入，从 x 边流出）时，线圈边 a 和 x 上均受到电磁力，根据左手定则确定力的方向，这一对电磁力形成了作用于电枢的一个电磁转矩，转矩的方向是逆时针方向，如图 2-2a 所示。若电枢转动，线圈边 a 和 x 的位置互换，而 a、x 线圈边中通过的还是方向没变的直流电流，此时线圈产生的电磁转矩方向则变为顺时针方向，如图 2-2b 所示。因此，电枢受到的是一种方向交变的电磁转矩，这种交变的电磁转矩只能使电枢来回摇摆，而不能使它朝着一个方向连续转动。显然，要使电枢受到一个方向不变的电磁转矩，关键在于，当线圈边转到不同极性的磁极下时，如何将流过线圈边中的电流方向及时地加以转换。换句话说，尽管电枢在转动，但处于同一磁极下的线圈边中电流方向应始终不变，即进行所谓"换向"。为此，必须在电枢上增添一个叫作"换向器"的装置，如图2-3所示。换向器由互相绝缘的铜质换向片构成，装在电机轴上，也和电枢绝缘，且和电枢一起旋转。线圈边a与线圈边d分别接在换向器的两个换向片上，换向器又与两个固定不动的由石墨制成的电刷A、B相接触。安装这种换向器以后，若将直流电压加于电刷端，直流电流经电刷流过电枢上的线圈，则产生电磁转矩，电枢在电磁转矩的作用下就旋转起来。电枢一经转动，由于换向器配合电刷对电流的换向作用，直流电流交替地由线圈边ab和cd流入，使线圈边只要处于N极下，其中通过电流的方向总是由电刷A流入的方向，而在S极下时，总是从电刷B流出的方向。由此保证了每个磁极下线圈边中的电流始终是一个方向，就可以使电动机能连续地旋转。这就是直流电动机的工作原理。

（二）直流发电机的工作原理

直流发电机的工作原理就是把电枢线圈中感应产生的交变电动势，靠换向器配合电刷的换向作用，使之从电刷端引出时变为直流电动势的原理。

在图2-3所示的简易装置中，电刷上不加直流电压，用原动机拖动电枢使之逆时针方向恒速转动，线圈边ab和cd就分别切割不同极性磁极下的磁场，于是在其中感应产生电动势，电动势方向按右手定则确定。这种电磁情况如图2-4所示。由于电枢连续地旋转，线圈边ab和cd交替地切割N极和S极下的磁场，虽然每个线圈边和整个线圈中的感应电动势的方向是交变的，即线圈内的感应电动势是一种交变电动势，但在电刷A、B端的电动势却是直流电动势（确切地说，是一种方向不变的脉振电动势）。电枢在转动过程中，无论电枢转到什么位置，由于换向器配合电刷的换向作用，电刷A通过换向片所引出的电动势始终是切割N极磁场的线圈边中的电动势，因此，电刷A始终为正极性。同样道理，电刷B始终为负极性，所以电刷端能引出方向不变但大小变化的脉振电动势。如果每极下的线圈数量增多，可以使直流电动势的脉振程度减小。这就是直流发电机的工作原理，同时也说明了直流发电机实质上是带有换向器的交流发电机。

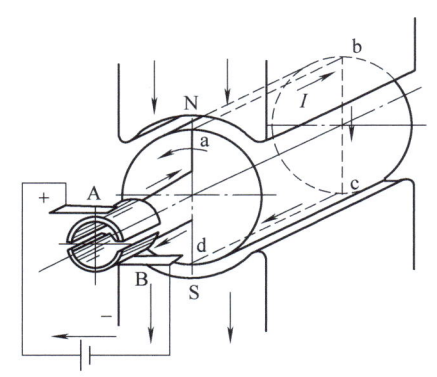

图2-3　直流电动机的工作原理示意图

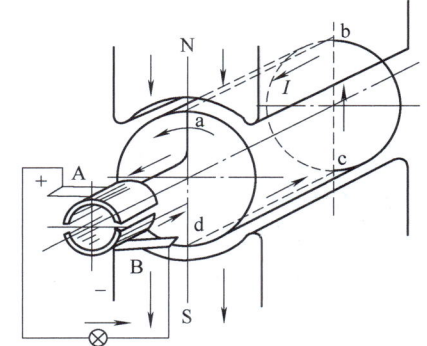

图2-4　直流发电机的工作原理示意图

从上述基本电磁情况来看，一台直流电机原则上既可以作为电动机运行，也可以作为发电机运行，只是约束的条件不同而已。在直流电机的两电刷端上，加上直流电压，将电能输入电枢，机械能从电机轴上输出，拖动生产机械，将电能转换成机械能而成为电动机；如用原动机拖动直流电机的电枢，而电刷上不加直流电压，则电刷端可以引出直流电动势作为直流电源，输出电能，电机将机械能转换成电能而成为发电机。同一台电机既能作电动机又能作发电机运行的这种原理，在电机理论中称为可逆原理。

二、直流电机的结构

直流电机的工作原理仅仅揭示了如何利用基本电磁规律实现机电能量转换的道理，但是要按人们的意志去获得这些能量为工农业生产服务，还要制造既经济又性能良好的电机。为此，任何旋转电机都必须具有能满足电磁和机械两方面要求的合理结构形式。

要实现机电能量转换，电路和磁场之间必须有相对运动，所以旋转电机必须具备静止的和转动的两大部分，且静止和转动部分之间要有一定的间隙（以后称为气隙）。直流电机的静止部分称为定子，主要作用是产生磁场，由主磁极、换向极、机座和电刷装置等组成；转动部分就是转子，通常称为电枢，作用是产生电磁转矩和感应电动势，由电枢铁心和电枢绕组、换向器、轴及风扇等组成。直流电机的剖面图如图 2-5 所示。下面对各主要结构部件的基本结构及其作用做简要介绍。

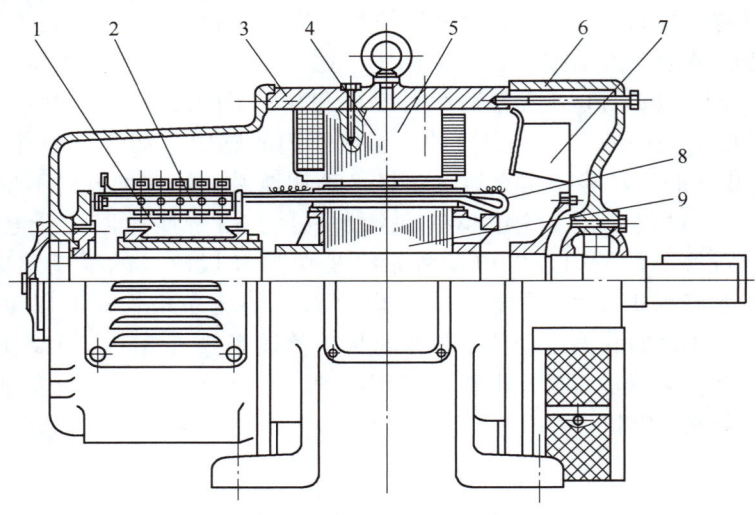

图 2-5　直流电机的剖面图

1—换向器　2—电刷装置　3—机座　4—主磁极　5—换向极　6—端盖　7—风扇　8—电枢绕组　9—电枢铁心

（一）直流电机的静止部分

1. 主磁极

在一般大中型直流电机中，主磁极是一种电磁铁。主磁极的铁心用 1～1.5mm 厚的钢板冲片叠压紧固而成。绕制好的励磁绕组套在铁心外边，整个磁极用螺钉固定在机座上。各主磁极上的励磁绕组的连接必须使其通过励磁电流时，相邻磁极的极性呈 N 极和 S 极交替排列。为了使主磁通在气隙中分布得更合理一些，铁心下部（称为极靴）要比套绕组的部分（称为极身）宽，如图 2-6 所示，这样可使励磁绕组牢固地套在铁心上。

2. 换向极

换向极又称附加极或间极，装在两主磁极之间，其作用是改善换向。它也是由铁心和绕组构成的，如图 2-7 所示。铁心一般用整块钢或钢板叠片加工而成。换向极绕组与电枢绕组串联。

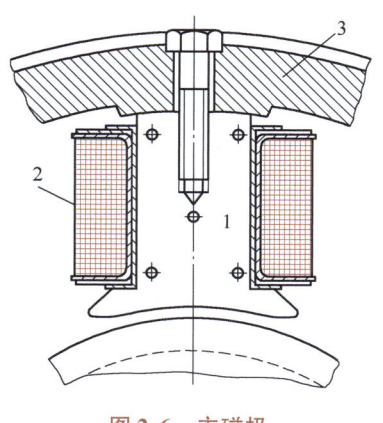

图 2-6 主磁极

1—主极铁心 2—励磁绕组 3—机座

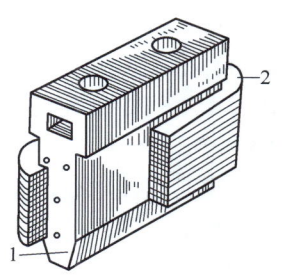

图 2-7 换向极

1—换向极铁心 2—换向极绕组

3. 机座

机座通常由铸钢或厚钢板焊成。它有两个用处：一个是用来固定主磁极、换向极和端盖；另一个用处是作为磁路的一部分。机座中有磁通经过的部分称为磁轭。

4. 电刷装置

电刷装置是把直流电压、直流电流引入或引出的装置。电刷装置由电刷、刷握、刷杆座和铜丝辫组成，如图 2-8 所示。电刷由石墨制成，放在刷握内，用弹簧压紧在换向器上，刷握固定在刷杆上，刷杆装在刷架上，彼此之间都绝缘。刷架装在端盖或轴承内盖上，调整位置以后，将它固定。

（二）直流电机的转动部分

1. 电枢铁心

电枢铁心也有两个用处：一是作为主磁路的主要部分；二是嵌放电枢绕组。由于电枢铁心和主磁场之间的相对运动将导致铁耗，为了减少铁耗，电枢铁心通常用 0.5mm 厚硅钢片的冲片叠压而成，固定在转子支架或转轴上，如图 2-9 所示。

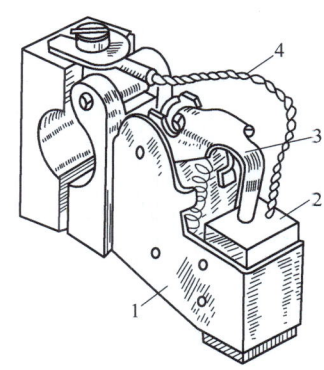

图 2-8 电刷装置

1—刷握 2—电刷
3—压紧弹簧 4—铜丝辫

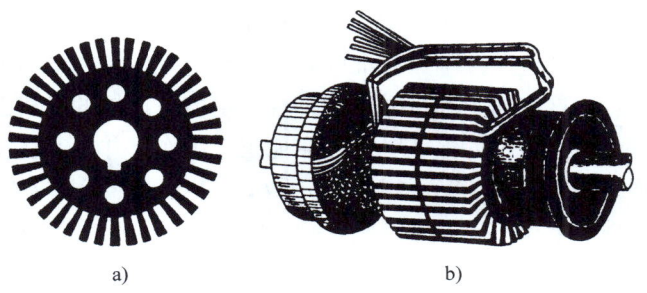

图 2-9 电枢铁心冲片和铁心

a) 电枢铁心冲片 b) 电枢铁心

2. 电枢绕组

电枢绕组由许多按一定规律连接的线圈组成，它是直流电机的主要电路部分，是通过电流和感应产生电动势以实现机电能量转换的关键部件。线圈用带绝缘的圆形或矩形截面导线绕成，嵌放在电枢槽内，上下层之间以及线圈与铁心之间都要妥善地绝缘，如图 2-10 所示。然后用槽楔压紧，再用钢丝或玻璃丝带紧固，以防止离心力将绕组甩出槽外。在大型电机中，绕组伸出槽外的端接部分应扎紧在支架上。

3. 换向器

换向器也是直流电机的重要部件。在直流电动机中，它的作用是将电刷上所通过的直流电流转换为绕组内的交变电流；在直流发电机中，它将绕组内的交变电动势转换为电刷端上的直流电动势。换向器由许多换向片组成。换向片之间用云母绝缘。电枢绕组的每一个线圈两端分别焊接在两个换向片上。换向器的结构形式如图 2-11 所示。

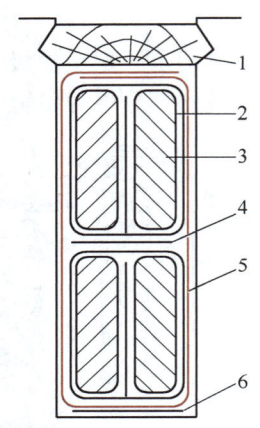

图 2-10 电枢槽内的绝缘
1—槽楔　2—线圈绝缘　3—导体　4—层间绝缘
5—槽绝缘　6—槽底绝缘

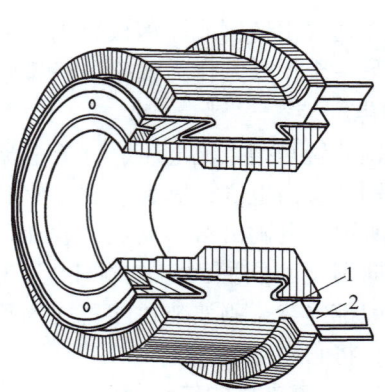

图 2-11 换向器
1—换向片　2—连接片

第二节　直流电机的铭牌数据

每台直流电机的机座上都钉有一块铭牌，上面标注着一些叫作"额定值"的铭牌数据。额定值是由电机制造厂按国家标准的要求，对电机的一些电量或机械量所规定的数据。若电机运行时，这些电量和机械量都符合额定值，这样的电机运行情况称为额定工况。在额定工况下运行，可以保证电机可靠地正常工作，并具有优良的性能。直流电机的额定值有：额定功率 P_N（kW），额定电压 U_N（V），额定电流 I_N（A），额定转速 n_N（r/min），额定励磁电压 U_{fN}（V），额定励磁电流 I_{fN}（A）和励磁方式等。直流电动机的额定功率是指轴上输出的机械功率，它等于额定电压和额定电流的乘积，再乘以电动机的额定效率。直流发电机的额定功率是指电机出线端输出的电功率，它等于额定电压和额定电流的乘积。

第三节　直流电机的绕组

从直流电机的工作原理可知，直流电机必须具有能在磁场里转动的线圈。在电动机里，线圈中通过电流，产生电磁转矩，使线圈在磁场里转动，于是在线圈中感应产生反电动势，吸收电功率，实现了将电能转换为机械能的机电能量的转换。而在发电机里，线圈在磁场里转动时，线圈中感应产生电动势，通过换向器及电刷向外输出，接上负载后，电流流过线圈，产生制动性的电磁转矩，吸收机械功率，实现了机械能转换为电能的机电能量的转换。由此可见，在直流电机中，这种能在磁场中转动的线圈是实现机电能量转换的枢纽，所以直流电机的转子称为电枢。在实际电机中，电枢表面上均匀分布的槽内嵌放着许多线圈。这些线圈按一定规律连接起来，构成直流电机的电枢绕组，以便通过一定大小的电流和感应产生足够的电动势。实质上，电枢绕组就是直流电机的主要电路，所以，它是直流电机的一个重要部件。本节将说明电枢绕组的构成。

电枢绕组在实现机电能量转换过程中起着重要作用，对它的要求是：在能通过规定的电流和产生足够的电动势的前提下，尽可能节省有色金属和绝缘材料，并且要结构简单、运行可靠等。从这些要求出发，下面先分析一个简单的绕组，以阐明绕组构成的原则。

一、简单的绕组

在叙述直流电机的工作原理时，我们认为电枢上仅有一个线圈，线圈的端子分别与互相绝缘的换向片相连接，如图 2-3 所示。如果电枢上有 4 个线圈，换向器需由 8 个换向片组成，如图 2-12 所示，线圈增多了但互相不连接。这样的绕组不能符合上面所提出的要求，因为线圈互相不连接，如作电动机运行，电流不能通过所有线圈，即只有一个线圈通有电流而产生电磁转矩；如作发电机运行，也不能将所有线圈的感应电动势同时向外引出，线圈利用率不高，以致产生的电磁转矩与感应电动势大小均不足。为此，必须将所有线圈互相连接起来，使它们同时作用。

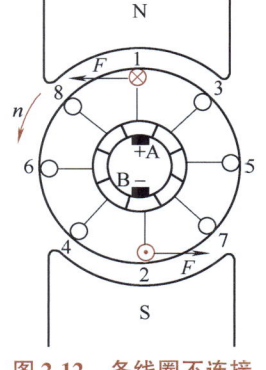

图 2-12　各线圈不连接的多线圈装置

如果将图 2-12 中的线圈边 1、2、3、4、5、6、7、8 分别构成 4 个线圈，做如图 2-13a 所示的安排，且嵌放在均匀分布的电枢槽内，并将相邻线圈的首端和末端一起焊接到一个换向片上，使所有线圈通过换向片连接成一个整体，构成一个闭合的电枢绕组。以电动机为例，观察在图 2-13a 所表示的瞬间，从电刷外端看去，4 个线圈的 8 个线圈边构成了两条并联支路，一条支路由线圈边 1、2、3、4 组成，另一条支路由线圈边 8、7、6、5 组成，由电刷将它们并联起来。沿线圈边 6、7 的中间切开，并展开成平面的连接图如图 2-13e 所示。当电枢逆时针方向转过 90°时，构成闭合电枢绕组的情况和前者一样，无非是组成各支路的线圈边有所改变而已。但当电枢逆时针方向转过 45°时，如图 2-13b 所示，情况有些不同。此时，组成两条支路的线圈边分别为 3、4 和 7、8，而线圈边分别为 1、2 和 5、6 的两个线圈却被电刷短路了，这也无妨，因为在短路瞬间，该线圈的线圈边位于两主极之间的磁通密度最小处,所感应的电动势最小或为零。总之,按图 2-13a 所示那样,将线圈嵌放在电枢槽内,并连接起来,电枢连续旋转时,虽然组成每条支路的线圈边在轮换,但并联的支路数保持不变,每条支路的串联线圈边数也不变,这样可以使所有线圈都被利用,就可以把绕组设计得使其能满足对电机的电流和电动势的要求。由此可知,直流电机电枢绕组是一个通过换向片连接起来的闭合绕组。这是直流电机电枢绕组构成的原则。

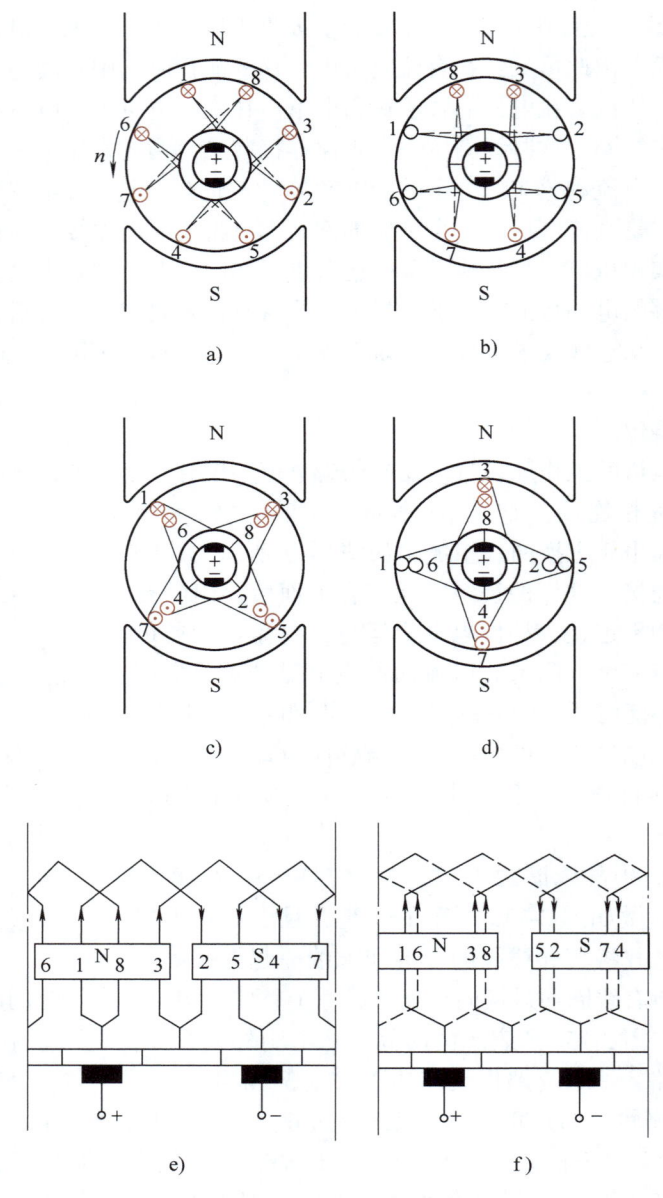

图 2-13 简单的绕组

a) 单层简单绕组位置一　b) 单层简单绕组位置二　c) 双层简单绕组位置一　d) 双层简单绕组位置二
e) 单层简单绕组位置一的展开图　f) 双层简单绕组位置一的展开图

由上述连接原则可知，绕组中每个线圈的两个端子各接到一个换向片上，它是绕组的一个单元，称为元件。为了使一个元件的两个有效边（即切割磁场的边）中所感应产生的电动势大小相等或相差不多，而且对一个元件回路来说，两个线圈边中电动势是叠加的，也就是说要使元件中的电动势尽可能大一些，那么元件的跨距（元件边间的距离）应等于或接近于一个极距（每个主磁极在电枢圆周上所分得的弧长）。明确了绕组连接的原则以及对元件的要求以后，下面介绍直流电机电枢绕组的基本形式。

二、绕组的基本形式

直流电机电枢绕组的基本形式有两种：一种叫单叠绕组；另一种叫单波绕组。在实际电机中，为了使元件端接部分能平整地排列，每个槽中的元件边分上下两层叠放，一个元件边放在一个槽的上层，另一个元件边放在另一个槽的下层，如图 2-13c、d 所示（图 2-13c 所示瞬间对应的平面展开图如图 2-13f 所示）。所以直流电机绕组一般都是双层绕组，其元件形式如图 2-14 所示。

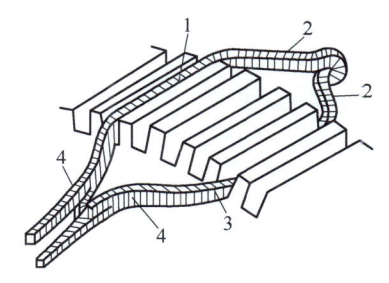

图 2-14 元件边在槽内的放置情况

1—上层元件边　2—后端接部分
3—下层元件边　4—首端接部分

下面分别说明单叠绕组和单波绕组的连接规律，以便进一步理解直流电机电枢电路的组成情况。

（一）单叠绕组

单叠绕组连接的特点是元件两个端子连接于相邻的两个换向片上，如图 2-15 所示。图中上层元件边（首端）用实线表示，下层元件边（末端）用虚线表示；元件跨距称为第一节距，用 y_1 表示（一般 y_1 用所跨槽数计算）；上层元件边与下层元件边所连接的两个换向片之间的距离称为换向器节距，用 y_c 表示（一般 y_c 用换向片数计算）。单叠绕组的所有相邻元件依次串联，即后一元件的首端与前一元件的末端连在一起，并接到一个换向片上。最后一个元件的末端与第一个元件的首端连在一起，形成一个闭合的回路。由于这种绕组的任何两个紧相串联的后一个元件的端接部分紧"叠"在前一个元件的端接部分上，同时元件两个端子所连接的换向片之间的距离等于一个换向片的宽度，所以这种绕组称为单叠绕组。单叠绕组常采用右行绕组。

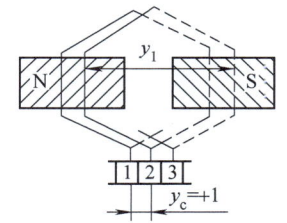

图 2-15 单叠绕组元件在电枢上连接的情况

下面用一个例子来分析单叠绕组连接的特点和支路组成的情况。

一台直流电动机的绕组数据为：极对数 $p=2$，槽数 Q 为 16，元件数 S 等于换向片数 K，都为 16，即 $Q=S=K=16$；取元件跨距为跨 4 个槽，即 $y_1=4$；元件两端子所连换向片之间的距离为换向器节距 $y_c=1$（即一个换向片）。

绕组展开图如图 2-16 所示。所谓绕组展开图是假想将电枢及换向器沿某一齿（图 2-16 中为第 16 槽与第 1 槽间的 1 个齿）中间切开，并展开成平面的连接图。一般直流电机绕组元件端接部分左右对称，一个上层元件边和一个下层元件边代表一个槽（如槽内所嵌放的元件边不止一上一下两个，而是上层有 u 个、下层也有 u 个时，则一个上层元件边和其下层元件边定义为一个虚槽，虚槽数可用 Q_u 表示）。图 2-16 中所表示的 N 极，其磁回路进入纸面，S 极的磁回路从纸面穿出，箭头表示电磁转矩的方向，所考虑的是电动机，这个方向也是电枢旋转方向，每个电刷都放在磁极轴线下方的位置上。磁回路方向、电磁转矩方向和元件中电流方向符合左手定则。为了便于说明问题，将元件、槽和换向片按顺序编号。编号时元件的号码、元件上层边所放槽的号码以及上层边连接的换向片的号码应编得一致。例如，1 号元件的上层边放在 1 号槽，并与 1 号换向片相连。编号以后，便可更清楚地看出，如何从 1 号换向片出发，绕经 1 号槽内 1 号元件上层边，按元件跨距（在本例中相隔四个槽），绕过 5 号槽内的下层元件边，到 2 号换向片，再绕经 2 号槽内 2 号元件上层边，到 6 号槽内下层元件边，再到 3 号换向片，这样依次绕过 16 个元件和 16 个换向片。下面用元件连接顺序表（见表 2-1）表示了这种连接的顺序。

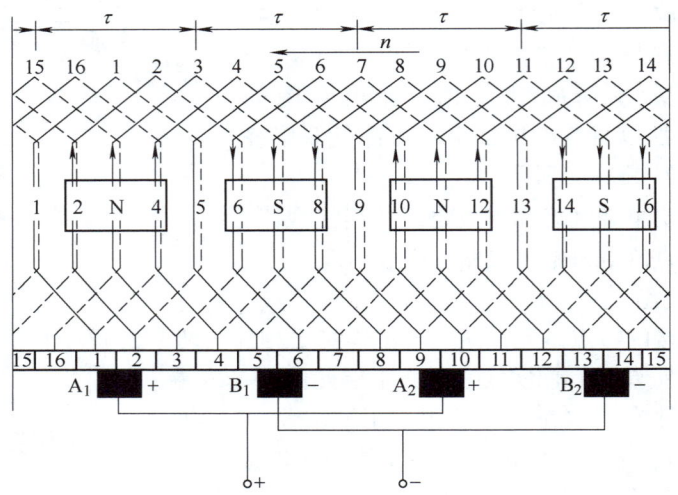

图 2-16　单叠绕组展开图（$2p=4$，$S=K=16$）

表 2-1　单叠绕组元件连接顺序表

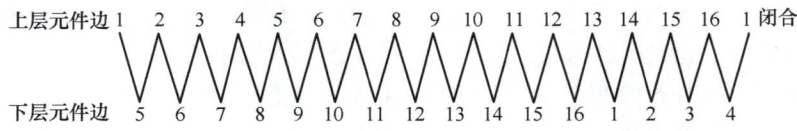

从表 2-1 可以看出，绕组从 1 号换向片出发，绕过电枢一周，将全部元件边与换向片都连接起来，又回到 1 号换向片，形成一个闭合回路。

在绕组展开图（见图 2-16）所表示的瞬间，根据电刷之间元件的连接顺序，可画出相应的电枢绕组电路图（见图 2-17）。按各元件"首末"相连的连接顺序，将元件中电流方向表示在元件上面。例如，2 号元件中电流方向是从元件首端流向元件末端，而 3 号元件又画在 2 号元件的右边，所以 2 号元件中电流方向须画成"从左向右"。元件 2、3、4 中电流方向相同，画成一条支路；元件 6、7、8 中电流大小与前者相同，画成另一条支路。同理，再把元件 10、11、12 和 14、15、16 分别组成的两条支路画出。这

4 条支路连同被电刷短路的元件 1、5、9、13 构成一个闭合回路。在展开图中，电刷 A_1、B_1，A_2、B_2 分别与换向片 1、2、5、6、9、10、13、14 相接触。根据元件上层边号码与所连接的换向片号码一致的规定，画出与元件相连接的换向片以及电刷，再把电刷 A_1 与 A_2、B_1 与 B_2 并联，标上极性。由此得到一幅十分清晰的绕组电路图（即电枢电路图），如图 2-17 所示。

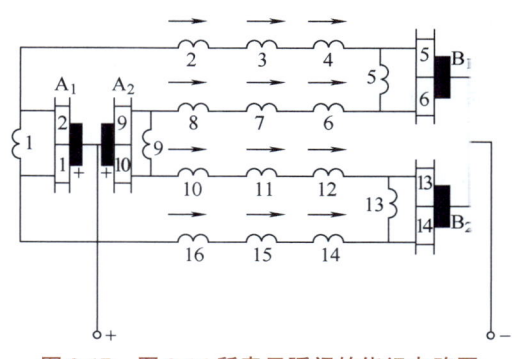

图 2-17　图 2-16 所表示瞬间的绕组电路图

由绕组电路图可看出，从电刷外面看绕组时，电枢绕组由 4 条并联支路组成。凡上层边处在同一个磁极下的元件，其中的电流方向相同，串联起来通过电刷构成一条支路；被电刷短路的元件其元件边处于两相邻磁极间的几何中性线上，由于该处磁极磁场的磁通密度等于零或最小，元件中电动势亦等于零或很小（这种元件的电动势作用在"换向"一节中阐明）。好在此时这些元件不参加组成支路，所以单叠绕组的支路数就等于电机的极数。若以 a 表示支路对数，则

$$a = p \tag{2-2}$$

式中　p——磁极对数。

必须指出，像这种元件端接部分对称的绕组，为了保证在电机作电动机运行时，每个磁极下两元件边中电流相同，使电动机能产生拖动性质的最大电磁转矩；作发电机运行时，能使每条支路的感应电动势最大，电刷必须固定在磁极轴线下的换向片上，且各电刷在换向器表面距离相等，短路元件数等于电刷数。同时从绕组电路图（见图 2-17）看，这种单叠绕组的支路是由电刷引出的，所以电刷数目必须等于支路数，也就是等于极数。

（二）单波绕组

单波绕组是另一种电枢绕组的基本形式，其连接规律和单叠绕组不同。它不是把元件依次串联，而是把相隔大约两个极距，将在磁场中位置差不多相对应的元件连接起来。如果电机作电动机运行，这样连接可以保证元件中通过电流时能产生同方向的电磁力，从而也可以使电机产生的总电磁转矩为最大。这种绕组连接的特点是元件两出线端所连的换向片相隔较远，相串联的两元件也相隔较远。这样连接起来的元件的形式犹如波浪一样向前延伸，所以称为波绕组。又由于顺着串联元件绕电枢一周以后，元件的末端不能与起始元件上层元件边所连的换向片相连，而必须与其相邻的换向片相连，如图 2-18 所示，否则元件绕电枢一周以后就闭合，无法再把元件继续连接下去。这样，起始换向片（见图 2-18 中的"1"号换向片）与绕电枢一周后所连换向片（见图 2-18 中的"15"号换向片）相距为 1 个换向片（即相邻的换向片）的距离，所以这种波绕组称为单波绕组。按上述连接规律，单波绕组连接的特点是：

单波绕组绕电枢一周后，经过 p 对

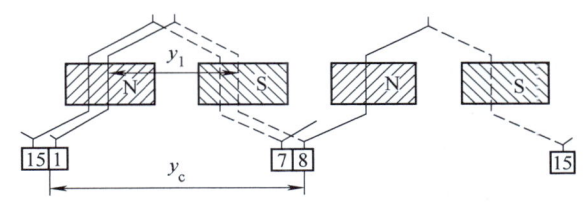

图 2-18　单波绕组元件在电枢上的连接情况

磁极，就有 p 个元件串联起来，每个元件在换向器上跨过 y_c 个换向片，所跨过的总换向片数为 py_c 个，这是单波绕组绕电枢一周后所跨越换向片数的计数的一个方面。另一个方面，绕过一周以后，须连接到起始换向片的后（或前）一个换向片，若总的换向片数为 K，则依顺序去计数，这个换向片正是第 $K-1$（或 $K+1$）个。由此，这种连接特点可用下式表示，即

$$py_c = K \mp 1 \tag{2-3}$$

或

$$y_c = \frac{K \mp 1}{p}$$

式中　p——磁极对数；

$\quad\quad y_c$——元件两出线端所连换向片之间的距离，称为换向器节距；

$\quad\quad K$——换向片数。

单波绕组常采用左行绕组，下面也用一个例子来分析单波绕组。

一台直流电动机的绕组数据为：极对数 $p=2$，槽数 $Q=15$；元件数 S 等于换向片数 K，均为 15，即 $Q=S=K=15$；取元件跨距为跨 3 个槽，即 $y_1=3$；元件两出线端所连换向片之间的距离，即换向器节距 $y_c=(K-1)/p=(15-1)/2=7$（即 7 个换向片）。

上例的数据中，元件跨距之所以取 3 是因为一个元件的元件边所跨的槽数必须是整数。按极距考虑，一个极距应跨越 $15/4=3\frac{3}{4}$ 槽，这里取 3，说明元件的节距小于一个极距。元件两端子所连换向片之间的距离 y_c 也必须是整数。由式（2-3）可知，若极对数是偶数，则换向片数必须是奇数。将元件、槽以及换向片进行编号，编号方法和单叠绕组一样。电刷也放置在磁极轴线下的换向片上，数目也是 4 个。单波绕组各电刷在换向器表面距离也是相等的，但是短路元件数不等于电刷数。绕组连接顺序，也可以用元件连接顺序表表示，见表 2-2。

表 2-2　单波绕组元件连接顺序表

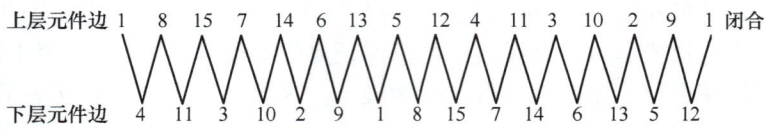

和单叠绕组一样，可画出绕组展开图，如图 2-19 所示。该绕组展开图所表示瞬间的绕组电路图如图 2-20 所示，并根据电刷接触的换向片确定电路图中电刷的位置。画上电刷，将元件所构成的支路并联起来。标明元件中的电流方向和电刷极性。

从绕组电路图可看出，元件 5、12 被两个正极性电刷所短路；元件 1、8、9 被两个负极性的电刷所短路。元件 15、7、14、6、13 串联，这些元件中电流方向相同，构成一条支路。因其上层元件边都在 S 极下，所以产生方向相同的电磁转矩。元件 4、11、3、10、2 串联，这些元件中的电流方向也都相同，构成另一条支路。该支路中元件的上层边都在 N 极下，也产生同方向的电磁转矩。根据左手定则，整个绕组元件边所受到电磁力的方向是一致的，因此，电动机所产生总的电磁转矩为最大。由于每条支路由相

同极性的所有磁极下的元件组成，尽管电枢在转动，组成支路的元件在改变，被电刷短路的元件在更换，但从电刷外面来看，仍旧保持一对支路的情况。所以，单波绕组的支路对数与磁极对数无关，总等于1，即

$$a = 1 \tag{2-4}$$

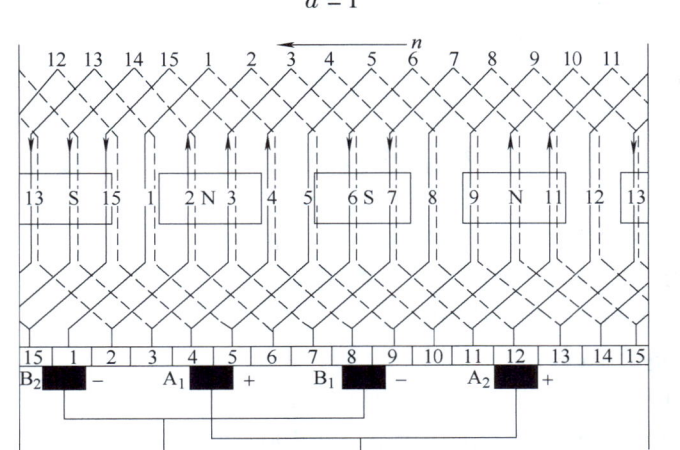

图 2-19　单波绕组展开图（$2p=4$，$S=K=15$）

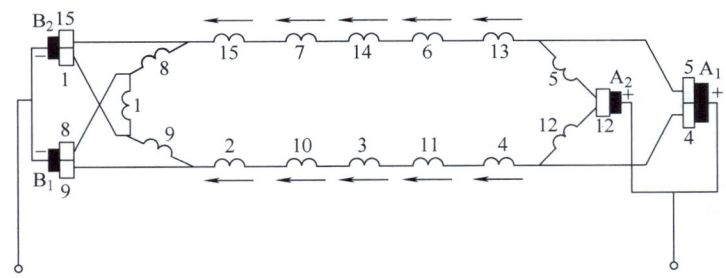

图 2-20　图 2-19 所表示瞬间的绕组电路图

　　由于单波绕组元件端接部分也是对称的，和单叠绕组一样，电刷必须放在磁极轴线下的换向片上。单波绕组的电刷对数也等于磁极对数，如从引出支路的观点来考虑电刷数，因单波绕组不论其磁极对数多少，支路数都只有两条，仅需一对电刷。然而，如果去掉一对电刷，通过所存留的电刷上的电流便增大，因为电刷所允许的电流密度是一定的，就需增大电刷与换向器的接触面积。这就须增加换向器的长度，势必多用铜。因此，一般单波绕组的电刷对数还是等于磁极对数，只有在特殊情况下才例外。

　　直流电机的电枢绕组除单叠、单波两种基本形式外，还有其他形式，如复叠绕组、复波绕组、混合绕组等。这些复绕组相当于其元件是一个隔一个放置在电枢槽内的 m 个（一般是2个）单绕组用电刷并联起来构成的绕组。其连接规律并无多大区别，无非是绕组支路数增加为相应单绕组的 m 倍而已。既然 m 个单叠（单波）绕组可以构成复叠（复波）绕组，那么一套叠绕组和一套波绕组连接在同一换向器上也可以构成一种绕组，这样的绕组就是混合绕组。关于这些复绕组的连接规律，读者可参阅电机学方面

的书籍。

总的来说，各种绕组的差别主要在于它们的并联支路上，支路数多，相应地组成每条支路的串联元件数就少。原则上，电流较大、电压较低的直流电机，例如正常电压、大中容量的直流电机多采用叠绕组。若直流电机的电流较小，电压较高，就采用支路数较少而每条支路串联元件较多的波绕组。这样，波绕组就比较适用于几十千瓦以下的中小型电机以及电压较高的中型电机。

第四节　直流电机的励磁方式及磁场

前边已指出，实现机电能量转换必须有一个能在磁场中转动的线圈。那么能允许这种线圈转动的磁场是怎样产生的？其大小和分布情况又是怎样的？这些问题都是学习电机运行原理时所必须具备的基础知识。

一、直流电机的励磁方式

在直流电机中，由磁极的励磁磁动势单独建立的磁场是电机的主磁场，也称为励磁磁场。励磁方式是指对励磁绕组如何供电、产生励磁磁动势而建立主磁场的问题。以直流电动机为例，按励磁方式的不同，可分为以下几种。

1. 他励直流电动机

他励直流电动机是一种励磁绕组与电枢绕组无连接关系，而由其他直流电源对励磁绕组单独供电的直流电动机，如图 2-21a 所示。永磁直流电机也可看作他励直流电机，因其主磁场也与电枢电流无关。

2. 并励直流电动机

并励直流电动机的励磁绕组与电枢绕组并联，如图 2-21b 所示。这种直流电动机的励磁绕组上所加的电压就是电枢电路两端的电压，其电流关系为 $I = I_a + I_f$。

3. 串励直流电动机

串励直流电动机的励磁绕组与电枢绕组串联，如图 2-21c 所示。这种直流电机的励磁电流就是电枢电流，若有调节电阻与励磁绕组并联，其电流则为电枢电流的一部分。

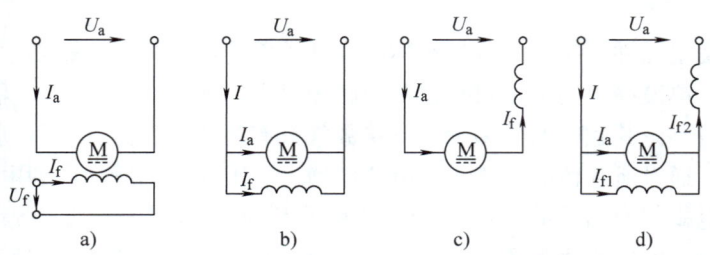

图 2-21　直流电动机按励磁方式分类
a）他励　b）并励　c）串励　d）复励

4. 复励直流电动机

这种直流电机的主磁极上装有两个励磁绕组，一个与电枢电路并联（称为并励绕组），然后再和另一个励磁绕组串联（称为串励绕组），如图 2-21d 所示。也可以一个励磁绕组与电枢绕组串联后，再和另一个励磁绕组并联。若串励绕组产生的磁动势与并励绕组产生的磁动势方向相同，称为积复励；若两个磁动势方向相反，则称为差复励。

直流电机的运行特性随着励磁方式的不同而有很大差别。上述4种励磁方式电动机均可采用。直流发电机的主要励磁方式是他励式、并励式和复励式。

二、直流电机的空载磁场

直流电机的空载是指电枢电流等于零或者很小，且可以不计其影响的一种运行状态。此时电机无负载，即无功率输出（在电动机中，指无机械功率输出；在发电机中，指无电功率输出）。所以直流电机的空载磁场是指由励磁磁动势单独建立的磁场。

图 2-22 所示为一台四极直流电机空载时，由励磁电流单独建立的磁场分布图。从图中可以看出，绝大部分磁通经由主磁极及气隙而通过电枢铁心，这部分磁通同时与励磁绕组和电枢绕组相交链，称为主磁通 Φ_0。还有一部分磁通量不通过气隙，仅交链励磁绕组本身，并不进入电枢铁心，也不和电枢绕组相交链，这部分磁通称为漏磁通 Φ_σ。主磁通磁回路中的气隙较小，所以总磁导率较大；而漏磁通的磁回路中空间较大，其总磁导率较小。作用于这两个磁回路中的磁动势都是励磁磁动势，故漏磁通的数量比主磁通要小得多，在直流电机里，一般不计漏磁通。

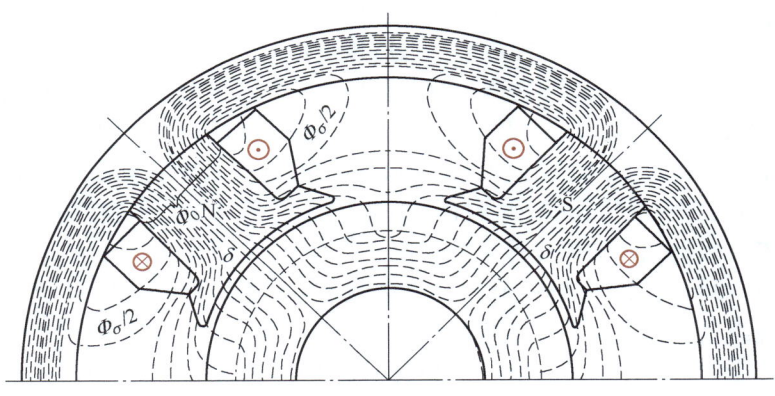

图 2-22 直流电机空载时的磁场分布

由于主磁极极靴宽度总是比一个极距要小一些，在极靴下的气隙又往往是不均匀的，所以主磁通经过的每个磁回路不尽相同，在磁极轴线附近的磁回路中气隙较小；接近极尖处的磁回路中含有较大的空间。如果不计铁磁材料中的磁压降，在气隙中各处所消耗的磁动势均为励磁磁动势。因此，在极靴下气隙小，气隙中沿电枢表面上各点磁通密度较大，其幅值为 B_δ。在极靴范围以外，磁回路中气隙长度增加很多，磁通密度显著减小，至两极之间的几何中性线处磁通密度就等于零。若不计齿槽影响，直流电机空载时，其气隙磁场（主磁场）的磁通密度分布波形如图 2-23 所示。

电机运行时，要求每极下有一定量的主磁通量 Φ_0，也就是要求有一定的励磁磁动势。在实际电机中，励磁绕组匝数 N_f 已经确定，所以就要求有一定的励磁电流 I_{f0}。这种相应的要

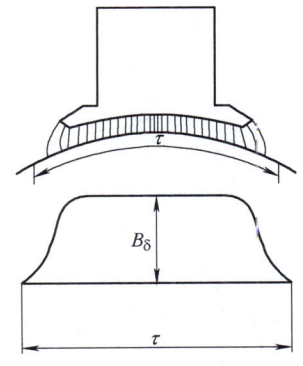

图 2-23 气隙中主磁场磁通密度的分布

求可表示为主磁通 Φ_0 与励磁磁动势 F_{f0} 或励磁电流 I_{f0} 的关系，即 $\Phi_0 = f(F_{f0})$ 或 $\Phi_0 = f(I_{f0})$。这种 Φ_0 与 F_{f0}（或 I_{f0}）的关系也就是电机磁路的 B-H 曲线转化而来的曲线，称为电机的磁化曲线，它表明了电机磁路的特性。电机的磁化曲线可以通过电机磁路计算求得。由图 2-22 可看出，主磁通所经过的磁回路由主磁极铁心、气隙、电枢齿、电枢轭和定子磁轭 5 部分组成。磁回路中存在着铁磁材料，而铁磁材料的 B-H 曲线是非线性的，磁导率不是常数，这就使得 $\Phi_0 = f(F_{f0})$ 的关系也是非线性的。根据磁路定律可知，总磁动势 F 等于磁回路中各段磁路的磁压降 Hl 之和；而磁通 Φ 等于磁通密度和磁回路横截面积 A 的乘积。故电机磁化曲线的形状必然和所采用的铁磁材料的 B-H 曲线相似。若不计磁滞现象，磁化曲线如图 2-24 所示。

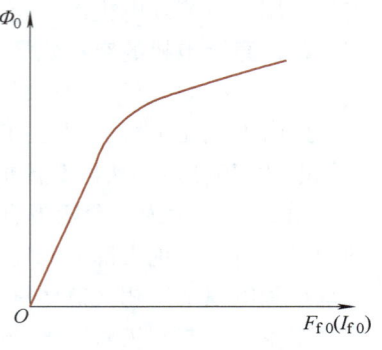

图 2-24 磁化曲线

磁化曲线可以用抛物线形函数表达式去逼近，其解析式可表示为

$$\Phi_0 = a_\varphi I_{f0}^2 + b_\varphi I_{f0} + c_\varphi \tag{2-5}$$

式中 a_φ、b_φ、c_φ——系数，可用最小二乘原理求得。

电机的磁化曲线说明，电机磁路中磁通数值不大时，磁动势随磁通成正比例地增加；当磁通达到一定数值后，磁动势的增加比磁通增加得快，磁化曲线呈饱和特性；当磁通数值已很大要再增加时，对应的磁动势就急剧增加，这时电机磁路的饱和程度就很高了。以后我们会知道，电机饱和程度大小是要影响到电机运行特性的。

三、直流电机负载时的磁场及电枢反应

直流电机空载时，其气隙磁场仅由主磁极上的励磁磁动势所建立。当电机带上负载以后，电枢绕组内流过电流，在电机磁路中，又形成一个磁动势，这个由电枢电流所建立的磁动势称为电枢磁动势。因此，负载时，电机中的气隙磁场是由励磁磁动势和电枢磁动势共同建立的。由此可知，在直流电机中，从空载到负载，其气隙磁场是变化的，这表明电枢磁动势对气隙磁场会产生影响。电枢磁动势对励磁磁动势所产生的气隙磁场的影响称为电枢反应。

电枢反应与直流电机的运行特性关系很大，对电动机来说，它影响电机的转速；对发电机来说，将直接影响到电机的端电压。另外，它对直流电机的换向也是不利的。同时，电枢磁动势的作用，除产生电枢反应之外，还与气隙磁场相互作用而产生电磁转矩。电机的感应电动势、电磁转矩都是实现机电能量转换的要素。

电枢磁动势会如何影响电机中的气隙磁场呢？这就是下面所要讨论的问题。

励磁磁动势单独建立的气隙磁场的大小和分布问题，前面已经讨论过了。由于磁路是非线性的，理应将电枢磁动势与励磁磁动势合成后，再根据合成磁动势去求出气隙磁场，由此得出电枢磁动势对气隙磁场的影响，但这样做比较麻烦。若只做定性分析，可先不计非线性因素，应用叠加原理，先把电枢磁动势和电枢磁场的特性分别分析清楚，然后把两种磁场合成后再考虑饱和问题，就可以看清楚电枢磁动势对气隙磁场的影响了。

图 2-25 所示为电刷在几何中性线上时电枢磁场的分布。为了画图简单起见，元件

边只画一层，认为电枢表面是光滑的；省去换向器；电刷则需放在几何中性线上直接与元件边接触（在实际电机中，电刷放在磁极轴线下的换向片上）。被电刷短路的元件两个边正好位于几何中性线上的电枢槽内，电刷通过换向片和元件端接部分与短路元件的元件边接通。所以，省去换向器和元件端接部分，将电刷与位于几何中性线上的元件直接接触，这样做不至于改变电机内部的电磁过程。

不论什么形式的电枢绕组，其各支路中的电流都是通过电刷引入或引出的。在一个磁极下元件边中电流方向都是相同的；不同极性的磁极下元件边中电流方向总是相反的。因此，电刷是电枢表面各元件边中电流分布的分界线。当电枢绕组中通过电流时，若电枢上半个表面上元件边中电流为流入纸面，下半个表面上元件边中电流为流出纸面，电枢本身就成为电磁铁，其磁场分布的情况如图 2-25 所示。由于电刷与换向器的作用，尽管电枢在转动，然而每极下元件边中的电流方向还是不变的，可见电枢磁动势以及由它建立的电枢磁场也是不动的。因此，电枢磁动势轴线（即电磁铁轴线）的位置总是与电刷轴线重合，而与磁极轴线互相垂直。

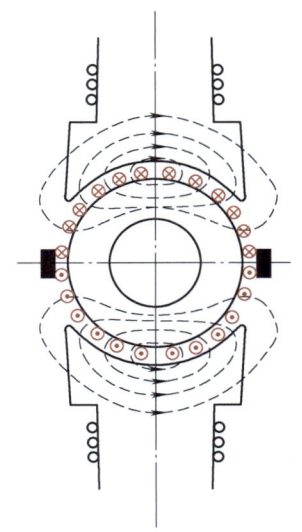

图 2-25 电刷在几何中性线上时的电枢磁场

确定了电枢磁场的分布情况以后，就可寻求电枢磁动势和电枢磁场的磁通密度沿电枢表面分布的情况。下面先讨论一个元件产生的电枢磁动势。

设电枢槽内仅嵌有一个元件，该元件的轴线（即元件的中心线）与磁极轴线垂直（见图 2-26a），即元件边就处在磁极轴线上。元件有 N_y 匝，则每个元件边有 N_y 根导线。元件中的电流（即导线中的电流）为 i_a，则元件边所产生的磁动势为 $i_a N_y$。由该元件所建立的磁回路路径如图 2-26a 所示，设想将电机从几何中性线处切开，展平后如图 2-26b 所示。从图可以看出，任何一个磁回路只与一个元件边相交链，而不可能同时与两个元件边相交链。磁场分布对称于电刷轴线，且反向对称于磁极轴线（即离磁极轴线相同距离的磁场，大小相等、方向相反）。根据全电流定律可知，作用在任一闭合磁回路的磁动势等于它所包围的全电流，因此每个磁回路的磁动势均为 $i_a N_y$。每个磁回路通过两个气隙，如不计铁磁材料中的磁压降，则磁动势全部消耗在气隙中。在直流电机中，与磁极轴线等距离处的气隙大小相等，所以磁回路通过一次气隙所消耗的磁动势为磁回路所包围的全电流的一半，即 $i_a N_y/2$。若以几何中性线为纵轴，电枢周长为横轴，则磁动势方向与磁回路方向一致。做这些规定以后，一个元件消耗于气隙的磁动势的空间分布关系为

$$\begin{cases} F_{axy} = \dfrac{1}{2} i_a N_y, & -\dfrac{\tau}{2} < x < \dfrac{\tau}{2} \\ F_{axy} = -\dfrac{1}{2} i_a N_y, & \dfrac{\tau}{2} < x < \dfrac{3\tau}{2} \end{cases} \qquad (2-6)$$

将式（2-6）用曲线形式表示，如图 2-26b 所示。所以，宽度为一个极距的元件所产生的电枢磁动势在空间的分布为一个以两个极距 2τ 为周期、幅值为 $i_a N_y/2$ 的矩形波。

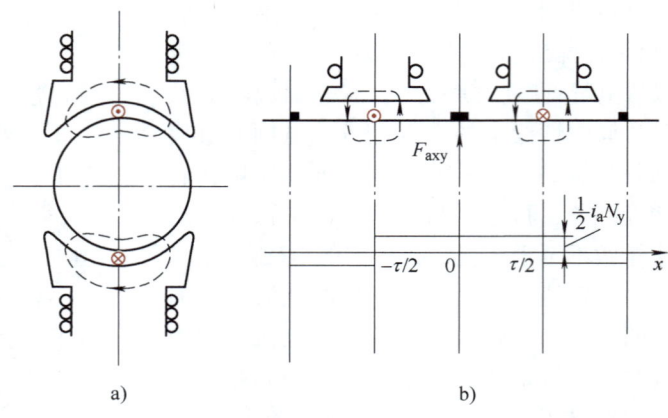

图 2-26 一个元件所产生的电枢磁动势
a) 磁场分布　b) 磁动势分布

若每极下有 4 个元件边，均匀分布在电枢表面上，并以磁极轴线为中心左右对称，根据以上分析，每个元件的磁动势空间分布均为一个高为 $i_a N_y/2$、宽度为 τ 的矩形波。这样的矩形波共有 4 个，它们互相之间的位移为一个槽距（槽与槽之间的距离）。把这 4 个矩形波叠加起来，可得一个每级高度为 $i_a N_y$、阶梯数为 2 的阶梯形波。如果每个极下元件边的数目较多，且均匀分布在电枢表面上，那么总的电枢磁动势波形会接近图 2-27 中所示的三角形波。由于实际电机中，电枢上的元件很多，可近似地认为电枢磁动势分布波形为一个三角形波，电枢磁动势的轴线即位于三角形的顶点上。由于每个极下元件中的电流方向是不变的，所以电枢磁动势分布波的位置是固定的。换句话说，它与主磁场的

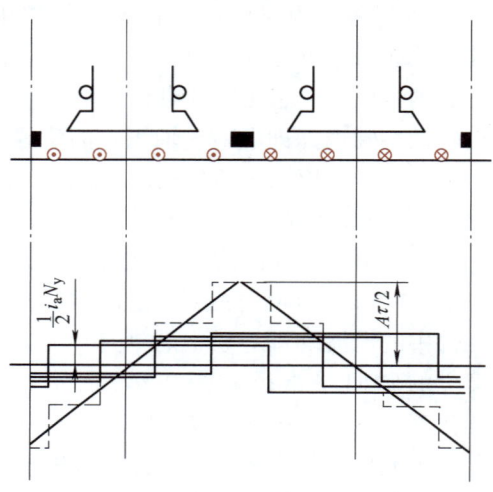

图 2-27 4 个元件所产生的电枢磁动势波形

分布波是相对静止的。设 N 为电枢绕组的总导线数，S 为元件数，p 为极对数，τ 为极距，D_a 为电枢直径，则阶梯级数为

$$\frac{1}{2} \times \frac{2S}{2p} = \frac{S}{2p} \tag{2-7}$$

则阶梯形波或三角形波的幅值（单位为 A）为

$$F_{ax} = i_a N_y \frac{S}{2p} = \frac{N i_a}{\pi D_a} \frac{\tau}{2} = \frac{A\tau}{2} \tag{2-8}$$

式中　A——电枢表面单位周长的安培导线数，$A = \dfrac{N i_a}{\pi D_a}$，称为线负荷。

和决定主磁场磁通密度的分布曲线一样，忽略铁心中的磁压降，即可求出电枢磁场的磁通密度沿电枢表面分布的曲线。这条曲线表示为

$$B_{ax} = \mu_0 \frac{F_{ax}}{\delta} \tag{2-9}$$

式中 δ——气隙长度。

式（2-9）表明：B_{ax} 与 F_{ax} 成正比，而与 δ 成反比。因为极靴下气隙变化不大，极间气隙较大，所以极间电枢磁场大为削弱，B_{ax} 曲线呈马鞍形，如图 2-28 所示。

以电动机为例，把主磁场与电枢磁场合成，将合成磁场与主磁场比较，便可看出电枢反应的作用。

在电机展开图（见图 2-28）中，表明了磁极极性和极下元件边中的电流方向。根据左手定则，决定转动方向，再按磁回路方向与磁动势方向一致的原则，可分别画出主极磁场分布曲线 $B_{0x}=f(x)$ 及电枢磁场分布曲线 $B_{ax}=f(x)$。将 $B_{0x}=f(x)$ 与 $B_{ax}=f(x)$ 沿电枢表面逐点相加，可得出负载时气隙内合成磁场分布曲线 $B_{\delta x}=f(x)$，如图中实线所表示。将 $B_{\delta x}=f(x)$ 与 $B_{0x}=f(x)$ 比较，得出以下两点。

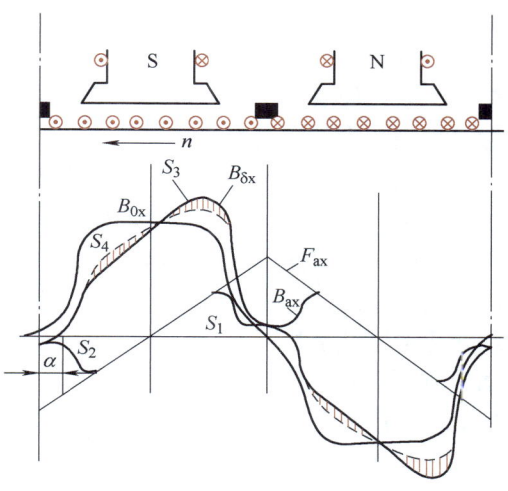

图 2-28 电枢反应

1. 负载时气隙磁场发生了畸变

因为电枢磁场使主磁场一半削弱，另一半加强，并使电枢表面磁通密度等于零处离开了几何中性线。我们称通过电枢表面的磁通密度等于零的这条直线为物理中性线，所以说负载时，电机中物理中性线与几何中性线已不再重合，而出现一个位移角。在电动机中，物理中性线逆电动机旋转方向移过一个不大的 α 角；在发电机中，则顺发电机旋转方向移过一个不大的 α 角。

2. 呈去磁作用

在磁路不饱和时，主磁场削弱的量与加强的量恰好相等（因为图 2-28 中表示出面积 $S_1=S_2$）。但在实际电机中，磁路总是饱和的。负载时，实际合成磁场曲线如图 2-28 中虚线所示。因为在主磁极两边磁场变化情况不同，一边是增磁的，另一边是去磁的。增磁会使饱和程度提高，铁心磁阻增大，从而使实际的合成磁场曲线要比不计饱和时略低。去磁作用可使磁通密度比空载时低，磁通密度减小了，饱和程度就降低，因此铁心磁阻略有减少。结果使实际的合成磁场曲线比不计饱和时略高。由于磁阻变化的非线性，磁阻增加比磁阻减小要大些，增加的磁通的数量就会小于磁通减少的数量（图 2-28 中表示出面积 $S_4 < S_3$），因此负载时比空载时每极磁通略有减少。总的说来，电枢反应的作用不但使电机内气隙磁场发生畸变，而且还会呈去磁作用，对电机的运行也是有影响的。

第五节 感应电动势和电磁转矩的计算

一、感应电动势的计算

直流电机无论作电动机运行还是作发电机运行，电枢绕组内部都感应产生电动势。

这个感应电动势是对一条支路的电动势（亦即电刷间的电动势）而言。分析绕组时已明确，在电刷放在磁极轴线下的换向片上的情况下，不论是什么形式的绕组，构成每一条支路的所有串联元件的上层边总是处于同一极性的磁场中，所以元件中的电动势均为同一方向。即使在负载时，气隙中磁场发生畸变，支路中有少数元件因处于不同极性的磁场中，其感应电动势的方向与绝大多数元件的相反，也可用每极有效磁通 Φ 来计算直流电机的感应电动势。因为每条支路的元件分布在磁场内不同位置，如图 2-29 所示，所以每个元件内感应电动势的瞬时值是不同的，但是当元件数甚多时，任何瞬时构成支路的情况都没有多大差别，而每个元件中电动势的变化情况又是相同的，因此可认为每条支路中各元件电动势瞬时值的总和是不变的。先求出每个元件电动势的平均值，然后乘上每条支路中的串联元件数，就可得出支路电动势。

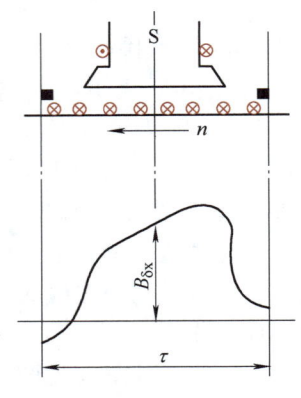

图 2-29 气隙磁通密度与导线中的感应电动势

图 2-29 表示出电动机的气隙磁场分布与元件中的电动势方向，当元件轴线从某一主极轴线位置转到相邻主极轴线位置时，电枢所转过的电角度为 π，而与元件交链的磁通由 Φ 变到 $-\Phi$。设以电角度为单位的电枢角速度为 ω，这个过程所经过的时间为

$$\Delta t = \frac{\pi}{\omega} = \frac{\pi}{\frac{2p\pi n}{60}} = \frac{60}{2pn} \tag{2-10}$$

式中　n——电枢的转速（r/min）；
　　　p——极对数。

根据电磁感应定律 $e = -\mathrm{d}\Psi/\mathrm{d}t = -N_y\mathrm{d}\Phi/\mathrm{d}t$，一个匝数为 N_y 的元件中感应电动势的平均值为

$$E_a = \frac{1}{\Delta t}\int_0^{\Delta t} e\,\mathrm{d}t = \frac{1}{\frac{60}{2pn}}\int_0^{\frac{60}{2pn}} e\,\mathrm{d}t = \frac{2pn}{60}\int_{+\Phi}^{-\Phi} -N_y\mathrm{d}\phi \tag{2-11}$$

$$= \frac{2pn}{60}N_y 2\Phi = 4N_y\frac{pn}{60}\Phi$$

每条支路串联的元件数是 $S/(2a)$，支路电动势的平均值为

$$E_a = 4N_y\frac{pn}{60}\frac{S}{2a}\Phi \tag{2-12}$$

绕组的全部有效导体数是 $Z = 2SN_y$，所以

$$E_a = 4N_y\frac{pn}{60}\frac{S}{2a}\Phi = \frac{pZ}{60a}\Phi n = C_e\Phi n \tag{2-13}$$

式中　$C_e = pZ/(60a)$。

对已制成的电机，C_e 是一个常数，称为电动势常数。

若磁通 Φ 的单位为 Wb，转速 n 的单位为 r/min，算得感应电动势的单位为 V。

如果不计饱和影响，磁通 Φ 与励磁电流 I_f 的关系可表示为

$$\Phi = K_f I_f \tag{2-14}$$

式中 K_f——比例常数。

这样,感应电动势的计算公式可表示为

$$E_a = C_e \Phi n = C_e K_f I_f n = G_{af} I_f \Omega \tag{2-15}$$

式中 $G_{af} = \dfrac{60}{2\pi} C_e K_f = C_T K_f$;

Ω——机械角速度。

直流电机的感应电动势的计算公式是直流电机重要的基本公式之一。它表明感应电动势 E_a 的大小与每极磁通 Φ(有效磁通)和电枢转速的乘积成正比。如不计饱和影响,它与励磁电流 I_f 和电枢机械角速度 Ω 的乘积成正比。

二、电磁转矩的计算

为简明起见,根据安培定律,以电动机为例,建立直流电机电磁转矩的计算公式。

图 2-30 所示为电动机负载时一个极下气隙磁场的分布和载流元件边的分布情况。仍认为电枢表面是光滑的,电刷放在几何中性线上。由于气隙磁通密度分布是不均匀的,所以每个元件所受的电磁力的大小也各不相等。设气隙中某处的径向磁通密度为 $B_{\delta x}$;元件匝数为 N_y,则元件边中含有 N_y 根导线;元件边有效长度为 l;元件中的电流为 i_a。根据安培定律,此处元件边所受的切线方向的电磁力为

$$F_x = N_y B_{\delta x} l i_a$$

电磁力方向按左手定则确定。

设电枢的直径为 D_a,则电磁力 F_x 产生的电磁转矩为

$$T_e = F_x \dfrac{D_a}{2} = N_y B_{\delta x} l i_a \dfrac{D_a}{2} \tag{2-16}$$

若元件数为 S,则电枢表面 dx 段上共有元件边数为 $\dfrac{2S}{\pi D_a} dx$,dx 段电流所产生的电磁转矩为

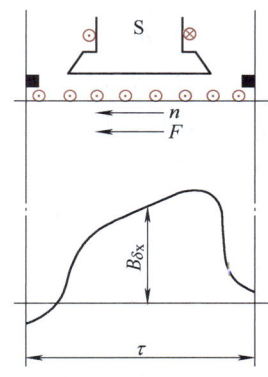

图 2-30 电磁转矩

$$dT_e = T_e \left(\dfrac{2S}{\pi D_a} dx \right) = \dfrac{2S N_y}{\pi D_a} \dfrac{D_a}{2} i_a l B_{\delta x} dx \tag{2-17}$$

绕组的全部有效导体数为 $Z = 2S N_y$;电枢总电流为 $I_a = 2a i_a$,a 为支路对数。式(2-17)可有下列形式

$$dT_e = \dfrac{Z}{4\pi a} I_a B_{\delta x} l dx \tag{2-18}$$

那么,一个极距内导线电流所产生的电磁转矩为

$$T_e = \int_0^\tau \dfrac{Z}{4\pi a} I_a B_{\delta x} l dx = \dfrac{Z}{4\pi a} I_a \int_0^x B_{\delta x} l dx \tag{2-19}$$

式(2-19)中的积分 $\int_0^x B_{\delta x} l dx = \Phi$ 为每极有效磁通,而且每个极下导线电流所产生的电磁转矩都是相同的,所以直流电机电磁转矩的计算公式为

$$T_e = 2p \dfrac{Z}{4\pi a} I_a \Phi = \dfrac{pZ}{2\pi a} \Phi I_a = C_T \Phi I_a \tag{2-20}$$

式中 $C_T = \dfrac{pZ}{2\pi a}$ 对已制成的电机是一个常数，称为转矩常数。

电流 I_a 的单位为 A，磁通 Φ 的单位为 Wb，算得电磁转矩 T_e 的单位为 N·m。和感应电动势的计算公式一样，如不计饱和的影响，电磁转矩的计算公式也可表示为

$$T_e = \dfrac{pZ}{2\pi a}\Phi I_a = G_{af} I_f I_a \tag{2-21}$$

式中 $G_{af} = C_T K_f = \dfrac{pZ}{2\pi a} K_f$。

直流电机的电磁转矩的计算公式（2-21）是直流电机的又一重要基本公式。它表明电磁转矩 T_e 的大小与每极磁通 Φ（为合成磁通）和电枢电流 I_a 的乘积成正比。如不计饱和影响，它与励磁电流 I_f 和电枢电流 I_a 的乘积成正比。

从式（2-15）与式（2-21）可得出下列关系：

$$E_a I_a = G_{af} I_f \Omega I_a = G_{af} I_f I_a \Omega = T_e \Omega \tag{2-22}$$

式（2-22）表明，从电磁的角度看，电动机（或发电机）通过电磁感应作用，从电源汲取（或发出）电磁功率 $E_a I_a$；从机械的角度看，在电动机中，$T_e \Omega$ 为电动机的电磁转矩对机械负载所做的机械功率，而在发电机中，$T_e \Omega$ 为原动机克服制动性电磁转矩所需输入电机的机械功率。所以无论是电动机还是发电机，其能量在转换过程中，电功率转换为机械功率或机械功率转换为电功率的这部分功率为 $E_a I_a$ 或 $T_e \Omega$，故这部分功率称为电磁功率。由于能量不灭，故两者相等。

第六节　直流电机的运行原理

直流电机是拖动系统中进行机电能量转换的重要元件，只有了解直流电机的内部规律，才能掌握其性能而有效地使用直流电机。

本节以电动机为研究的主要对象，在学习了直流电机的工作原理和结构，并具备了关于直流电机电枢电路和磁场的一些理性知识以及初步了解机电能量转换过程的基础上分析直流电机负载时的电磁过程，以及所表现的特性，为学习后续内容提供了必要的基础知识。

一、直流电机的基本方程式

从动力学观点看，电机在进行能量转换时，必有其运动方程式，以表征其内部电磁过程和机电过程。这种运动方程式也就是电气系统的电动势平衡方程式和机械系统的转矩平衡方程式，并由此得出表征机电能量转换时能量平衡关系的功率方程式。下面分别讨论这些方程式。

（一）电动势平衡方程式

直流电机运行时，就其磁场的激励情况而言，是一种定子和转子双边励磁的机电系统。前面已指出，由于电刷与换向器的作用，电枢电流产生的电枢磁动势方向与励磁磁动势方向始终互相垂直。这说明电枢绕组的轴线与励磁绕组的轴线互相垂直，所以励磁磁动势与电枢绕组之间不存在交链作用，亦即说明励磁回路与电枢回路之间不存在互感作用（因为两个磁动势互相垂直，即两个回路的轴线互相垂直，互感等于零）。但是，

转动的电枢回路切割气隙磁场时，则在其中存在一种由机械运动而感应产生的电动势，这个电动势就是前面所讨论过的电枢绕组的支路电动势 $E = G_{af}I_f\Omega$。考虑到直流电机这种特殊关系，不计电机磁路的饱和效应，将这两个电路中的一些参数均视为常数，若电磁量和机械量均为时间函数，根据基尔霍夫定律，可列出并励电动机的电枢回路与励磁回路的电动势平衡方程式

$$u_a = G_{af}i_f\Omega + R_a i_a + L_a \frac{di_a}{dt} \tag{2-23}$$

$$u_f = R_f i_f + L_f \frac{di_f}{dt} \tag{2-24}$$

$$u_a = u_f = u$$

式中　u——电源电压；
　　　u_a——电枢绕组上的端电压；
　　　u_f——励磁绕组上的端电压；
　　　i_a——电枢电流；
　　　i_f——励磁电流；
　　　R_a——电枢电路的电阻（其中包括电刷与换向器的接触电阻）；
　　　R_f——励磁回路的电阻；
　　　L_a——电枢回路的自感系数；
　　　L_f——励磁回路的自感系数；
　　　Ω——电动机的机械角速度。

相应的电路图如图 2-31 所示。

若电机稳态运行，则电路中的电磁量与机械量不是时间的函数，式（2-23）和式（2-24）变为

$$U = U_a = G_{af}I_f\Omega + R_a I_a = E_a + R_a I_a \tag{2-25}$$

$$U = U_f = R_f I_f \tag{2-26}$$

若电机作发电机运行，因感应电动势不是反电动势性质，在电机里是产生电磁功率而不是吸收电磁功率，电枢电流方向与感应电动势的方向相同，则发电机的电动势平衡方程式为

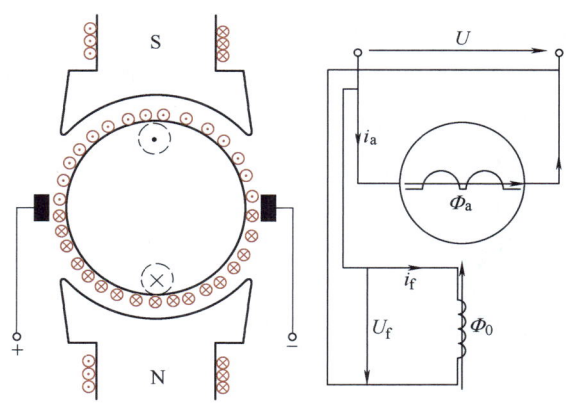

图 2-31　直流电机的电磁系统

$$u_a = G_{af}i_f\Omega + R_a(-i_a) + L_a \frac{d(-i_a)}{dt} \tag{2-27}$$

$$u_f = R_f i_f + L_f \frac{di_f}{dt} \tag{2-28}$$

稳态运行时，电动势平衡方程式则为

$$E_a = U_a + R_a I_a \tag{2-29}$$

$$U_f = R_f I_f \tag{2-30}$$

(二) 转矩平衡方程

根据力学中的牛顿定律，在直流电机的机械系统中，任何瞬间必须保持转矩平衡。

在电动机中，电磁转矩 T_e 是拖动性质的，它必须与轴上的机械负载转矩（等于负载制动转矩 T_2 与空载损耗转矩 T_0 之和）及惯性转矩 $T_J = J\dfrac{d\Omega}{dt}$ 相平衡。电动机的转矩平衡方程式为

$$T_e = T_2 + T_0 + J\dfrac{d\Omega}{dt} \tag{2-31}$$

如果电动机以恒定角速度转动，则 $T_J = J\dfrac{d\Omega}{dt} = 0$，且电磁转矩与机械负载转矩不是时间的函数。由此得出电动机稳定运行时的转矩平衡方程式为

$$T_e = T_2 + T_0 \tag{2-32}$$

在发电机中，原动机的拖动转矩为 T_1，其转矩平衡方程式则为

$$T_1 = T_e + T_0 \tag{2-33}$$

相应的直流电机转矩平衡示意图如图 2-32 所示。

从能量平衡关系可以得出功率平衡关系，对于并励电动机来说，输入的电功率为 $P_1 = UI = U(I_a + I_f)$，其中一小部分 UI_f 为输入励磁回路的电功率，它完全消耗于励磁回路的电阻 R_f 中，称为励磁损耗 p_{Cuf}；而还有一部分的输入电功率，消耗在电枢绕组电阻 R_a 中，这部分电功率称为电枢铜耗 p_{Cua}；消耗在电刷与换向器接触电阻中的电功率，称为电刷接触损耗 p_c。从输入电动机的电功率 P_1 中扣除前述这些损耗以后，就是转换为机械功率的电磁功率 $P_e = E_a I_a$。电动机中的电功率平衡关系为

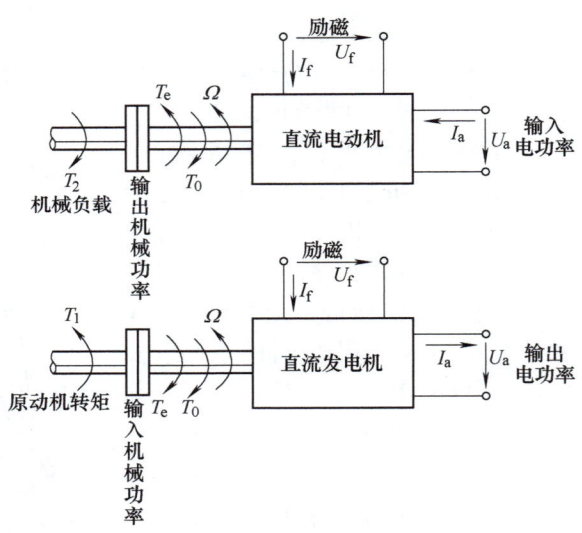

图 2-32 直流电机转矩平衡示意图

$$\begin{aligned} P_1 &= UI = U(I_f + I_a) = UI_f + (I_a R_a + 2\Delta U_c + E_a)I_a \\ &= p_{Cuf} + p_{Cua} + p_c + P_e \end{aligned} \tag{2-34}$$

因为电磁功率 $P_e = E_a I_a = T_e \Omega$，其中一部分为铁心损耗 p_{Fe} 和机械损耗 p_{mech}，还有一些附加损耗 p_Δ（这里暂不阐明）。p_{Fe}、p_{mech} 这两项损耗为空载时的损耗，它们合起来称为空载损耗 $p_0 = p_{Fe} + p_{mech}$，与空载损耗 p_0 对应的转矩为空载转矩 T_0。电磁功率扣除空载损耗以后，即为电动机输出的机械功率 $P_2 = T_2 \Omega$。

下面列出电动机中电磁功率的平衡关系

$$\begin{aligned} P_e &= T_e \Omega = (T_2 + T_0)\Omega = P_2 + p_0 \\ &= P_2 + p_{Fe} + p_{mech} \end{aligned} \tag{2-35}$$

相应的功率图表示在图 2-33a 中。从式（2-35）可得出

$$UI_a = E_aI_a + R_aI_a^2 \tag{2-36}$$

式中 R_a——电枢回路电阻，其中包括电刷与换向器的接触电阻。

将式（2-36）两边除以 I_a，即可得出电动机电枢回路稳态运行时的电动势平衡方程式

$$U = E_a + R_aI_a \tag{2-37}$$

再从式（2-35）可得出

$$T_e = T_2 + T_0$$

对于并励发电机，可得功率平衡关系为

$$P_1 = T_1\Omega = (T_e + T_0)\Omega = P_e + p_0 \tag{2-38}$$
$$= P_e + p_{Fe} + p_{mech}$$

$$P_e = E_aI_a = (U + I_aR_a + 2\Delta U_c)I_a = (UI_a + I_a^2R_a + 2I_a\Delta U_c) \tag{2-39}$$
$$= UI + UI_f + I_a^2R_a + 2I_a\Delta U_c$$
$$= P_2 + p_{Cuf} + p_{Cua} + p_c$$

式中 P_2——发电机输出的电功率，$P_2 = UI$；
I——发电机的负载电流。

同样，由式（2-38）及式（2-39）可得

$$T_1 = T_e + T_0$$

和

$$E_a = U + I_aR_a$$

相应的功率图如图 2-33b 所示。

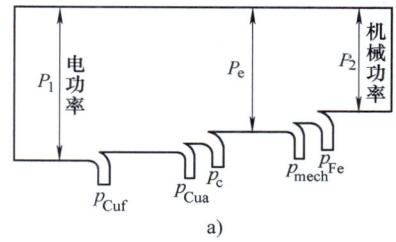

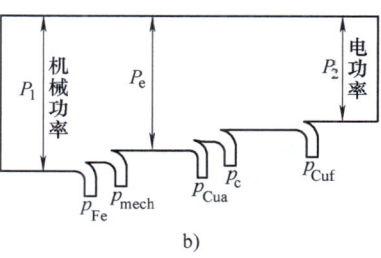

图 2-33 功率图

a) 电动机 b) 发电机

上述的演变过程说明，电动势及转矩的平衡方程式综合了电机内部机电能量转换的过程。

二、直流电动机的工作特性

直流电动机的工作特性是其运行特性之一，是选用直流电动机的一个重要依据，这里就工作特性加以讨论。关于电动机"起动"和"调速"两种运行特性在"直流电动机的电力拖动"中研究。

直流电动机的工作特性是指其端电压 $U = U_N$（额定电压）；电枢回路中无外加电阻；励磁电流 $I_f = I_{fN}$（额定励磁电流）时，电动机的转速 n、电磁转矩 T_e 和效率 η 三者与输出功率 P_2 之间的关系。如用函数形式表示，即 n、T_e、$\eta = f(P_2)$。在实际运行中，电枢电流 I_a 可直接测量，并且 I_a 随 P_2 的增大而增大，两者增大的趋势相差不多，所以往往将工作特性表示为 n、T_e、$\eta = f(I_2)$。

直流电动机的工作特性因励磁方式不同，差别很大，所以讨论工作特性时，既要应用综合电磁过程的所有方程式，又要注意到各种励磁方式的特点。

现将有关方程式和计算公式列出如下：

$$U = E_a + R_aI_a$$
$$U_f = R_fI_f$$
$$E_a = C_e\Phi n$$

$$T_e = C_T \Phi I_a$$

$$P_e = E_a I_a = T_e \Omega = \frac{2\pi}{60} T_e n$$

$$P_1 = p_{Fe} + p_{mech} + p_{Cua} + p_{Cuf} + p_c + P_2$$

下面分别讨论并励式、串励式及复励式电动机的工作特性。

1. 并励直流电动机的工作特性

并励电动机的接线图如图 2-34 所示。

（1）**转速特性** 当 $U = U_N$，$I_f = I_{fN}$ 时，$n = f(I_a)$ 的关系曲线。

把公式 $E_a = C_e \Phi n$ 代入电动势平衡方程式 $U = E_a + R_a I_a$，解出转速为

$$n = \frac{U}{C_e \Phi} - \frac{R_a}{C_e \Phi} I_a \tag{2-40}$$

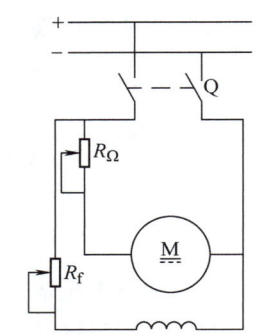

图 2-34 并励电动机接线图

式（2-40）就是电动机的转速公式。对并励电动机而言，若不计电枢反应的去磁作用，可以认为 Φ 是一个与 I_a 无关的常数。所以在 $U = U_N$、$I_f = I_{fN}$ 和电枢回路无外加电阻的条件下，转速特性可表示为

$$n = n_0 - \beta' I_a \tag{2-41}$$

式中 n_0——理想空载转速，$n_0 = U_N / (C_e \Phi)$；
　　　β'——$R_a / (C_e \Phi)$。

显然，当负载增加时，电动机输出功率 P_2 增大，则其输入功率 UI_a 增大，因为端电压 U 恒定，电枢电流 I_a 增大，电枢回路中的电阻压降 $I_a R_a$ 增大，使电动机转速 n 下降，故电动机的转速特性曲线是一根斜率为 $\beta' = R_a / (C_e \Phi)$ 的直线。实际上，直流电动机的磁路总是设计得比较饱和，当电动机输出功率 P_2 增加，电枢电流 I_a 相应增加时，电枢反应会呈去磁作用，气隙磁场减弱，即磁通 Φ 减少。从式（2-40）可知，当磁通随负载及电枢电流的增加而减少时，会使转速趋向上升。为保证电动机稳定运行，在设计电机时，权衡电枢回路中电阻压降和电枢反应去磁作用这两个因素，使并励电动机具有略为下降的特性，如图 2-35 所示。

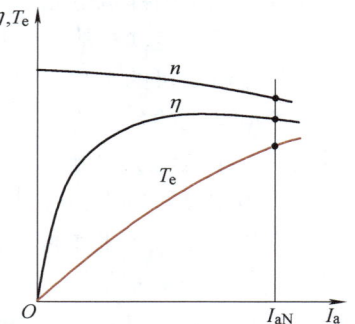

图 2-35 并励电动机工作特性

（2）**转矩特性** 当 $U = U_N$，$I_f = I_{fN}$ 时，$T_e = f(I_a)$ 曲线。

转矩公式 $T_e = C_T \Phi I_a$，直接表示出了 $T_e = f(I_a)$ 的关系，若考虑到转矩平衡方程式 $T_e = T_2 + T_0$，电动机空载时的电磁转矩必与空载转矩相平衡，即

$$T_{e(I_a = I_{a0})} = T_0 \tag{2-42}$$

和讨论转速特性一样，如果不计电枢反应的去磁作用，$I_f = I_{fN}$，电机气隙中的磁通可以认为是不变的，故并励电动机的转矩特性为

$$T_e = C_T \Phi I_a = C_T' I_a \tag{2-43}$$

式中　$C'_T = C_T \Phi$。

即电磁转矩 T_e 与电枢电流 I_a 成正比,两者的关系为通过原点 O 的一条直线（见图2-35）。实际上,电枢电流较大时,电枢反应的去磁作用使实际转矩特性偏离开直线 $T_e = C'_T I_a$。一般情况下,并励电动机的转矩特性仍接近一条直线。

（3）效率特性　当 $U = U_N$，$I_f = I_{fN}$ 时，$\eta = f(I_a)$ 的关系曲线。

电机的效率为输出功率 P_2 与输入功率 P_1 之比,用百分值表示,即

$$\eta = (P_2/P_1) \times 100\% \tag{2-44}$$

前已指出,直流电动机运行时,是将输入电功率转换为轴上输出的机械功率。在能量转换的过程中,有一部分功率不能有效地被利用,而是转换为热量被损失掉。这些损耗就是铜耗、铁耗、机械损耗,以及一种前面曾提到而未考虑过的所谓附加损耗。这里对各种损耗产生的原因和性质做一简要说明,以便于分析效率特性。

1）铜耗。铜耗是指电流流过导体时,消耗在电阻上的损耗,通常绕组用铜线制成,故称铜耗,如果导线由铝线制成,则应称为铝耗。在直流电机中,铜耗主要有两种：一是电枢回路中的铜耗 $p_{Cua} = I_a^2 R_a$,其中 R_a 应包括电枢绕组和换向极绕组的电阻之和,如果有其他绕组（串励绕组和补偿绕组）和电枢绕组串联的话,这些绕组的电阻也应包括在内；其次是励磁回路的铜耗 $p_{Cuf} = I_f^2 R_f$,还有电刷接触损耗。电刷接触电阻不是一个常数,接触损耗用下式计算,即

$$p_c = 2\Delta U_c I_a \tag{2-45}$$

式中　$2\Delta U_c$——一对正负电刷的总接触电压降,对石墨电刷 $2\Delta U_c$ 为2V；对金属石墨电刷约为0.6V。

由于 $p_{Cua} = I_a^2 R_a$,$p_c = 2I_a \Delta U_c$,所以说电枢铜耗及电刷接触损耗是随电枢电流 I_a 而变化的,在稳态运行下,也是随输出功率 P_2 而变化的,这是一种变化的损耗。

2）铁耗。铁耗是指电动机的主磁通在磁路的铁磁材料中交变时所产生的损耗。对直流电机来说,铁耗是由电枢铁心在气隙磁场中旋转而切割磁场所引起的。铁耗包括涡流损耗与磁滞损耗两部分。在磁路理论中已讨论过,这两种损耗都是磁通密度与磁通交变频率的函数。因此在转速和气隙磁通密度变化不大的情况下,铁耗可以认为是不变的。铁耗可以说是一种恒定的损耗。

3）机械损耗。机械损耗包括轴承及电刷的摩擦损耗。机械损耗亦有两部分：一部分是为了冷却电机,加强通风,常在电机轴上装上风扇,这风扇消耗的功率是机械损耗的一部分；另一部分是转子在转动时,与气体发生剧烈摩擦而产生的损耗。机械损耗与电机转速有关,因此在电机转速变化不大时,也可认为机械损耗是不变的。

4）附加损耗。附加损耗 p_Δ 又称杂散损耗。对于直流电机,这种损耗是由于电枢铁心上有齿槽存在,使气隙磁通大小脉振和左右摇摆在铁心中引起的铁损耗,电枢反应使气隙磁场畸变而引起的额外电枢铁耗和换向电流产生的铜耗等。这些损耗是难于精确计算的,对于无补偿绕组的直流电机,通常按额定容量的1%估算,对于有补偿绕组的直流电机,按额定容量的0.5%估算。

对于并励电动机,由于 $U = U_N$，$I_f = I_{fN}$,所以气隙磁通基本上不变,又因并励电动机的转速变化很小,故励磁损耗 p_{Cuf}、铁心损耗 p_{Fe} 以及机械损耗 p_{mech} 都可以认为是不变的。如果不计附加损耗 p_Δ,则并励电动机的效率为

$$\eta = \frac{P_2}{P_1} \times 100\% = \left(1 - \frac{\sum p}{P_1}\right) \times 100\% \qquad (2\text{-}46)$$

$$= \left[1 - \frac{p_{\text{Fe}} + p_{\text{mech}} + p_{\text{Cuf}} + I_a^2 R_a + 2I_a \Delta U_c}{U(I_a + I_f)}\right] \times 100\%$$

从式（2-46）可看出，效率 η 是电枢电流 I_a 的二次曲线。典型的曲线形状如图 2-35 中所示。效率曲线 $\eta = f(I_a)$ 有一个最大值，即电动机在某一负载时，效率达到最高。用求函数极大值的方法可求出最大效率时电动机的电枢电流值。对于并励电动机，$I_{fN} \ll I_N$，可不计 I_{fN}。令 $d\eta/dI_a = 0$，可得

$$p_{\text{Fe}} + p_{\text{mech}} + p_{\text{Cuf}} = I_a^2 R_a \qquad (2\text{-}47)$$

式（2-47）表明，当电动机的不变损耗等于随电流二次方而变化的可变损耗时，电动机的效率达到最高。这个结论具有普遍意义，对其他电机及不同运行方式都适用。电机的最大效率大致出现在 80% 左右的负载时。

2. 串励电动机的工作特性

串励电动机的接线图如图 2-36 所示。串励电动机的励磁绕组与电枢绕组串联，其励磁电流 I_f 等于电枢电流 I_a，气隙主磁通 Φ 随 I_a 而变化，这是串励电动机的特点。因此，串励电动机的电动势平衡方程式、转矩平衡方程式、电动势公式及转矩公式为

$$U = E_a + I_a R_a + I_f R_{fc} = C_e n\Phi + I_a(R_a + R_{fc}) \quad (2\text{-}48)$$

$$E_a = C_e \Phi n = C_a' n I_f = C_a' n I_a \qquad (2\text{-}49)$$

$$T_e = T_2 + T_0$$

$$T_e = C_T \Phi I_a = C_T' I_f I_a = C_T' I_a^2 \qquad (2\text{-}50)$$

式中 R_{fc}——串励绕组电阻；

$C_a' = C_e K_f$；

$C_T' = C_T K_f$；

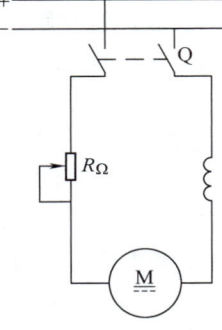

图 2-36 串励电动机的接线图

K_f——主磁通与励磁电流的比例系数 [见式（2-14）]。

从式（2-48）和式（2-49）解出转速 n 为

$$n = \frac{U - I_a R_a'}{C_e \Phi} = \frac{U}{C_a' I_a} - \frac{1}{C_a'} R_a' \qquad (2\text{-}51)$$

式中 $R_a' = R_a + R_{fc}$。

按式（2-51）和式（2-50）画出的串励电动机的转速特性 $n = f(I_a)$ 和转矩特性 $T_e = f(I_a)$ 如图 2-37 所示。串励电动机的转速特性与并励电动机迥然不同。串励电动机的转速随负载增大而迅速降低，变化很大。具有这种特性的原因是由于串励电动机的励磁电流就是电枢电流。当输出功率 P_2 增大时，电枢电流 I_a 亦增大，I_a 的增大必然使气隙磁通 Φ 增大，电枢回路的电压降亦增大。从式（2-51）可看出，这两种作用都促使串励电动机的转速降低。在相反的情况下，空载时电枢

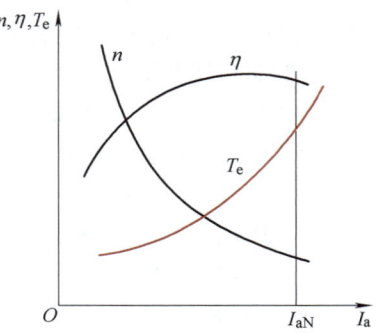

图 2-37 串励电动机工作特性

电流很小,气隙磁通 Φ 及电压降 $I_aR'_a$ 都很小,要产生一定的反电动势 $E_a = C_e\Phi n$ 与电源电压相平衡,电动机的转速将极高。理论上,如果电枢电流趋于零,气隙磁通也将趋近于零,则电动机转速将趋近于无限大,可能导致转子破坏。因此,串励电动机不允许在空载或负载很小的情况下运行。

串励电动机的转矩特性与并励电动机的转矩特性也有所不同。由于串励电动机的转速 n 随输出功率 P_2 的增加而迅速下降,而

$$T_e = T_2 + T_0 = \frac{60}{2\pi}\frac{P_2}{n} + T_0 \tag{2-52}$$

所以电磁转矩 T_e 随着 P_2 的增大、n 的下降而迅速增大。这也可从 $I_f = I_a$ 的特点来说明,当磁路不饱和时,$\Phi = K_fI_f = K_fI_a$;$T_e = C_T\Phi I_a = C_TK_fI_a^2$。当磁路高度饱和时,$\Phi$ 接近不变,$T_e = C_T\Phi I_a = C'_TI_a \propto I_a$,故随着输出功率 P_2 以及 I_a 的增加,串励电动机的电磁转矩 T_e 将以高于电流一次方的比例增加。这种转矩特性很有价值,它保证了在同样大小的起动电流下能得到比并励电动机更大的起动转矩。

至于串励电动机的效率特性,和并励电动机相似。

3. 复励电动机的工作特性

复励电动机的接线图如图 2-38 所示。复励电动机通常接成积复励,它的工作特性介于并励与串励电动机的特性之间。如果并励磁动势起主要作用,它的工作特性就接近并励电动机;如果串励磁动势起主要作用,它的工作特性就接近串励电动机。由于有并励磁动势存在,空载时就没有飞速的危险。复励电动机的转速特性表示在图 2-39 上。图中同时表示出并励电动机和串励电动机的转速特性,以进行比较。

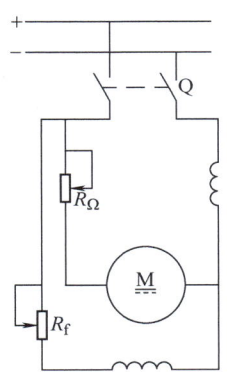

图 2-38 复励电动机的接线图

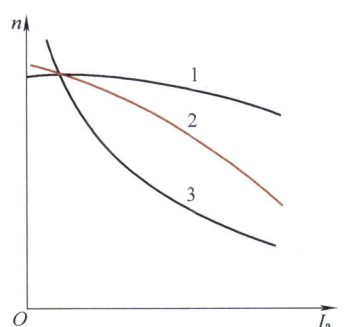

图 2-39 复励电动机的转速特性

1—并励电动机的转速特性　2—积复励电动机的转速特性
3—串励电动机的转速特性

[**例 2-1**] 一台他励直流电动机的额定数据为:$P_N = 1325\text{kW}$,$U_N = 750\text{V}$,$I_N = 1930\text{A}$,$n_N = 200\text{r/min}$,电枢绕组的电阻 $R_a = 0.0161\Omega$,电刷接触压降 $2\Delta U_c = 2\text{V}$。设电动机原来在转速 200r/min 和额定负载下运行,在负载的总制动转矩(包括损耗转矩)保持不变的情况下,试求:

(1) 在电枢回路中突然串入电阻 $R_\Omega = 0.0743\Omega$,在串入电阻的最初瞬间和达到稳

定时的电枢电流和转速分别为多少?

(2) 减少电动机的励磁电流,使磁通 Φ 减少10%,当达到稳定时的电枢电流和转速各为多少?

解 从电动势方程式(2-25),可求得额定负载时的反电动势为

$$E_a = U - I_a R_a - 2\Delta U_c = (750 - 1930 \times 0.0161 - 2)\text{V} \approx 717\text{V}$$

(1) 当突然串入电阻 R_Ω 时,因惯性关系,转速尚来不及变化,因此 $E_a = 717\text{V}$ 未变,这样可求得串入电阻瞬间的电流为

$$I_a = \frac{U - E_a - 2\Delta U_c}{R_a + R_\Omega} = \frac{750 - 717 - 2}{0.0161 + 0.0743}\text{A} \approx 343\text{A}$$

可见,这时电流显著下降。随之电磁转矩也跟着显著下降,电机转速开始下降。

由于总制动转矩保持不变,稳态时的电磁转矩应恢复到原来数值,因此稳态时的电枢电流也应回到原来的数值,即 $I_a = 1930\text{A}$,而稳态时的反电动势 E'_a 应为

$$E'_a = U - I_a(R_a + R_\Omega) - 2\Delta U_c = [750 - 1930 \times (0.0161 + 0.0743) - 2]\text{V} \approx 574\text{V}$$

由于稳态时励磁电流和电枢电流皆和串入电阻之前一样,因此磁通 Φ 没有改变,而反电动势与转速成正比,故得稳态时的转速为

$$n' = n\frac{E'_a}{E_a} = 200 \times \frac{574}{717}\text{r/min} \approx 160\text{r/min}$$

由以上的计算例子可见,这时转速降低的程度和串入电阻 R_Ω 的大小成正比,R_Ω 越大,转速降低越多。

(2) 当磁通 Φ 降低到原来的0.9时,由于总制动转矩不变,最后稳定时电磁转矩一定会回降到原来的数值。又因电磁转矩不变,调速前后磁通之比为 $\Phi/\Phi'' = 1/0.9$,故得稳定时的电枢电流和反电动势分别为

$$I''_a = I_a \Phi/\Phi'' = \frac{1930 \times 1}{0.9}\text{A} \approx 2145\text{A}$$

$$E''_a = U - I''_a R_a - 2\Delta U_c = (750 - 2145 \times 0.016 - 21)\text{V} \approx 713\text{V}$$

从 $E_a = C_e \Phi n$ 和 $E''_a = C_e \Phi'' n''$,可得稳态时电机的转速为

$$n'' = n\frac{E''_a}{E_a}\frac{\Phi}{\Phi'} = 200 \times \frac{713}{717} \times \frac{1}{0.9}\text{r/min} \approx 221\text{r/min}$$

从上式可见,由于稳态时电机电枢内的反电动势相差不大,所以转速变化基本上与磁通成反比。

三、直流发电机的特性

直流发电机在拖动系统中大都作为电源使用。前已指出,目前直流发电机有被大功率晶闸管整流电源取代的趋势,但有些系统中还在应用,所以还须简单地讨论一下直流发电机的有关特性。

直流发电机的特性也是多方面的。因为作为电源用,所关注的首要问题是端电压的特性,因此我们仅就其端电压的特性做些介绍。常用他励、并励和复励直流发电机的接线图如图2-40所示。直流发电机运行时,由原动机拖动,通常保持 $n = n_N$。

下面分别就直流发电机的空载和负载运行,阐述其端电压之特性。

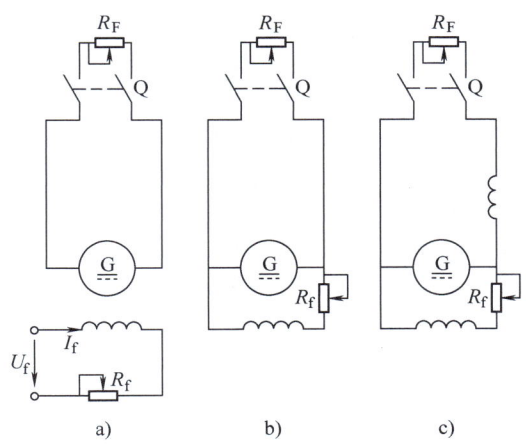

图 2-40 常用发电机的接线图

a) 他励直流发电机的接线图 b) 并励直流发电机的接线图 c) 复励直流发电机的接线图

（一）空载运行

1. 空载特性

当他励发电机被原动机拖动 $n=n_N$ 时，励磁绕组端加上励磁电压 U_f，调节励磁电流 I_{f0}，使发电机空载端电压 $U_0 \approx (1.1 \sim 1.3)U_N$，然后再使 I_{f0} 逐步降回到零，同时逐点测取空载端电压 U_0 及励磁电流 I_{f0}，即可得出他励发电机空载运行时端电压的特性，即空载特性曲线 $U_0 = f(I_{f0})$。回顾直流电机的磁化曲线 $\Phi_0 = f(I_{f0})$，并由于 $U_0 \approx E_0 = C_e n_N \Phi_0$，其中 n_N 及 C_e 均为常数，故把磁化曲线改换一下尺标即是直流发电机的空载特性 $U_0 = f(I_{f0})$，如图 2-41 所示。空载特性是表明直流发电机空载运行时，空载端电压与励磁电流的关系。实质上，它表明直流电机磁路的性质，说得确切一些，空载特性表明电机磁路中的磁通量与其所作用磁动势的关系，如果电机转速一定，即是电机绕组中的感应电动势与其对应磁动势的关系。因为这种特性是在电机空载状态下测得的，故称空载特性。各种电机都有其空载特性。如果需要的话，测取空载特性时，还可

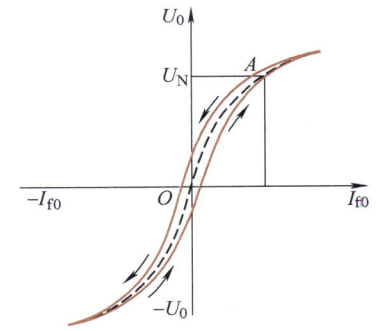

图 2-41 直流发电机的空载特性

以改变励磁电流方向，以测量反方向的空载特性，因为磁路中磁滞现象的出现，所以正反空载特性就是整个磁滞回线的一半。还有一半或者直接测取，或者根据对称关系画出。一般空载特性应取整个磁滞回线的平均曲线。因为空载特性表明电机磁路的性质，所以对并励和复励发电机，也都以他励方式测取。

2. 并励和复励直流发电机空载电压的建立

并励和复励直流发电机都是一种自励发电机，它们不需要外部直流电源供给励磁电流。所以一般情况下，这种自励发电机的运行首先是在空载时建立电压，即所谓自励，在建立额定电压之后，才能加以负载。下面以并励发电机为例来讨论发电机的空载自励。

并励发电机接线图如图 2-40b 所示，图中开关 Q 打开，发电机处于空载状态。为使并励发电机能建立电压，电机内部必须有剩磁。当原动机带动电枢旋转时，电枢绕组切割剩磁产生一个不大的剩磁电动势 E_{or}，如果励磁绕组与电枢两端并联的极性正确，使得励磁绕组中通过的电流所建立的磁动势与剩磁方向一致，则气隙磁场得到加强，电枢绕组中的电动势又因气隙磁场加强而增加，励磁电流也相应增加，如此往复，这样电压就建立起来了。但电压建立起来以后，最后稳定到什么数值，还须做进一步分析。

在图 2-42 中，画出了发电机的空载特性 $U_0 = f(I_{f0})$。因为励磁绕组回路中的电阻压降 $U_f = I_{f0}R_f$ 与励磁电流 I_{f0} 成正比，可画出伏安特性为一条直线，也称为励磁绕组的电阻线。如果不计电枢电阻 R_a 上的电压降以及电枢反应，则励磁绕组的端电压 U_f 与励磁电流 I_f，从电机磁路关系上考虑要满足空载特性，即

$$U_0 = f(I_{f0}) \quad (2\text{-}53)$$

而从电路上观察，又必须遵循伏安特性，即 $U_f = R_f I_{f0}$，在稳态下，U_f 必须等于 U_0，则

$$U_f = R_f I_{f0} \quad (2\text{-}54)$$

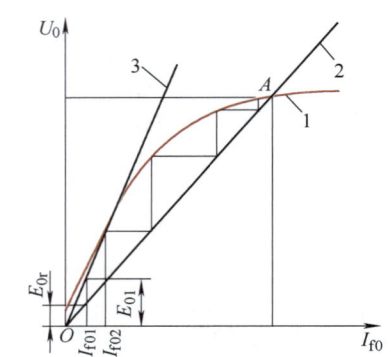

图 2-42 并励发电机的自励
1—空载特性 2—励磁电阻线 3—临界电阻线

由此可知，U_0、I_{f0} 必须同时满足式 (2-53) 和式 (2-54)。所以，U_0 与 I_{f0} 之值就是表示上述两种特性的曲线交点 A 的坐标，即并励发电机自励建立电压以后，电压会稳定在 A 点。电压建立的过程是这样的：当并励发电机中由剩磁产生的剩磁电动势 E_{0r} 加到励磁绕组上，产生一个不大的励磁电流 I_{f01}，由于 I_{f01} 加强了气隙磁场，使电动势增大为 E_{01}，再由 E_{01} 去增大励磁电流，使它由 I_{f01} 变为 I_{f02}，再增强气隙磁场和电动势等。这种往返过程一直继续进行到 A 点为止。

总结起来，自励电压的建立有三个条件：

1) 电机必须有剩磁，如果电机已失磁，可用其他直流电源激励一次，以获得剩磁。

2) 励磁绕组并联到电枢的极性必须正确，否则在励磁绕组接通以后，电枢中的电动势不但不会增大，反而会下降，如有这种现象，可将励磁绕组与电枢出线端的连接对调，或者将电枢反转。这两种措施都可改变励磁绕组两端的极性，即改变励磁电流的方向。

3) 如果励磁回路中电阻很大，则伏安特性 $U_0 = R_f I_{f0}$ 很陡，与空载特性交点很低或无交点，则不能建立电压，如图 2-42 中直线 3 与空载特性相切，亦无交点，此时励磁回路的电阻值 R_{fcr} 称为临界值。所以，要使发电机能顺利地自励建压，还必须使 $R_f < R_{fcr}$。

(二) 负载运行

无论是他励、并励或复励发电机，建立电压以后，在 $n = n_N$ 的条件下，加上负载，发电机的端电压都将会发生变化，一般情况下，端电压都是下降的。负载越大，端电压越低。这种发电机端电压随负载变化的特性可用下面方法测取。

当 $n = n_N$ = 常数时，调节励磁回路中的电阻 R_f 使电机在额定电压 U_N 下有额定电流 I_N，然后保持 R_f 不变（$R_f = r_f + R_\Omega$，r_f 为励磁绕组电阻，R_Ω 为外加电阻），逐步减小负

载至零,测取 U 和 I,然后画曲线 $U = f(I)$,这种特性称为发电机的外特性。图 2-43 中表示了积复励、他励和并励发电机的外特性。

发电机端电压随负载电流变化的原因,可从电动势方程式 $U = E_a - I_a R_a = C_e n \Phi - I_a R_a$ 看出。以负载增加至额定值为例,可见:

1) 负载增加,去磁性质的电枢反应引起气隙合成磁通的减小,从而使相应的感应电动势下降。

2) 此时电枢回路的电阻压降和电刷接触压降均增大。

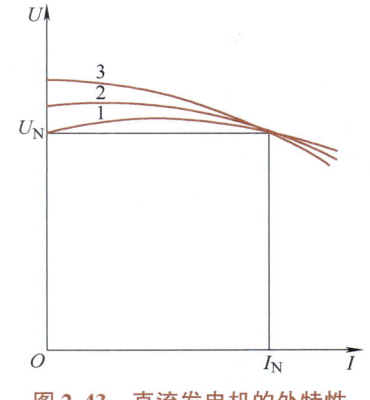

图 2-43 直流发电机的外特性
1—积复励发电机的外特性
2—他励发电机的外特性
3—并励发电机的外特性

以上两个因素都促使发电机端电压下降。在并励发电机中,除上述两个因素外,还有一个因素将促使端电压进一步降低,即当端电压下降时,励磁电流 I_f 将减小(因为 $I_f = U/R_f$),而 I_f 的减小,将引起气隙磁通以及感应电动势进一步减小。所以并励发电机的外特性比他励发电机要低。如果复励发电机的串励磁动势与并励磁动势方向一致,是积复励的话,当负载电流增加时,串励磁动势随之增大,使电机总磁动势增强,可以增大感应电动势以补偿电枢反应的去磁作用和电枢回路的电压降,使发电机端电压在一定范围内基本上保持恒定。串励发电机因其励磁磁动势直接随负载电流变化而变化,端电压极不稳定,故很少应用。若要求发电机具有很好的恒压性能,则励磁电流 I_f 必须随负载电流 I_a 的变化而及时加以调节,这种调节作用可由自动装置来完成。

第七节 直流电机的换向

在分析直流电机绕组时知道,当电枢旋转时,组成电枢绕组每条支路的元件在依次循环地轮换,即一条支路中的元件被电刷短路之后,变为另一条支路的元件。由于流过每条支路的电流方向是不变的,相邻支路中电流方向对绕组的闭合回路来说是相反的,因此直流电机在工作时,绕组元件连续不断地从一条支路退出而进入相邻的支路。在元件由一条支路转入另一条支路的过程中,元件中的电流就要改变一次方向。这种元件内电流方向改变的过程,就是所谓换向。图 2-44 画出了一个分为四条支路的电枢绕组示意图,整个闭合绕组通过电刷向外引出四条支路,各支路中的电流方向如图中箭头所示。当绕组元件和换向器旋转时,例如元件 1 转过 30°机械角,就从右边上面支路退出进入左边上面支路,而变成了左边上面支路元件,元件中的电流就改变了方向。

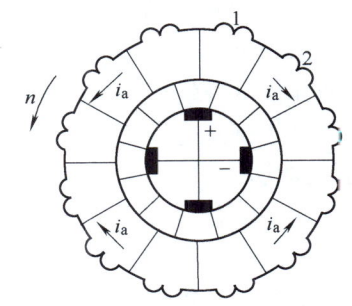

图 2-44 电枢绕组元件换向示意图

换向问题是带有换向器电机的一个专门问题。换向不良,将会在电刷下产生有害的火花,当火花超过一定程度时,就会烧坏电刷和换向器,使电机不能继续运行。然而换向过程又是十分复杂的，有电磁、机械和电化学等各方面因素相互交织在一起，至今还没有掌握其各种现象的物理实质。下面仅就换向的电磁现象以及改善换向的方法进行简单的介绍。

一、换向的电磁现象

图 2-45 表示一个单叠绕组在一个电刷下的两个元件 1、2。设电刷宽度等于换向片的宽度，电刷不动，换向器从右到左运动。当电刷与换向片 1 接触时（见图 2-45a），元件 1 属于右边一条支路，其中电流为 i_a，方向从右元件边流向左元件边，这时的电流为 $+i_a$。当电刷与换向片 1、2 同时接触时（见图 2-45b），元件 1 被电刷短路，当电刷与换向片 2 接触时（见图 2-45c）元件 1 就进入左边一条支路，电流反向为 $-i_a$。这样，元件 1 中的电流在被电刷短路过程中就改变了方向，即所谓进行了换向。电流进行换向的元件称为换向元件。换向过程所经过的时间称为换向周期 T_c。换向周期是极短的，只有千分之几秒，但元件中的电流则由 $+i_a$ 变换到 $-i_a$。如果换向元件中的电动势等于零，则电流变化规律大致如图 2-46 所示。但实际上情况并不如此，因为在换向过程中换向元件中会出现下列两种电动势，这些电动势会影响电流的变化。

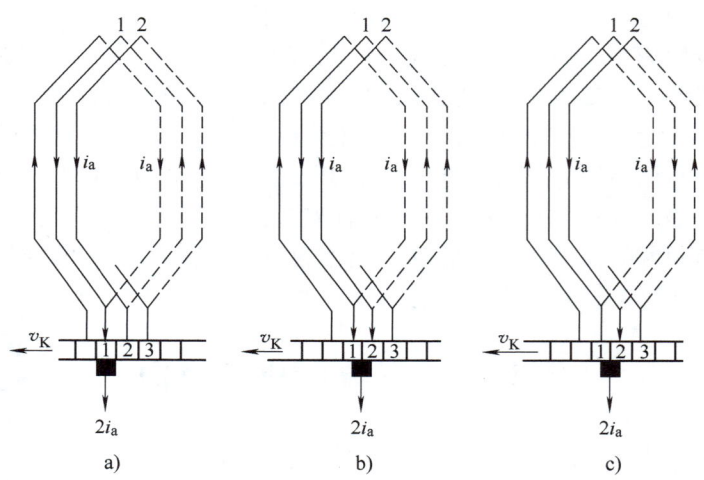

图 2-45 电枢元件的换向过程

1. 电抗电动势 e_x

换向时，换向元件中所通过的电流由 $+i_a$ 变为 $-i_a$。换向元件本身就是一个线圈，线圈必有自感作用。同时被电刷短路而进行换向的元件一般不止一个，换向元件与换向元件之间，又有互感作用，因此在电流变化时，换向元件中必然出现由自感与互感作用所引起的感应电动势，这个合成电动势称为电抗电动势 e_x。由于所有电枢绕组元件（包括换向元件在内）中电流所产生的电枢磁通密度分布在一定负载电流下是不变的，故电抗电动势仅由换向元件的漏自感与漏互感的磁通所感应产生，即 $e_x = e_L + e_M = -l_x \dfrac{\mathrm{d}i_a}{\mathrm{d}t} \approx L_x \dfrac{2i_a}{T_c}$。根据楞次定律，这些漏

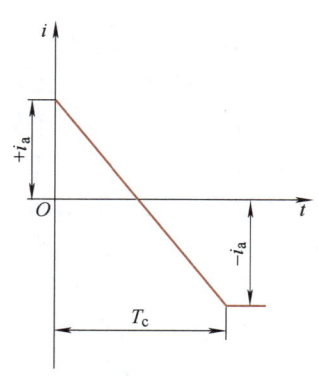

图 2-46 换向过程中电动势等于零时，电流随时间的变化关系

感的作用总是阻碍电流变化的，因为电流是在减少，所以其方向必与 $+i_a$ 方向相同。

2. 电枢反应电动势 e_a

由于电刷放置在磁极轴线下的换向器上，换向元件的有效边就处于几何中性线上或其附近的区域中。在几何中性线处，虽然主磁场的磁通密度等于零，但是电枢磁场的磁通密度不等于零而为 B_a。因此，换向元件必然切割电枢磁场，而在其中感应产生一种旋转电动势，称为电枢反应电动势 e_a。其大小由电磁感应定律来决定，即 $e_a = 2N_yB_alv$。这种电动势对电流换向将有什么影响？这可用图 2-28 来说明，图中表示出电动机电枢反应磁场的分布及电流方向。根据左手定则可确定电动机旋转方向（图中为自右到左）；根据右手定则确定换向元件边中的旋转电动势方向与换向前元件中的电流方向一致，因而电枢反应电动势 e_a 也总是阻碍换向元件电流变化的。同理可知，在发电机中情况也如此。

换向元件中出现的电抗电动势 e_x 和电枢反应电动势 e_a 均阻碍电流换向。这种阻碍作用就表现为使电流换向延迟。延迟换向的电流变化如图 2-47 中实线所表示。这种情况与电流换向按直线关系相比，可以看出在同一时间内，换向元件中出现 $e_x + e_a$ 以后，电流变化要慢得多。当被电刷短路的换向元件瞬时断开时，附加电流 i_k 不为零，而为 i_{kT}，换向元件中还储存有一部分磁场能量 $L_xi_{kT}^2/2$。这部分能量将以弧光放电的方式转化为热能，散失在空气中，因而在电刷与换向片之间会出现火花。上述的电抗电动势 $e_x = L_x2i_a/T_c$ 及电枢反应电动势 $e_a = 2N_yB_alv$，它们的大小都和电枢电流成正比，又与电机的转速成正比，所以大电流高转速的电机会给换向带来更大的困难。

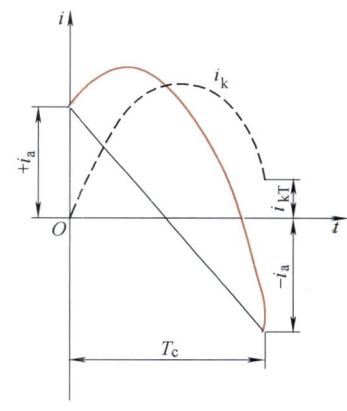

图 2-47 延迟换向时电流随时间的变化关系

二、改善换向的方法

不良换向会给直流电机运行造成困难，所以要改善换向。改善换向的方法，都是从减小甚至消除附加电流 i_k 着手。

一般直流电机都在主极之间安装一个换向极，也称附加极或间极。装设换向极的目的，就是减少甚至抵消产生附加电流的两个电动势 e_x 和 e_a。因为换向极装在几何中性线上，它的磁动势也作用在几何中性线上，除抵消电枢磁动势在几何中性线处的作用外，剩余部分产生一个附加磁场 B_k，使换向元件切割 B_k 时产生换向极电动势 e_k，e_k 的方向与电抗电动势 e_x 相反，以抵消 e_x。这样可以削弱甚至消除电流变化延迟的作用，使换向良好。

如何决定换向极的极性呢？因为电枢反应电动势 e_a 方向与电抗电动势 e_x 方向相同，而产生 e_a 的磁场是电枢磁场。因此，无论是电动机还是发电机，换向极的极性可以由换向极磁场与电枢磁场相反的原则来确定。从图 2-48 可知，在电动机中，换向极的极性应与顺电枢旋转方向的下一个主极的极性相反。在发电机中，情况则相反。

换向极绕组中应通以什么电流呢？由于换向元件中的电抗电动势 e_x 及电枢磁场均与电枢电流成正比，因此产生 e_k 的换向极磁场也应与电枢电流成正比，所以换向极绕组必须与电枢绕组串联。使换向极绕组中通过电枢电流后所产生的换向极磁场与电枢电流成正比。这样才可保证换向极磁动势除抵消电枢磁动势在几何中性线上的作用外，还产生一个始终削弱或抵消 e_x 作用的换向极电动势 e_k。只要换向极设计和调整得合适，就能保证换向元件中总电动势接近于零，电机的换向就比较顺利了，可使运行时电刷与换向器之间基本上没有火花出现。

三、补偿绕组

在大容量和工作繁重的直流电机中，在主极极靴上专门冲出一些均匀分布的槽，槽内嵌放一种所谓补偿绕组，如图 2-49 所示。补偿绕组与电枢绕组

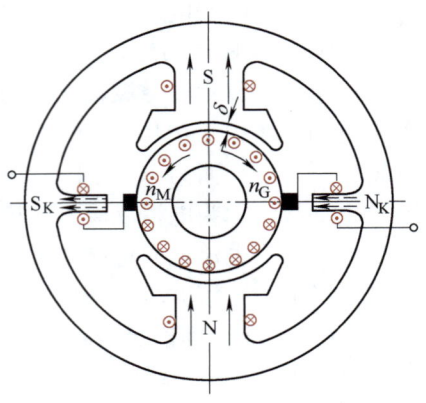

图 2-48　用换向极改善换向

串联，因此补偿绕组的磁动势与电枢电流成正比，并且补偿绕组连接得使其磁动势方向与电枢磁动势相反，以保证在任何负载情况下随时能抵消电枢磁动势，从而减少了由电枢反应引起气隙磁场的畸变。电枢反应不仅给换向带来困难，而且在极弧下增磁区域内可使磁通密度达到很大数值。当元件切割该处磁通密度时，会感应出较大的电动势，以致使处于该处换向片间的电位差较大。当这种换向片间电位差的数值超过一定限度时，就会使换向片间的空气游离而击穿，在换向片间产生电位差火花。在换向不利的条件下，若电刷与换向片间发生的火花延伸到片间电压较大处，与电位差火花连成一片，将导致正负电刷之间有很长的电弧连通，形成换向器整个圆周上发生环火（见图 2-49a），以致烧坏换向器。所以，直流电机中安装补偿绕组也是一种保证电机安全运行的措施，但由于结构复杂，成本较高，一般直流电机中不采用。

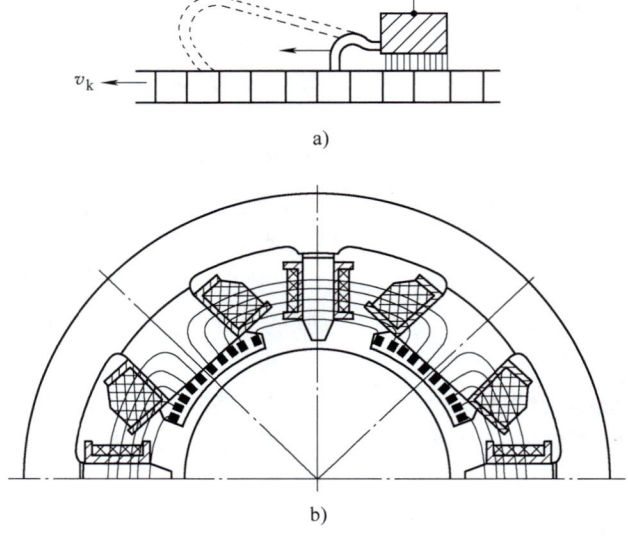

图 2-49　环火和补偿绕组

a）环火　b）补偿绕组

第二章 直流电机

小 结

直流电机的工作原理建立在电和磁相互作用的基础上,为此,必须熟练地运用在电路理论中所学习过的基本电磁定律,结合换向器和电刷的作用去理解。并应充分注意到,无论在直流电动机还是在直流发电机中,电机外电路中的电压、电流及电动势都是直流电性质的,但电机内每个元件中的电压、电流及电动势都是交变性质的。

任何类型的旋转电机,都必须有静止部分与旋转部分,在这两部分之间存在着一定大小的空气隙,使电机中的磁场与电路能发生相对运动,以便顺利地进行机电能量的转换。直流电机的基本结构主要由静止的磁极和旋转的电枢两大部分组成,而静止的和旋转的部分还各自由一些主要的部件构成。这些主要的结构部件有一定的结构形式和一定的作用,其中须特别予以关注的是直流电机的特殊部件——换向器。

额定值是保证电机可靠工作并具有优良性能的依据。特别是运行人员,要十分重视额定值的涵义,以便很好地选择和使用电机。直流电机的额定值有额定功率、额定电压、额定电流、额定转速和额定励磁电流等。

电枢绕组是直流电机的主要电路,机电能量转换就在这里面进行。因此,电枢绕组应该说是直流电机的"心脏"。直流电机的电枢绕组是由许多完全相同的绕组元件以一定的规律连接起来的一种闭合绕组。按元件串联的特点与端接部分的形状,分为叠绕组与波绕组两大类。单叠绕组与单波绕组是两种基本形式。从构成电枢电路的支路情况来看,单叠绕组中,上层边处于同一磁极下的元件构成一条支路,而单波绕组则是将上层边处于所有同一极性磁极下的元件构成一条支路,虽然电枢在转动,每个瞬时组成支路的元件在更换,但电枢绕组通过电刷并联的支路数始终是不变的。因此,单叠绕组的支路对数始终等于极对数,即 $a=p$,而单波绕组的支路对数与极对数无关,总是等于1,即 $a=1$。直流电机的复绕组就是几个单绕组的组合。所以,直流电机的电枢绕组实质上是一种多支路(支路数是偶数)的电路。

电机中的磁场是机电能量转换的耦合介质。为此,我们不仅需要理解电机中磁场是怎样产生的,而且更重要的是理解其性质如何。直流电机中的磁场是由磁极上的励磁磁动势与电枢上电枢磁动势联合产生,它是属于双边励磁的系统。因此,存在电枢磁动势对气隙磁场的影响,即所谓电枢反应问题。直流电机的电枢反应作用,不仅使气隙磁场发生畸变,而且还有一定的去磁作用。因此电枢反应直接影响电机感应电动势与电磁转矩的大小,它与电机的运行性能有很大关系。直流电机的磁场是直流电机理论中重要的一部分,必须学会对磁场的定性和初步定量分析。

电机的电动势平衡方程式、转矩平衡方程式以及功率平衡方程式综合了电机内部的电磁关系和机电过程,运用这些基本方程式可分析电机的运行特性。在理解直流电机的电路和磁路形成及其性质的基础上,建立其基本方程式,是学习直流电机的必由之路。

在理解直流电机的电路和磁场形成及其性质的基础上,用电动势平衡方程式、转矩平衡方程式及功率平衡方程式综合分析电机的电磁和机电过程。运用这些基本方程式去分析各种励磁方式直流电动机的工作特性。

并励电动机的特点是,在励磁电流不变的情况下,磁通基本不变,所以负载变化时转速变化很小,基本上是一种恒速电动机;电磁转矩基本上正比于电枢电流。串励电动机的特点是，负载（电枢电流）变化时励磁电流及主磁通同时改变，所以负载变化时转速变化很大，电磁转矩则近似正比于电枢电流二次方（不计饱和时）。这种电动机的起动转矩和过载能力较大，空载时则会产生飞速现象。复励电动机的特性介乎二者之间。

从电力拖动的观点来看，转速与转矩是最重要的两个物理量。在介绍"直流电动机的电力拖动"时，尚须把直流电动机的转矩与转速之间的关系直接表示出来。这种转矩与转速的直接关系称为机械特性。机械特性决定着拖动系统是否能稳定运行，以及能否平滑而经济地调速等。

直流发电机的特性主要表现在端电压的建立、变化及调节上，励磁方式不同，直流发电机的外特性亦不同，因此应用场合亦不同。

直流电机的换向，是指电枢绕组元件从一条支路退出经过电刷短路而进入另一条支路时，元件内电流由 $+i_a$ 变为零，再变到 $-i_a$ 的整个过程。所以直流电机电枢绕组元件内的电流波形是一种平顶波的交变电流，从这里我们可进一步认识到直流电机中电刷与换向器的作用。

换向是直流电机在运行和制造中必须予以重视的问题，特别是在运行中需经常观察直流电机的换向是否良好，不良换向可能会使电机遭到破坏。换向过程是很复杂的，至今还没有完全掌握其各种现象的物理实质，主要的电磁现象是换向元件中存在几种电动势阻碍电流变化，使换向延迟。在换向回路断开时具有一定的电磁能量释出，可能发生火花。改善换向的主要方法是装设换向极，使换向极磁动势抵消在几何中性线处作用的电枢磁动势外，并产生换向极电动势去抵消电抗电动势。为了防止电位差火花与环火，在大容量和工作繁重的直流电机中，可在主极上安装补偿绕组。

习 题

2-1 一台直流电动机，其额定数据如下：$P_N = 160\text{kW}$，$U_N = 220\text{V}$，$\eta_N = 90\%$，$n_N = 1500\text{r/min}$，求该电动机的额定电流。

2-2 在直流电动机中是否存在感应电动势？如果有的话，电动势的方向怎样？

2-3 如果直流电机的电枢绕组元件形状如图 2-50 所示，则电刷应放在换向器上的什么位置？

2-4 一台直流电动机，若有一磁极失磁，将会产生什么样的后果？

2-5 单叠绕组与单波绕组的元件连接规律有何不同？同样极对数为 p 的单叠绕组与单波绕组的支路对数为何相差 p 倍？

2-6 何谓电枢反应？电枢反应对气隙磁场有什么影响？对电机运行有何影响？

2-7 直流电动机有哪几种励磁方式？在不同的励磁方式下，线路电流、电枢电流、励磁电流三者之间关系如何？

2-8 什么因素决定直流电机电磁转矩的大小？电磁转矩的性质和电机运行方式有何关系？

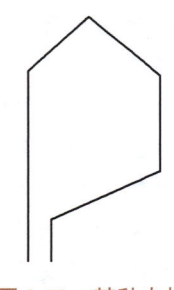

图 2-50 某种电枢绕组元件的形状

2-9 一台并励直流电动机将其电枢单叠绕组改接为单波绕组，问对其电磁转矩会有什么影响？

2-10 并励直流电动机的起动电流决定于什么？正常工作时电枢电流又决定于什么？

2-11 串励直流电动机为什么不能空载运行？和并励直流电动机比较，串励直流电动机的运行性

第二章 直流电机

能有何特点？

2-12 若要改变并励、串励、复励直流电动机的转向，应该怎么办？

2-13 电动机的电磁转矩是驱动性质转矩，但从直流电动机的转矩以及转矩特性看，电磁转矩增大时，转速反而下降，这是什么原因？

2-14 直流电动机的调速方法有几种，各有何特点？

2-15 一台并励直流电动机在额定电压 $U_N = 220V$ 和额定电流 $I_N = 80A$ 的情况下运行，电枢回路总电阻 $R_a = 0.08\Omega$，$2\Delta U_c = 2V$，励磁回路总电阻 $R_f = 88.8\Omega$，额定负载时的效率 $\eta_N = 85\%$，试求：

(1) 额定输入功率；
(2) 额定输出功率；
(3) 总损耗；
(4) 电枢回路铜耗；
(5) 励磁回路铜耗；
(6) 电刷接触损耗；
(7) 附加损耗；
(8) 机械损耗与铁耗之和。

2-16 一台他励直流电动机接在一个电压为 $U_N = 220V$ 的电网上运行时，电枢电流 $I_a = 10A$，电刷压降为 $2\Delta U_c = 2V$，电枢回路电阻为 0.5Ω，该电动机内部反电动势为多少？假定由于某种原因，电网电压下降为190V，但他励的励磁电流和负载转矩皆保持不变，达到新的平衡时，电动机内部的反电动势为多少？

2-17 一台并励直流电动机，$P_N = 96kW$，$U_N = 440V$，$I_a = 255A$，$n_N = 500r/min$，$I_{fN} = 5A$，$R_a = 0.078\Omega$，试求：

(1) 电动机的额定输出转矩；
(2) 在额定电流时的电磁转矩；
(3) 当 $I_a \approx 0$ 时电机的转速；
(4) 在总制动转矩不变的情况下，当电枢中串入 0.1Ω 电阻而达稳定时的转速。

2-18 一台并励直流电动机的额定数据如下：$P_N = 17kW$，$U_N = 220V$，$n_N = 3000r/min$，$I_N = 88.9A$，电枢回路总电阻 $R_a = 0.114\Omega$，励磁回路电阻 $R_f = 181.5\Omega$。忽略电枢反应影响，试求：

(1) 电动机的额定输出转矩；
(2) 在额定负载时的电磁转矩；
(3) 额定负载时的效率；
(4) 理想空载（$I_a = 0$）时的转速；
(5) 当电枢回路串入一电阻 $R_\Omega = 0.15\Omega$ 时，额定负载时的转速。

2-19 一台 220V 的并励直流电动机，电枢回路总电阻 $R_a = 0.316\Omega$，空载时电枢电流 $I_{a0} = 2.8A$，空载转速为 1600r/min。

(1) 今欲在电枢负载电流为 52A 时，将转速下降到 800r/min，问在电枢回路中需串入的电阻值多大（忽略电枢反应）？
(2) 这时电源输入电机的功率只有百分之几输入到电枢中？这说明了什么问题？

2-20 一台并励直流电动机在某负载转矩时的转速为 1000r/min，电枢电流为 40A，电枢回路总电阻 $R_a = 0.045\Omega$，电网电压为 110V。当负载转矩增大到原来的 4 倍时，电枢电流及转速各为多少（忽略电枢反应）？

2-21 一台并励直流电动机，$P_N = 7.5kW$，$U_N = 110V$，$I_N = 82A$，$n_N = 1500r/min$。电枢回路总电阻 $R_a = 0.1014\Omega$，励磁回路电阻 $R_f = 46.7\Omega$，忽略电枢反应作用。

(1) 求电动机电枢电流 $I_a = 60A$ 时的转速；

（2）若负载转矩不随转速而改变，现将电动机的主磁通减少 15%，求达到稳定状态时的电枢电流及转速。

2-22 一台串励直流电动机，$U_N=220V$，$I_N=40A$，$n_N=1000r/min$，电枢回路总电阻为 0.5Ω，假定磁路不饱和。

（1）当 $I_a=20A$ 时，电动机的转速及电磁转矩为多大？

（2）如果电磁转矩保持上述值不变，而电压降低到 110V，此时电动机的转速及电流各为多大？

2-23 一台并励直流电动机的数据如下：$U_N=220V$，电枢回路总电阻 $R_a=0.032\Omega$，励磁回路总电阻 $R_f=275\Omega$。今将电动机装在起重机上，当使重物上升时，$U_a=U_N$，$I_a=350A$，$n=795r/min$；而将重物下放时（重物负载不变，电磁转矩也近似不变），电压及励磁电流保持不变，转速 $n=300r/min$。问电枢回路中要串入多大的电阻？

2-24 一台 100kW、230V 的并励直流发电机，每极励磁绕组有 1000 匝，在额定转速下，空载产生额定电压需要励磁电流 7A，额定电流时需 9.4A 才能达到同样的电压，今欲将该发电机改为平复励，问每极应增加多少匝串励绕组？

第三章

变 压 器

内容提要

本章以普通双绕组电力变压器为主要研究对象,在阐明变压器的工作原理之后,介绍变压器的分类及主要结构,并着重叙述单相变压器的基本原理及运行特性。对于三相变压器,仅就其特点加以探讨。最后概略地介绍自耦变压器、电压互感器和电流互感器的工作原理及结构特点。书后的附录 A、B 供读者学习有关课程时参考。

第一节 变压器的工作原理、分类及结构

变压器在生产、输送、分配和使用电能的电力系统中是一个十分重要的装置。它起着使电能传输经济、运行安全、使用方便的作用。

在电力拖动系统和自动控制系统中,广泛应用变压器作为电能传递或作为信号传输的元件。在国民经济的各个部门,也广泛地使用各种类型的变压器,以提供特种电源或满足特殊的需要。

学习变压器的基本原理和分析方法不仅仅是后续课程的需要,而且对于研究交流电机,特别是异步电机也是极为有用的。

一、变压器的工作原理

变压器是利用电磁感应原理从一个电路向另一个电路传递电能或传输信号的一种电器,这两个电路只有磁的耦合,通常没有电的联系;具有相同的频率但有不同的电压和电流,也可以有不同的相数。

变压器的主要部件是一个铁心和套在铁心上的两个绕组,这两个绕组一般有不同的匝数,且互相绝缘,如图 3-1 所示。

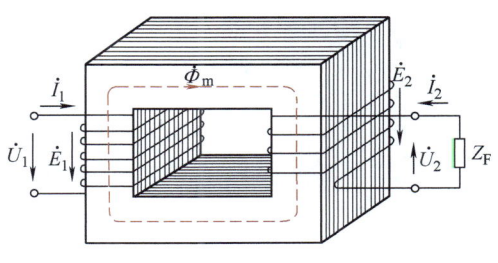

图 3-1 变压器工作原理

为了画图简明起见,常把两个线圈画成分别套在铁心的两边。实际上,变压器的两个线圈套在同一个铁心柱上,以增大其耦合作用。在图 3-1 中,与电源相连的线圈,接收交流电能,称为"一次绕组"(旧称为原绕组或初级绕组);与负载相连的线圈,送

出交流电能，称为二次绕组（旧称为副绕组或次级绕组）。若为传输信号的变压器，则相应称为输入绕组和输出绕组。下面以电力变压器为例，阐明变压器的工作原理。

规定一次、二次绕组的电磁量及其参数分别附有下标"1"或"2"，即设一次绕组的电压、电流及电动势的相量分别为 $\dot{U}_1$、$\dot{I}_1$ 及 $\dot{E}_1$，其匝数为 N_1；二次绕组的电压、电流及电动势的相量分别为 $\dot{U}_2$、$\dot{I}_2$ 及 $\dot{E}_2$，其匝数为 N_2。同时交链一次、二次绕组的磁通量的相量为 $\dot{\Phi}_m$，该磁通量称为主磁通，是实现机电能量转换的介质。

在变压器中，电压、电流、磁通和电动势的大小和方向都是随时间变化的，为了正确地表明它们之间的相位关系，必须先规定它们的正方向。需要说明的是，正方向并不是它们的实际方向，只是说明方向的相对关系，或者说起了个指路牌作用。因此，正方向原则上是可以任意规定的，但是由于正方向规定的不同，在同一电磁过程所列出的方程式中，有关物理量的正负号也会不同。例如将法拉第电磁感应定律写成 $e = -N\dfrac{\mathrm{d}\phi}{\mathrm{d}t}$，就是按图 3-2a 所规定正方向写出的；若按图 3-2b 所规定正方向，则应写为 $e = N\dfrac{\mathrm{d}\phi}{\mathrm{d}t}$。

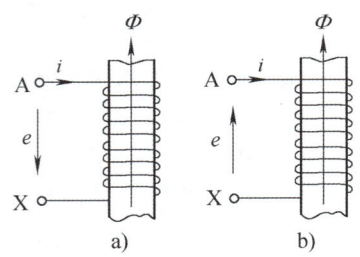

图 3-2 正方向的不同规定

为了避免出错，通常按电工惯例来规定正方向（也称为习惯正方向），并符合以下内容：

1）在同一支路内，电压与电流的正方向一致。
2）磁通量正方向与电流正方向之间符合右手螺旋关系。
3）由交变磁通量产生的感应电动势正方向与产生该磁通量的电流正方向一致，并有 $e = -N\dfrac{\mathrm{d}\phi}{\mathrm{d}t}$ 的关系，如图 3-2a 所示。

在图 3-1 中，已表示出用电工惯例标出的电压、电流、磁通和电动势相量的正方向。

不计一次、二次绕组的电阻和铁耗，并认为两个绕组的耦合甚为紧密，无漏磁通，则耦合系数 $k_c = 1$，这样的变压器称为理想变压器。根据电磁感应定律，可写出电动势平衡方程式为

$$\begin{cases} u_1 = -e_1 = N_1 \dfrac{\mathrm{d}\phi}{\mathrm{d}t} \\ u_2 = e_2 = -N_2 \dfrac{\mathrm{d}\phi}{\mathrm{d}t} \end{cases} \tag{3-1}$$

若一次、二次绕组的电压、电动势的瞬时值均按正弦规律变化，从式（3-1）可得出一次、二次绕组电压、电动势的有效值与匝数的关系为

$$\dfrac{U_1}{U_2} = \dfrac{E_1}{E_2} = \dfrac{N_1}{N_2} \tag{3-2}$$

不计铁心中由磁通量交变所引起的损失，根据能量守恒原理可得

$$U_1 I_1 = U_2 I_2 \tag{3-3}$$

由此得出一次、二次绕组电压和电流有效值的关系为

$$\frac{U_1}{U_2} = \frac{I_2}{I_1} \tag{3-4}$$

令 $k = \frac{N_1}{N_2}$，称为匝比，也是电压比，则

$$\begin{cases} \dfrac{U_1}{U_2} = \dfrac{N_1}{N_2} = k \\ \dfrac{I_1}{I_2} = \dfrac{1}{k} \end{cases} \tag{3-5}$$

式（3-3）表明，理想变压器一次、二次绕组的视在功率相等，变压器的视在功率称为变压器的容量，用"S"表示，但变压器一次、二次绕组的电压和电流不同，所以可以说变压器是一种可将一种电压的交流电能（或信号）变换为同频率的另一种电压的交流电能（或信号）的静止电磁装置。

二、变压器的分类

变压器一般分为电力变压器和特种变压器两大类。电力变压器是电力系统中输配电力的主要设备。按用途分类，电力变压器可分为升压变压器、降压变压器、配电变压器、联络变压器（用于连接几个不同电压等级的电网）和厂用变压器（供发电厂自用电用）等几种。变压器还可以按绕组数、相数、冷却介质、冷却方式、铁心结构及调压方式等分类。特种变压器用于根据冶金、矿山、化工、交通等部门的不同要求，提供各种特种电源或作其他用途，主要有：整流变压器、电炉变压器、高压试验变压器、小容量控制变压器、矿用变压器、船用变压器等。至于互感器、调压器和电抗器，由于其基本原理、结构同变压器相似，故常和变压器归并在一起，统称为变压器产品。

三、变压器的结构简介

变压器的主要结构部件有：铁心和绕组两个基本部分组成的器身，以及放置器身且盛有变压器油的油箱。此外，还有为把绕组端子从油箱内引出而在油箱盖上安装的绝缘套管，为在一定范围内调整电压而附的分接开关等。下面简要地介绍变压器铁心和绕组的结构。

1. 铁心

铁心是变压器中主要的磁路部分。为了减少铁心内的磁滞损耗和涡流损耗，铁心通常用含硅量较高，厚度为 0.35mm 或 0.5mm，表面涂有绝缘漆的热轧或冷轧硅钢片叠装而成。

铁心分为铁心柱和铁轭两部分，铁心柱上套装有绕组，铁轭则作为闭合磁路之用。

铁心结构的基本形式有心式和壳式两种。图 3-3 及图 3-4 分别为单相和三相心式变压器的铁心及绕组。这种铁心结构的特点是：铁轭靠着绕组的顶面和底面，而不包围绕组的侧面。它的结构较为简单，绕组的装配及绝缘也较容易，因而绝大

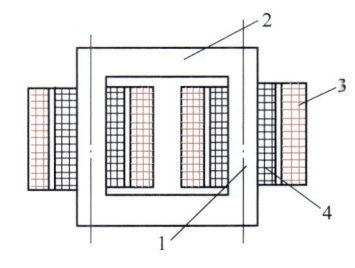
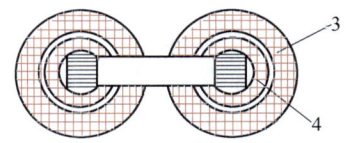

图 3-3　单相心式变压器
1—铁心柱　2—铁轭
3—高压绕组　4—低压绕组

部分国产变压器均采用心式结构。图 3-5 表示了单相壳式变压器的铁心和绕组。这种铁心结构的特点是：铁轭不仅包围绕组的顶面和底面，而且还包围着绕组的侧面。由于其制造工艺复杂，使用材料较多，因此，目前除了容量很小的电源变压器以外，很少采用壳式结构。

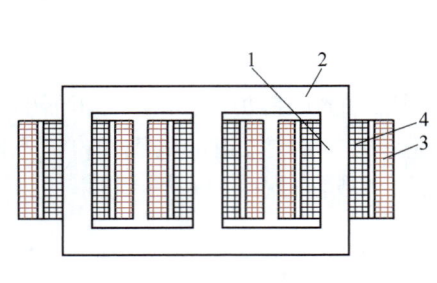

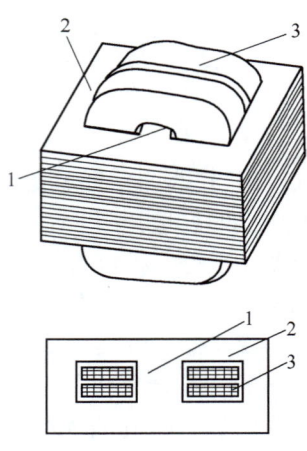

图 3-4　三相心式变压器

1—铁心柱　2—铁轭　3—高压绕组　4—低压绕组

图 3-5　单相壳式变压器

1—铁心柱　2—铁轭　3—绕组

2. 绕组

绕组是变压器的电路部分，它一般用纸包的绝缘扁线或圆线绕成。

变压器中接于高压电网的绕组称为高压绕组，接于低压电网的绕组称为低压绕组。从高、低压绕组之间的相对位置来看，变压器绕组可布置成同心式或交叠式两类。

同心式绕组指高、低压绕组同心地套在铁心柱上，如图 3-3、图 3-4 所示。为了便于绝缘，一般低压绕组套在里面，高压绕组套在外面。但对大容量低压大电流变压器，由于低压绕组引出线在工艺上的困难，往往把低压绕组套在高压绕组的外面。高、低压绕组之间留有油道，既利于绕组散热，又可作为两绕组之间的绝缘使用。

交叠式绕组都做成饼式，高、低压绕组互相交叠地放置，如图 3-6 所示。为了便于绝缘，一般最上层和最下层的两个绕组都是低压绕组。

同心式绕组按其绕制方法不同，又可分为圆筒式、螺旋式和连续式等几种。不同结构形式的绕组具有不同的电气、机械及散热方面的特性，也具有不同的适用范围。

同心式绕组，结构简单，制造方便，国产电力变压器均采用这种结构。交叠式绕组的主要优点是：漏电抗小，机械强度高，引线方便。较大型的电炉变压器常采用这种结构。

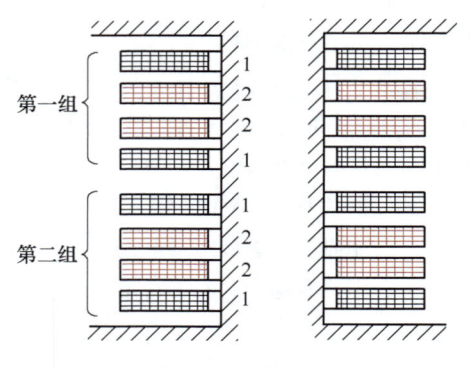

图 3-6　交叠式绕组

1—低压绕组　2—高压绕组

3. 其他结构部件

变压器除了铁心、绕组等主要部件外，典型的油浸式电力变压器还有油箱，储油柜，散热器，高、低压绝缘套管以及继电保护装置等。油浸式电力变压器外形如图 3-7 所示。

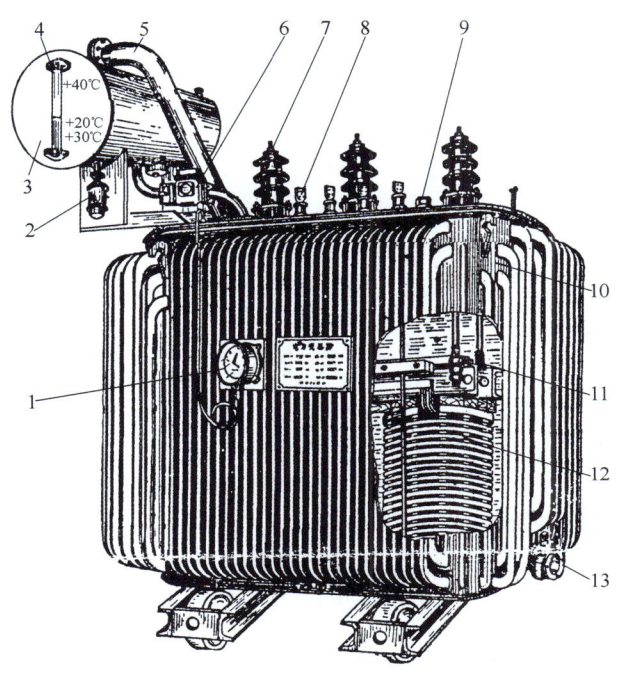

图 3-7 油浸式电力变压器

1—信号式温度计 2—吸湿器 3—储油柜 4—油位计 5—安全气道
6—气体继电器 7—高压套管 8—低压套管 9—分接开关
10—油箱 11—铁心 12—线圈 13—放油阀门

4. 变压器的额定值

和直流电机一样，变压器也有其额定值，主要有：

（1）**额定容量 S_N** 它是变压器视在功率（或称表观功率）的惯用数值，以 V·A、kV·A 或 MV·A 表示。它是使变压器在稳定负载和额定使用条件下，施加额定电压，且频率为额定频率时能输出额定电流而不超过温升限值的容量。通常把变压器一次、二次绕组的额定容量设计得相等。

（2）**额定电压 U_N** 它是指变压器各绕组在空载额定分接下端子间电压的保证值。对于三相变压器，额定电压指线电压，以 V 或 kV 表示。

（3）**额定电流 I_N** 它是指变压器的额定容量除以各绕组的额定电压所计算出买的**线电流值**（三相时，还应除以系数$\sqrt{3}$），以 A 表示。

单相变压器的一次、二次绕组的额定电流为

$$I_{1N} = \frac{S_N}{U_{1N}} \quad I_{2N} = \frac{S_N}{U_{2N}} \tag{3-6}$$

三相变压器的一次、二次绕组的额定线电流为

$$I_{1N} = \frac{S_N}{\sqrt{3} U_{1N}} \quad I_{2N} = \frac{S_N}{\sqrt{3} U_{2N}} \tag{3-7}$$

(4) 额定频率 f_N　我国规定标准工业用电的频率为 50Hz。

此外，在额定运行情况下，变压器的效率、温升等数据均属于额定值。

额定值通常标注在变压器的铭牌上，故亦称铭牌数据。

[例 3-1]　有一台三相油浸自冷式铝线电力变压器，$S_N = 160\text{kV} \cdot \text{A}$，Yy0 联结，$U_{1N}/U_{2N} = 35\text{kV}/0.4\text{kV}$。试求一次、二次绕组的额定电流。

解

$$I_{1N} = \frac{S_N}{\sqrt{3} U_{1N}} = \frac{160 \times 10^3}{\sqrt{3} \times 35 \times 10^3} \text{A} = 2.64\text{A}$$

$$I_{2N} = \frac{S_N}{\sqrt{3} U_{2N}} = \frac{160 \times 10^3}{\sqrt{3} \times 0.4 \times 10^3} \text{A} = 2320.9\text{A}$$

第二节　单相变压器的空载运行

变压器匝数为 N_1 的一次绕组加上额定交流电压，匝数为 N_2 的二次绕组开路，这种情况即为变压器的空载运行。图 3-8 所示是单相变压器的空载运行示意图。

一、空载运行时的物理情况

当一次绕组加上交流电压 u_1 时，其中就有电流流过；二次侧开路，二次绕组内没有电流，此时一次绕组内的电流称为空载电流 i_0。该电流产生一个交变磁动势 $i_0 N_1$，并建立交变磁场。因为铁心的磁导率比油（或空气）的磁导率大得多，绝大部分的磁通量存在于铁心中，这些磁通量就

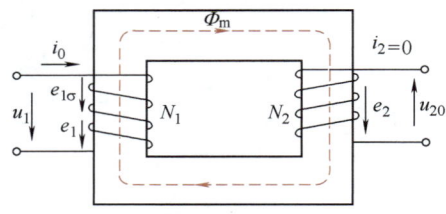

图 3-8　单相变压器的空载运行示意图

是主磁通，用 Φ_m 表示。少量的磁通量不通过铁心而通过油或空气闭合，这些磁通量仅交链一次绕组，称为一次绕组的漏磁通，用 $\Phi_{1\sigma}$ 表示。二次绕组内因没有电流，故亦没有漏磁通交链。主磁通与漏磁通不仅仅在数量上相差悬殊，而其磁路的性质也有所不同，所以在分析变压器及以后要分析的交流电机时，往往把它们内部的主磁通、漏磁通分开处理。主磁通在一次、二次绕组中感应产生电动势；其瞬时值为 e_1 和 e_2；而一次绕组的漏磁通仅在一次绕组中感应产生漏电动势，其瞬时值为 $e_{1\sigma}$。根据电磁感应定律 $e = -N\frac{d\phi}{dt}$ 及基尔霍夫第二定律 $\sum E = \sum IR$，按图 3-8 所规定的电压、电流和电动势的正方向，可列出一次、二次绕组的电动势平衡方程式

$$u_1 = i_0 R_1 + (-e_{1\sigma}) + (-e_1) = i_0 R_1 + N_1 \frac{d\phi_{1\sigma}}{dt} + N_1 \frac{d\phi}{dt} \tag{3-8}$$

$$u_{20} = e_2 = -N_2 \frac{d\phi}{dt} \tag{3-9}$$

式中　u_{20}——二次绕组的空载电压；

　　　R_1——一次绕组的电阻。

下面就式 (3-8)、式 (3-9) 中的电磁量讨论几个问题。

1. 感应电动势与主磁通

在一般变压器空载运行时，一次绕组的电阻压降 $i_0 R_1$ 以及漏电动势 $e_{1\sigma}$ 都很小，故可近似地认为 $u_1 \approx -e_1$，如 u_1 随时间按正弦规律变化，则 e_1 和 ϕ 也按正弦规律变化。

设
$$\phi = \Phi_m \sin\omega t \tag{3-10}$$

将式（3-10）代入式（3-1），得

$$\begin{aligned} e_1 &= -N_1 \frac{d\phi}{dt} = -\omega N_1 \Phi_m \cos\omega t = \omega N_1 \Phi_m \sin(\omega t - 90°) \\ &= E_{1m} \sin\left(\omega t - \frac{\pi}{2}\right) \end{aligned} \tag{3-11}$$

$$\begin{aligned} e_2 &= -N_2 \frac{d\phi}{dt} = -\omega N_2 \Phi_m \cos\omega t = \omega N_2 \Phi_m \sin(\omega t - 90°) \\ &= E_{2m} \sin\left(\omega t - \frac{\pi}{2}\right) \end{aligned} \tag{3-12}$$

从以上两式可知，感应电动势 e_1、e_2 在相位上滞后于 ϕ 的电角度都是 90°，它们的有效值分别是

$$E_1 = \frac{E_{1m}}{\sqrt{2}} = \frac{\omega N_1 \Phi_m}{\sqrt{2}} = \frac{2\pi f N_1 \Phi_m}{\sqrt{2}} = 4.44 f N_1 \Phi_m \tag{3-13}$$

$$E_2 = \frac{E_{2m}}{\sqrt{2}} = \frac{\omega N_2 \Phi_m}{\sqrt{2}} = \frac{2\pi f N_2 \Phi_m}{\sqrt{2}} = 4.44 f N_2 \Phi_m \tag{3-14}$$

由此 E_1、E_2 的相量表达式为

$$\begin{cases} \dot{E}_1 = -j4.44 f N_1 \dot{\Phi}_m \\ \dot{E}_2 = -j4.44 f N_2 \dot{\Phi}_m \end{cases} \tag{3-15}$$

从式（3-13）和式（3-14）可看出，按正弦规律变化的主磁通大小和波形主要取决于电网电压的大小和波形。在变压器绕组内所感应产生的电动势，其大小正比于频率、绕组匝数与绕组交链的磁通量幅值。

显然，变压器空载运行时，u_1 与 e_1 之间的关系也可用相量表示，即 $\dot{U}_1 \approx -\dot{E}_1$。$U_1$ 为电源电压，应为常数，则 $\dot{U}_1 \approx -\dot{E}_1 =$ 常数。当一次绕组上加上铭牌所规定的额定电压 U_{1N}，一般规定二次绕组开路电压即是其额定电压 U_{2N}，即 $U_1 = U_{1N}$ 时，$U_{20} = U_{2N}$。因此，$\frac{U_{1N}}{U_{2N}} \approx \frac{E_1}{E_2} = \frac{N_1}{N_2}$，所以在单相变压器中电压比就是匝比。通常电压比取高压绕组的电压与低压绕组电压之比，即 $k > 1$。在三相变压器中，电压比为高压绕组的线电压与低压绕组的线电压之比，而不是高压绕组与低压绕组的匝比。

2. 空载电流

变压器空载运行时，二次侧无电能输出，电流等于零。在这种情况下，二次绕组的存在，不致影响铁心和一次绕组中的电磁情况。这时一次绕组中的电流称为空载电流，它的主要作用是在铁心中建立磁场，产生主磁通。为了充分利用铁磁材料，变压器铁心总是设计为较饱和的。从电路观点看，空载时的变压器就是接在电网上的一个非线性的

感性负载，其磁通与电流关系服从于铁磁材料的磁化曲线 $\phi=f(i)$，因此，即使电源电压的波形是正弦的，由于铁心的非线性及一次绕组电阻、漏磁通的存在，$\phi(t)$ 及 $i(t)$ 的波形也不会是正弦的，而且随磁路的饱和程度不同而发生变化。不仅如此，磁滞作用与涡流现象更使 $\phi(t)=f[i(t)]$ 的关系复杂化 [$\phi(t)$ 与 $i(t)$ 简单的波形关系将在本章第六节中分析]。这样，在电路稳态分析时，不能从其微分方程式 [式 (3-8)、式 (3-9)] 导出一个相应的相量方程式，这使分析和计算变得十分复杂。为此，需做必要的简化。如前所述，往往认为 ϕ 是按正弦规律变化的，可用等效正弦波去代替非正弦的空载电流波形。

在上面简化原则下，理想变压器空载时，(即不考虑一次绕组的电阻 R_1 和漏磁通 $\Phi_{1\sigma}$ 及铁耗 p_{Fe})，空载电流可认为是励磁电流 (以下用 I_m 表示)。实际上，变压器一次绕组从电源输入少量电功率 P_0，这个功率主要用来补偿铁心中的铁耗 p_{Fe}，也有一小部分消耗在一次绕组的电阻 R_1 上，不计算这部分消耗，可认为 $p_0 \approx p_{Fe}$，因此 p_0 称为空载损耗。因为有铁耗存在，I_m 中必然含有有功分量 I_{Fe}，I_{Fe} 称为损耗电流。而用于建立磁场的无功电流 I_μ，称为磁化电流，由此得出

$$I_m = \sqrt{I_\mu^2 + I_{Fe}^2} \tag{3-16}$$

损耗电流 I_{Fe} 与铁耗的关系可表示为

$$I_{Fe} = \frac{p_{Fe}}{E_1} \approx \frac{p_{Fe}}{U_1} \tag{3-17}$$

通常 $I_\mu \gg I_{Fe}$，所以 $\dot{U}_1$ 与 $\dot{I}_m$ 之间的相位角 φ_0 接近 90°。磁化电流 I_μ 是励磁电流 I_m 的主要分量。

3. 漏磁通与漏电抗

实际上，变压器空载运行时，应考虑到存在着少量的仅与一次绕组相交链的漏磁通 $\Phi_{1\sigma}$，它也是随时间交变的，因而也会在一次绕组中感应产生漏电动势 $E_{1\sigma}$。漏磁通的实际分布是非常复杂的，为了便于分析，这里引入一个漏电抗的参数。

由于漏磁通所通过的路径是非磁性物质(油或空气)，其磁导率是常数，所以漏磁通的大小与产生此漏磁通的绕组中的电流成正比。前面已指出，在变压器绕组内所感应产生的感应电动势的有效值是与该绕组相交链的磁通量的幅值成正比的。同样，漏电动势 $E_{1\sigma}$ 的有效值也与漏磁通的幅值 $\Phi_{1\sigma}$ 以及产生漏磁通的电流 I_m 的有效值成正比，即

$$E_{1\sigma} \propto \Phi_{1\sigma} \propto I_m$$

再考虑到漏电动势 $\dot{E}_{1\sigma}$ 在相位上滞后于漏磁通 $\dot{\Phi}_{1\sigma}$ 的电角度也是 90°，并可认为漏磁通路径是线性的，则 $\dot{\Phi}_{1\sigma}$ 与 $\dot{I}_m$ 同相位。因此，$\dot{E}_{1\sigma}$ 滞后于 $\dot{I}_m$ 的相位角也是 90°。若将 $\dot{E}_{1\sigma}$ 与 $\dot{I}_m$ 直接联系起来，可表示为

$$\dot{E}_{1\sigma} = -jX_1 \dot{I}_m \tag{3-18}$$

式中 X_1——一次绕组的漏电抗。

漏电抗 X_1 是一次绕组的一个参数，利用这个参数，可将漏电动势用压降形式来表示。从物理意义上说，漏电抗表征了漏磁通对电路(即一次绕组)的电磁效应。

二、空载运行时的电动势平衡方程式、相量图及等效电路

若考虑变压器一次绕组的电阻 R_1 及漏磁通 $\Phi_{1\sigma}$ 的影响，变压器空载运行时，相量形式的电动势平衡方程式如下

$$\dot{U}_1 = \dot{I}_m R_1 + (-\dot{E}_{1\sigma}) + (-\dot{E}_1) = \dot{I}_m R_1 + j\dot{I}_m X_1 + (-\dot{E}_1) \quad (3\text{-}19\text{a})$$

$$= \dot{I}_m (R_1 + jX_1) + (-\dot{E}_1) = \dot{I}_m Z_1 + (-\dot{E}_1)$$

$$\dot{U}_{20} = \dot{E}_2 \quad (3\text{-}19\text{b})$$

式中 Z_1——一次绕组的漏阻抗。

相应的空载相量图如图 3-9 所示，由图 3-9 和式 (3-19) 可看出，空载时的变压器实际上就是一个带铁心的线圈，另加一个开路的绕组。

虽然前面已指出，由空载电流 I_m 所产生的绝大部分磁通量，即主磁通，在铁心中通过，其磁导率不是常数，主磁通与产生主磁通的励磁电流之间的关系必须用铁磁物质的磁化曲线来描述，但是为了便于分析，也可以把 $\dot{E}_1$ 与 $\dot{I}_m$ 之间的关系直接用参数形式来表示。因为 $\dot{I}_m$ 中有有功分量与无功分量，则 $-\dot{E}_1$ 为 $\dot{I}_m$ 流过一个阻抗（而不是一个纯电感）时所引起的阻抗压降，即

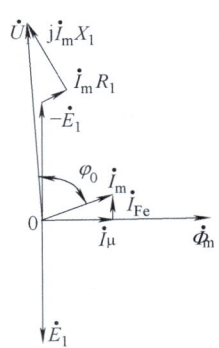

图 3-9 变压器空载相量图

$$-\dot{E}_1 = \dot{I}_m Z_m = \dot{I}_m (R_m + jX_m) \quad (3\text{-}20)$$

式中 Z_m——变压器的励磁阻抗；
X_m——变压器的励磁电抗；
R_m——变压器的励磁电阻。

Z_m、X_m、R_m 这些参数之间存在着下列关系：

$$Z_m = \frac{E_1}{I_m}, R_m = \frac{p_{Fe}}{I_m^2}, X_m = \sqrt{Z_m^2 - R_m^2} \quad (3\text{-}21)$$

从电路理论还可得出

$$\begin{cases} I_{Fe} = \dfrac{R_m}{R_m^2 + X_m^2} E_1 = g_m E_1 \\ I_\mu = \dfrac{X_m}{R_m^2 + X_m^2} E_1 = -b_m E_1 \end{cases} \quad (3\text{-}22)$$

式中 g_m——变压器的励磁电导；
b_m——变压器的励磁电纳。

把式 (3-20) 代入式 (3-19a) 中可得出

$$\dot{U}_1 = \dot{I}_m Z_1 + (-\dot{E}_1) = \dot{I}_m Z_1 + \dot{I}_m Z_m \quad (3\text{-}23)$$

按式 (3-23) 可画出相应的电路图，如图 3-10 所示。这样引入了漏阻抗 Z_1 和励磁阻抗 Z_m 以后，空载时的变压器等效电路就变为两个线圈串联组成的电路。其中一个是没有

铁心的线圈，阻抗为 $Z_1 = R_1 + \mathrm{j}X_1$；另一个是带有铁心的线圈，阻抗为 $Z_\mathrm{m} = R_\mathrm{m} + \mathrm{j}X_\mathrm{m}$。经过这样的变换以后，就把磁场的问题简化成电路形式来表达。变压器空载时的电路，综合了空载时变压器内部的物理情况，可以说与空载的变压器等效，故把图 3-10 所表示的电路称为变压器空载时的等效电路。

还必须指出，R_1、X_1 是常量；而 R_m、Z_m 因铁心中存在发热和饱和现象，故都是变量。它们都是虚拟值，且 $X_\mathrm{m} > R_\mathrm{m}$，其物理意义是：$X_\mathrm{m}$ 是表征铁心磁化性能的一个综合参数，并随铁心饱和程度的增加而减小；R_m 是表征铁心发热而消耗有功功率的一个参数。不过，在实际情况中，要求电源电压的变化范围不大，所以对应铁心中磁通量的变化范围也不是很大，Z_m 的值基本上可视为不变。

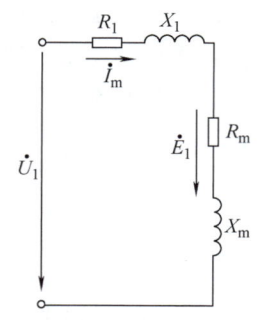

图 3-10　变压器空载运行时的等效电路

第三节　单相变压器的基本方程式

一、负载运行时的物理情况

当变压器的二次绕组端子接于负载阻抗 Z_F 时，如图 3-11 所示，变压器就带有负载，这时二次侧就有电流 i_2 通过，i_2 随负载大小而变化。与此同时，一次侧的电流 i_1 也随之而变化。由于 i_2 的出现，变压器内部的物理情况与空载时有所不同。

变压器负载运行时，二次绕组中的电流 $\dot I_2$ 产生磁动势 $\dot I_2 N_2$，该磁动势也作用在主磁路上，企图要改变空载运行时 $\dot I_\mathrm{m}$ 在主磁路内所产生的主磁通 $\dot\Phi_\mathrm{m}$ 以及由主磁通所感应

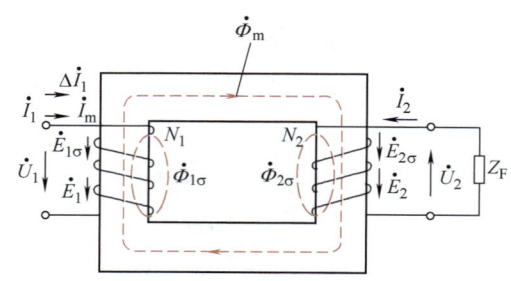

图 3-11　单相变压器负载运行示意图

产生的感应电动势 $\dot E_1$，从而破坏了空载运行时的电动势平衡关系 $\dot U_1 \approx \dot E_1$。由于电源电压恒定 $U_1 =$ 常数，则 $E_1 \approx$ 常数，$\Phi_\mathrm{m} \approx$ 常数。达到新的电动势平衡的条件是使一次绕组的电流增量 $\Delta \dot I_1$ 所产生的磁动势与二次绕组电流 $\dot I_2$ 所产生的磁动势相抵消，以维持主磁通基本不变，以及由主磁通所感应产生的感应电动势基本不变。这种磁动势平衡关系的相量形式为

$$\Delta \dot I_1 N_1 + \dot I_2 N_2 = 0 \tag{3-24}$$

或

$$\Delta \dot I_1 = -\frac{N_2}{N_1} \dot I_2$$

这一关系称为磁动势平衡关系。

式（3-24）表明，当二次绕组的电流增加时，一次绕组的电流就相应地增加，这就表明通过电磁感应作用，变压器可以把电能从一次侧传递到二次侧。

二、负载运行时的基本方程式

当变压器在某一负载下处于相对平衡状态,即所谓变压器的稳态运行时,其内部的电磁关系可以用相量方程式来表达。下面分别讨论这些基本方程式。

1. 磁动势平衡方程式

一次、二次绕组的磁动势平衡方程式可由磁路定律导出。从图 3-11 可看出,负载时作用在主磁路铁心上的磁动势有两个:一次绕组磁动势 $\dot{I}_1 N_1$ 和二次绕组的磁动势 $\dot{I}_2 N_2$。此时,铁心内主磁通 $\dot{\Phi}_m$ 将由这两个磁动势的合成磁动势所激励,也就是说,负载时变压器的励磁磁动势是一种合成磁动势。磁动势平衡方程式的相量形式由式(3-24)得出,即

$$\Delta \dot{I}_1 N_1 + \dot{I}_2 N_2 = (\dot{I}_1 - \dot{I}_m) N_1 + \dot{I}_2 N_2 = 0$$

$$\dot{I}_1 N_1 + \dot{I}_2 N_2 = \dot{I}_m N_1 \tag{3-25}$$

式(3-25)中等号右边一项 $\dot{I}_m N_1$ 在数值上与空载时的磁动势接近,但有差异。将式(3-25)移项整理后得

$$\dot{I}_1 = \dot{I}_m + \left(-\frac{N_2}{N_1}\dot{I}_2\right) \tag{3-26}$$

式(3-26)表明,负载时一次绕组中的电流由两部分组成:一部分为维持主磁通的励磁分量 $\dot{I}_m$;另一部分为用以补偿二次绕组磁动势作用的负载分量 $-N_2 \dot{I}_2 / N_1$,即一次电流的增量 $\Delta \dot{I}_1$。

2. 电动势平衡方程式

实际上,变压器的一次、二次绕组之间不可能完全耦合,除一次、二次绕组磁动势联合产生的主磁通之外,一次、二次绕组的磁动势还会各自产生一小部分仅与绕组本身相交链而主要通过油(或空气)闭合的漏磁通 $\dot{\Phi}_{1\sigma}$、$\dot{\Phi}_{2\sigma}$,它们又分别将在各自相交链的绕组中感应产生漏电动势 $\dot{E}_{1\sigma}$、$\dot{E}_{2\sigma}$。变压器负载时各种磁通及其所感应产生的感应电动势的关系如图 3-12 所示。

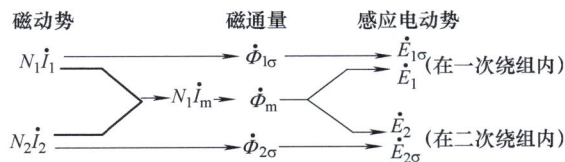

图 3-12 变压器负载时各种磁通及其产生的感应电动势的关系

这样,按图 3-11 所示的电压、电流和电动势的正方向,根据基尔霍夫第二定律 $\sum E = \sum IR$,可分别列出负载时一次、二次绕组相量形式的电动势平衡方程式为

$$\begin{cases} \dot{U}_1 = -\dot{E}_1 + \dot{I}_1 R_1 + j\dot{I}_1 X_1 = -\dot{E}_1 + \dot{I}_1 Z_1 \\ \dot{U}_2 = \dot{E}_2 - \dot{I}_2 R_2 - j\dot{I}_2 X_2 = \dot{E}_2 - \dot{I}_2 Z_2 \end{cases} \tag{3-27}$$

式中 Z_1、Z_2——一次、二次绕组的漏阻抗；
R_1、R_2——一次、二次绕组的电阻；
X_1、X_2——一次、二次绕组的漏电抗。

经过上面的分析，连同式（3-15）、式（3-20）和式（3-25），可得出变压器负载运行时的基本方程式为

$$\begin{cases} \dot{I}_1 N_1 + \dot{I}_2 N_2 = \dot{I}_m N_1 \\ \dot{U}_1 = -\dot{E}_1 + \dot{I}_1 Z_1 \\ \dot{U}_2 = \dot{E}_2 - \dot{I}_2 Z_2 \\ -\dot{E}_1 = \dot{I}_m Z_m \\ \dfrac{E_1}{E_2} = \dfrac{N_1}{N_2} = k \end{cases} \quad (3\text{-}28)$$

第四节　变压器的等效电路及相量图

变压器负载时的基本方程式综合了变压器内部的电磁关系，利用这些方程式可研究和分析变压器的各种运行性能。变压器的一次、二次绕组的匝数不等，甚至相差很大，此外一次、二次绕组之间又不直接相接，只通过电磁感应而联系。这两方面的原因，使得实际计算十分繁琐，还将导致准确度降低。为此，希望有一个既能正确反映变压器内部电磁过程，又便于工程计算的单纯电路来代替既无电路联系、仅有磁耦合作用的实际变压器，这种电路称为变压器的等效电路。采用下述归算的办法就可得出变压器的等效电路。

一、绕组归算

绕组归算就是把二次绕组的匝数变换成一次绕组的匝数（二次侧归算到一次侧），或者将一次绕组的匝数变换成二次绕组的匝数（一次侧归算到二次侧）来运算，而不改变其电磁效应的一种分析方法，即归算前后的磁动势平衡关系，各种能量关系均应保持不变。通常将二次侧归算到一次侧的较多。

从分析变压器磁动势平衡关系可知，二次绕组电路是通过它的电流所产生的磁动势去影响一次绕组电路的。因此，归算前后二次绕组的磁动势应保持不变。从一次侧看，将有同样的电流和同样的功率从电源输入，并有同样的功率传递到二次侧。这样对一次绕组来讲，归算过的二次绕组与实际二次绕组是等效的。为此，归算后的二次绕组各电磁量数值都应换算，这种换算后的量称为归算值，并用原来的符号加"′"表示。归算的含义就是将一个匝数与一次绕组相等、电磁效应与二次绕组相同的绕组去代替实际的二次绕组。显然，这种归算法只是一种人为的处理问题的方法，而绝不会改变变压器运行时的电磁本质。

（一）电动势和电压的归算

由于二次绕组归算后，变压器一次、二次绕组有同样的匝数，即 $N_2' = N_1$，而电动

势的大小与绕组的匝数成正比，则

$$\frac{E_2'}{E_2} = \frac{N_2'}{N_2} = \frac{N_1}{N_2} = k$$

因而
$$E_2' = kE_2 \tag{3-29}$$

式（3-29）说明，要把二次侧电动势归算到一次侧，只需乘以电压比 k 即可。同理，二次侧其他的电动势、电压值也应按同一电压比归算，即

$$E_{20}' = kE_{20} \tag{3-30}$$
$$U_2' = kU_2 \tag{3-31}$$

（二）电流的归算

为了保持二次侧磁动势在归算前后不变，即 $N_2'I_2' = N_2I_2$，则

$$I_2' = \frac{N_2}{N_2'}I_2 = \frac{N_2}{N_1}I_2 = \frac{I_2}{k} \tag{3-32}$$

式（3-32）说明，归算后的电流为归算前的电流的 $1/k$，要求得 I_2'，只需将 I_2 除以电压比 k 即可。

电流的归算也可由输出视在功率（表观功率）不变得出，即

$$U_2'I_2' = U_2I_2$$

由此得
$$I_2' = \frac{U_2}{U_2'}I_2 = \frac{I_2}{k}$$

（三）阻抗的归算

根据保持归算前后电阻铜耗及漏感中无功功率不变的原则，可得

$$I_2'^2 R_2' = I_2^2 R_2 \quad R_2' = \frac{I_2^2}{I_2'^2}R_2 = k^2 R_2 \tag{3-33}$$

$$I_2'^2 X_2' = I_2^2 X_2 \quad X_2' = \frac{I_2^2}{I_2'^2}X_2 = k^2 X_2 \tag{3-34}$$

可以看出，归算后的阻抗等于归算前阻抗的 k^2 倍。

如果要将一次侧归算到二次侧，则归算按相反方式进行，即一次侧的电动势、电压除以 k，电流乘以 k，而阻抗除以 k^2。

归算后变压器负载运行时的基本方程式将变为如下形式：

$$\begin{cases} \dot{I}_1 + \dot{I}_2' = \dot{I}_m & (3\text{-}35\text{a}) \\ \dot{U}_1 = -\dot{E}_1 + \dot{I}_1 Z_1 & (3\text{-}35\text{b}) \\ \dot{U}_2' = \dot{E}_2' - \dot{I}_2' Z_2' & (3\text{-}35\text{c}) \\ \dot{E}_1 = \dot{E}_2' & (3\text{-}35\text{d}) \\ \dot{E}_1 = -\dot{I}_m Z_m & (3\text{-}35\text{e}) \end{cases}$$

二、等效电路

利用对二次绕组归算过的变压器基本方程式可导出变压器负载运行时的等效电路。首先，按式（3-35）分别画出一次侧、二次侧的电路图如图 3-13 所示。图中二次

绕组的各量均已归算到一次绕组，即 $N_2' = N_1$，这是电压比等于1的变压器。因此，$\dot{E}_2' = \dot{E}_1$，换句话说，图中 a、b 和 c、d 是等电位点，可用导线把它们连接起来，而不会破坏一次、二次电路的独立性。因为在连线中并无电流流过，所以运行情况不致改变。既然两个绕组已通过连线并联起来，便可将两个绕组合并成一个绕组。在这个绕组中有励磁电流 I_m 通过。合并后的绕组连同变压器铁心在内就相当于一个绕在铁心上的电感线圈，如本章第二节中所述，可用一个等效阻抗 $Z_m = R_m + jX_m$ 来表示。这样就从物理概念导出了变压器负载运行时的"T"形等效电路，如图3-14所示。

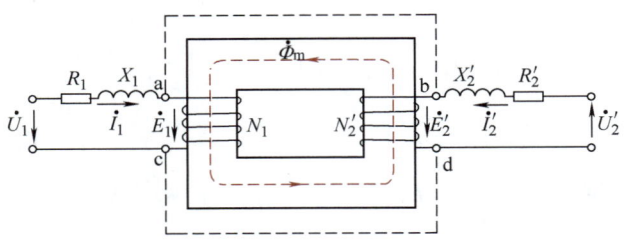

图3-13 变压器负载运行的等效电路形成过程示意图

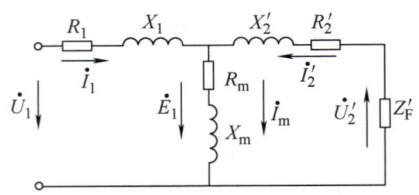

图3-14 变压器负载运行时的"T"形等效电路

实际上，由方程式（3-35）也可导出"T"形等效电路。由式（3-35c）有

$$\dot{E}_2' = \dot{I}_2' Z_2' + \dot{U}_2'$$

因为 $\dot{U}_2' = \dot{I}_2' Z_F'$（$Z_F'$ 为归算过的负载阻抗），

$$\dot{E}_2' = \dot{E}_1$$

故

$$\dot{I}_2' = \frac{\dot{E}_2'}{Z_2' + Z_F'} = \frac{\dot{E}_2'}{Z_2' + Z_F'}$$

而

$$\dot{I}_m = -\frac{\dot{E}_1}{Z_m} = \frac{-\dot{E}_1}{R_m + jX_m}$$

将 $\dot{I}_2'$ 与 $\dot{I}_m$ 代入式（3-35a），即得

$$\dot{I}_1 = \dot{I}_m + (-\dot{I}_2') = -\frac{\dot{E}_1}{Z_m} + \frac{\dot{E}_1}{Z_2' + Z_F'}$$

解出 $\dot{E}_1$ 并代入式（3-35b），消去 $\dot{E}_1$，经整理后得

$$\dot{I}_1 = \frac{\dot{U}_1}{Z_1 + \dfrac{1}{\dfrac{1}{Z_m} + \dfrac{1}{Z_2' + Z_F'}}} = \frac{\dot{U}_1}{Z_d} \tag{3-36}$$

式中 $Z_d = Z_1 + \dfrac{1}{\dfrac{1}{Z_m} + \dfrac{1}{Z_2' + Z_F'}}$

这样，由 Z_d 的表达式可知，变压器负载运行时可用阻抗分别为 Z_1、Z_m 和 $Z_2' + Z_F'$ 三

个支路进行复联的"T"形等效电路来表示。

三、相量图

根据图 3-14 所示变压器的"T"形等效电路，可画出相应的相量图。相量图不仅可表明变压器中的电磁关系，而且还可以较直观地看出变压器中各电磁量的大小和相位关系。图 3-15 所示为感性负载时变压器的相量图。

画相量图时，以归算过的负载端电压 $\dot{U}'_2$ 作为参考相量，根据归算过的负载阻抗 Z'_F 的性质，画出归算过的二次电流，即负载电流 $\dot{I}'_2$，在相量 $\dot{U}'_2$ 上加上归算过的二次漏阻抗压降 $\dot{I}'_2 R'_2$、$j\dot{I}'_2 x'_2$，可得归算过的二次电动势 $\dot{E}'_2$。因 $\dot{E}'_2 = \dot{E}_1$，亦即得相量 $\dot{E}_1$；从电磁感应定律可知，

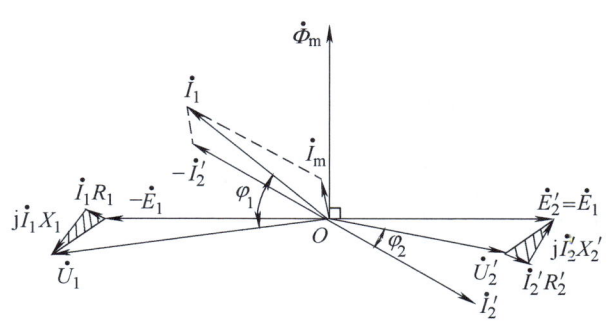

图 3-15 感性负载时变压器的相量图

主磁通相量 $\dot{\Phi}_m$ 超前于 $\dot{E}_1$（或滞后于 $-\dot{E}_1$）的电角度为 90°。画出相量 $-\dot{E}_1$ 及 $\dot{\Phi}_m$，按式（3-35）可知，励磁电流 $\dot{I}_m$ 滞后于 $-\dot{E}_1$ 的电角度为 $\varphi_m = \arctan(X_m/R_m)$，画出相量 $\dot{I}_m$；因 $\dot{I}_1 = \dot{I}_m + (-\dot{I}'_2)$，将相量 $\dot{I}_m$ 与 $-\dot{I}'_2$ 相加，画出一次电流 $\dot{I}_1$；再在相量 $-\dot{E}_1$ 上加上一次电阻和漏电抗压降相量 $\dot{I}_1 R_1$、$j\dot{I}_1 X_1$，可画出一次端电压 $\dot{U}_1$，这样就完成了变压器负载运行时相量图的绘制。

四、近似等效电路

"T"形等效电路虽然能精确地表达变压器内部的电磁关系，但它是一种复联电路，要进行复数运算，比较繁琐。考虑到一般变压器中，$Z_m \gg Z_1$，若把励磁支路前移，如图 3-16 所示，即认为在一定的电源电压下，励磁电流 $I_m = $ 常数，不受负载变化影响，同时，忽略 $\dot{I}_m$ 在一次绕组中产生的漏阻抗压降。这样的电路称为"Γ"形等效电路。根据这种电路对变压器的运行情况进行定量计算，所引起的误差是很小的，"Γ"形电路是一个并联电路，因此大大简化了计算过程。

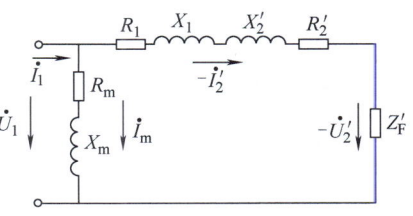

图 3-16 变压器的"Γ"形等效电路

在分析计算变压器负载运行的某些问题时，如二次电压变化，并联运行的负载分配等（并联问题可参阅有关书籍），由于一般变压器 $I_m \ll I_N$，可以进一步把励磁电流 I_m 忽略不计，即将励磁支路去掉，得到如图 3-17 所示的变压器近似等效电路。

从图 3-17 中可看出，当二次侧短路，即 $Z'_F = 0$

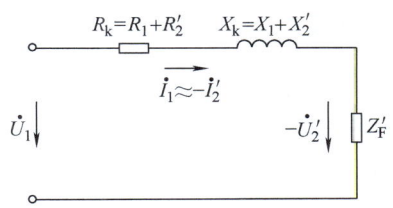

图 3-17 变压器的近似等效电路

时，变压器的阻抗就是 Z_k。故 R_k、X_k 和 Z_k 分别称为短路电阻、短路电抗和短路阻抗，统称为变压器的短路参数，可用短路试验的方法测得。

第五节 等效电路的参数测定

利用等效电路进行变压器负载运行的计算，必须知道变压器的参数。下面介绍变压器的参数测定。

一、空载试验

由空载试验可以测定变压器的电压比 k、铁耗 p_{Fe} 以及等效电路中的励磁阻抗 Z_m。

单相变压器做空载试验可按图 3-18 接线，然后在额定频率、正弦的额定电压 U_{1N} 作用下，测取变压器的 U_1、I_{10}、P_0 和 U_{20}。

变压器空载运行时，空载电流 I_{10} 产生的铜耗 $I_{10}^2 R_1$，可以忽略不计。这样就可认为变压器空载时的输入功率 P_0 完全用来抵偿铁耗（$p_0 \approx p_{Fe}$）。

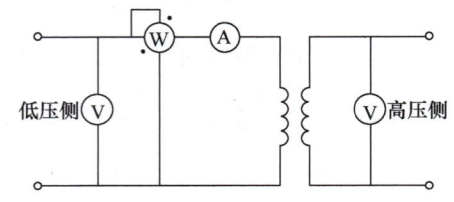

图 3-18 变压器空载试验接线图

因此，从空载运行的等效电路（见图 3-10）可得出

$$Z_0 = \frac{U}{I_0} = |Z_1 + Z_m| = \sqrt{(R_1 + R_m)^2 + (X_1 + X_m)^2} \tag{3-37}$$

因为 $Z_m \gg Z_1$、$R_m \gg R_1$、$X_m \gg X_1$，故可认为

$$\begin{cases} Z_0 \approx Z_m \\ R_0 = \dfrac{P_0}{I_{10}^2} \approx R_m \\ X_0 = \sqrt{Z_0^2 - R_0^2} \approx X_m \end{cases} \tag{3-38}$$

电压比为

$$k = \frac{U_1}{U_2} \tag{3-39}$$

必须指出，由于 Z_m 与磁路的饱和程度有关，在不同电源电压下测出的数值是不同的，故应以额定电压下测读的数据来计算励磁支路的参数。

空载试验在变压器一次侧、二次侧都可以进行，通常为了安全起见，一般在低压侧进行。不过要将低压侧所测得的 Z_m 标在高压侧的等效电路中，还必须归算到高压侧，即乘以电压比 k 的二次方。

对于三相变压器，应用上列公式时，必须采用每相值，即一相的损耗以及相电压和相电流等来进行计算。

二、负载试验（旧称短路试验）

通过负载试验可以测得等效电路中的短路参数。

负载试验是当以额定频率的额定电流通过变压器的一个绕组，另一个绕组的端子接成短路时所进行的试验。

单相变压器负载试验接线图如图 3-19 所示，测读 p_k、U_k 和 I_k 数据。三相变压器取每相值计算参数。

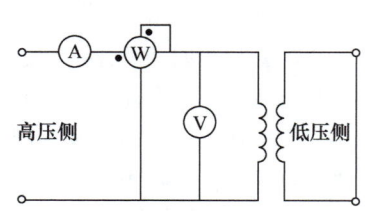

图 3-19 变压器负载试验接线图

同样，在不同的电流下，有不同的 Z_k，应以额定电流下的数值作为等效电路的计算参数。

做变压器负载试验时，因为二次侧短路，在一次侧加额定电压是不允许的。否则会导致一次、二次电流过大，烧毁绕组。因而负载试验时，在一次侧所加的电压必须降低，通常使一次、二次电流达到额定值为止。这时一次侧所加的电压为其额定电压的（5~10）%。为了便于测量，一般在高压侧加电压，低压侧短路。

从图 3-14 所示变压器的等效电路中可看出，变压器二次侧短路（$Z'_F = 0$），则励磁阻抗 Z_m 与二次漏阻抗 Z'_2 直接并联，因 Z_m 比 Z'_2 大得多，因而短路电流几乎决定于变压器内部很小的漏阻抗（即短路阻抗）。所以负载试验必须在降低电压下进行。

由于负载试验时电压很低，所以铁心中的主磁通很小，可忽略励磁电流和铁耗，即 $Z_m \approx \infty$，并认为此时变压器从电源输入的功率 p_k 完全消耗在一次、二次绕组的铜耗上。该损耗称为负载损耗，即

$$p_k = I_k^2 R_k \approx p_{Cu} = I_1^2 R_1 + I_2'^2 R_2' \tag{3-40}$$

按图 3-17 所示近似等效电路，有

$$Z_k \approx \frac{U_k}{I_k} \quad R_k \approx \frac{p_k}{I_k^2} \quad X_k \approx \sqrt{Z_k^2 - R_k^2} \tag{3-41}$$

绕组的电阻是随温度而变的，而负载试验应在 10~40℃ 的环境温度下进行。故经过计算所得的电阻应按国家标准规定折算到参考温度。油浸式变压器的绝缘耐热等级为 A、E、B 级，其短路电阻值应折算到 75℃ 时的数值。

$$\begin{cases} R_{k75℃} = R_{k\theta} \dfrac{T_0 + 75℃}{T_0 + \theta} \\ Z_{k75℃} = \sqrt{R_{k75℃}^2 + X_k^2} \end{cases} \tag{3-42}$$

式中　θ——试验时的环境温度；

　　　T_0——对铜线为 234.5℃，对铝线为 228℃。

负载试验时，若绕组中电流达到额定值，加在一次绕组上的短路电压是 $U_{1k} = I_{1N} Z_{k75℃}$，此电压称为阻抗电压（原称短路电压）。如用一次额定电压的百分值表示，则为

$$u_k\% = \frac{U_{1k}}{U_{1N}} \times 100\% = \frac{I_{1N} Z_{k75℃}}{U_{1N}} \times 100\% \tag{3-43}$$

阻抗电压是变压器一个很重要的参数，它标明在变压器的铭牌上。

如变压器绝缘耐热等级为其他绝缘耐热等级，所应校正的参考温度为 115℃。

在变压器计算中，还把阻抗电压 u_k 表示成额定电压的相对值（或称标幺值），即

$$u_k^* = \frac{U_{1k}}{U_{1N}} = \frac{Z_{k75℃}}{\dfrac{U_{1N}}{I_{1N}}} = \frac{Z_{k75℃}}{Z_N} = Z_k^* \tag{3-44}$$

式中　Z_k^*——短路阻抗的相对值，即短路阻抗 $Z_{k75℃}$ 对一定的阻抗基值 Z_N 的相对值，基值选定为额定电压 U_{1N} 与额定电流 I_{1N} 之比。

阻抗电压的实际意义可以这样来理解：从运行性能考虑，要求变压器的阻抗电压小一些，即变压器漏阻抗小一些，使二次绕组端电压受负载变化而波动的影响小些；但从限制变压器短路电流的角度来看，则希望阻抗电压大些，这样可以使变压器由于某种原

因而引起短路时的过电流小一些。这就要求设计制造部门必须慎重考虑，兼顾两者的要求。

顺便指出，国家标准中规定的"短路试验"是承受短路能力的试验，目的与上述进行参数测定的"负载试验"有所不同，方法也有差异。

第六节 三相变压器

三相电能的传输可采用两种形式的变压器：一种是由三个独立单相变压器组成的变压器组，称为三相组式变压器，或称三相变压器组；另一种是铁心为三相共有的三相变压器。三相变压器也有心式和壳式两种，我国电力变压器大部分是采用心式铁心。以下把三相变压器组与三相心式变压器统称为三相变压器。在对称负载时，三相变压器的一次、二次绕组便是三相对称电路，各相电压和电流的大小相等，彼此相差120°电角度，各相参数相等。对三相变压器的研究，和对称三相电路一样，仅需分析一相即可，即求出一相的电压、电流以后，就可根据对称的关系直接得出其余两相的电压和电流。因此，单相变压器的基本方程式、等效电路、相量图及即将探讨的运行特性完全适用于三相变压器。下面仅就三相变压器的特有问题——三相变压器的电路系统、磁路系统以及两者对磁通量、电动势和电流波形的影响加以讨论。

一、三相变压器的电路系统——联结组

三相变压器绕组的联结不仅仅是组成电路系统的问题，而且还关系到变压器电磁量中的谐波问题，以及诸如并联运行等一些运行问题。为此，必须说明三相绕组的联结法和联结组。

1. 联结法

三相电力变压器的绕组一般采用星形和三角形两种联结方法，对绕组的首端和末端标志的规定见表3-1。

表3-1 绕组首端和末端的标志

绕组（线圈）名称	首　　端	末　　端	中　性　点
高压绕组（线圈）	A、B、C	X、Y、Z	N
低压绕组（线圈）	a、b、c	x、y、z	n

高、低压绕组作星形联结时，用符号"Y（或y）"表示，把绕组的三个首端A、B、C（或a、b、c）向外引出，把末端X、Y、Z（或x、y、z）连接在一起成为中性点，用N（或n）表示，如图3-20a所示；作三角形联结时，用符号"D（或d）"表示，规定各相同连接次序为A→X→C→Z→B→Y（或a→x→c→z→b→y），然后从首端A、B、C（或a、b、c）向外引出，如图3-20b所示。把高压绕组连接符号写在前面，低压绕组符号写在后面，规定符号表示联结法，如星形联结的中性点是向外引出的时，高压方用YN表示，低压方

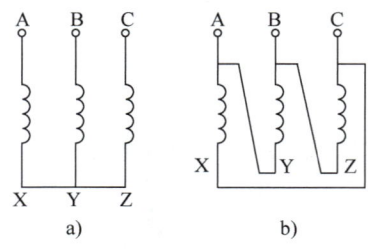

图3-20 星形和三角形联结法

a) 星形联结 b) 三角形联结

用 yn 表示，如 YNd 表示高压绕组作星形联结，并引出中性点，低压绕组作三角形联结。

2. 联结组

由于三相绕组可以采用不同联结，使得三相变压器一次、二次绕组中的线电压出现不同的相位差，因此按一次、二次线电压的相位关系把变压器绕组的联结分成各种联结组。理论和实践证明，对于三相绕组，无论采用什么联结法，一次、二次线电压的相位差总是30°电角度的倍数。因此，通常采用"时钟表示法"（即用钟面上12个数字来表示这种相位差）是很简明的。这种表示法是这样的：把高、低压绕组的两个线电压三角形的重心重合在一起，并把高压侧线电压三角形的一条中线作为时钟的长针，指向钟面的12，再把低压侧线电压三角形中相对应的中线作为钟面短针，它所指的钟点就是该变压器联结组的"标号"。

三相高、低压绕组线电压相量间的相位差，不仅取决于三相绕组的联结法，而且还与绕组的绕向及绕组端子的标志有关。也就是高、低压绕组线电压之间的相位差首先决定于相电压之间的相位差。所以先要弄清相电压间的相位差，即单相变压器的联结组问题，再进一步说明三相变压器的联结组。

无论单相变压器的高、低压绕组，还是三相变压器同一相的高、低压绕组，都绕在同一个铁心柱上，它们被同一个主磁通交链。当主磁通交变时，高、低压绕组之间有一定的极性关系，在同一瞬间，高压绕组的某一端点电位为正，低压绕组必有一端点电位也相对为正，这两个对应端点称为"同名端"，在同名端的对应端点旁用标注"·"表示。同名端取决于绕组的绕制方向。这时高、低压绕组中电压相位关系有两种可能，一种是两者同相位，另一种是两者反相位（即相差180°电角度）。如以 $\dot{U}_{AX}$、$\dot{U}_{ax}$ 表示高、低压绕组的电压相量，这两种相位差的情况分别如图3-21a、b所示。若两个绕组的绕向都是左绕，而上端子均标为首端，下端子均标为末端，按电压正方向（A→X，a→x），这两个电压相量的相位差等于零，如图3-21a所示。如果两个绕组的绕向相同，但端子的标志相反，即高压绕组端子标志不变，而低压绕组端子的标志对换，上端子标为末端x，下端子标为首端a。因此，按电压正方向，这两个电压相量的相位差就变为180°电角度，如图3-21b所示。相电压相位差等于零的单相变压器的联结组标号就是"0"；相位差为180°电角度的联结组标号则为"6"。

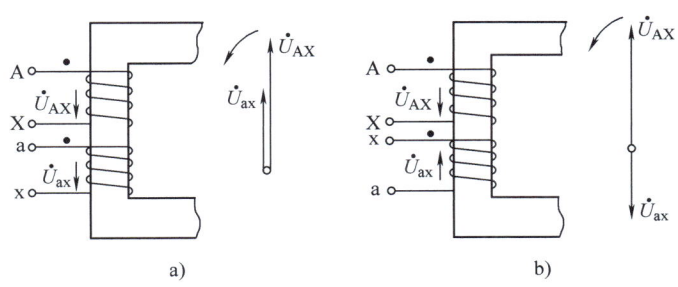

图3-21 单相变压器端子的两种表示法
a) I/I-0 联结组　b) I/I-6 联结组

明确了单相变压器或者说三相变压器高、低压绕组相电压之间的相位关系，即可决定三相变压器的联结组标号,即高、低压绕组线电压之间的相位。

决定三相变压器联结组标号的步骤为:

1) 按规定的绕组端子标志,连接成所规定的联结组,画出联结图。

2) 标明绕组的同名端和相电压的方向。

3) 判断同一相的相电压相位,画出高、低压绕组线电压三角形,并将两个三角形重心重合。

4) 根据高、低压绕组线电压三角形重心重合后的对应中性线位置,确定联结组标号。

联结组标号从 0~11 共计有 12 个,每个标号相差 30°电角度。为使电力变压器使用方便和统一,避免联结组过多而造成混乱,以致引起事故,国家标准中规定常用的联结组标号除特殊联结者外,为 Yy0 和 Yd11(或 Dy11)两类。

(1) Yy0 或 Yyn0 联结组　画出 Yy0 的联结图如图 3-22a 所示。这类联结组高、低压绕组绕向相同,端子标志一致,高、低压绕组的首端为同名端,故按电压正方向确定,高、低压绕组对应的相电压相量应为同相位,将高压和低压侧两个线电压三角形的重心 N 和 n 重合,并使高压侧三角形的中性线 NA 指向钟面 12,则低压侧对应的中性线 na 也将指向 12,从时间上看是 0 点,故该联结组标号为 "0"。

(2) Yd11 或 YNd11 联结组　这类联结组高压绕组为星形联结,低压绕组作三角形联结的次序为 a→x→C→z→b→y。由于把高、低压绕组的同名端均作为首端,故高压和低压对应相的相电压为同相位,如图 3-23a、b 所示。再把高、低压两个线电压三角形的重心 N 和 n 重合,并使高压侧三角形的中性线 NA 指向钟面 12,低压侧的对应中性线 na 则指向 11,如图 3-23b 所示,故这种联结组标号为 "11"。

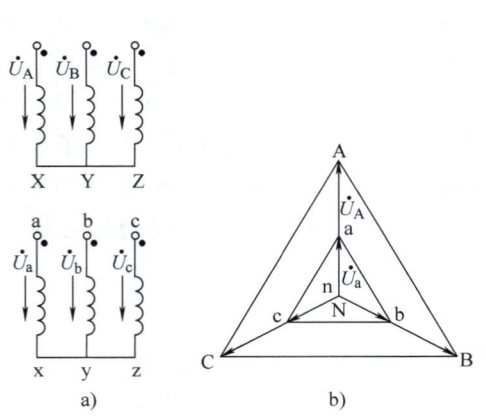

图 3-22　Yy0 联结组
a) 联结图　b) 高、低电压相量图

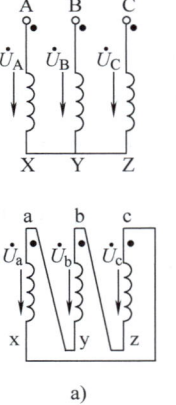
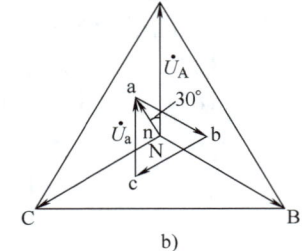

图 3-23　Yd11 联结组
a) 联结图　b) 高、低压电压相量图

二、三相变压器的磁路系统——铁心的结构形式

三相变压器的磁路系统即三相变压器的铁心,可以分成各相磁路彼此独立和互相联系的两类。显然,三相变压器组的磁路是彼此独立的,因为变压器组由三台单相变压器组成,如图 3-24 所示。各相主磁通都有自己独立的磁路,若一次侧施加的三相电压是对称的,各相主磁通必然对称,各相空载电流也就是对称的。三相心式变压器的磁路则

不然，它们是互相联系的，这种变压器的铁心形式如图 3-25c 所示。它是由彼此无关的磁路演变而来的，每相磁通都以其余两相的铁心柱作为闭合回路。

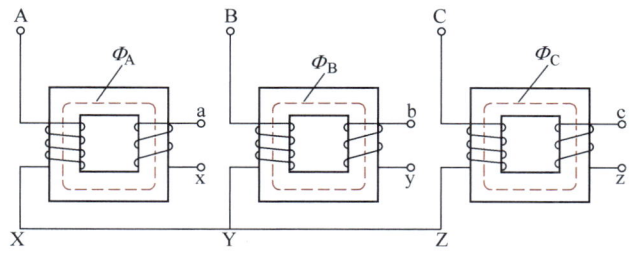

图 3-24 三相变压器组的磁路系统

如将三个单相铁心并在一起，如图 3-25a 所示，在对称运行时，三相主磁通是对称的，因此和三相对称电压一样，三个主磁通相量 $\dot{\Phi}_A$、$\dot{\Phi}_B$、$\dot{\Phi}_C$ 之和等于零，即 $\dot{\Phi}_A + \dot{\Phi}_B + \dot{\Phi}_C = 0$。根据磁路定律，互相并在一起的中间铁心柱中的磁通相量 $\dot{\Phi}_\Sigma$ 应为各相磁通相量之和，$\dot{\Phi}_\Sigma = \dot{\Phi}_A + \dot{\Phi}_B + \dot{\Phi}_C = 0$。由此可知中间铁心柱中的总磁通等于零，类似于对称的三相电流在中性线中不存在一样，因此可将中间铁心柱省去，如图 3-25b 所示。为了便于制造，并且因磁路不对称造成的空载电流不对称仅占负载电流相当小的成分，不致明显影响变压器的运行，于是可省去中间铁轭，把三相铁心柱布置在同一平面内，便成为图 3-25c 所示的形式，这样的磁路就互相联系了。

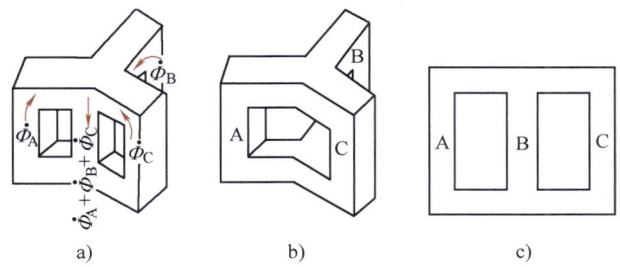

图 3-25 三相心式变压器磁路系统的演变
a) 单相心式铁心的合并 b) 铁心的演变 c) 三相心式铁心

三相变压器的这两种磁路系统各有其优缺点。心式结构省材料却带来磁路的稍不对称。因此，三相心式变压器与三相组式变压器比较，价格便宜，维护简单，而后者特别是巨型的三相变压器，由于"化整为三"，因而运输较为方便，并可减少备用容量。

三、三相变压器电路系统和磁路系统对电动势波形的影响

在电路理论中已分析过，磁路若无分支，并由某种铁磁物质构成时，磁路中的磁通与励磁电流成非线性关系。因在交变电流作用下，可简略地认为，磁路中的磁通与励磁电流的关系服从于铁磁物质的磁化曲线。因为变压器具有一个铁心，磁路由铁磁物质构成，若不考虑铁耗，其励磁电流即为磁化电流，可用图解法根据磁化曲线确定它与主磁通的对应波形。设主磁通随时间做正弦变化，当时间为 t_1 时，主磁通的瞬时值为 ϕ_1，由磁化曲线 $\phi = f(i_\mu)$ 查出对应的磁化电流 $i_{\mu 1}$，由此可得磁化电流曲线上的 a 点，如

图 3-26 所示。同理可得出其他瞬间的磁化电流值，从而画出整个磁化电流随时间变化的曲线，该磁化电流的波形为尖顶波，如图 3-26 所示。其中主要谐波含量是三次谐波，还有其他奇次高次谐波，其瞬时值的表达式为

$$i_\mu = \sqrt{2}I_{\mu1}\sin\omega t - \sqrt{2}I_{\mu3}\sin3\omega t + \cdots \tag{3-45}$$

当磁化电流做正弦变化时，利用图解法确定的主磁通的波形为平顶波，如图 3-27 所示，其中主要谐波含量也是三次谐波，同时也有奇次高次谐波，其瞬时表达式却为

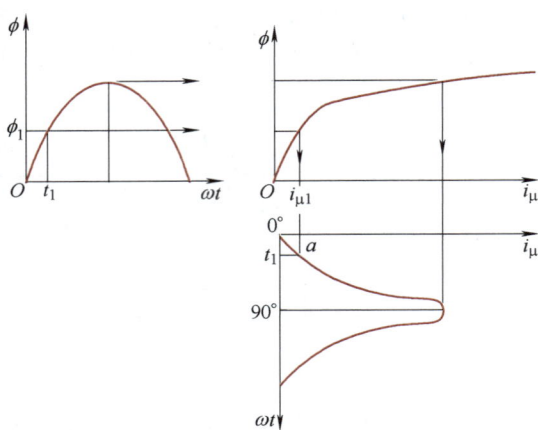

图 3-26 不考虑铁耗时励磁电流波形的确定

$$\phi = \Phi_{1m}\sin\omega t + \Phi_{3m}\sin3\omega t + \cdots \tag{3-46}$$

虽然变压器的励磁电流只有额定电流的（1~3）%，谐波含量的影响在等效电路和相量图中均可用等效正弦波的方法加以考虑，但是励磁电流的波形却影响着感应电动势的波形，而这种影响还与三相绕组的联结法有关。

1. Yy、Yyn 联结的三相变压器中的电动势波形

电路理论中已分析过，三次谐波电流因构成零序对称组（三相相量的有效值相等，相位相同），而不

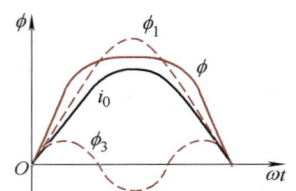

图 3-27 励磁电流中无三次谐波的主磁通的波形

能存在于无中性线星形联结的对称三相电路中。因而在一次侧无中性线引出的星形联结三相变压器中，励磁电流中不可能含有三次谐波分量，若不计其值不大的五次谐波及七次谐波，励磁电流就呈正弦波。由于变压器磁路的非线性特性，正弦波的励磁电流必然激励出呈平顶波形的主磁通，该主磁通中就含有三次谐波分量。三次谐波磁通多大，影响如何，则要取决于磁路系统的结构，即要分三相组式变压器和三相心式变压器两种情况来讨论。

（1）三相组式变压器 前边指出，三相组式变压器磁路的特点为彼此独立，互不联系。当励磁电流呈正弦波、主磁通呈平顶波时，主磁通中三次谐波和基波一样，可以存在于变压器各相磁路（见图 3-27）中。因铁心饱和，其含量较大，根据电磁感应定律，一次、二次绕组中每相感应电动势为

$$e_1 = -N_1\frac{d\phi}{dt} = -N_1\frac{d\phi_1}{dt} - N_1\frac{d\phi_3}{dt} = e_{11} + e_{13} \tag{3-47}$$

$$e_2 = -N_2\frac{d\phi}{dt} = -N_2\frac{d\phi_1}{dt} - N_2\frac{d\phi_3}{dt} = e_{21} + e_{23} \tag{3-48}$$

因此在变压器每相的一次、二次绕组中，除基波磁通感应产生基波电动势 e_{11}、e_{21} 外，还有三次谐波磁通感应产生的三次谐波电动势 e_{13}、e_{23}。按感应电动势在时间上滞后于磁通 90°电角度的相位关系，可确定相电动势的波形为尖顶波，如图 3-28 所示，而且 $E_{11}=$

$4.44fN_1\Phi_{m1}$，$E_{13}=4.44(3f)N_1\Phi_{m3}$，所以 $\dfrac{E_{13}}{E_{11}}=3\times\dfrac{\Phi_{m3}}{\Phi_{m1}}$，即电动势中三次谐波对基波的比值是磁通中比值的三倍。因而，一次、二次绕组相电动势中的三次谐波含量就相当大，可达基波电动势的（45~60）%，甚至更大，结果使相电动势 e_ϕ 波形严重畸变，幅值很高，有可能击穿绕组绝缘，但线电动势 e_L 的波形仍为正弦波。

（2）三相心式变压器　这种三相变压器磁路的特点是互相联系，彼此相关。而三次谐波磁通也是零序对称组，三个同相位磁通不可能在心式铁心内闭合，这和三次谐波电流不可能在星形联结的三相电路中流通的情况相似。但磁通和电流不一样，磁通既可以存在于铁磁物质中，也可以存在于非铁磁物质中，只是在非铁磁物质中存在时，由于磁导率小，其数量是不大的。故三次谐波磁通虽然不能存在于心式变压器的铁心中，但是它们可以经过油、油箱壁、铁轭形成闭路，如图3-29所示。这样，磁路的磁阻大，使三次谐波的磁通大为削弱，相电动势中也因此而没有明显的三次谐波，使电动势波形接近正弦波。但三次谐波磁通通过油箱壁，将在其中感应涡流，产生附加损耗，降低变压器效率，并引起局部过热。

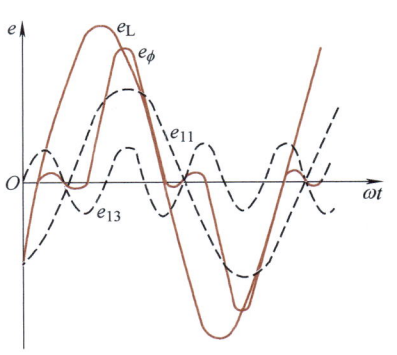

图3-28　Yy0联结变压器组的相电动势波形

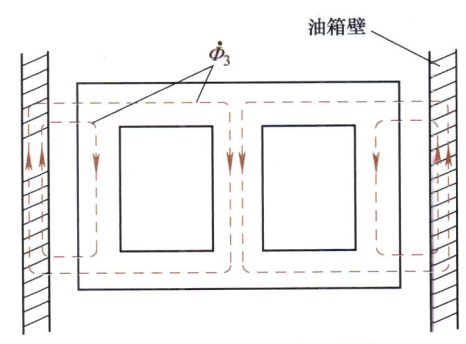

图3-29　三相心式变压器中三次谐波磁通的路径

2. Dy和Yd联结的三相变压器中电动势的波形

在Dy联结的三相变压器中，因一次绕组为三角形联结，三次谐波电流可以在一次绕组中流通，于是励磁电流含有三次谐波分量，主磁通的波形以及一次、二次绕组中感应电动势的波形都会接近正弦波形。

当三相变压器的一次绕组为星形联结，无中性线引出，而二次绕组为三角形联结时，虽然一次绕组中的励磁电流不存在三次谐波分量，主磁通及一次、二次绕组的感应电动势中会含有三次谐波分量 $\dot{\Phi}_3$、$\dot{E}_{13}$、$\dot{E}_{23}$。由于二次绕组为三角形联结，而二次绕组中的感应电动势 $\dot{E}_{23}$ 是零序对称组，在三角形联结的回路中其总和不等于零，于是在二次绕组中会产生三次谐波环流 $\dot{I}_{23}$。二次绕组所组成的回路对三次谐波环流的电抗比电阻要大得多。从图3-30所表示的相量图可看出，$\dot{I}_{23}$ 产生的磁通 $\dot{\Phi}_{23}$ 在相位上几乎与 $\dot{\Phi}_3$ 相反，其作用必然削弱铁心中的三次谐波磁通 $\dot{\Phi}_3$，使一次、二次绕组中感应电动势的波形接近于正弦波。所

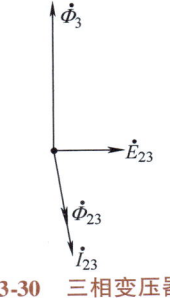

图3-30　三相变压器绕组Yd联结时电流 I_{23} 的作用

以在 Yd 联结的三相变压器中，二次绕组存在三次谐波电流的作用与 Dy 联结时在一次绕组中所存在的三次谐波电流作用一样。因此可以说三相变压器在 Yd 联结时，其二次绕组中的三次谐波电流在本质上是去磁的，但在现象上是励磁的。由此可知，三相变压器有一侧绕组作三角形联结，总是有利于改善电动势波形的。

第七节 变压器的稳态运行

变压器稳态运行的方式有两种，即一台变压器单独运行和多台变压器并联运行。下面仅探讨一台变压器单独运行时的运行特性。

表征变压器运行特性的主要指标有两个，即变压器二次侧端电压的变化和变压器的效率。

1. 变压器负载时二次侧端电压的变化（电压调整率）

由于变压器一次、二次绕组均有电阻和漏抗，负载时，负载电流通过这些漏阻抗必然产生内部电压降，即使一次绕组电压保持恒定，二次侧端电压也会随负载的变化而变化。和直流发电机一样，这种变化规律用外特性来表明。因为在变压器内进行传递的电能是交流性质，所以描述其外特性时，还需要规定负载的功率因数。变压器的外特性是一次侧外施电压等于额定电压，即 $U_1 = U_{1N}$；负载功率因数 $\cos\varphi_2$ 不变时，二次侧端电压 U_2 随二次侧负载电流 I_2 变化的关系曲线 $U_2 = f(I_2)$ 如图 3-31 所示。变压器在纯电阻和纯电感负载时，

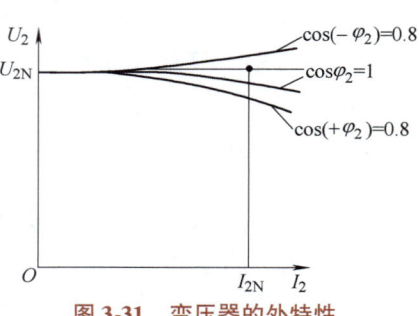

图 3-31 变压器的外特性

外特性是下降的，而在容性负载时可能上翘。纯电阻负载时，端电压变化较小，感性或容性成分增加，端电压的变化会增大。

变压器二次侧端电压随负载变化的程度用电压调整率 Δu 来表示。电压调整率 Δu 规定为：一次侧加额定电压、负载功率因数为一定值，空载与负载时二次侧端电压之差 $(U_{20} - U_2)$ 除以二次侧额定电压 U_{2N}，用百分值表示，即

$$\Delta u = \frac{U_{20} - U_2}{U_{2N}} \times 100\% = \frac{U_{2N} - U_2}{U_{2N}} \times 100\% = \frac{U_{1N} - U_2'}{U_{1N}} \times 100\% \quad (3\text{-}49)$$

变压器的电压调整率表征了电网电压的稳定性，一定程度上反映了电能的质量，所以是变压器的主要性能之一。

变压器电压调整率的计算式可由相量图导出，从而可清楚地说明外特性下降和上翘的性质。

图 3-32 所示为变压器近似等效电路的相量图。在图中，$-\dot{U}_2'$ 相量的延长线 $\overline{ab}$ 上，从 $\dot{U}_{1N}$ 相量的末端做 $\overline{ab}$ 的垂线 $\overline{cb}$，根据几何关系可得

$$\overline{ab} = I_1 R_k \cos\varphi_2 + I_1 X_k \sin\varphi_2 \quad (3\text{-}50)$$

在一般变压器的相量图中，线段 $\overline{cb}$ 比 $\overline{ob}$ 小得

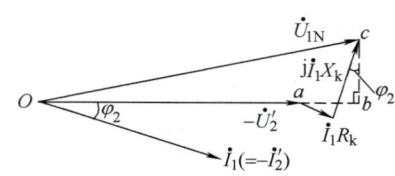

图 3-32 变压器的近似等效电路相量图

多，可以近似地认为

$$U_{1N} \approx U_2' + \overline{ab} \quad (3\text{-}51)$$

将式（3-50）与式（3-51）代入式（3-49），便得

$$\Delta u = \frac{U_{1N} - U_2'}{U_{1N}} \times 100\% \approx \frac{\overline{ab}}{U_{1N}} \times 100\%$$

$$= \frac{I_1 R_k \cos\varphi_2 + I_1 X_k \sin\varphi_2}{U_{1N}} \times 100\% \quad (3\text{-}52)$$

$$= \beta \frac{I_{1N} R_k \cos\varphi_2 + I_{1N} X_k \sin\varphi_2}{U_{1N}} \times 100\%$$

式中 β——负载系数，$\beta = \frac{I_1}{I_{1N}}$。

从式（3-52）可看出，变压器的电压调整率不仅决定于它的短路参数 R_k、X_k 和负载系数 β，还与负载的功率因数有关。在实际变压器中，一般 X_k 比 R_k 大得多，当负载为纯电阻时，即 $\cos\varphi_2 = 1$，Δu 很小；感性负载时，$\varphi_2 > 0$，$\cos\varphi_2$ 和 $\sin\varphi_2$ 均为正值，Δu 为正值，说明二次侧端电压随负载电流 I_2 的增大而下降，因为 $I_{1N} X_k \gg I_{1N} R_k$，故 φ_2 角越大，Δu 越大；但容性负载时，$\varphi_2 < 0$，$\cos\varphi_2 > 0$，而 $\sin\varphi_2 < 0$，$|I_{1N} R_k \cos\varphi_2| < |I_{1N} X_k \sin\varphi_2|$ 时，Δu 为负值，即表示二次侧端电压 U_2 随负载电流 I_2 的增加而升高，同样，φ_2 角绝对值越大，Δu 的绝对值越大。图 3-33 表示当 $I_2 = I_{2N}$，$\beta = 1$ 时，$\Delta u = f(\varphi_2)$ 的曲线。

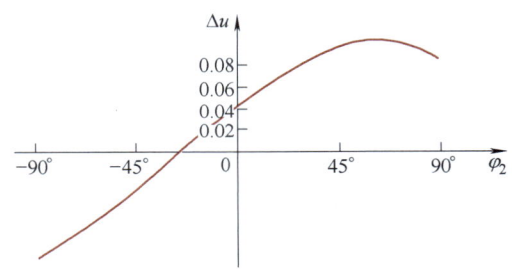

图 3-33　当 $I_2 = I_{2N}$，$\beta = 1$ 时，$\Delta u = f(\varphi_2)$

2. 效率

在变压器进行传递能量的过程中，也会产生损耗。变压器只有铁耗与铜耗两大类。每类损耗又有基本损耗与附加（杂散）损耗之分，通常变压器的空载损耗是指铁耗，而负载损耗是指铜耗（额定负载时的负载损耗，也称短路损耗）。

和直流电机一样，变压器的基本铁耗主要是磁滞损耗与涡流损耗。磁滞损耗与硅钢片材料的性质、磁通密度的最大值以及电源频率有关。涡流损耗与硅钢片的厚度、电阻率、磁通密度最大值有关。

附加铁耗产生的原因很多，主要有：在铁心接缝处由于磁通密度分布不均匀所引起的损耗；在铁轭夹件、拉紧螺杆、油箱等结构部件中所产生的涡流损耗等。附加铁耗很难精确计算，通常对小容量变压器的影响较小，但对大容量变压器，当其磁通密度超过一定数值时，各种附加损耗将显著增加，甚至可达基本铁耗的 100%。

变压器的基本铜耗是指一次、二次绕组内电流所引起的直流电阻损耗。附加铜耗主要是由漏磁通所引起的趋肤效应和邻近效应，使电流在导线截面中分布不均匀而产生的额外损耗。

变压器的效率也是指其输出的有功功率与输入的有功功率之比，用百分值表示，即

$$\eta = \frac{P_2}{P_1} \times 100\% \quad (3\text{-}53)$$

由于变压器无转动部分,一般来说效率较高,大多数在95%以上,而大型变压器的效率可达99%以上。工程上常采用间接法测定变压器的效率,即测出各种损耗以计算效率。

因为 $P_2 = P_1 - \sum p$（$\sum p$ 系指变压器总损耗）,所以

$$\eta = \frac{P_2}{P_1} \times 100\% = \frac{P_1 - \sum p}{P_1} \times 100\% = \left(1 - \frac{\sum p}{P_1}\right) \times 100\%$$
$$= \left(1 - \frac{\sum p}{P_2 + \sum p}\right) \times 100\% \tag{3-54}$$

式中 $\sum p = p_{Fe} + p_{Cu}$。

在用式（3-54）计算变压器效率时,采取了下列几个假定:

1) 以额定电压下的空载损耗 p_0 作为铁耗 p_{Fe},并认为铁耗不随负载而变化。

2) 以额定电流时的负载损耗 p_k 作为额定电流时的铜耗 p_{Cu},并认为铜耗与负载系数 β 的二次方成正比 $\left(\beta = \frac{I_1}{I_{1N}} = \frac{I_2}{I_{2N}}\right)$,即不考虑 I_m 对铜耗的影响,故有 $p_{Cu} = \beta^2 p_k$。

3) 计算 P_2 时,忽略了负载运行时的二次电压的变化,即

$$P_2 = mU_{2N}I_2\cos\varphi_2 = \beta mU_{2N}I_{2N}\cos\varphi_2 = \beta S_N\cos\varphi_2$$

式中 m——相数;

S_N——变压器的额定容量。

做上述一系列假定后,式（3-54）变为

$$\eta = \left(1 - \frac{p_0 + \beta^2 p_k}{\beta S_N\cos\varphi_2 + p_0 + \beta^2 p_k}\right) \times 100\% \tag{3-55}$$

效率随负载电流而变化的规律 $\eta = f(I_2)$ 或 $\eta = f(\beta)$ 叫作变压器的效率特性。按式（3-55）用不同的负载系数 β 代入,即可绘出效率特性,如图3-34所示,它与旋转电机的效率特性相似。

从效率特性可见,当负载达到某一数值时,效率将达到其最大值 η_{max}。把式（3-55）对负载电流 I_2 或负载系数 β 求导数,并使 $\frac{d\eta}{dI_2} = 0$ 或 $\frac{d\eta}{d\beta} = 0$,可得

$$mI_2^2 R_k' = p_{Fe}$$

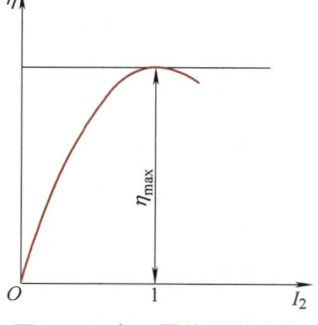

图3-34 变压器的效率特性

可见,变压器的铜耗恰好等于铁耗时,有最大效率 η_{max}。由于电力变压器长期接在线路上,总有铁耗,而铜耗却随负载（随季节、时间）而变化,因此铁耗小些,对全年的能量效率比较有利,一般取 p_0/p_k 为 (1/4)~(1/3),故最大效率大致发生在 $I = (0.5~0.6)I_N$ 时。

[例3-2] 有一台三相电力变压器,$S_N = 630\text{kV} \cdot \text{A}$,$U_{1N}/U_{2N} = 10\text{kV}/3.15\text{kV}$,$I_{1N}/I_{2N} = 36.4\text{A}/115.5\text{A}$,联结组标号 Yd11,$f = 50\text{Hz}$,在10℃时的空载和负载试验数据如下:

试 验 名 称	电压/kV	电流/A	功率/kW	备注
空载	3.15	6.93	2.45	电压加在二次侧
负载	0.45	36.4	7.89	电压加在一次侧

试求：

（1）归算到一次侧的励磁参数和短路参数；

（2）阻抗电压的百分值及其有功分量和无功分量；

（3）额定负载及 $\cos\varphi_2 = 0.8$、$\cos(-\varphi_2) = 0.8$ 时的效率和电压调整率、二次电压；

（4）$\cos\varphi_2 = 0.8$ 时，产生最高效率时的负载系数 β_m 及最高效率 η_{max}。

解 （1）归算到一次侧的参数为

额定相电压

$$U_{1\phi N} = \frac{10 \times 10^3}{\sqrt{3}} V \approx 5774 V$$

电压比

$$U_{2\phi N} = U_{2N} = 3150 V$$

$$k = \frac{5774}{3150} \approx 1.83$$

空载相电压

$$U_{20\phi} = U_{20} = 3150 V$$

空载相电流

$$I_{20\phi} = \frac{6.93}{\sqrt{3}} A \approx 4 A$$

空载相损耗

$$p_{0\phi} = \frac{2450}{3} W \approx 816.7 W$$

励磁参数

$$Z'_m = \frac{3150}{4} \Omega \approx 787.5 \Omega$$

$$R'_m = \frac{861.7}{4^2} \Omega \approx 51 \Omega$$

$$X'_m = \sqrt{787.5^2 - 51^2} \Omega \approx 785.8 \Omega$$

归算到一次侧时

$$Z_m = 1.83^2 \times 787.5 \Omega \approx 2637 \Omega$$

$$R_m = 1.83^2 \times 51 \Omega \approx 170.8 \Omega$$

$$X_m = 1.83^2 \times 785.8 \Omega \approx 2632 \Omega$$

短路相电压

$$U_{1k\phi} = \frac{450}{\sqrt{3}} V \approx 260 V$$

短路相电流

$$I_{1k\phi} = I_{1k} = I_{1N} = 36.4 A$$

短路相损耗

$$p_{k\phi} = \frac{7890}{3}\text{W} = 2630\text{W}$$

短路参数

$$Z_k = \frac{260}{36.4}\Omega \approx 7.14\Omega$$

$$R_k = \frac{2630}{36.4^2}\Omega \approx 1.99\Omega$$

$$X_k = \sqrt{7.14^2 - 1.99^2}\Omega = 6.85\Omega$$

换算到75℃时

$$R_{k75℃} = \frac{234.5 + 75}{234.5 + 10} \times 1.99\Omega \approx 2.51\Omega$$

$$Z_{k75℃} = \sqrt{2.51^2 + 6.85^2}\Omega \approx 7.3\Omega$$

额定负载损耗

$$p_{kN} = 3 \times I_{1k\phi}^2 R_{k75℃} = 3 \times 36.4^2 \times 2.51\text{W} \approx 9977\text{W}$$

(2) 阻抗电压的百分值及其有功分量和无功分量为

$$u_k = \frac{I_{1k\phi}Z_{k75℃}}{U_{1\phi N}} \times 100\% = \frac{36.4 \times 7.3}{5774} \times 100\% \approx 4.6\%$$

阻抗电压百分值的有功分量

$$u_{kr} = \frac{I_{1k\phi}R_{k75℃}}{U_{1\phi N}} \times 100\% = \frac{36.4 \times 2.51}{5774} \times 100\% \approx 1.58\%$$

阻抗电压百分值的无功分量

$$u_{kx} = \frac{I_{1k\phi}X_k}{U_{1\phi N}} \times 100\% = \frac{36.4 \times 6.85}{5774} \times 100\% \approx 4.32\%$$

(3) 额定负载及 $\cos\varphi_2 = 0.8$、$\cos(-\varphi_2) = 0.8$ 时的效率和电压调整率、二次电压分别为

1) 额定负载与 $\cos\varphi_2 = 0.8$ 时

效率

$$\eta = \left(1 - \frac{2450 + 1^2 \times 9977}{1 \times 630 \times 10^3 \times 0.8 + 2450 + 1^2 \times 9977}\right) \times 100\% \approx 97.59\%$$

电压调整率

$$\Delta u = \beta\left(\frac{I_{1N}R_{k75℃}\cos\varphi_2 + I_{1N}X_k\sin\varphi_2}{U_{1\phi N}}\right) \times 100\%$$

$$= \beta(u_{kr}\cos\varphi_2 + u_{kx}\sin\varphi_2) \times 100\%$$

$$= 1 \times (1.58 \times 0.8 + 4.32 \times 0.6) \times 100\% \approx 3.86\%$$

二次电压

$$U_2 = U_{2N}(1 - \Delta u) = 3150 \times \left(1 - \frac{3.86}{100}\right)\text{V}$$

$$= 3150 \times (1 - 0.0386)\text{V} \approx 3028\text{V}$$

2) 额定负载与 $\cos(-\varphi_2) = 0.8$ 时

效率
$$\eta = 97.59\%$$

电压调整率
$$\Delta u = 1 \times (1.58 \times 0.8 - 4.32 \times 0.6) \times 100\% \approx -1.33\%$$

二次电压
$$U_2 = 3150 \times [1 - (-0.0133)] \text{V} \approx 3192 \text{V}$$

（4）$\cos\varphi_2 = 0.8$ 时，产生最高效率时的负载系数 β_m 及最高效率 η_{max} 为

最高效率时的负载系数
$$\beta_m = \sqrt{\frac{p_0}{p_{kN}}} = \sqrt{\frac{2450}{9977}} \approx 0.495$$

最高效率
$$\eta_{max} = \left(1 - \frac{2450 + 0.495^2 \times 9977}{0.495 \times 630 \times 10^3 \times 0.8 + 2450 + 0.495^2 \times 9977}\right) \times 100\%$$
$$\approx 98.07\%$$

第八节 自耦变压器与互感器

前面以普通双绕组电力变压器为例，阐述了变压器的基本理论，尽管变压器的品种繁多、规格不一，但基本理论都是相同的，不再做一一讨论。本节主要介绍较常用的自耦变压器和互感器的工作原理及结构特点。

一、自耦变压器

普通双绕组变压器一次、二次绕组之间仅有磁的耦合，并无电的联系。而自耦变压器仅有一个绕组，或者是一次绕组的一部分兼作二次绕组用，或者是二次绕组的一部分兼作一次绕组用，其结构示意图如图 3-35 所示。因此，自耦变压器一次、二次绕组之间既有磁的耦合，又有电的联系。

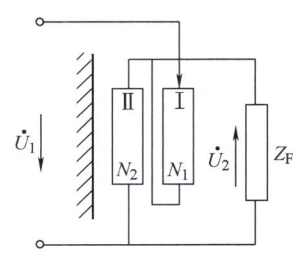

图 3-35 自耦变压器的结构示意图

1. 工作原理

自耦变压器可以设想为从双绕组变压器演变而来。

设有一台双绕组单相变压器，其高压绕组的额定电压为 U_{1N}，额定电流为 I_{1N}，匝数为 N_1；低压绕组的额定电压为 U_{2N}，额定电流为 I_{2N}，匝数为 N_2，如图 3-36 所示。该台变压器作为降压变压器使用，即高压绕组为一次绕组，低压绕组为二次绕组。一次、二次绕组因绕在同一铁心柱上，被同一主磁通所交链，所以两个绕组每匝的感应电动势是相等的，即

一次绕组每匝感应电动势为
$$\dot{E}_{1N} = \frac{\dot{E}_1}{N_1} = -j4.44f\dot{\Phi}_m$$

二次绕组每匝感应电动势为
$$\dot{E}_{2N} = \frac{\dot{E}_2}{N_2} = -j4.44f\dot{\Phi}_m$$

显然
$$\dot{E}_{1N} = \dot{E}_{2N} \quad (3\text{-}56)$$

图 3-36 中表示出一次绕组 a′X 部分的匝数与二次绕组 ax 的匝数是相等的，由于一次、二次绕组每匝感应电动势相等，则 a′X 部分中的感应电动势 $\dot{E}_{a'X}$ 和二次绕组感应电动势 $\dot{E}_2$（即 $\dot{E}_{ax}$）必然相等。a′与 a、X 与 x 为两对等电位点。任何电路中的等电位点相连，不会影响电路中的物理情况，故可将 a′与 a、X 与 x 直接相连。进一步可将二次绕组与一次绕组相并联的部分合并，而省去二次绕组，这样就形成了一台自耦变压器，如图 3-37 所示。实质上自耦变压器就是利用一个绕组抽头的办法来实现改变电压的一种变压器。

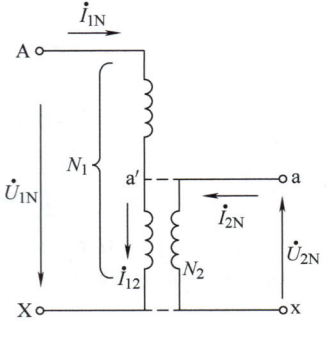

图 3-36 公共部分合并的双绕组单相变压器

图 3-37 表示降压自耦变压器的接线图，图中所示电流和电压相量的正方向同普通双绕组变压器一样，其绕组中既作一次绕组又作二次绕组的这一部分称为公共部分；仅作一次绕组的部分称为串联部分。自耦变压器的额定电压为 U_{1N}、U_{2N}，额定电流为 I_{1N}、I_{2N}，则额定容量为

$$S_N = U_{1N}I_{1N} = U_{2N}I_{2N} \quad (3\text{-}57)$$

若忽略漏阻抗压降，电压比与普通双绕组变压器一样，即

$$k = \frac{N_1}{N_2} = \frac{E_1}{E_2} \approx \frac{U_{1N}}{U_{2N}} \quad (3\text{-}58)$$

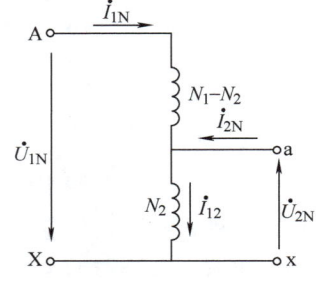

图 3-37 自耦变压器原理图

在图 3-37 中，公共部分电流的相量表示为 $\dot{I}_{12}$，根据基尔霍夫第一定律可得出它与一次、二次电流相量的关系

$$\dot{I}_{12} = \dot{I}_{1N} + \dot{I}_{2N} \quad (3\text{-}59)$$

若忽略励磁电流，绕组两部分所产生的磁动势互相平衡，即

$$\dot{I}_{1N}N_{Aa'} + \dot{I}_{12}N_2 = \dot{I}_{1N}(N_1 - N_2) + \dot{I}_{12}N_2 = 0 \quad (3\text{-}60)$$

将式（3-59）代入式（3-60）可得

$$\dot{I}_{1N}N_1 + \dot{I}_{2N}N_2 = 0 \quad (3\text{-}61)$$

所以

$$\dot{I}_{1N} = -\frac{\dot{I}_{2N}}{k} \quad (3\text{-}62)$$

由此可知，在不计励磁电流的条件下，自耦变压器的磁动势平衡关系，与普通双绕组变压器相同。将式（3-62）代入式（3-59），得

$$\dot{I}_{12} = \left(1 - \frac{1}{k}\right)\dot{I}_{2N} \quad (3\text{-}63)$$

式中 k——电压比（大于1）。

式（3-63）说明了自耦变压器绕组的公共部分电流比额定负载电流 I_{2N} 要小。

2. 容量关系

从普通双绕组变压器相量图（见图3-15）可知，不计励磁电流 $\dot{I}_m$ 时，一次电流 $\dot{I}_1$ 与二次电流 $\dot{I}_2$ 之间的相位差是180°电角度，于是公共部分电流 $\dot{I}_{12}$ 与一次、二次电流 $\dot{I}_{1N}$、$\dot{I}_{2N}$ 有效值的关系应为

$$I_{12} = I_{2N} - I_{1N} \tag{3-64}$$

自耦变压器的通过容量（即额定容量）是

$$U_{1N}I_{1N} = U_{2N}I_{2N} = U_{2N}(I_{12} + I_{1N}) = U_{2N}I_{12} + U_{2N}I_{1N} \tag{3-65}$$

上式说明，自耦变压器的通过容量由两部分组成：一部分是通过绕组公共部分的电磁感应作用，由一次侧传递到二次侧的电磁容量 $U_{2N}I_{12}$；另一部分是通过绕组串联部分的电流 I_{1N} 直接传导到负载的传导容量 $U_{2N}I_{1N}$。传导容量的传递不需要增加绕组容量，也就是说，自耦变压器负载可以直接向电源吸取部分功率，这种情况是普通双绕组变压器所没有的，是自耦变压器的特点。

3. 自耦变压器的优缺点

变压器所用的硅钢片、铜线，和绕组中的额定感应电动势 E_N 与通过的额定电流 I_N 有关，也就是和绕组容量 $E_N I_N$ 有关。当自耦变压器与普通双绕组变压器的额定容量相同时，自耦变压器可把电源输出功率的一部分直接传导到二次侧，使其绕组公共部分的电流小于额定电流；又因其串联部分的感应电动势小于额定感应电动势，故自耦变压器绕组容量比普通双绕组变压器的绕组容量要小，所用有效材料（硅钢片、导线）也较少，制造成本较低，质量轻，外形体积也小，效率就较高。但是由式（3-63）可知，当自耦变压器的电压比 k 较大时，I_{12} 比 I_{2N} 小得不多，经济效果就不显著了，通常选择电压比 $k<3$。由于自耦变压器的一、二次侧之间有电的联系，直接传递了一部分功率，所以内部绝缘和过电压保护都需要加强。

自耦变压器除电力系统用作电力变压器外，在实验室中主要作为调压设备和异步电动机自耦减压起动器的重要部件。

二、互感器

互感器是一种测量用的变压器，有电压互感器和电流互感器两种。

1. 电压互感器

测量高压线路的电压时，如果用电压表直接测量，不仅对工作人员很不安全，而且仪表的绝缘也需要大大加强，这样会给仪表制造带来困难。故需用有一定电压比的电压互感器将高电压变换成低电压，然后在电压互感器二次侧连接电压表测量电压。电压表的读数是按电压比放大的数值，很接近高电压的实际值，一般电压互感器的二次电压均为100V。如果电压表与电压互感器是配套的，则电压表指示的数值已按电压比放大，可直接读取。

图3-38所示为电压互感器使用时的接线图。一次侧接到被测线路，二次侧接入电压表或其他测量仪表的电压线圈。二次侧必须有一端接地，以保证安全，且防止因静

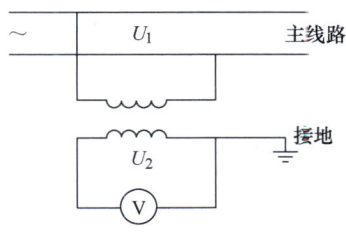

图3-38　电压互感器接线图

电荷的累积而影响仪表读数。因为电压表和其他测量仪表的电压线圈阻抗很高,所以电压互感器在使用时,相当于一台二次侧处于空载状态的降压变压器。

使用互感器必须考虑误差问题。因为电压互感器内部总存在励磁阻抗和漏阻抗这些参数,以致相量 $\dot{U}_1$ 与 $-\dot{U}_2$ 的有效值之比只能近似于电压比,两者之间的相位差也不会等于零,这就造成了电压比误差和相位误差。前者导致电压测量误差,后者与前者一起会产生功率等物理量的测量误差。因此,为了减小误差,提高测量精度,电压互感器的铁心须用高等级硅钢片制成,且使铁心处于不饱和状态,以减小其空载电流。同时设计和制造时,应尽量使绕组的漏阻抗减小。

按电压比误差的相对值,电压互感器的精度分成 0.5、1.0 和 3.0 三级。

需要注意的是,电压互感器使用时二次侧不能短路。

2. 电流互感器

测量高压线路里的电流或测量大电流时,同测量高电压一样,也不宜将仪表直接接入电路,而用一台有一定电压比的升压变压器,即电流互感器,将高压线路隔开,或将大电流变小,再用电流表进行测量。和使用电压互感器一样,电流表读数按额定电流比放大,得出被测电流的实际值,或者电流表指示数值就是电流的实际值。电流互感器一次侧额定电流的范围可为 5~25000A,二次电流均为 5A 或 1A。

电流互感器使用时的接线图如图 3-39 所示,由于和电压互感器一样的原因,电流互感器二次侧必须有一端接地。因电流互感器二次侧接入电流表或其他测量仪表的电流线圈,其阻抗很小,所以电流互感器使用时,近似于一台二次侧处于短路状态的升压变压器。

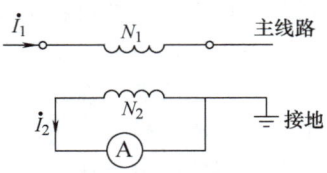

图 3-39 电流互感器接线图

电流互感器存在电流比和相位两种误差。这些误差也是由电流互感器本身的励磁电流和漏阻抗以及仪表的阻抗等一些因素所引起的,也应从设计和材料两方面着眼去减小这些误差。按额定电流比误差,电流互感器分成 0.2、0.5、1.0、3.0、10.0 五级。

电流互感器使用时应注意,二次侧绝对不能开路,要接入仪表,拆除仪表时必须先将二次侧短路。否则,在操作过程中,它将处于开路状态,在这种情况下,被测线路中的大电流全部变成电流互感器的励磁电流,会使铁心中的磁通密度大为提高,导致铁心饱和从而使二次绕组感应出十分高的尖峰脉冲电动势,可使绝缘击穿,危及工作人员安全。

小 结

变压器不同于旋转电机,它不能进行机电能量或信号的转换,只能进行能量或信号的传递。但是它也归属于电机,因为变压器的工作原理主要也是建立在电磁感应和磁动势平衡这两个关系的基础上,所以变压器的基础理论,可以推广到交流电机,特别是异步电机中。

变压器的基本职能是改变电能或信号的电压(或电流),其工作原理就说明这个问题。实现改变电压(或电流)的方法是使同一个主磁通交链着两个匝数不同的绕组。

第三章 变压器

变压器内部的磁通量之所以分成主磁通和漏磁通来处理，是由于这两种磁通量所通过的磁路的性质不同，一种是非线性的，另一种是线性的。而且变压器或电机的结构复杂，不可能用一个公式把全部磁通与绕组相交链的情况表达出来，只能把全部磁通分为通过不同性质磁路的两种并行磁通，然后引入励磁阻抗和漏抗这些不同性质的参数去反映交变磁场对电路的影响，这样就把电磁场的问题简化成电路的问题，这是分析变压器的基本思想。

在学习变压器基本原理之前提供必要的结构知识，对变压器可先有一些感性认识。

空载运行与负载运行的物理情况是变压器的理论基础。其中研究了变压器在稳态运行时内部的电磁过程和所应遵循的客观规律。在此基础上，导出了变压器的基本方程式、相量图和等效电路。

基本方程式综合了电动势和磁动势的平衡关系，一次绕组的磁动势在负载运行时包含两个分量：用来平衡二次绕组磁动势的负载分量和用以产生主磁通的励磁分量。相量图是基本方程式的一种图示表示法。而等效电路则是基本方程式的模拟电路，它正确地模拟了变压器内部所发生的全部电磁过程，又把具有电磁联系的实际变压器模拟成了一个电路来研究。三者在物理意义上完全统一，并且是紧密地互相联系的。但由于基本方程式的求解比较复杂，故在实际应用中，如做定性分析则采用相量图，比较直观而且简便；如做定量分析计算，则采用等效电路比较方便。但应用等效电路时，必须注意到一、二次侧各量的归算关系。

等效电路中的各个电抗，如 X_m、X_1 和 X_2' 等都分别与各磁通的磁路相对应。与励磁电抗 X_m 相对应的主磁路中的主磁通，在一次、二次绕组中所感应的电动势起着传递能量的桥梁作用。而与 X_1、X_2' 相对应的一次、二次绕组漏磁路中的漏磁通不起传递能量的桥梁作用，仅起了电抗压降的作用。不过，漏电抗对变压器的运行性能（如电压调整率 Δu）却有着直接的影响。

由于励磁电流比负载电流小得多，通常可忽略不计，使变压器的等效电路可进一步简化为一次、二次绕组的两个漏阻抗串联的电路（近似等效电路）。而在研究变压器空载运行和励磁现象时，励磁电流不但不能忽略，而且成为主要研究对象，不仅要研究其大小，还要研究其波形和相位等问题。

对已制成的变压器的参数，可以通过空载试验与负载试验来测定。

第六节中主要研究了三相变压器的几个特殊问题：磁路系统、联结组标号、电动势及励磁电流波形等。

三相变压器在对称负载下运行时，它的每一相就相当于一个单相变压器，所以完全可用单相变压器的基本方程式、相量图和等效电路等这些工具来讨论。

在磁路系统上要掌握三相变压器组和三相心式变压器的特点，要注意分析各种磁路系统中铁心柱内磁通与铁轭磁通的关系。

在联结组标号问题上要注意绕组联结、绕组的绕向及端子标志与电压相位的关系。

铁磁材料的饱和特性导致了励磁电流、主磁通及电动势的波形问题。励磁电流的波形和三相绕组的联结方式有关；磁通的波形除了和励磁电流的波形有关外，还决定于变压器的磁路系统和结构特点，电动势的波形则仅决定于磁通的波形。

变压器的电压调整率和效率是衡量变压器运行性能的主要指标。一般说，Δu 的大小表明了变压器负载运行时二次电压的稳定性，直接影响供电的质量；而效率的高低则直接影响变压器运行的经济性。Δu 的大小取决于变压器的短路参数、负载性质及大小；效率 η 的大小取决于空载损耗、负载损耗（短路损耗）、负载性质及大小。因此，在设计变压器时，必须正确地选择变压器参数，这就要求不仅要考虑到变压器的经济性，还应考虑到这些参数对运行性能的影响。要针对变压器的各种不同特点，抓住主要矛盾，综合地加以妥善解决。

自耦变压器的特点是一、二次绕组之间不仅有磁的耦合，还有电的联系。因此，在自耦变压器中，有一部分功率并非通过电磁感应作用而是直接由一次侧传导到二次侧的，这是一般双绕组变压器所没有的。自耦变压器有一系列的优点，如用料省、损耗小、体积小、效率高等，但由于一、二次绕组之间有电的联系，故其内部绝缘和过电压保护都需要加强。

电压互感器和电流互感器是一种测量用的变压器。误差问题是一个主要问题，因此电压互感器和电流互感器是以误差来分等级的。需要注意的是：电压互感器在使用中不能短路，而电流互感器在使用中不能开路，且二次绕组均要可靠接地。

习 题

3-1 分析变压器时，对正弦电压、电流、电动势和磁通等量是如何规定其正方向的？

3-2 变压器励磁电抗 X_m 的物理意义是什么？我们希望变压器的 X_m 大好还是小好？若变压器用空气而不用铁心，则 X_m 是增大还是减小？如果一次绕组匝数增加 5%，其余不变，X_m 如何变化？如果将铁心截面积增加 5%，其余不变，X_m 如何变化？

3-3 变压器中主磁通与漏磁通的性质有什么不同？在等效电路中怎样反映它们的作用？

3-4 某单相变压器的额定电压为 380V/220V，频率为 50Hz，试问：

（1）若误将低压绕组接到 380V 电源上，变压器会发生什么情况？

（2）如果电源电压为额定值，频率提高 20%，则 X_m、I_0、p_{Fe} 有什么变化？

（3）如果将变压器误接到额定电压的直流电源上，会发生什么情况？

3-5 两台单相变压器 $U_{1N}/U_{2N}=220V/110V$，一次侧匝数相等，但空载电流 $I_{0\mathrm{I}}=2I_{0\mathrm{II}}$，今将两台变压器一次绕组顺极性串联起来，一次侧加 440V 电压，问两台变压器的二次侧空载电压是否相等？

3-6 为什么变压器空载损耗可以近似看成铁耗，负载（短路）损耗可近似看成铜耗？

3-7 什么是变压器的电压调整率？它与哪些因素有关？

3-8 变压器的效率与哪些因素有关？什么情况下有最大效率？

3-9 单相变压器的额定电压为 220V/110V，如图 3-40 所示。设高压侧加 220V 电压，励磁电流为 I_m，主磁通为 Φ_m，若 X 与 a 连在一起，Ax 端加 330V 电压，此时励磁电流、主磁通各为多大？若 X 与 x 连在一起，Aa 端加 110V 电压，则励磁电流、主磁通又各为多大？

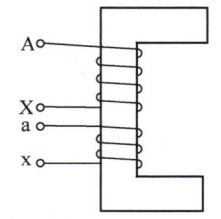

图 3-40 习题 3-9 图

3-10 变压器空载到额定负载，一次绕组中电流变化较大；问其漏磁通 $\Phi_{1\sigma}$ 是否变化？漏电抗 X_1 是否变化？为什么？

3-11 变压器在出厂前要进行"极性"试验，接线如图 3-41 所示，在 Ax 端加电压，将 X 与 x 相连，用电压表测量 Aa 间电压。设变压器额定电压为 220V/110V，若 A、a 为同极性端，电压表读数为多少？若不是同极性端，则读数又为多少？

3-12 三相变压器额定值为 $S_N=5600\mathrm{kV\cdot A}$，$U_{1N}/U_{2N}=35000V/6300V$，Yd11 联结。从负载试验

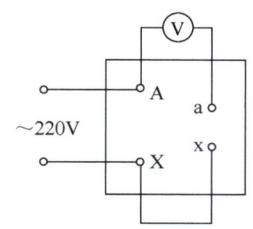

图 3-41　习题 3-11 图

得，$U_{1k} = 2610\text{V}$，$I_{1k} = 92.3\text{A}$，$p_k = 53\text{kW}$。当 $U_1 = U_{1N}$ 时，$I_2 = I_{2N}$，测得二次绕组电压恰为额定值 $U_2 = U_{2N}$。求此时负载的性质及功率因数角的大小（不考虑温度换算）。

3-13　一台单相变压器，额定值为 $S_N = 50\text{kV}\cdot\text{A}$，$U_{1N}/U_{2N} = 7200\text{V}/480\text{V}$，$f = 50\text{Hz}$，其空载、负载（短路）试验数据如下：

试 验 名 称	电压/V	电流/A	功率/W	电源加压侧
空载	480	5.2	245	低压侧
负载	157	7	615	高压侧

试求：

（1）短路参数 Z_k、R_k、X_k；

（2）空载和满载时的铜耗、铁耗；

（3）额定负载电流，功率因数 $\cos\varphi_2 = 0.9$（滞后）时的电压变化率、二次电压及效率。

3-14　三相变压器的额定值为 $S_N = 1800\text{kV}\cdot\text{A}$，$U_{1N}/U_{2N} = 6300\text{V}/3150\text{V}$，Yd11 联结，空载损耗 $p_0 = 6.6\text{kW}$，负载（短路）损耗 $p_k = 21.2\text{kW}$。求：

（1）当输出电流 $I_2 = I_{2N}$，$\cos\varphi_2 = 0.8$（滞后）时的效率；

（2）效率最大时的负载系数 β_m。

3-15　三相变压器联结组标号如何确定？为什么三相变压器组不能采用 Yy 联结组，而三相心式变压器可以呢？为什么三相变压器常希望一次侧或二次侧有一方三相绕组为三角形联结？

3-16　画相量图确定图 3-42 所示三相变压器的联结组标号。

3-17　在 Yd 联结的三相变压器一次侧施加额定电压，空载运行时，将二次侧的三角形联结打开一角，用电压表测量开角处的电压。试问在三相变压器组和三相心式变压器中，测量结果是否相同（设变压器容量与饱和程度均接近）？

3-18　自耦变压器的绕组容量为什么小于普通双绕组变压器的容量？

3-19　一台 $5\text{kV}\cdot\text{A}$，$480\text{V}/120\text{V}$ 的双绕组变压器，现改接成 $600\text{V}/480\text{V}$ 的自耦变压器。试求改接后一次、二次侧额定电流和变压器容量。

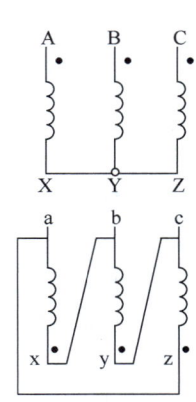

图 3-42　习题 3-16 图

第四章

异步电机(一)——三相异步电动机的基本原理

> **内容提要**
>
> 本章内容的叙述方法是先阐明三相异步电动机的工作原理及基本结构，从中引出旋转磁场建立的问题；以旋转磁场的建立为前提，讨论异步电动机的主要电路（定子绕组）、磁动势（定子绕组的磁动势）、磁场及电动势等问题。内容的安排顺序，与直流电机基本一致。由于异步电机的基本理论部分内容较多，故分两章讨论。

交流电机有异步电机和同步电机两大类。同步电机的转速与所接电网的频率之间存在一种严格不变的关系，异步电机则不然，并无此种关系。异步电机有不带换向器和带换向器的，但习惯上所说的异步电机是指不带换向器的异步电机。这种异步电机的定子绕组接上电源以后，由电源供给励磁电流建立磁场，依靠电磁感应作用，使转子绕组感应电流，产生电磁转矩，以实现机电能量转换。因其转子电流是由电磁感应作用而产生的，因而也称为感应电机。

异步电机一般都作电动机用，因为异步发电机的性能较差。异步电动机又有三相和单相两种。异步电动机在工农业、交通运输、国防工业以及其他各行各业中应用非常广泛。其原因在于和其他各种电动机比较，它具有结构简单、制造方便、运行可靠、价格低廉等一系列优点，特别是和同容量的直流电动机相比，异步电动机的重量约为直流电动机的一半，而其价格仅为直流电动机的1/3。但是，异步电动机也有一些缺点，最主要的是：不能经济地实现范围较广的平滑调速；必须从电网吸取滞后的励磁电流，使电网功率因数变坏。总的说来，由于大多数的生产机械并不要求大范围的平滑调速，而电网的功率因数又可以采取其他办法来进行补偿，因此，三相异步电动机仍不失为电力拖动系统中一个极为重要的元件。

第一节 三相异步电动机的工作原理及结构

一、三相异步电动机的工作原理与运行状态

直流电动机的工作原理是，通过一种静止的磁场与以传导方式通入电枢绕组中的电流相互作用而产生一种恒定方向的电磁转矩，来实现拖动作用。三相异步电动机的工作原理则是通过一种旋转磁场与由这种旋转磁场借助于感应作用在转子绕组内所感应的电

第四章 异步电机（一）——三相异步电动机的基本原理

流相互作用，以产生电磁转矩来实现拖动作用的。

在三相异步电动机中实现机电能量转换的前提是产生一种旋转磁场。用什么方式产生旋转磁场？这是深入讨论三相异步电动机工作原理时必须首先说明的问题。

1. 旋转磁场的产生

所谓旋转磁场，就是一种极性和大小不变且以一定转速旋转的磁场。根据理论分析和实践证明，在对称多相绕组中流过对称多相电流时会产生一种旋转磁场。我们先考察三相绕组每相仅由一个线圈组成的情况，如图4-1所示，A-X、B-Y、C-Z 三个线圈空间彼此互隔120°分布在定子铁心内圆的圆周上，构成了对称三相绕组。这个对称三相绕组在空间的位移是 B 相从 A 相后移120°，C 相从 B 相后移120°。当对称三相绕组接上对称的三相电源时，则在该绕组中通过对称三相电流。若各相电流的瞬时表达式为

$$i_A = I_m \cos\omega t$$
$$i_B = I_m \cos(\omega t - 120°)$$
$$i_C = I_m \cos(\omega t - 240°)$$

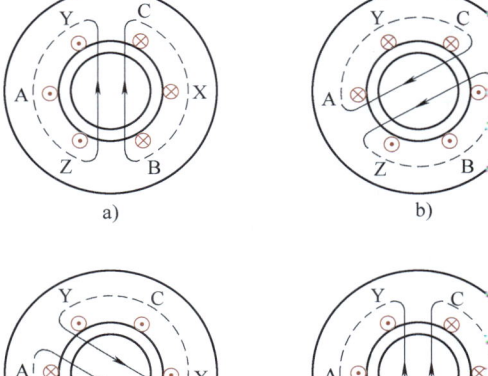

图 4-1 两极旋转磁场示意图

a) $\omega t = 0°$ $i_A = I_m$ $i_B = i_C = -\frac{1}{2}I_m$

b) $\omega t = 120°$ $i_B = I_m$ $i_C = i_A = -\frac{1}{2}I_m$

c) $\omega t = 240°$ $i_C = I_m$ $i_A = i_B = -\frac{1}{2}I_m$

d) $\omega t = 360°$ $i_A = I_m$ $i_B = i_C = -\frac{1}{2}I_m$

则各相电流随时间变化的曲线如图4-2所示。由于三相电流随时间的变化是连续的，且极为迅速。为了便于考察对称三相电流产生的合成磁效应，我们可以通过几个特定的瞬间，以窥其全貌。为此，选择 $\omega t = 0$ ($t = 0$)、$\omega t = 120°$ ($t = T/3$)、$\omega t = 240°$ ($t = 2T/3$)、$\omega t = 360°$ ($t = T$) 四个特定瞬间，并规定：电流为正值时，从每相线圈的首端（A、B、C）流出，由线圈末端（X、Y、Z）流入；电流为负值时，从每相线圈末端流出，由首端流入。用符号⊙表示电流从纸面流出，⊗表示电流从纸面流入。先看 $\omega t = 0$ 这个瞬间，无论从电流瞬时表达式或电流变化曲线均可得出，$\omega t = 0$ 时，$i_A = I_m$，$i_B = i_C = -I_m/2$。将各相电流方向表示在各相线圈剖面图上，A 相电流为正值，从 A 流出，由 X 流入，而 B、C 两相电流均为负值，由 B、C 流入，从 Y、Z 流出，如图4-1a 所示。从图看出，Y、A、Z 三个线圈边中的电流都从纸面流出，且 Y、Z 边中的电流数值相等。根据右手螺旋定则，可知该三个线圈中电流产生的合成磁场分布必以 A 边为中心，左右反向对称，磁回路通过转子时，其方向为从下向上。同样的道理，可决定 B、X、C 三个线圈边中，电流产生合成磁场的分布。整个磁场的分布左右对称。因此，从磁回路的图像看，和一对磁极产生的磁场一样。用同样的方法可以画出 $\omega t = 120°$、$240°$、$360°$ 这三个特定瞬间的电流方向与磁场分布情况，分别如图4-1b、c、d 所示。依次观察图4-1a、b、c、d，便会看出对称三相电流通入对称三相绕组以后所建立的合成磁场，并不是静止不动的，也不是方向交

变的，而是犹如一对磁极旋转产生的磁场，磁场大小不变。从瞬间 $\omega t = 0$ 到120°、240°、360°。旋转的方向是从A相转向B相，再转向C相，即按A→B→C顺序旋转（图中为逆时针方向）。由此可证实，当对称三相电流通入对称三相绕相时，必然会产生一个大小不变、转速一定的旋转磁场。磁场的大小问题留待以后讨论，这里要分析的是旋转磁场的转速。

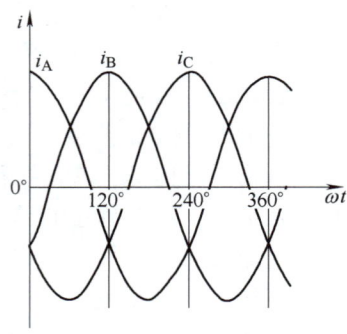

图 4-2　三相电流的变化曲线

综合图 4-1 和图 4-2 所示的电流变化情况与旋转磁场旋转情况，可清楚地知道，当三相电流随时间变化经过一个周期 T 时，旋转磁场在空间相应地转过360°，即电流变化一次，旋转磁场转过一转。因此，电流每秒钟变化 f_1（即频率）次，则旋转磁场每秒钟转过 f_1 转。由此可知当旋转磁场为一对极情况下，其转速 n_s（r/s）与交流电流频率的关系 f_1 为

$$n_s = f_1 \quad (4\text{-}1)$$

如果把三相绕组按如图 4-3 排列，A、B、C 三相绕组每组分别由两个线圈 A-X、A'-X'、B-Y、B'-Y'、C-Z、C'-Z' 串联组成，每个线圈的跨距为 1/4 圆周。用同样方法决定三相电流所建立的合成磁场，仍然是一个旋转磁场。不过磁场的极数变为四个，即具有两对磁极，并且当电流变化一次时，旋转磁场仅转过 1/2 转。如果将绕组按一定规则排列，可得到3对、4对及 p 对磁极的旋转磁场。用同样方法去考察旋转磁场的转速 n_s 与磁场极对数 p 的关系，可看到它们之间是一种反比例关系，即具有 p 对磁极的旋转磁场，电流变化一次，磁场转过 $1/p$ 转。由于交流电源每秒钟变化 f_1 次，所以极对数为 p 的旋转磁场的转速为

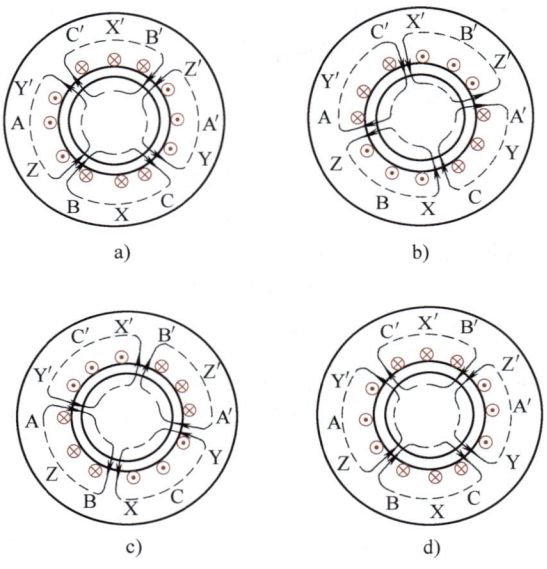

图 4-3　四极旋转磁场示意图

a) $\omega t = 0°$　b) $\omega t = 120°$　c) $\omega t = 240°$　d) $\omega t = 360°$

$$n_s = \frac{f_1}{p}（单位为 r/s）= \frac{60 f_1}{p}（单位为 r/min） \quad (4\text{-}2)$$

用 n_s 表示旋转磁场的这种转速，称为同步转速。

2. 三相异步电动机的工作原理

弄清了如何产生一种旋转磁场的道理以后，下面来说明三相异步电动机的工作原理。三相异步电动机的定子铁心上嵌有对称三相绕组，在圆柱体的转子铁心上嵌有均匀分布的导条，导条两端分别用铜环把它们连接成一个整体。当对称三相绕组接到对称三相电源以后，即在定子、转子之间的气隙内建立了以同步转速 n_s 旋转的旋转磁场。由于转子上的导条被这种旋转磁场切割，根据电磁感应定律，转子导条内会感应产生感应电

第四章 异步电机（一）——三相异步电动机的基本原理

动势，若旋转磁场按逆时针方向旋转，如图 4-4 所示，根据右手定则，可以判明图中转子上半部导体中的电动势方向，都是进入纸面的，下半部导体中的电动势都是从纸面出来的。因为转子上导条已构成闭合回路，转子导条中就有电流通过。如不考虑导条中电流与电动势的相位差，则电动势的瞬时方向就是电流的瞬时方向。根据安培定律，导条在旋转磁场中，并载有由感应作用所产生的电流，这样导条必然会受到电磁力。电磁力的方向用左手定则决定。从图 4-4 可看出，转子上所有导条受到的电磁力形成一个逆时针方向的电磁转矩。于是转子就跟

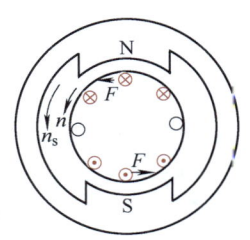

图 4-4 三相异步电动机的工作原理

着旋转磁场逆时针方向旋转，其转速为 n。如转子与生产机械连接，则转子上受到的电磁转矩将克服负载转矩而做功，从而实现了机电能量的转换，这就是三相异步电动机的工作原理。

3. 三相异步电动机的转速与运行状态

知道三相异步电动机的工作原理以后，一定会想到这样一个问题：三相异步电动机的转子在由旋转磁场的电磁感应作用而产生的电磁转矩作用下旋转着，那么转子转速是多少？能否与旋转磁场的转速相同？或超过旋转磁场的转速？

在一般情况下，异步电动机的转速不能达到旋转磁场的同步转速 n_s，总是略小于 n_s，这是由于异步电动机转子导条上之所以能受到一种电磁转矩，关键在于导条与旋转磁场之间存在一种相对运动而发生电磁感应作用，并感应了电流，从而产生了电磁力的缘故。如果异步电动机转子转速达到同步转速 n_s，则旋转磁场与转子导条之间不再有相对运动，因而不可能在导条内感应产生电动势，也不会产生电磁转矩来拖动机械负载。因此，异步电动机的转子转速 n 总是略小于旋转磁场的同步转速 n_s，即与旋转磁场"异步"地转动，"异步"电动机由此而命名。转速 n_s 与 n 之差称为"转差"，转差 $n_s - n$ 的存在是异步电动机运行的必要条件。我们将转差 $n_s - n$ 表示为同步转速 n_s 的百分值，称为转差率，用 s 表示，即

$$s = \frac{n_s - n}{n_s} \times 100\% \tag{4-3}$$

转差率是异步电动机的一个基本参量。一般情况下，异步电动机的转差率变化不大，空载转差率在 0.5% 以下，满载转差率在 5% 以下。

[例 4-1] 有一台 50Hz 的三相异步电动机，额定转速 $n_N = 730 \text{r/min}$，空载转差率为 0.267%，试求该电动机的极数、同步转速、空载转速及额定负载时的转差率。

解 因为电源频率为 50Hz 时，同步转速 $\frac{60f_1}{p} = \frac{60 \times 50}{p} = \frac{3000}{p}$，所以 $p = 1$ 时，$n_s = 3000 \text{r/min}$；$p = 2$ 时，$n_s = 1500 \text{r/min}$；$p = 3$ 时，$n_s = 1000 \text{r/min}$；$p = 4$ 时，$n_s = 750 \text{r/min}$。

已知异步电动机的额定转速为 730r/min，因额定转速略小于同步转速，该电机的同步转速为 750r/min，因此可知极对数为 $p = 4$。

空载转速为 $n'_s = n_s(1 - s_0) = 750 \times (1 - 0.267\%) \text{r/min} = 748 \text{r/min}$

额定转差率为 $s_N = \dfrac{n_s - n_N}{n_s} \times 100\% = \dfrac{750 - 730}{750} \times 100\% = 2.67\%$

如果用一原动机或者由其他转矩（如惯性转矩、重力所形成的转矩）去拖动异步电机，使它的转速超过同步转速，这时在异步电机中的电磁情况有所改变，因 $n > n_s$，$s < 0$，旋转磁场切割转子导条的方向相反，导条中的感应电动势与电流方向都反向。根据左手定则所决定的电磁力及电磁转矩方向都与旋转磁场和转子的旋转方向相反。这种电磁转矩是一种制动性质的转矩，如图 4-5c 所示。这时原动机就对异步电机输入机械功率。以后会知道，在这种情况下，异步电机通过电磁感应由定子向电网输送电功率，电机就处在发电机状态。

如果作用在异步电机转子的外转矩使转子逆着旋转磁场的方向旋转，即 $n < 0$，$s > 1$，如图 4-5a 中所示，此时转子导条中的感应电动势与电流方向仍和电动机时一样，电磁转矩方向仍与旋转磁场方向一致，但与外转矩方向相反，即电磁转矩是制动性质。在这种情况下，一方面电机吸取机械功率，另一方面因转子导条中电流方向并未改变，对定子来说，电磁关系和电动机状态一样，定子绕组中电流方向仍和电动机状态相同，也就是说，电网还对电机输送电功率。因此，在这种情况下，异步电机同时从转子轴上输入机械功率、从定子绕组输入电功率，两部分功率一起变为电机内部的损耗。异步电机的这种运行状态称为"电磁制动"状态，又称"反接制动"状态。

总结以上分析，异步电机的转速及转差率与运行状态的关系以及各种运行状态机电能量转换的情况表示在图 4-5 中。

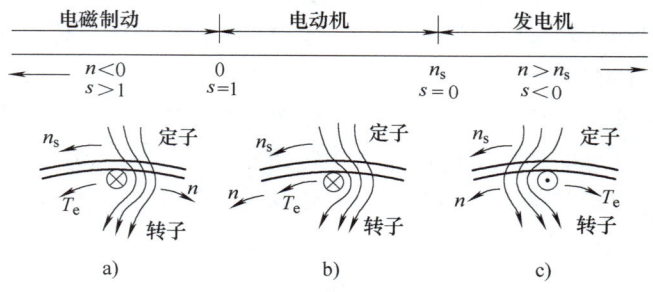

图 4-5 异步电动机的三种运行状态

a）电磁制动状态 b）电动机状态 c）发电机状态

二、三相异步电动机的结构

和直流电机一样，三相异步电动机主要也由静止的定子和转动的转子两大部分组成。定子与转子之间有一个较小的气隙。图 4-6 所示为绕线转子三相异步电动机的结构。

1. 定子

异步电动机的定子由定子铁心、定子绕组和机座三部分组成。

（1）定子铁心　定子铁心是异步电动机主磁通磁路的一部分。为了使异步电动机能产生较大的电磁转矩，希望有一个较强的旋转磁场，同时由于旋转磁场对定子铁心以同步转速旋转，定子铁心中磁通的大小与方向都是变化的，必须设法减少由旋转磁场在定子铁心中所引起的涡流损耗和磁滞损耗，因此，定子铁心由导磁性能较好的 0.5mm 厚且冲有一定槽形的硅钢片叠压而成。对于容量较大（10kW 以上）的电动机，在硅钢片

第四章 异步电机(一)——三相异步电动机的基本原理

两面涂以绝缘漆,作为片间绝缘之用。

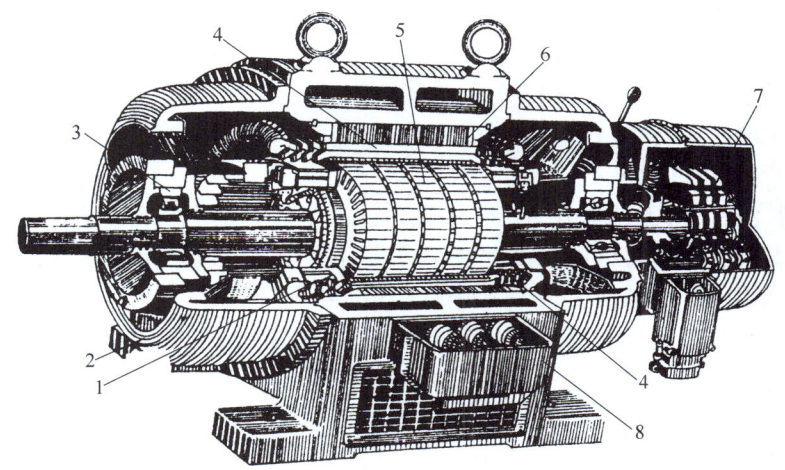

图 4-6 绕线转子三相异步电动机的结构
1—转子绕组 2—端盖 3—轴承 4—定子绕组 5—转子铁心 6—定子铁心 7—集电环 8—出线盒

定子铁心上的槽形通常有三种:半闭口槽、半开口槽及开口槽,如图 4-7 所示。从提高电动机的效率和功率因数来看,半闭口槽最好,如图 4-7c 所示,但绕组的绝缘和嵌线工艺比较复杂,所以这种槽形适用于小容量的及中型的低压异步电动机。半开口槽的槽口等于或略大于槽宽的一半,如图 4-7b 所示,可以嵌放成型线圈,这种槽形用于大型低压异步电动机。开口槽如图 4-7a 所示,用于高压异步电动机,以保证绝缘可靠,下线方便。

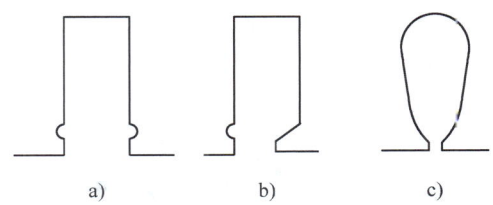

图 4-7 定子铁心槽形
a) 开口槽 b) 半开口槽 c) 半闭口槽

(2)定子绕组 定子绕组是异步电动机定子部分的电路,它也是由许多线圈按一定规律连接而成的。能分散嵌入半闭口槽的线圈由高强度漆包圆铜线或圆铝线绕成。放入半开口槽的成型线圈用高强度漆包扁铝线或扁铜线,或用玻璃丝包扁铜线绕成。开口槽也放入成型线圈,其绝缘通常采用云母带,线圈放入槽内必须与槽壁之间隔有"槽绝缘",以免电机在运行时绕组对铁心出现击穿或短路故障。

一般根据定子绕组在槽内布置的情况,有单层绕组及双层绕组两种基本形式。容量较大的异步电动机都采用双层绕组。双层绕组在每槽内的导线分上下两层放置,上下层线圈边之间需要用层间绝缘隔开。小容量异步电动机常采用单层绕组。槽内定子绕组的导线用槽楔紧固。槽楔常用的材料是竹、胶布板或环氧玻璃布板等非磁性材料。

(3)机座 机座的作用主要是固定和支撑定子铁心。中小型异步电动机一般都采用铸铁机座,并根据不同的冷却方式而采用不同的机座形式。例如,小型封闭式电动机,电动机中损耗变成的热量全都要通过机座散出,为了加强散热能力,在机座的外表面有很多均匀分布的散热筋,以增大散热面积。对于大中型异步电动机,一般采用钢板焊接的机座。

2. 转子

异步电机的转子由转子铁心、转子绕组和转轴组成。

（1）转子铁心　转子铁心也是电动机主磁通磁路的一部分，一般也是由 0.5mm 厚冲槽的硅钢片叠成，铁心固定在转轴或转子支架上。整个转子铁心的外表面呈圆柱形。

（2）转子绕组　转子绕组分为笼型和绕线转子两种结构，下面分别说明这两种绕组结构形式的特点。

1）笼型绕组。由于异步电动机转子导体内的电流是由电磁感应作用而产生的，不需要由外电源对转子绕组供电，因此绕组可自行闭合，绕组的相数亦不必限定为三相。因此，笼型绕组的各相均由单根导条组成。因为异步电动机正常运行时，旋转磁场与转子导条的相对转速不大，即转差率在 5% 以下，所以导条中的感应电动势不大。如导条与铁心之间不加绝缘，由导条与铁心之间的接触电阻来限制导条间的漏电流也是可以的，一般无须用绝缘材料把导条与铁心隔开，这样的绕组工艺极为简单。笼型绕组可以由插入每个转子槽中的导条和两端的环形端环组成。如果去掉铁心，整个绕组的外形就像一个关松鼠的笼子，如图 4-8 所示。所以具有这种笼型绕组的转子，习惯上称为笼型转子。为了节约用铜并提高生产率，小容量笼型异步电动机一般都采用铸铝转子，如图 4-9 所示。这种转子的导条和端环一次铸出。对容量大于 100kW 的电动机，由于铸铝质量不易保证，常用铜条插入转子槽内，在两端焊上端环，构成笼型绕组。笼型转子上既无集电环，又无绝缘，所以结构简单、制造方便、运行可靠。

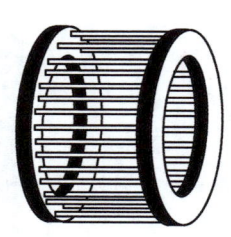

图 4-8　铜条笼型转子

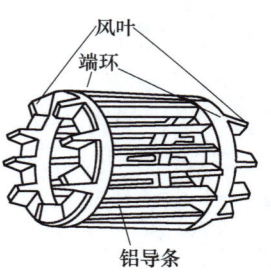

图 4-9　铸铝笼型转子

2）绕线转子绕组。它与定子绕组一样也是一个对称三相绕组，这个对称三相绕组联结成星形，并接到转轴上的三个集电环上，再通过电刷使转子绕组与外电路接通，如图 4-10 所示。这种转子的特点是，通过集电环和电刷可在转子回路中接入附加电阻或其他控制装置，以便改善电动机的起动性能或调速特性。为了减小电刷的磨损与摩擦损耗，中等容量以上的异步电动机还装有一种提刷短路装置。这种装置当电动机起动以后而又不需要调节速度时，移动其手柄，可使电刷提起，与集电环脱离接触，同时使三只集电环彼此短接起来。

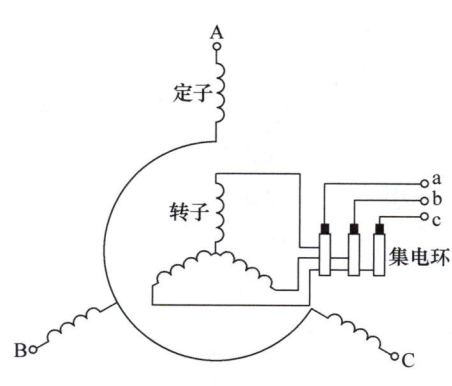

图 4-10　绕线转子异步电动机示意图

第四章　异步电机（一）——三相异步电动机的基本原理

3. 气隙

异步电动机定、转子之间的气隙是很小的，中小型电动机一般为 0.2～2mm。气隙的大小与异步电动机的性能关系极大。气隙越大，磁阻也越大。磁阻大时，产生同样大小的旋转磁场就需要较大的励磁电流。励磁电流是无功电流（与变压器中的情况一样），该电流增大会使电动机的功率因数变坏。然而，磁阻大可以减少气隙磁场中的谐波含量，从而可减少附加损耗，且改善起动性能。气隙过小，会使装配困难和运转不安全。如何决定气隙大小，应权衡利弊，全面考虑。一般异步电动机的气隙以较小为宜。

第二节　三相异步电动机的铭牌数据

和直流电动机一样，异步电动机的机座上也有一个铭牌，铭牌上标注着额定数据。主要的额定数据为：

额定功率——指电动机在额定运行状态时输出的机械功率，单位为 kW。

额定电压——指额定运行状态下，电网加在定子绕组的线电压，单位为 V。

额定电流——指电动机在额定电压下使用，输出额定功率时，定子绕组中的线电流，单位为 A。

额定频率——我国规定标准工业用电的频率为 50Hz。

额定转速——指电动机在额定电压、额定频率及额定功率下的转速，单位是 r/min。

此外，铭牌上还标明定子绕组的相数与联结法（联结成星形或三角形）、绝缘等级及允许温升等。对绕线转子异步电动机，还标明转子的额定电动势及额定电流。

第三节　三相异步电动机的定子绕组

三相异步电动机也是一种机电能量转换的电磁装置。和直流电动机一样，要实现机电能量转换，异步电动机必须具有一定大小的分布磁场和与磁场相互作用的电流。异步电动机的工作磁场（主磁场），是一种旋转磁场，是依靠定子绕组中通以交流电流来建立的。因此，定子上的三相绕组必须保证当它通以三相交流电流以后，其所建立的旋转磁场具有一定的极数、一定的大小和恒定的转速，并且在空间的分布波形接近正弦波形，而且由该旋转磁场在绕组本身中所感应的电动势也是对称的。这种旋转磁场由旋转磁动势来建立，那么对磁场的要求，也就是对磁动势的要求。

异步电动机定子绕组的种类很多，按相数分，有单相、两相和三相绕组；按槽内层数分，有单层、双层和单双层混合绕组；按绕组端接部分的形状分，单层绕组又有同心式、交叉式和链式之分；双层绕组又有叠绕组和波绕组之分；按每极每相所占的槽数是整数还是分数，有整数槽和分数槽绕组之分等。但构成绕组的原则是一致的，下面仅以三相单层和双层绕组为例，说明绕组的排列和连接。

一、交流绕组的一些基本知识和基本量

为了便于分析三相绕组的排列和连接，先介绍一些有关交流绕组的基本知识和基本量。

1. 电角度与机械角度

电机圆周在几何上分成360°，这个角度称为机械角度。从电磁观点来看，若磁场在空间按正弦波分布，则经过 N、S 一对磁极恰好相当于正弦曲线的一个周期。如有导体去切割这种磁场，经过 N、S 一对磁极，导体中所感应产生的正弦电动势的变化亦为一个周期，变化一个周期即经过360°电角度，因而一对磁极占有的空间是360°电角度。若电机有 p 对磁极，电机圆周按电角度计算就为 $p\times 360°$，而机械角度总是360°，因此

$$\text{电角度}=p\times\text{机械角度} \tag{4-4}$$

2. 线圈

组成交流绕组的单元是线圈，习惯上不像直流电机那样称为元件。线圈由一匝或多匝串联而成，它有两个引出线，一个叫首端，另一个叫末端。

3. 节距

一个线圈的两个边所跨定子圆周上的距离称为节距，用 y_1 表示，一般用槽数计算。节距应接近极距 τ。$y_1=\tau$ 的绕组称为整距绕组，$y_1<\tau$ 的绕组称为短距绕组，$y_1>\tau$ 的绕组称为长距绕组。常用的是整距和短距绕组。

4. 槽距角 α

相邻槽之间的电角度叫槽距角 α。由于定子槽在定子内圆上是均匀分布的，如 Q_1 为定子槽数，p 为极对数，则槽距角

$$\alpha=\frac{p\times 360°}{Q_1} \tag{4-5}$$

5. 每极每相槽数 q

每一个极下每相绕组所占的槽数，称为每极每相槽数，用符号 q 表示为

$$q=\frac{Q_1}{2pm} \tag{4-6}$$

式中　　m——相数。

二、交流绕组的排列和连接

对称三相绕组由三个在空间互差120°电角度的三个独立绕组所组成，所以只要以给定的槽数和极数为依据，按照所建立旋转磁动势及磁场要求，确定一相的线圈在定子槽内的排列以及线圈间的连接，其余两相绕组由空间互差120°电角度的原则，去进行相似的排列和连接，就可以构成整个对称三相绕组。

为了便于说明问题，给定电机的极数 $2p=4$，槽数 $Q_1=24$。

1. 极距的计算

由于三相异步电动机和直流电动机不一样，没有具体的磁极，磁极的效应要在对称三相绕组中通入对称三相电流以后才显示出来。因而要按对磁动势的要求来排列三相绕组时，必须根据给定的定子槽数 Q_1 和极数 $2p$ 去确定极距，即

$$\tau=\frac{Q_1}{2p} \tag{4-7}$$

$Q_1=24$，$2p=4$，则 $\tau=6$，这个数据说明，一个极距应跨过 6 个槽，24 个定子槽在定子内圆上是均匀分布的，所以跨 6 个槽占定子内圆圆周 1/4。推广来说，极数为 $2p$ 的

第四章 异步电机（一）——三相异步电动机的基本原理

电机，一个极距 $\tau = \dfrac{\pi D}{2p}$，也可表示为 $\tau = \dfrac{Q_1}{2p}$，是 $\dfrac{1}{2p}$ 的定子内圆圆周，其中 D 是定子内径。

2. 线圈中的电流方向

计算出极距以后，根据所给定极数，弄清各个极距内属于一相绕组的线圈边中电流的方向。如果电机极数 $2p=2$，整个定子内圆有两个极距。在每个极距内放一个线圈边，另一线圈边相距一个极距，两线圈边中通过相反方向的电流时，这种情况在讨论直流电机电枢磁动势时分析过，线圈边中的电流所形成的磁动势波是一个以 2τ 为周期的矩形波，这就形象地说明这种磁动势所建立的磁场具有两个极性，如图 4-11a 所示。若电机有 4 个极（$2p=4$），定子内圆有四个极距，每个极距内也放一个线圈边，使线圈边之间的距离也是一个极距，则相邻线圈边中通过相反方向的电流，所建立的磁场具有四个极性，如图 4-11b 所示（参考图 4-3）。由此可见，在相邻极距内属于一相绕组，而相邻一个极距的线圈边，有相反方向电流时，才能建立极数符合给定的磁动势和磁场之要求。

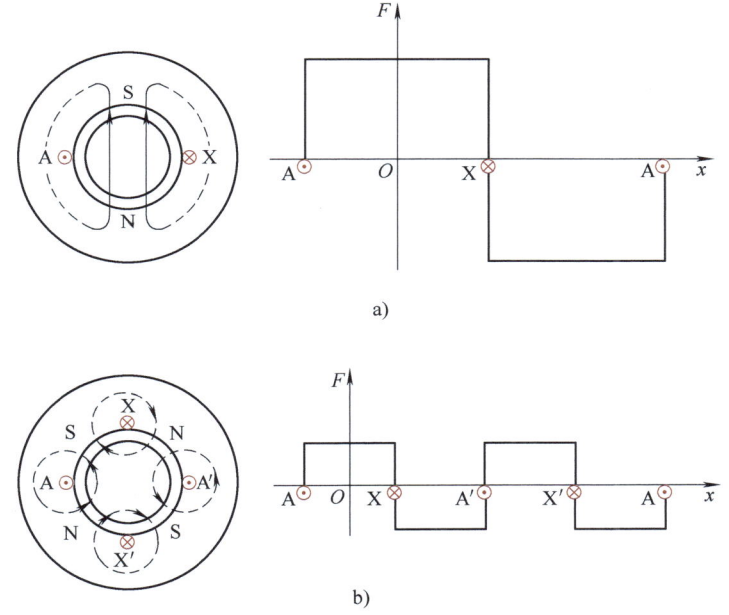

图 4-11 两极与四极磁动势图
a）两极磁动势图 b）四极磁动势图

3. 确定相带

根据对称的要求，每一相绕组在定子内圆上应占有相等的槽数 Q_1/m（m 为相数，Q_1/m 必须是整数）。一般属于每相的槽，不集中在一起，而是将它们按极距对称而均匀地分组。每个极距内有一个组，每个组内含有的槽数即为每极每相的槽数 $q = Q_1/(2mp)$，若 $Q_1=24$，$m=3$，$2p=4$，则 $q=2$。这种每个极距内属于同相的槽所占有的区域称为"相带"。按照上面所分析的磁极极性的要求，每相绕组的所有相带均需相隔一个极距。因为一个极距为 180°电角度，而三相绕组每个极距内共有三个相带，则每个相带为 60°电角度，这样排列的对称三相绕组称为60°相带绕组。一般的三相异步电动机中都采用这种60°相带的三相绕组。

4. 画定子槽的展开图

将槽编号，分相带，并确定各相的相带。$p=2$、$Q_1=24$ 时，一相绕组的构成如图 4-12 所示。以单层绕组为例，根据对线圈边中电流方向的要求，就可以画出一相绕组的线圈及其互相间的连接。实际上就是将四个整距线圈分成两个组，每组由两个线圈串联，将第一个线圈组中两个线圈边嵌入 1、2 槽，另外两个线圈边嵌入 7、8 槽，第二个线圈组中的四个边分别嵌入 13、14 和 19、20 槽中。把第一个线圈组与第二个线圈组按电流方向的要求进行串联（或并联），就构成一相绕组，如图 4-12b 所示。

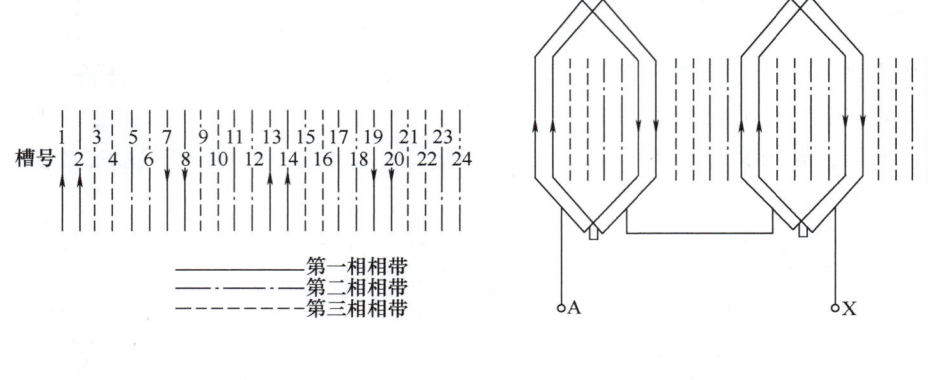

图 4-12 一相绕组的构成

a) 确定相带和应有的电流相对方向　b) 单层相绕组的一种连接方法

把上面所说的几点归纳起来，可得出一般三相绕组的排列和连接的方法为：①计算极距 τ；②计算每极每相槽数 q；③划分相带；④组成线圈组；⑤按极性对电流方向的要求分别构成一相绕组。

为进一步理解三相绕组的连接，下面以三相单层绕组和三相双层叠绕组为例，进行连接。

三、三相单层绕组

单层绕组的每一个槽内只有一个线圈边。整个绕组的线圈数等于总槽数的一半。在小型三相异步电动机里常采用单层绕组，因为这种绕组嵌线比较方便，槽内没有层间绝缘，槽的利用率高，但它的磁动势和电动势的波形比双层绕组稍差。下面用定子槽数 $Q_1=24$ 的两极电机的定子绕组说明单层绕组的构成。

1. 计算极距

$$\tau = \frac{Q_1}{2p} = \frac{24}{2} = 12$$

2. 计算每极每相槽数

$$q = \frac{Q_1}{2mp} = \frac{24}{2 \times 3 \times 1} = 4$$

3. 划分相带

电机为两极，每个极距内有 3 个相带，整个定子共有 6 个相带，每个相带有 4 个槽，将各相带槽号列在表 4-1 中，将 23、24、1、2 划分为第一个相带。

第四章 异步电机（一）——三相异步电动机的基本原理

表 4-1 各相带槽号

相带 槽号	A	Z	B	X	C	Y
第一对极	23, 24, 1, 2	3, 4, 5, 6	7, 8, 9, 10	11, 12, 13, 14	15, 16, 17, 18	19, 20, 21, 22

4. 组成线圈组

按上面说明的连接方法，A 相的线圈组应由线圈边 23、11，24、12，1、13，2、14 分别组成的四个线圈，依次串联而组成，如图 4-13a 所示。B、C 两相做同样连接就可构成三相单层绕组。但是，这样组成的线圈组，端接部分重叠层数较多，而所形成的磁动势仅与线圈边中的电流方向有关，与线圈边连接次序无关。所以，只要是属于同一相的线圈边所组成的线圈，其中通过的电流方向符合要求即可，至于由哪两个线圈边组成线圈，是可以灵活的。如将线圈边 1 与 12 组成一个大线圈，线圈边 2 与 11 组成一个小线圈，小线圈放入大线圈之内，串联起来成线圈组。用同样方法将线圈边 13 与 24，14 与 23 组成线圈组，再将这两个线圈组的末端（右端边为末端）连接起来，如图 4-13b 所示，可得到同样的线圈中电流的分布情况，却克服了线圈组端接部分重叠层数较多的缺点。将 B、C 两相绕组的线圈做相同排列和连接，就得出如图 4-14 所示的三相单层绕组展开图。线圈具有这种形式的对称三相绕组称同心式绕组。同心式绕组的特点就是线圈组中各线圈节距不等，各线圈的轴线重合。同心式绕组的优点是端接部分互相错开，重叠层数较少，便于布置，散热较好；缺点是线圈大小不等，绕线不便。Y-100L-2 型三相异步电动机采用了这种形式的定子绕组。

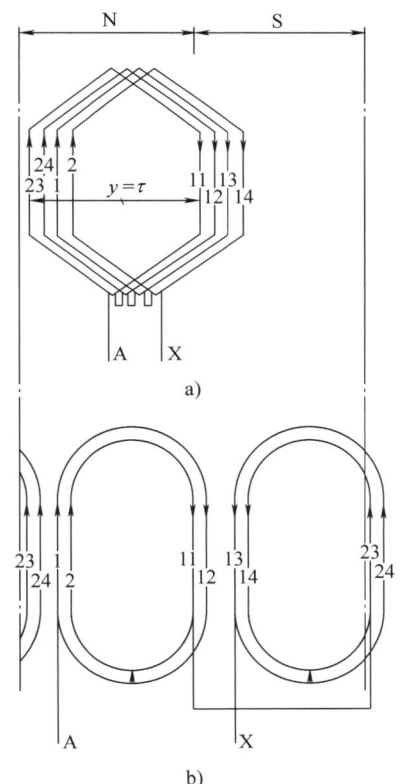

图 4-13 相绕组的构成

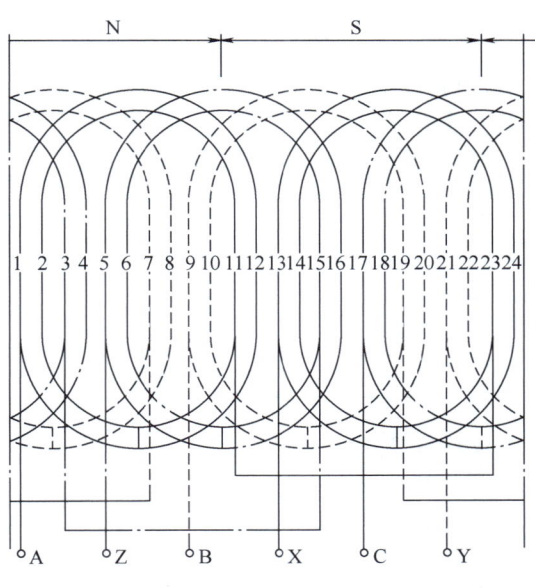

图 4-14 三相单层同心式绕组展开图（$2p=2$，$Q_1=24$）

单层绕组还有链式、交叉式等，读者可参考其他电机学方面的书籍。

四、三相双层绕组

双层绕组每个槽内有上下两个线圈边，和直流电机的电枢绕组一样，每个线圈的一个边放在某一个槽的上层，另一个边放在相隔节距 y_1 的下层，如图 4-15 所示，整个绕组的线圈数等于槽数。双层绕组所有线圈尺寸相同，便于绕制，端接部分形状排列整齐，有利于散热和增强机械强度。在后面分析磁动势和电动势时可知，从电磁角度来看，可以选择最有利的节距 y_1，结合绕组本身均匀地分布这一性质，可改善磁动势和电动势波形。

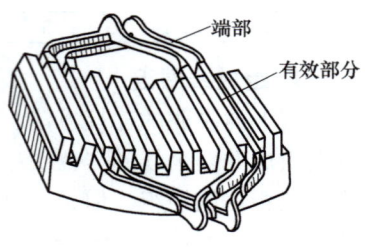

图 4-15 双层绕组图

和直流电机一样，交流电机的双层绕组根据线圈形状以及端接部分的连接，也有叠绕组和波绕组两种。不过交流电机的整个绕组不一定接成闭合绕组，而是根据需要来定，联结成三角形的三相绕组就是闭合绕组，联结成星形的就是不闭合绕组。下面以三相四极 36 槽的双层叠绕组为例说明三相双层绕组的排列和连接。

1. 计算极距

$$\tau = \frac{Q_1}{2p} = \frac{36}{4} = 9$$

2. 选择节距

采用短节距，$y_1 = 8$。

3. 计算每极每相槽数

$$q = \frac{Q_1}{2mp} = \frac{36}{2 \times 3 \times 2} = 3$$

并计算槽距角

$$\alpha = \frac{60°}{q} = 20°$$

4. 画展开图

画出槽内线圈边（上层边用实线表示，下层边用虚线表示），并编号，如图 4-16a 所示。按每极每相槽数划分相带，见表 4-2。

表 4-2 按每极每相槽数划分相带

相带 槽号	A	Z	B	X	C	Y
第一对极	1，2，3	4，5，6	7，8，9	10，11，12	13，14，15	16，17，18
第二对极	19，20，21	22，23，24	25，26，27	28，29，30	31，32，33	34，35，36

5. 组成线圈组

双层叠绕组的线圈组组成原则和单层绕组一样，但必须注意到，由于双层绕组的线圈边数是单层绕组的两倍，所以属于同一相的线圈组的组数也增加一倍。从图 4-14 可知，由于单层绕组中每槽只有一个线圈边，组成线圈组的两组线圈边必须一一对应，相隔180°电角度。但在双层绕组中，没有这种限制，因为组成线圈组的线圈边之间的距离决定于所选定的节距 y_1。在图 4-16 中，选择线圈节距 $y_1 = 8$，1 号线圈的一个边放在 1

第四章 异步电机（一）——三相异步电动机的基本原理

号槽的上层，另一个边放在 1+8=9 号槽的下层；同理，2、3 号线圈的一个边分别放在 2、3 号槽的上层，另一个边分别放在 10、11 号槽的下层。将 1、2、3 号线圈串联起来组成一个线圈组；同理，10、11、12 号，19、20、21 号，28、29、30 号线圈分别串联组成线圈组。同时，认为线圈组中的上层边在 N 极极距内的属于"+A"相带；上层边在 S 极极距内的属于"-A"相带。如 1、2、3 号和 19、20、21 号线圈分别组成的线圈组属于"+A"相带，则 10、11、12 号和 28、29、30 号线圈分别组成的线圈组属于"-A"相带，然后把这四个线圈组串联或者并联。

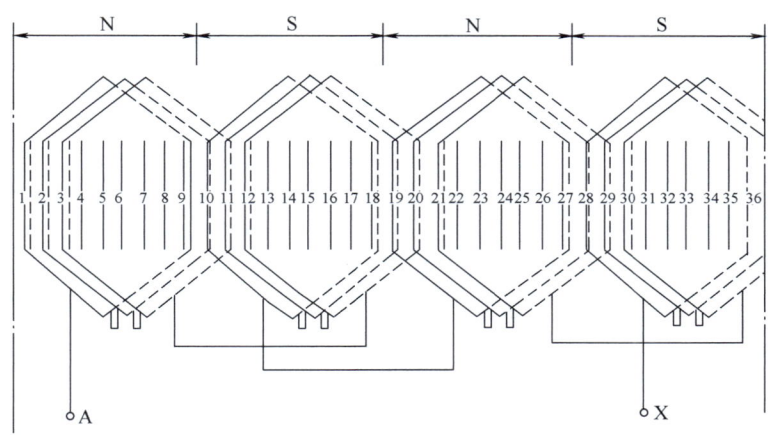

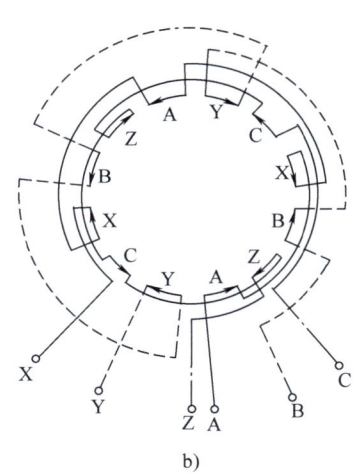

图 4-16 三相双层叠绕组（$Q_1=36$，$2p=4$，$a=1$）

由于 N 极极距内线圈组与 S 极极距内线圈组中的电流方向必须相反，所以，若串联，"+A"相带的线圈组与"-A"相带的线圈组应反向串联，即末端与末端相连，首端引出，或首端与首端相连，末端引出，这种形式的示意图如图 4-17a 所示。如果要把"+A"相带的线圈组与"-A"相带的线圈组接成并联，则 +A 的首端与 -A 的末端、+A 的末端与 -A 的首端连接，如图 4-17b 所示。同一极性下的线圈组接成并联，必须是首端与首端，末端与末端相连。根据这样连接的原则，在图 4-16a 中，A 相四个线圈组接成一路串联,连接顺序如图 4-18 所示。

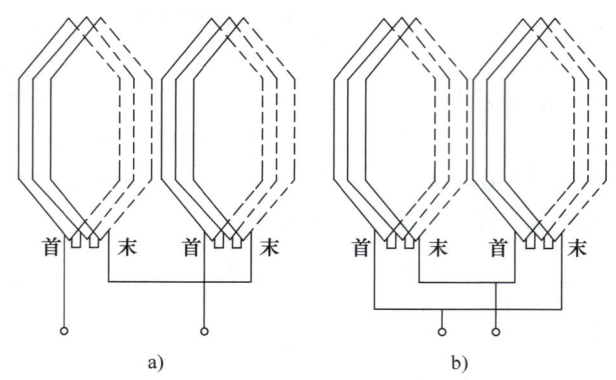

图 4-17 不同磁极极性下相绕组的串联与并联
a) 串联 b) 并联

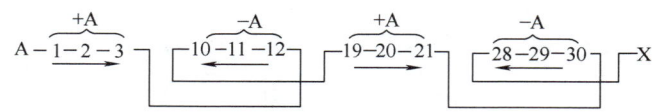

图 4-18 A 相四个线圈组一路串联的连接顺序

若要将这种绕组的相绕组接成两路并联,其连接顺序如图 4-19 所示。用同样方法可构成 B、C 两相绕组。

工厂中,常用线圈组的圆形接线图来指导接线。上述双层叠绕组的圆形接线图如图 4-16b 所示。图中用一段圆弧表示一个线圈组,圆弧上的箭头表示线圈组所在相带的正、负。正相带 A、B、C 的箭头均为同一方向,负相带 X、Y、Z 为反方向,各线圈组间的连接均为反向连接。这种线圈组的圆形接线图画法简单、方便,线圈组间的连接清楚、明确。

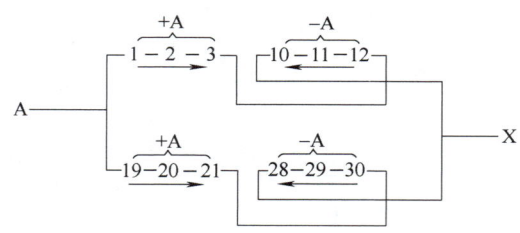

图 4-19 A 相两路并联的连接顺序

从图 4-16 可看出,叠绕组线圈组之间连接线较长,在极数较多时,连接线就多。对于绕线转子三相异步电动机的转子绕组,如连接线过多,就不易绑扎固定,同时重量也不易平衡。为了避免这个缺点,绕线转子中往往采用波绕组。和直流电机一样,波绕组两个互相连接的线圈的形状如同波浪前进。波绕组的相带划分与槽号分配,和叠绕组完全相同,连接规则和直流电机的波绕组相似,即把所有同一极性(例如 N_1、N_2、…)下属于同一相的线圈按照一定次序串联起来,组成一组;再把所有另一极性(如 S_1、S_2、…)下属于同一相的线圈按一定的次序串联起来,组成另一组;最后把这两组线圈根据需要接成串联或并联,这样就构成了一相绕组。例如,把上面所分析的四极 36 槽 $y_1 = 8$ 的定子绕组绕成波绕组,线圈应按下列次序连接,展开图如图 4-20 所示。

第四章 异步电机（一）——三相异步电动机的基本原理

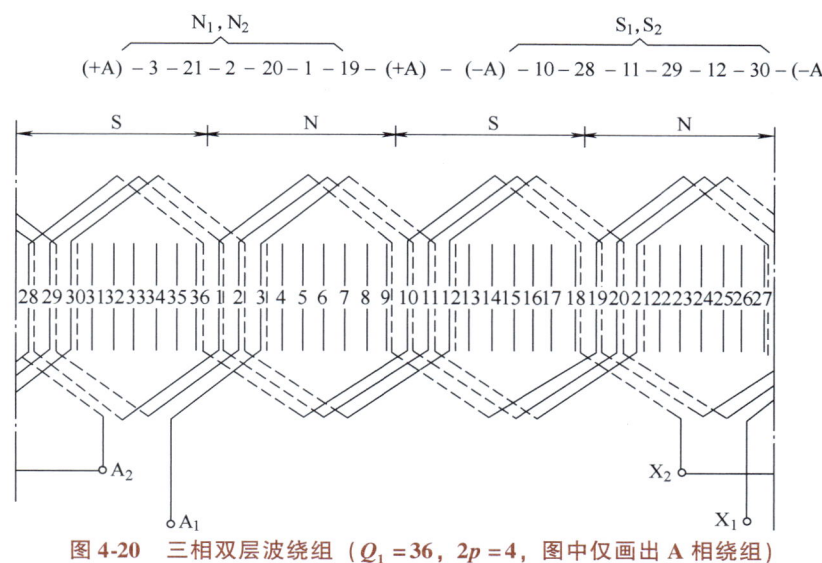

图 4-20 三相双层波绕组（$Q_1=36$，$2p=4$，图中仅画出 A 相绕组）

第四节 三相异步电动机的定子磁动势及磁场

在阐述三相异步电动机的工作原理时，曾指出，在三相异步电动机中，实现机电能量转换的前提是需要产生一种旋转磁场。这种旋转磁场是由异步电动机定子上的对称三相绕组中通过对称三相交流电流时产生的磁动势建立的。在本章第一节里，对这种磁场的建立只做了概要的说明。所以在弄清三相异步电动机定子绕组的构成原理以后，还要进一步分析气隙中旋转磁动势的大小、波形以及其他一些属性。旋转磁动势是对称三相绕组中通过对称三相电流时所形成的总磁动势，所以我们从分析一个线圈的磁动势开始，进而分析一个线圈组以及一个相绕组的磁动势，然后把三个相绕组的磁动势叠加起来，便得出三相绕组的合成磁动势。

一、单相绕组的磁动势——脉振磁动势

组成相绕组的单元是线圈，那么合成为单相绕组磁动势的单元就是线圈的磁动势，下面先分析一个线圈所产生的磁动势。

（一）整距线圈的磁动势

图 4-21a 所示为一台两极异步电动机的示意图，定子上只有一个整距线圈 A-X，该线圈放置在水平轴线上。线圈中有交流电流通过，由 X 流入，从 A 流出。根据右手螺旋定则决定磁场方向，并用虚线表示磁场分布。从图中磁场的分布可以看出，所形成的线圈磁动势建立了一个两极磁场。磁场轴线为垂直轴线。N 极在下端，S 极在上端。根据磁场的分布、电流的数值、导线的位置，可确定线圈磁动势的大小及分布。

设想将电机在放置 A 线圈边的地方切开并展平，如图 4-21b 所示。如确定磁极轴线为 y 轴，定子内圆圆周为 x 轴。A 边在 $-\tau/2$ 处，X 边在 $\tau/2$ 处，A、X 边中各含 N_y 根导线，线圈 A-X 共有 N_y 个线匝串联而成。设线圈中通过随时间按余弦规律变化的交流电流 $i=\sqrt{2}I\cos\omega t$。因为电流是随时间变化的，选择 $\omega t=0$，$i=\sqrt{2}I$ 这一个特定的时间来

分析。在讨论直流电机电枢磁动势时，分析过这种整距线圈（直流电机中称为元件）磁动势的分布情况，已确定这种整距线圈所产生的磁动势在空间分布波形是一个矩形波，其周期为两个极距，其幅值等于磁回路所包围的全电流的一半。结合异步电动机的情况，可得出 $\omega t = 0$，$i = \sqrt{2}I$ 时，这种整距线圈磁动势（认为消耗在气隙中的磁动势）在空间的分布也是一个矩形波，如图 4-21b 所示，周期亦为 2τ，幅值为 $\sqrt{2}N_y I/2$，用方程式表示为

$$\begin{cases} F_{ym}(x) = \dfrac{\sqrt{2}}{2}N_y I, & -\dfrac{\tau}{2} < x < \dfrac{\tau}{2} \\ F_{ym}(x) = -\dfrac{\sqrt{2}}{2}N_y I, & \dfrac{\tau}{2} < x < \dfrac{3\tau}{2} \end{cases} \quad (4\text{-}8)$$

由于线圈中通过的是交流电流，所以其产生的磁动势分布的矩形波幅值的一般表达式为

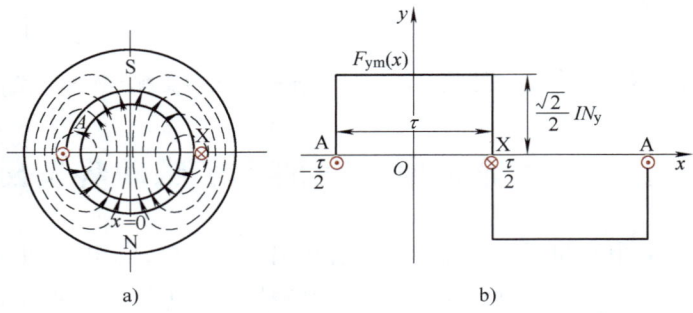

图 4-21 整距线圈的磁动势（$q=1$，$y_1=\tau$）
a) 整距线圈所建立的磁场分布　b) 整距线圈磁动势分布曲线

$$f_y(x,t) = \frac{1}{2}N_y i = \frac{\sqrt{2}}{2}N_y I\cos\omega t \quad (4\text{-}9)$$

由此可见，整距线圈中通过正弦变化的交流电流时所产生的磁动势分布波的幅值，即矩形的高度是时间的函数，随时间按正弦规律变化的电流到达最大值时，矩形的高度达到最大值 F_{ym}；电流为零时，矩形的高度为零，即矩形消失；电流为负值时，磁动势将随着改变方向。图 4-22 表示了不同瞬时矩形波幅值随时间变化的情况。因此，整距线圈所形成的磁动势在任何瞬时，空间的分布总是一个矩形波；而在空间上任意一点的大小随电流的变化而变化。这种从空间上看位置固定，从时间上看，大小在正负最大值之间变化的磁动势，称为脉振磁动势。脉振的频率就是交流电流的频率。

以上的分析是一对极的情况，在多极电机中，如果取一对极内的磁动势来分析，与两极电机的

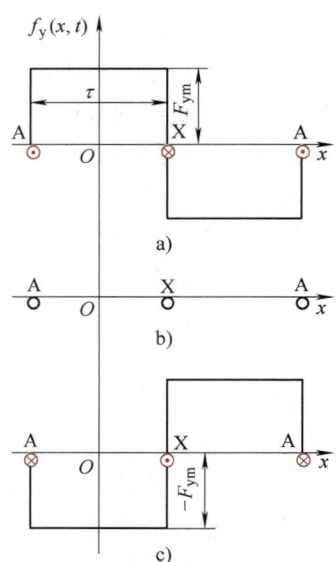

图 4-22 不同瞬间的脉振磁动势
a) $\omega t = 0$，$i = I_m$　b) $\omega t = 90°$，$i = 0$
c) $\omega t = 180°$，$i = -I_m$

第四章 异步电机(一)——三相异步电动机的基本原理

磁动势完全相同,即 p 对极磁动势分布波形仅是周期数增加为 p 倍而已。图 4-23 所示为四极电机中电流到达最大值时,整距线圈磁动势和磁场的分布。

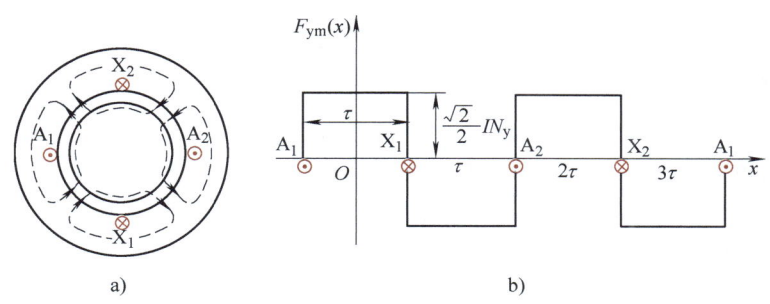

图 4-23 四极整距线圈的磁动势
a)磁场分布 b)磁动势分布

由此我们弄清了异步电动机一个整距线圈磁动势分布和大小变化的规律是,在空间按矩形波分布,大小随时间做正弦变化。如果直接用这样一个幅值脉振、分布呈矩形的波形做进一步分析,得出三相绕组的总磁动势会感到麻烦。因为几个在空间位置不同,而幅值变化的矩形波叠加是很不方便的。为了便于分析,我们用学过的傅里叶级数分析法,把在空间按矩形分布的磁动势波分解成一个基波和一系列谐波,然后分别分析和综合这些基波和各次谐波的属性,可得出对称三相绕组合成磁动势的大小和性质。

应用傅里叶级数,把图 4-21 中的矩形波进行分解,由于磁动势分布对横轴对称,即 $f(x) = -f(x+\tau)$,矩形波分解后仅含有 1、3、5、…奇次谐波,又对称于纵轴,即 $f(x) = f(-x)$,则矩形波分解后仅含有余弦项。基波磁动势的幅值是矩形波幅值的 $4/\pi$ 倍,ν(奇数)次谐波的幅值是基波幅值的 $1/\nu$ 倍,如图 4-24 所示。

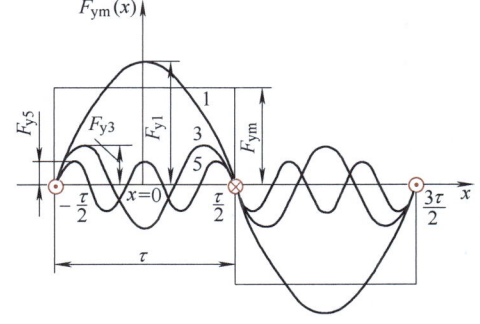

图 4-24 把以 2τ 为周期的矩形磁动势波用傅里叶级数分解

这样,按傅里叶级数展开的磁动势波可表示为

$$F_{ym}(x) = F_{y1}\cos\frac{\pi}{\tau}x + F_{y3}\cos 3\frac{\pi}{\tau}x + F_{y5}\cos 5\frac{\pi}{\tau}x + \cdots \qquad (4-10)$$

式中,$F_{y1} = \dfrac{4}{\pi}\dfrac{\sqrt{2}}{2}N_y I$。

因此
$$F_{y\nu} = \frac{1}{\nu}\left(\frac{4}{\pi}\frac{\sqrt{2}}{2}N_y I\sin\nu\frac{\pi}{2}\right), \quad \nu = 1,3,5,\cdots$$

对三次谐波,$\nu = 3$,$\sin\nu\pi/2 = -1$,对五次谐波,$\nu = 5$,$\sin\nu\pi/2 = +1$,依此类推。因此,一个整距线圈所产生的脉振磁动势表达式为

$$f_y(x,t) = F_{ym}(x)\cos\omega t$$

$$= \frac{4}{\pi}\frac{\sqrt{2}}{2}N_y I\left[\cos\frac{\pi}{\tau}x - \frac{1}{3}\cos3\frac{\pi}{\tau}x + \frac{1}{5}\cos5\frac{\pi}{\tau}x + \cdots\right]\cos\omega t \quad (4\text{-}11)$$

$$= 0.9 N_y I\left[\cos\frac{\pi}{\tau}x - \frac{1}{3}\cos3\frac{\pi}{\tau}x + \frac{1}{5}\cos5\frac{\pi}{\tau}x + \cdots\right]\cos\omega t$$

（二）线圈组的磁动势

异步电动机的定子绕组是分布的，所以不论是单层绕组还是双层绕组，组成线圈组的线圈或者是等效的线圈组的线圈，相互之间隔一个槽距角 α，并且是串联的。下面按整距线圈和短距线圈两种情况，分析线圈组磁动势。

1. 整距线圈的线圈组磁动势

图 4-25 所示为一个 $q=3$ 的整距线圈组。由于线圈组中各线圈的匝数相等，其中通过的电流又相同，因此每个整距线圈中的电流都形成一个矩形磁动势波，一共有 3 个。这 3 个矩形磁动势波的幅值都相同，在空间彼此相隔 α 电角度。利用傅里叶级数，把每一个矩形磁动势波分解成基波及一系列奇次谐波。图 4-25b 中曲线 1、2、3，分别代表三个幅值相等、在空间互差 α 电角度的整距线圈的基波磁动势。若把这三个基波磁动势逐点相加，便可得到基波合成磁动势（曲线 4）。对各次谐波也可以用逐点相加的办法，得出各次谐波的合成磁动势。但在工程上，为分析方便起见，常用矢量相加的方法代替波形逐点相加。因为基波磁动势在空间按正弦规律分布，故可用一个相应的空间矢量来代表，如图 4-25c 所示。矢量的长度代表基波磁动势的幅值 F_{y1}，各基波磁动势间空间位移，就是代表各基波磁动势的矢量间的位移。把长度等于 F_{y1} 的 q（即线圈组中的线圈数）个互差 α 电角度的基波磁动势矢量相加就可得出线圈组的基波合成磁动势 F_{q1}，即

$$F_{q1} = F_{y1}\angle 0° + F_{y1}\angle\alpha + \cdots + F_{y1}\angle(q-1)\alpha \quad (4\text{-}12)$$

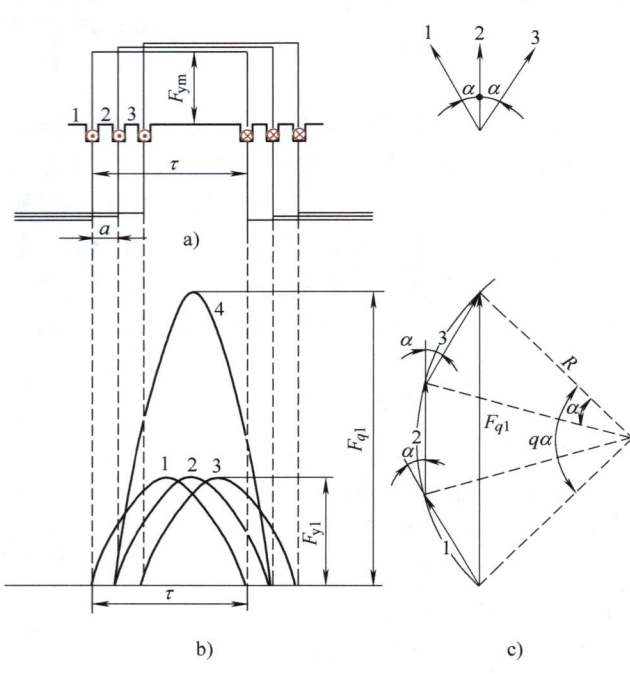

图 4-25 整距线圈的线圈组磁动势
a) 各线圈的磁动势波　b) 合成磁动势的基波
c) 基波磁动势矢量相加

由于这 q 个基波磁动势矢量大小相等，又依次位移 α 电角度，相加起来就构成了正多边形的一部分，如图 4-25c 所示。设 R 为该多边形的外接圆半径，根据几何关系，正多边形每个边所对应的圆心角等于两个矢量之间的夹角 α，所以可求出 q 个整距线圈所组成的线圈组的基波合成磁动势的幅值为

第四章 异步电机（一）——三相异步电动机的基本原理

$$F_{q1} = 2R\sin\frac{q\alpha}{2} \tag{4-13}$$

而每个基波磁动势矢量的幅值为

$$F_{y1} = 2R\sin\frac{\alpha}{2} \tag{4-14}$$

将式（4-13）和式（4-14）中的 R 消去，可求得 F_{q1} 为

$$F_{q1} = qF_{y1}\frac{\sin\frac{q\alpha}{2}}{q\sin\frac{\alpha}{2}} = qF_{y1}k_{q1} = q\frac{4}{\pi}\frac{\sqrt{2}}{2}N_y I k_{q1} \tag{4-15}$$

式中

$$k_{q1} = \frac{\sin\frac{q\alpha}{2}}{q\sin\frac{\alpha}{2}} \tag{4-16}$$

称为**基波磁动势的分布因数**。它表示同样匝数的分布绕组，其基波磁动势比有同样匝数集中绕组（q 个线圈集中在一个槽内的绕组）的基波磁动势减小的系数，或者可理解为把绕组中的各线圈由集中绕组排列成分布绕组以后所引起基波磁动势的一个折扣，即

$$k_{q1} = \frac{q \text{个分布线圈各线圈基波磁动势矢量的几何和}}{q \text{个分布线圈各线圈基波磁动势矢量的代数和}} = \frac{\sin\frac{q\alpha}{2}}{q\sin\frac{\alpha}{2}}$$

由于 q 个矢量的矢量和小于 q 倍的矢量（代数和），所以 $k_{q1} < 1$。

同理，可推得线圈组高次谐波磁动势的幅值 $F_{q\nu}$ 为

$$F_{q\nu} = qF_{y\nu} = q\frac{1}{\nu}\frac{4}{\pi}\frac{\sqrt{2}}{2}N_y I k_{q\nu} \tag{4-17}$$

$$k_{q\nu} = \frac{\sin\frac{q\nu\alpha}{2}}{q\sin\frac{\nu\alpha}{2}} \tag{4-18}$$

称为 ν 次谐波磁动势的分布因数。

[例 4-2] 一台四极三相异步电动机，定子槽数 $Q_1 = 36$，计算其基波和 5 次、7 次谐波磁动势的分布因数。

解 计算每极每相槽数 q 值和 α 值

$$q = \frac{Q_1}{2mp} = \frac{36}{2 \times 3 \times 2} = 3$$

$$\alpha = \frac{60°}{q} = \frac{60°}{3} = 20°$$

根据式（4-16）和式（4-18），求得的基波和 5 次、7 次谐波磁动势的分布因数分别为

基波分布因数

$$k_{q1} = \frac{\sin\frac{3 \times 20°}{2}}{3\sin\frac{20°}{2}} = 0.960$$

5 次谐波分布因数 $\quad k_{q5} = \dfrac{\sin\dfrac{3\times(5\times20°)}{2}}{3\sin\dfrac{5\times20°}{2}} = 0.217$

7 次谐波分布因数 $\quad k_{q7} = \dfrac{\sin\dfrac{3\times(7\times20°)}{2}}{3\sin\dfrac{7\times20°}{2}} = -0.177$

从上例中看出，5 次、7 次谐波分布因数比基波分布因数小得多，这意味着采用分布绕组，会使基波合成磁动势有所减小，但 5、7、…高次谐波磁动势却削弱更多。换句话说，分布绕组的合成磁动势中谐波含量要比集中绕组中小得多。减少谐波含量，磁动势波形就会趋近于正弦波形，所以采用分布绕组是改善磁动势波形的有效措施之一。

2. 短距线圈的线圈组磁动势

双层绕组中常采用短距线圈。线圈节距缩短以后，对合成磁动势有一定影响。下面讨论短距线圈的线圈组磁动势。

图 4-26 所示为 $q=2$，$\tau=6$，$y_1=5$ 的双层短距叠绕组中一对极下属同一相的两个线圈组。

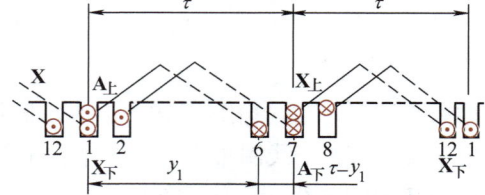

图 4-26 $q=2$，$y_1=5$ 的双层短距绕组
（仅画出一对极下属于同一相的两个线圈组）

在分析单层绕组时已指出，线圈边中通过电流所形成的磁动势与线圈边中的电流方向有关，而与线圈边连接次序无关。由于线圈是属于同一个相的，所以所有线圈边中的电流相同。实际上由 1、2 号槽中的上层边与 6、7 号槽中的下层边，7、8 号槽中的上层边与 12、13 号槽中的下层边（如果电机是两极的 $Q_1=12$，则 13 号槽即 1 号槽）分别组成节距 $y_1=5$ 的四个线圈。从形成磁动势的角度来看，可以把上层边 1、2 与 7、8，下层边 12、13 与 6、7 分别组成两组整距线圈的线圈组，它们在空间相互之间的位移为 ε 电角度，如图 4-27a 所示。这个 ε 角正好等于线圈节距缩短的角度，即

$$\varepsilon = \pi\left(\dfrac{\tau-y_1}{\tau}\right) = \pi\left(1-\dfrac{y_1}{\tau}\right) \quad (4\text{-}19)$$

根据上面分析，这个上层和下层整距线圈组的合成磁动势中都有基波和各次谐波，其基波磁动势的幅值均为 F_{q1}，相互间的位移为 ε；而 ν 次谐波磁动势的幅值均为 $F_{q\nu}$，相互间的位移为 $\nu\varepsilon$。图 4-27b 中，曲线 1、2 分别表示上层和下层整距线圈的线圈组的基波磁动势。用矢量相加的方法，可得出两个线圈组的合成总磁动势，图 4-27c 所示为对应的磁

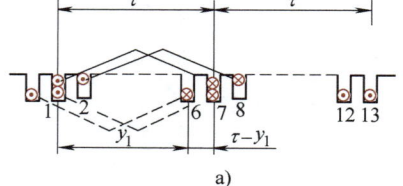

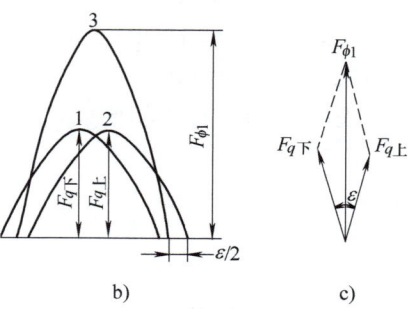

图 4-27 双层短距线圈组的基波合成磁动势
a) 等效的单层全距线圈组　b) 基波磁动势的合成　c) 用矢量求基波合成磁动势

动势矢量图。因此，基波合成磁动势的幅值 $F_{\phi 1}$ 为

$$F_{\phi 1} = 2F_{q1}\cos\frac{\varepsilon}{2} = 2F_{q1}k_{y1} \tag{4-20}$$

式中

$$k_{y1} = \cos\frac{\varepsilon}{2} = \cos\frac{1}{2}\left[180° - \frac{y_1}{\tau} \times 180°\right] = \sin\left(\frac{y_1}{\tau} \times 90°\right) \tag{4-21}$$

称为**基波磁动势的节距因数**。

节距因数 k_{y1} 和分布因数 k_{q1} 有相似的物理意义，它代表线圈采用短距后所形成的磁动势比整距时应打的折扣，即

$$k_{y1} = \frac{\text{各整距线圈组基波磁动势矢量的几何和}}{\text{各整距线圈组基波磁动势矢量的代数和}} = \cos\frac{\varepsilon}{2}$$

由于两短距线圈的线圈组的基波合成磁动势矢量是两个整距线圈的线圈组基波磁动势矢量的矢量和，因此它总是小于两个整距线圈的线圈组基波磁动势矢量的代数和，所以线圈采用整距时 $k_{y1} = 1$，而采用短距时 $k_{y1} < 1$。

同理，对于 ν 次谐波，可得出合成磁动势的幅值 $F_{\phi\nu}$ 为

$$F_{\phi\nu} = 2F_{q\nu}k_{y\nu} \tag{4-22}$$

式中

$$k_{y\nu} = \sin\nu\frac{y_1}{\tau}\frac{\pi}{2} = \cos\nu\frac{\varepsilon}{2} \tag{4-23}$$

称为**谐波磁动势的节距因数**。

从式（4-23）可知，如 $y_1 = \tau - \frac{\tau}{\nu}$，因 ν 为奇数，则 $k_{y\nu} = 0$，即节距 y_1 比整距缩短 τ/ν 时，可消除 ν 次谐波磁动势。例如要消除 5 次谐波磁动势，可将线圈节距选为 $4\tau/5$，此时角 $\varepsilon = \pi/5 = 36°$。从消除或削弱磁动势中某次谐波来说，采用短距线圈组，亦可改善磁动势波形。

（三）相绕组的磁动势

综合以上关于整距线圈和线圈组磁动势的分析，可得出一个结论：绕组由集中的改为分布的，基波合成磁动势幅值应打一个折扣 k_{q1}；线圈由整距的改为短距的，基波合成磁动势幅值也应打一个折扣 k_{y1}；那么，如果绕组由整距的、集中的改为短距的、分布的时候，基波合成磁动势则应打折扣 $k_{q1}k_{y1}$；对谐波合成磁动势应打折扣 $k_{q\nu}k_{y\nu}$。换句话说，由短距线圈组成的分布绕组的基波合成磁动势幅值等于具有相同匝数的整距集中绕组的基波合成磁动势幅值乘以系数 $k_{q1}k_{y1}$。我们把分布因数 k_{q1} 与节距因数 k_{y1} 的乘积称为基波绕组因数并以 k_{w1} 表示，即

$$k_{w1} = k_{q1}k_{y1} \tag{4-24}$$

对 ν 次谐波，则有

$$k_{w\nu} = k_{q\nu}k_{y\nu} \tag{4-25}$$

因为相绕组是由含有 q 个线圈的线圈组连接起来而构成的，所以在弄清线圈和线圈组的磁动势的基础上，可推导出相绕组的合成磁动势。但必须注意到，一个相绕组的磁动势并不是整个绕组的安匝数，而是指每对极下这个相绕组的合成磁动势。因为一个相绕组的总安匝数是按极对数平均分配的，每一对极的磁动势和磁阻组成一个对称的分支磁路。所以，单相绕组基波合成磁动势的幅值是指相绕组在一对极下线圈中电流所形成磁动势的基波的幅值，谐波磁动势的幅值也是按一对极来考虑的。

极对数为 p，每极每相槽数为 q 的双层短距绕组，每个线圈组有 q 个线圈，如每个线圈的匝数为 N_y，则一个相绕组每对极下线圈匝数是 $2qN_y$。如相绕组的串联总匝数为 N，应有

$$\frac{N}{p} = 2qN_y \tag{4-26}$$

那么其基波合成磁动势幅值 $F_{\phi 1}$（安匝/极）为

$$F_{\phi 1} = 2F_{q1}k_{y1} = \frac{4}{\pi}\frac{\sqrt{2}}{2}(2qN_y)Ik_{q1}k_{y1} = 0.9\frac{Nk_{w1}}{p}I \tag{4-27}$$

ν 次谐波磁动势的幅值 $F_{\phi\nu}$（安匝/极）为

$$F_{\phi\nu} = \frac{4}{\pi}\frac{\sqrt{2}}{2}\frac{1}{\nu}\frac{Nk_{w\nu}}{p}I = 0.9\frac{1}{\nu}\frac{Nk_{w\nu}}{p}I \tag{4-28}$$

一个相绕组一对极下的基波合成磁动势幅值所在的轴线，即为该相绕组在该对极下的轴线。以一对极考虑，这就是相绕组的轴线。如果空间坐标原点取在相绕组的轴线处，按照式（4-11）的形式，可写出单相绕组的磁动势方程式为

$$f_{\phi 1}(x,t) = 0.9\frac{NI}{p}\Big(k_{w1}\cos\frac{\pi}{\tau}x - \frac{1}{3}k_{w3}\cos 3\frac{\pi}{\tau}x + \\ \frac{1}{5}k_{w5}\cos 5\frac{\pi}{\tau}x - \frac{1}{7}k_{w7}\cos 7\frac{\pi}{\tau}x + \cdots\Big)\cos\omega t \tag{4-29}$$

从以上分析，对单相绕组的磁动势的性质可归纳几点：

1）单相绕组的磁动势是一种在空间位置固定、幅值随时间变化的脉振磁动势，基波及所有奇次谐波磁动势的幅值在时间上都以绕组中电流变化的频率脉振。

2）单相绕组基波磁动势幅值的位置与绕组的轴线相重合。

3）单相绕组脉振磁动势中基波磁动势的幅值为 $F_{\phi 1} = 0.9\dfrac{Nk_{w1}}{p}I$；$\nu$ 次谐波磁动势的幅值 $F_{\phi\nu} = \dfrac{1}{\nu}0.9\dfrac{Nk_{w\nu}}{p}I$。$F_{\phi\nu} \propto \dfrac{1}{\nu}k_{w\nu}$，所以谐波次数愈高，幅值愈小。

二、三相绕组的磁动势——旋转磁动势

在分析了单相绕组磁动势的基础上，把 A、B、C 三个单相绕组所产生的磁动势波逐点相加，就可获得三相绕组的合成磁动势。但是一般不用这种逐点相加的方法去求得合成磁动势，因为这样做不仅麻烦，而且只能得出磁动势总体的概念，看不清基波磁动势的主要作用。在阐述异步电动机工作原理时，已经说明，三相绕组中通过对称三相电流时会在电机气隙里建立一个旋转磁场，那么建立旋转磁场的磁动势必然是一种旋转磁动势。所以，把三个脉振的单相磁动势合成为三相磁动势，不仅在数量上而且在性质上都发生了变化。因而，为了加深对三相绕组磁动势的理解，下面从数学推导和图解法两方面进行分析。

为了能简单而清晰地分析三相绕组的磁动势，先说明一下相绕组的有效匝数问题。

比较式（4-11）和式（4-29）中基波合成磁动势项，即式（4-11）中的 $0.9N_yI\cos\dfrac{\pi}{\tau}x$ 和式（4-29）中的 $0.9\dfrac{N}{p}k_{w1}I\cos\dfrac{\pi}{\tau}x = 0.9(2qN_y)k_{w1}I\cos\dfrac{\pi}{\tau}x$，可以看出，就基波合成磁动势来说，一对极内，一个串联匝数为 N_y 的集中整距线圈的每个线匝的磁动势都

第四章 异步电机（一）——三相异步电动机的基本原理

是有效的，即线圈基波合成磁动势幅值等于每个线匝的基波磁动势幅值的 N_y 倍。如果一对极内有 $2q$ 个匝数为 N_y 的短距线圈，均匀地分布在定子内圆上，由于基波合成磁动势的幅值不等于每个线匝的基波磁动势幅值的 $2qN_y$ 倍，而是等于 $2qN_yk_{w1}$ 倍，k_{w1} 的值总是小于1，则 $2qN_yk_{w1} < 2qN_y$。就是说，就磁场效应来考虑（后面就电动势有效值来考虑也一样），$2qN_y$ 的实际串联线匝不是有效的，而需把这个实际串联匝数 $2qN_y$ 打一个折扣 k_{w1} 才是有效的，这种绕组的实际串联匝数乘以绕组因数以后的匝数，称为有效匝数。这样，明确了有效匝数的意义，以及在前面规定了相绕组的轴线以后，相绕组在每对极下的部分，就可以用一个匝数为 Nk_{w1}/p 的等效的集中整距线圈去代替，这个集中整距线圈的轴线，即为基波合成磁动势幅值所在的轴线。Nk_{w1} 即为每个相绕组的有效串联匝数。这样做，是为了便于分析。

我们用三个有效匝数为 Nk_{w1}/p，轴线在空间互差120°电角度的集中整距线圈 A-X、B-Y、C-Z，去代替两极电机中的三相绕组 A-X、B-Y、C-Z（如为多极电机，则代替一对极的相绕组部分，见图4-30）。当对称三相交流电流通过这个对称三相绕组时，A、B、C 三相分别产生幅值相等、时间上相位互差120°电角度的脉振磁动势，考虑到空间与时间互差120°电角度这个特点，即可写出 A、B、C 三相绕组的基波磁动势表达式。

取 A 相绕组的轴线处作为空间坐标的原点，并以正相序方向作为 x 的正方向；同时选择 A 相电流达到最大值的瞬间为时间的起始点，则 A、B、C 三个相的基波磁动势表达式为

$$\begin{cases} f_{A1} = F_{\phi 1}\cos\dfrac{\pi}{\tau}x\cos\omega t \\ f_{B1} = F_{\phi 1}\cos\left(\dfrac{\pi}{\tau}x - 120°\right)\cos(\omega t - 120°) \\ f_{C1} = F_{\phi 1}\cos\left(\dfrac{\pi}{\tau}x - 240°\right)\cos(\omega t - 240°) \end{cases} \qquad (4\text{-}30)$$

式中 $F_{\phi 1}$——各个单相基波脉振磁动势的幅值；

$\cos\dfrac{\pi}{\tau}x$、$\cos\left(\dfrac{\pi}{\tau}x - 120°\right)$、$\cos\left(\dfrac{\pi}{\tau}x - 240°\right)$——A、B、C 三个单相基波磁动势随空间分布的规律；

$\cos\omega t$、$\cos(\omega t - 120°)$、$\cos(\omega t - 240°)$——这三个单相基波磁动势随时间变化的规律。

利用三角公式 $\cos\alpha\cos\beta = \dfrac{1}{2}[\cos(\alpha-\beta) + \cos(\alpha+\beta)]$，把 f_{A1}、f_{B1}、f_{C1} 进行分解

$$\begin{cases} f_{A1} = F_{\phi 1}\cos\dfrac{\pi}{\tau}x\cos\omega t = \dfrac{1}{2}F_{\phi 1}\cos\left(\omega t - \dfrac{\pi}{\tau}x\right) + \dfrac{1}{2}F_{\phi 1}\cos\left(\omega t + \dfrac{\pi}{\tau}x\right) \\ f_{B1} = F_{\phi 1}\cos\left(\dfrac{\pi}{\tau}x - 120°\right)\cos(\omega t - 120°) = \dfrac{1}{2}F_{\phi 1}\cos\left(\omega t - \dfrac{\pi}{\tau}x\right) + \dfrac{1}{2}F_{\phi 1}\cos\left(\omega t + \dfrac{\pi}{\tau}x - 240°\right) \\ f_{C1} = F_{\phi 1}\cos\left(\dfrac{\pi}{\tau}x - 240°\right)\cos(\omega t - 240°) = \dfrac{1}{2}F_{\phi 1}\cos\left(\omega t - \dfrac{\pi}{\tau}x\right) + \dfrac{1}{2}F_{\phi 1}\cos\left(\omega t + \dfrac{\pi}{\tau}x - 120°\right) \end{cases}$$
$$(4\text{-}31)$$

把 f_{A1}、f_{B1}、f_{C1} 相加，得出三相绕组的基波合成磁动势为

$$f_1(x,t) = f_{A1} + f_{B1} + f_{C1} = \frac{3}{2}F_{\phi 1}\cos\left(\omega t - \frac{\pi}{\tau}x\right) \tag{4-32}$$

式（4-32）中，$3F_{\phi 1}/2$ 为三相绕组的基波合成磁动势的幅值，如令 $F_1 = 3F_{\phi 1}/2$，并将 $F_{\phi 1}$ 的表达式（4-27）代入，可得

$$F_1 = \frac{3}{2}F_{\phi 1} = 1.35\frac{Nk_{w1}}{p}I = 0.9\frac{m_1}{2}\frac{Nk_{w1}}{p}I \tag{4-33}$$

式中 m_1——相数。

则式（4-32）可写成

$$f_1(x,t) = F_1\cos\left(\omega t - \frac{\pi}{\tau}x\right) \tag{4-34}$$

从式（4-34）可以看出，当 $\omega t = 0$ 时，$f_1(x) = F_1\cos\left(-\frac{\pi}{\tau}x\right) = F_1\cos\frac{\pi}{\tau}x$，按选定的坐标轴，可画出 $f_1(x,0°)$ 的曲线，如图 4-28 中实线所示，当经过一定时间，$\omega t = \theta_0$ 时，$f_1(x,\theta_0) = F_1\cos\left(\theta_0 - \frac{\pi}{\tau}x\right)$，再画 $f_1(x,\theta_0)$ 的曲线，如图 4-28 中虚线所示。将这两个瞬时的磁动势波进行比较，可见磁动势的幅值未变，但 $f_1(x,\theta_0)$ 比 $f_1(x,0°)$ 向前推移了 θ_0。所以 $f_1(x,t)$ 表示一个幅值恒定、正弦分布的行波。由于 $f_1(x,t)$ 表示定子的三相绕组基波合成磁动势沿气隙圆周的空间分布情况，所以它是一个沿气隙圆周旋转的旋转磁动势波，如图 4-29 所示。

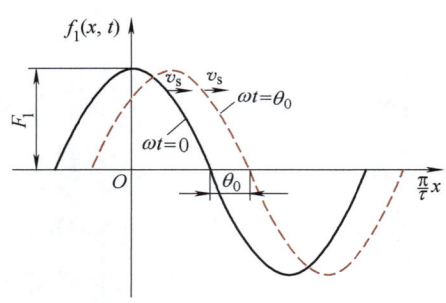

图 4-28 $\omega t = 0$ 和 θ_0 两个瞬间磁动势 $f_1(x,t)$ 的分布

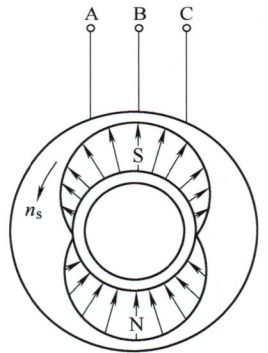

图 4-29 三相绕组的基波合成磁动势——圆形旋转磁动势

由于三相绕组合成磁动势是一个大小不变、旋转的行波，它的旋转转速可以通过确定波上特殊点（例如波幅这一点）的转速来确定。对于波幅这一点，其幅值恒为 F_1，从式（4-34）得出，如 $\cos(\omega t - \pi x/\tau) = 1$，则 $f_1(x,t) = F_1$。这种关系说明，在与时间起始点间隔任何时间 t_1 时，一定可在与空间坐标的原点相距 x_1 处找到 F_1 这个幅值，而 t_1 与 x_1 的关系仍满足 $\cos(\omega t_1 - \pi x_1/\tau) = 1$。这就是说，当 $t = 0$ 时，F_1 在 $x = 0$ 即在空间坐标的原点上。当时间 t 增大以后，要使 $\cos(\omega t - \pi x/\tau) = 1$，$x$ 必须增大，即波幅这一点必然离开了原点。这个离开的距离，如以长度计算为 x，而从空间角度计算即为 $\pi x/\tau$。因为 $\cos(\omega t - \pi x/\tau) = 1$，所以

$$\omega t - \frac{\pi}{\tau}x = 0, \quad \frac{\pi}{\tau}x = \omega t \tag{4-35}$$

第四章 异步电机（一）——三相异步电动机的基本原理

把空间角度 $\theta = \pi x/\tau$ 对时间 t 求导数，可求出波幅这一点旋转的角速度为

$$\Omega_s = \frac{d\theta}{dt} = \frac{d\left(\frac{\pi}{\tau}x\right)}{dt} = \omega \tag{4-36}$$

从角速度可得转速 n_s（r/min），因为 $\omega = 2\pi f_1$，则

$$n_s = \frac{60\Omega_s}{2\pi p} = \frac{60 \times 2\pi f_1}{2\pi p} = \frac{60 f_1}{p} \tag{4-37}$$

式（4-37）与式（4-2）完全一致。再次证实了三相异步电动机旋转磁动势及旋转磁场的转速为同步转速 $n_s = 60f_1/p$。

从式（4-34）还可以得出一个结论，当某相电流达到最大值时，旋转磁动势的幅值就将转到该相绕组的轴线处。例如，当 $\omega t = 0$ 时，A 相电流达到最大值，A 相的磁动势为 $f_{A1} = F_{\phi 1}\cos\frac{\pi}{\tau}x\cos\omega t = F_{\phi 1}\cos\frac{\pi}{\tau}x\cos 0° = F_{\phi 1}\cos\frac{\pi}{\tau}x$，而旋转磁动势为

$$f_1 = F_1\cos\left(\omega t - \frac{\pi}{\tau}x\right) = F_1\cos\frac{\pi}{\tau}x$$

可见 f_1 与 f_{A1} 在空间同一位置上，幅值 F_1 位于 $x=0$ 处，即位于 A 相绕组的轴线上。若 $\omega t = 120°$，B 相电流到达最大值，B 相的磁动势为 $f_{B1} = F_{\phi 1}\cos\left(\frac{\pi}{\tau}x - 120°\right)\cos(120° - 120°) = F_{\phi 1}\cos\left(\frac{\pi}{\tau}x - 120°\right)\cos 0° = F_{\phi 1}\cos\left(\frac{\pi}{\tau}x - 120°\right)$，这时旋转磁动势的表达式为

$$f_1 = F_1\cos\left(\omega t - \frac{\pi}{\tau}x\right) = F_1\cos\left(120° - \frac{\pi}{\tau}x\right) = F_1\cos\left(\frac{\pi}{\tau}x - 120°\right)$$

即幅值位于 $\pi x/\tau = 120°$ 电角度那一点，就是 B 相绕组的轴线上。C 相电流到达最大值时的情况也一样。

从以上分析，还可以得出基波合成磁动势的另一个极为重要的性质，即三相基波合成磁动势幅值先位于 A 相绕组的轴线，然后依次位于 B 相、C 相绕组的轴线，这表明基波合成磁动势的旋转方向就是电流的相序方向。如三相电流是正序的，则磁动势波旋转方向是从 A 相位置转向 B 相，然后转到 C 相位置。如三相电流是负序的，则其旋转方向为由 A 相到 C 相再 B 相。因此，如要改变三相异步电动机旋转磁动势及磁场的旋转方向，只要改变通入电流的相序，把电动机定子绕组三个出线端中的任意两个（如 B 端和 C 端）对调一下即可。这样式（4-31）就变为

$$\begin{cases} f_{A1} = F_{\phi 1}\cos\omega t\cos\frac{\pi}{\tau}x = \frac{1}{2}F_{\phi 1}\cos\left(\omega t + \frac{\pi}{\tau}x\right) + \frac{1}{2}F_{\phi 1}\cos\left(\omega t - \frac{\pi}{\tau}x\right) \\ f_{B1} = F_{\phi 1}\cos(\omega t - 240°)\cos\left(\frac{\pi}{\tau}x - 120°\right) = \frac{1}{2}F_{\phi 1}\cos\left(\omega t + \frac{\pi}{\tau}x\right) + \frac{1}{2}F_{\phi 1}\cos\left(\omega t - \frac{\pi}{\tau}x - 120°\right) \\ f_{C1} = F_{\phi 1}\cos(\omega t - 120°)\cos\left(\frac{\pi}{\tau}x - 240°\right) = \frac{1}{2}F_{\phi 1}\cos\left(\omega t + \frac{\pi}{\tau}x\right) + \frac{1}{2}F_{\phi 1}\cos\left(\omega t - \frac{\pi}{\tau}x + 120°\right) \end{cases} \tag{4-38}$$

从而可得出

$$f_1 = f_{A1} + f_{B1} + f_{C1} = F_1\cos\left(\omega t + \frac{\pi}{\tau}x\right) \tag{4-39}$$

$$n_s = -\frac{60f_1}{p} \tag{4-40}$$

将式（4-32）、式（4-39）与式（4-31）加以对照，即可明确式（4-31）的分解和式（4-32）的合成所包含的物理意义。

在式（4-31）中，将 f_{A1}、f_{B1}、f_{C1} 三个脉振磁动势进行分解，各分解出两个旋转磁动势波。例如对 f_{A1}，则有

$$f_{A1} = F_{\phi 1}\cos\frac{\pi}{\tau}x\cos\omega t = \frac{1}{2}F_{\phi 1}\cos\left(\omega t - \frac{\pi}{\tau}x\right) + \frac{1}{2}F_{\phi 1}\cos\left(\omega t + \frac{\pi}{\tau}x\right)$$

其中，$\frac{1}{2}F_{\phi 1}\cos(\omega t - \pi x/\tau)$ 为正向旋转磁动势波，$\frac{1}{2}F_{\phi 1}\cos(\omega t + \pi x/\tau)$ 为反向旋转磁动势波。由此可见，一个正弦分布幅值为 $F_{\phi 1}$ 的脉振磁动势波可以分解为两个波长相同、幅值相等、但转向相反的旋转磁动势波，其幅值均为 $F_{\phi 1}/2$，转速均为同步转速 n_s。所以将 A、B、C 三相脉振磁动势分解以后，经式（4-32）合成，三个反相旋转磁动势波互相抵消而消失；三个正向旋转磁动势互相叠加而加强。于是三相基波合成磁动势成为一个正向旋转、幅值等于 $3F_{\phi 1}/2$ 的旋转磁动势。

以上用数学方法所得出的关于三相基波合成磁动势特性的一些结论，也可以直观地用图解法得到。图 4-30 所示为两极异步电动机的三相磁动势的合成。

图 4-30 中有三种图，左边四个图各表示四个不同瞬间的对称三相电流的相量；中间四个图表示 A、B、C 三相的各基波脉振磁动势波和三相基波合成磁动势波；右边四个图表示相应的磁动势矢量图。图中 A、B、C 三个相绕组分别用三个等效的集中整距线圈表示，其轴线互差 120°空间电角度，各相的基波脉振磁动势波在中间的图里用脉振的正弦波表示，在右边的图里用相应的矢量表示。

在四组图里，第一组图为 $\omega t = 0$，即 $t = 0$（A 相电流达到最大值）的情况，下面三组依次为 $\omega t = 120°$、$240°$、$360°$，相应的时间为 $t = T/3$、$t = 2T/3$、$t = T$ 的情况。

根据所选定四个瞬时的各相电流的瞬时值，画出各相基波脉振磁动势波以及相应的空间脉振矢量，并注意幅值的大小及性质（正负）；然后将三相基波脉振磁动势波以及相应的空间脉振矢量合成，即可得出三相基波合成磁动势波（图中用粗线表示），以及相应的矢量。观察四个瞬间的图形，并加以比较，可看出三相基波合成磁动势的特性。

从以上分析可知，当对称三相绕组中通以对称三相电流时，所形成的三相基波合成磁动势具有下列特性：

1）三相基波合成磁动势是一个旋转磁动势，转速为同步转速 $n_s = 60f_1/p$，旋转方向决定于电流的相序，即从超前电流相转到滞后电流相。

2）基波合成磁动势幅值 F_1 不变，为各相脉振磁动势幅值的 3/2 倍。由于幅值恒定，且旋转幅值的轨迹是一个圆，所以这种旋转磁动势和由它建立的旋转磁场称为圆形旋转磁动势和圆形旋转磁场。

3）三相电流中任一相电流的瞬时值达到最大值时，三相基波合成磁动势的幅值，恰好在这一相绕组的轴线上。

顺便指出，m 相对称绕组中通以 m 相对称电流时，所形成的 m 相合成磁动势，也是圆形旋转磁动势，其幅值为各相脉振磁动势幅值的 $m/2$，其转速仍为同步转速。

第四章 异步电机（一）——三相异步电动机的基本原理

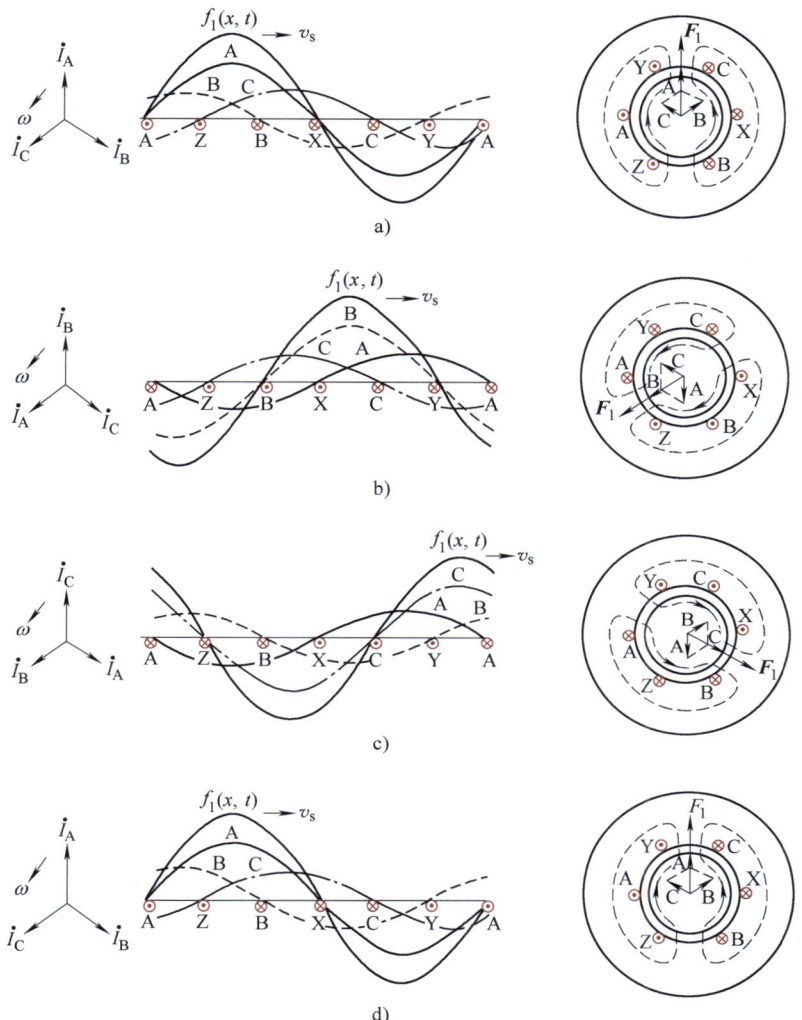

图 4-30 三相绕组基波磁动势的图解

a) $\omega t = 0$, $i_A = I_m$ b) $\omega t = 120°$, $i_B = I_m$ c) $\omega t = 240°$, $i_C = I_m$ d) $\omega t = 360°$, $i_A = I_m$

用同样方法，可以分析各次谐波磁动势。其中 $\nu = 6K \mp 1$（$K = 1、2、3、\cdots$）次，谐波合成磁动势均为一种旋转磁动势，转速为 $n_{s\nu} = n_s/\nu$。$\nu = 6K - 1$（$K = 1、2、\cdots$，即 $\nu = 5、11、\cdots$）次的旋转方向与基波合成磁动势相反；$\nu = 6K + 1$（$K = 1、2、\cdots$，即 $\nu = 7、13、\cdots$）次的旋转方向与基波合成磁动势相同。而 $\nu = 6K - 3$（$K = 1、2、3、\cdots$，即 $\nu = 3、9、\cdots$）次谐波的合成磁动势等于零。例如，对三次谐波的表达式为

$$\begin{cases} f_{A3} = F_{\phi 3}\cos 3\dfrac{\pi}{\tau}x\cos\omega t \\ f_{B3} = F_{\phi 3}\cos 3\left(\dfrac{\pi}{\tau}x - 120°\right)\cos(\omega t - 120°) = F_{\phi 3}\cos 3\dfrac{\pi}{\tau}x\cos(\omega t - 120°) \\ f_{C3} = F_{\phi 3}\cos 3\left(\dfrac{\pi}{\tau}x - 240°\right)\cos(\omega t - 240°) = F_{\phi 3}\cos 3\dfrac{\pi}{\tau}x\cos(\omega t - 240°) \end{cases} \quad (4\text{-}41)$$

式(4-41)说明,三相绕组各相的三次谐波脉振磁动势在空间互差 $3\times120°=360°$ 和 $3\times240°=720°$,即它们在空间上是互相重合在一起的,而在时间上互差 $120°$,把 f_{A3}、f_{B3}、f_{C3} 相加得

$$f_3(x,t)=F_{\phi 3}\cos 3\frac{\pi}{\tau}x[\cos\omega t+\cos(\omega t-120°)+\cos(\omega t-240°)]=0 \quad (4-42)$$

三、三相异步电动机的定子磁场

在阐述三相异步电动机的工作原理时指出,当对称三相绕组接到对称三相电源后,即在气隙内建立一种以同步转速 n_s 旋转的磁场。通过对定子绕组磁动势的分析,我们知道,这种旋转磁场就是由三相基波合成磁动势所建立的。异步电动机依靠这种旋转磁场对定子绕组的反作用,即在定子绕组中感应反电动势,实现了机电能量转换,所以它是异步电动机的主磁场。三相合成磁动势中还含有各奇次谐波分量,这些谐波分量均分别建立谐波磁场,在一般的情况下或采取一些措施以后,谐波磁场的分量很小。但这些谐波磁场还是要通过气隙进入转子,并在转子绕组里感应电动势,但因其极对数和转速与基波合成磁场不同,所以感应电动势的频率与主磁通所感应的电动势频率也不同,因而它与转子电流作用时产生无效的转矩。另一方面,这些谐波磁场在定子绕组中所感应的电动势的频率为

$$f_\nu=\frac{p_\nu n_{s\nu}}{60}=\frac{\nu p\dfrac{n_s}{\nu}}{60}=\frac{pn_s}{60}=f_1 \quad (4-43)$$

式中 p_ν——ν 次谐波磁动势的极对数,$p_\nu=\nu p$;

$n_{s\nu}$——ν 次谐波磁动势的转速,$n_{s\nu}=\dfrac{n_s}{\nu}$。

f_ν 仍为基波频率,它会影响到定子电流,所以我们把异步电动机中的谐波磁场作为漏磁场来处理。

定子绕组中的电流,除建立气隙内磁场(包括主磁场与谐波磁场)外,还在绕组端部、定子槽内建立磁场,这种磁场的磁通只与定子绕组相交链。因此,这些磁通与谐波磁通,都列为漏磁通。

第五节 三相异步电动机定子绕组的电动势

三相异步电动机定子绕组接到三相电源以后,气隙内即建立旋转磁场。这个磁场以同步转速 n_s 旋转,幅值不变,其分布近乎正弦,好像一种旋转的磁极。它同时切割定、转子绕组,并在其中感应出电动势。虽然在定、转子绕组中所感应出电动势的频率有所不同(下章讨论),但两者定量计算的方法是一样的。在本节,将讨论由正弦分布、以同步转速 n_s 旋转的旋转磁场在定子绕组中所感应产生的电动势。

和分析磁动势一样,先讨论一个线圈的感应电动势,进而讨论一个线圈组和一个相绕组的感应电动势。

一、线圈的感应电动势

异步电动机气隙内旋转磁场对定子的磁效应犹如由直流电流励磁、气隙磁通密度按

第四章 异步电机(一)——三相异步电动机的基本原理

正弦规律分布的旋转磁极。因此,讨论定子绕组内的感应电动势时,可设想电动机的转子是一种以同步转速 n_s 旋转、气隙磁场按正弦规律分布的磁极。要考虑转子绕组内的感应电动势时,就用这种旋转的磁极去代替定子。这样就可以比较形象而具体地阐明问题。图4-31a 表示二极电机的转子用旋转磁极代替的示意图。确定定子内圆圆周为 x 轴,y 轴放在两极之间,且在 N 极的左边,设该磁极产生的气隙磁场按正弦规律分布,气隙磁通密度分布可表示为

$$B_x = B_{1m} \sin \frac{\pi}{\tau} x \qquad (4-44)$$

式中　B_{1m}——气隙磁通密度幅值;

　　　$\frac{\pi}{\tau} x$——离开坐标原点的电角度(rad)。

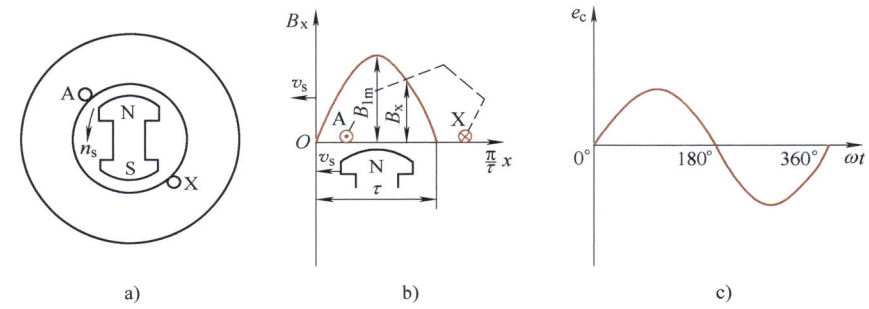

图 4-31　整距线圈的电动势
a)电动机横截面　b)磁通密度波形　c)电动势波形

若转子转速用每秒钟内转过的电角度 ω 来表示,那么当时间为 t 时,磁极转过 $\pi x/\tau$ 电角度,则 $\pi x/\tau = \omega t$。旋转磁场转速为同步转速 $n_s = 60 f_1/p$,所以以电角度表示的同步速度 $\omega = 2\pi n_s p/60 = 2\pi f_1$,$\omega$ 亦为角频率。这样式(4-44)亦可表示为

$$B_x = B_{1m} \sin \omega t \qquad (4-45)$$

下面分别推导整距和短距线圈电动势的表达式。

1. 整距线圈的电动势

设定子上的一个整距线圈 A-X 如图 4-31 所示,具有 N_y 匝。由于一个线圈边的所有导体嵌放在同一槽内,因而可以认为它处于同一磁场情况下。

为清楚起见,可认为在图 4-31 中的磁极不动,而线圈 A-X 顺时针方向旋转,在展开图中即为向右移动。根据电磁感应定律 $e = -\mathrm{d}\psi/\mathrm{d}t$,先找出 $\mathrm{d}\psi$,再导出磁链 $\psi(t)$ 的瞬时值表达式,就可得出电动势的瞬时值表达式。

设 $\mathrm{d}\phi$ 为电角度 $\mathrm{d}(\omega t)$ 内所通过的磁通,则

$$\mathrm{d}\phi_1 = B_x Lr\mathrm{d}(\omega t) = LrB_{1m}\sin\omega t \mathrm{d}(\omega t) \qquad (4-46)$$

式中　L——线圈的有效长度;

　　　r——定子内圆的半径。

因此

$$\mathrm{d}\psi_1 = N_y B_{1m} Lr\sin\omega t \mathrm{d}(\omega t) \qquad (4-47)$$

由于线圈是整距的，穿过线圈的磁通应是一个极距内所有的磁通，一个极距的电角度为 π，所以计算磁链时，应在电角度 $\omega t \sim \omega t + \pi$ 内积分，即

$$\psi_1 = \int_{\omega t}^{\omega t+\pi} N_y B_{1m} Lr\sin\omega t\, d(\omega t) = -N_y B_{1m} Lr\left[\cos\omega t\right]_{\omega t}^{\omega t+\pi} = 2N_y B_{1m} Lr\cos\omega t \quad (4\text{-}48)$$

由于正弦函数的最大值是平均值的 $\pi/2$ 倍，所以 $B_{1m} = \pi B_{cp}/2$，B_{cp} 是气隙磁通密度的平均值。每极磁通 Φ_1 为

$$\Phi_1 = B_{cp} L\tau = \frac{2}{\pi} B_{1m} L\tau = 2\frac{\tau}{\pi} LB_{1m} = 2rLB_{1m} \quad (4\text{-}49)$$

将式（4-49）代入式（4-48），得

$$\psi_1 = N_y \Phi_1 \cos\omega t \quad (4\text{-}50)$$

所以得整距线圈电动势的瞬时值表达式为

$$e_{c(y=\tau)} = -\frac{d\psi}{dt} = N_y \omega \Phi_1 \sin\omega t \quad (4\text{-}51)$$

整距线圈电动势的有效值为

$$E_{c(y=\tau)} = \frac{1}{\sqrt{2}} N_y \omega \Phi_1 = 4.44 f_1 N_y \Phi_1 \quad (4\text{-}52)$$

若从导体对磁场的相对运动出发，式（4-52）也可以由 $e = Blv$ 导出，其中 $v = \pi D_i n/60 = 2\tau f$，$D_i$ 为定子内径，$\tau = \pi D_i/(2p)$，匝电动势为 2 根导体的电动势，须注意的是两者之间的相位。

2. 短距线圈的电动势

设具有 N_y 匝的短距线圈的节距所缩短的角度为 $\varepsilon = (\tau - y_1)\pi/\tau$，电动势有效值表达式推导过程完全和整距线圈一样，不同的仅在于对磁链积分时，积分的上限应取 $\omega t + \pi - \varepsilon$，因为线圈节距缩短了一个 ε 角，则

$$\psi_1 = \int_{\omega t}^{\omega t+\pi-\varepsilon} N_y B_{1m} Lr\sin\omega t\, d(\omega t) \quad (4\text{-}53)$$

$$= -N_y B_{1m} Lr\left[\cos\omega t\right]_{\omega t}^{\omega t+\pi-\varepsilon} = N_y B_{1m} Lr[\cos(\omega t - \varepsilon) + \cos\omega t]$$

利用三角公式 $\cos\alpha + \cos\beta = 2\cos\dfrac{\alpha+\beta}{2}\cos\dfrac{\alpha-\beta}{2}$，式（4-53）可变为

$$\psi_1 = 2N_y B_{1m} Lr\cos\frac{\varepsilon}{2}\cos\left(\omega t - \frac{\varepsilon}{2}\right) = N_y \Phi_1 \cos\frac{\varepsilon}{2}\cos\left(\omega t - \frac{\varepsilon}{2}\right) \quad (4\text{-}54)$$

将式（4-54）对时间 t 求导数，得出短距线圈电动势的瞬时表达式

$$e_{c(y<\tau)} = -\frac{d\psi}{dt} = N_y \omega \Phi_1 \cos\frac{\varepsilon}{2}\sin\left(\omega t - \frac{\varepsilon}{2}\right) \quad (4\text{-}55)$$

电动势的有效值即为

$$E_{c(y<\tau)} = \frac{1}{\sqrt{2}} N_y k_{y1} \omega \Phi_1 = 4.44 f_1 N_y k_{y1} \Phi_1 \quad (4\text{-}56)$$

式中 k_{y1}——线圈的节距因数，$k_{y1} = \cos\dfrac{\varepsilon}{2} = \sin\dfrac{y_1}{\tau}\times 90°$。

和分析磁动势相似，节距因数也可以用电动势相量来推得。线圈的节距 $y_1 = \tau - \tau\varepsilon/\pi$，则两线圈边的电动势在相位上不是相差 $180°$，而是差 $\pi y_1/\tau$ 电角度，因此短距线圈电动

第四章 异步电机（一）——三相异步电动机的基本原理

势相量为

$$\dot{E}_{c(y_1<\tau)} = \dot{E}_A - \dot{E}'_X = E_c\angle 0° - E_c\angle\frac{\pi}{\tau}y_1 \qquad (4\text{-}57)$$

根据相量的几何关系，如图4-32所示，可求出短距线圈电动势的有效值为

$$E_{c(y_1<\tau)} = 4.44f_1N_y\sin\left(\frac{y_1}{\tau}\times 90°\right)\Phi_1 = 4.44f_1N_yk_{y1}\Phi_1$$

节距因数 k_{y1} 的物理意义与磁动势中的雷同，即短距线圈电动势相量为线圈边电动势相量的矢量和（几何和），而整距线圈电动势相量为线圈边电动势相量的代数和。节距因数代表线圈短距以后感应电动势与整距时相比需打的折扣。这里需指出的是，线圈为长距时与短距一样，电动势与整距时相比亦需打一个折扣。

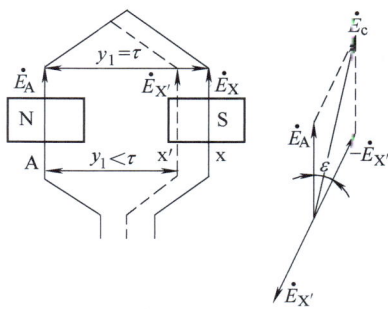

图 4-32 短距线圈的电动势

二、线圈组的感应电动势

每个相绕组先由均匀分布的相同的线圈去组成线圈组，再由线圈组连接而成。在双层绕组中，每个极下由 q 个线圈构成线圈组，而单层绕组则是，每对极下由 q 个线圈构成其线圈组。虽然有些绕组在形式上由不同节距的线圈构成线圈组，但实质上，由于线圈边连接次序对于相电动势（对于合成磁动势也一样）来说是无关的，这些不同节距的线圈组可转化成等效的整节距的线圈组。

线圈组中每个线圈的匝数相等，节距相同。由于均匀分布，它们在空间上依次相差一个槽距角 α，因此由旋转磁场在每个线圈中所感应电动势的大小、波形均相同，只是在时间上依次相差 α 电角度，故线圈组的总电动势应为 q 个线圈电动势的相量和，即

$$\dot{E}_{q1} = E_c\angle 0° + E_c\angle\alpha + \cdots + E_c\angle(q-1)\alpha \qquad (4\text{-}58)$$

这种有效值相等、互差 α 电角度的 q 个电动势相量相加如图4-33所示，从相量运算角度来说，和 q 个互差 α 电角度的基波磁动势矢量相加是一样的，参见式（4-12）即可得出，即

$$E_{q1} = qE_ck_{q1} \qquad (4\text{-}59)$$

式中 k_{q1}——绕组的分布因数，$k_{q1} = \dfrac{\sin\dfrac{q\alpha}{2}}{q\sin\dfrac{\alpha}{2}}$。

因此，一个线圈组电动势的有效值为

$$E_{q(y_1<\tau)} = 4.44f_1qN_yk_{q1}k_{y1}\Phi_1 = 4.44f_1qN_yk_{w1}\Phi_1 \qquad (4\text{-}60)$$

式中 qN_y——q 个线圈的总串联匝数；

k_{w1}——绕组的绕组因数，$k_{w1} = k_{q1}k_{y1}$。

实际上，旋转磁场的气隙磁通密度分布波形不会是理想的正弦波，所以电动势中或多或少含有谐波，交流绕组采用短距和分布的结构，可以削弱每相电动势中的谐波含量，使电动势波形得到改善。其原理和削弱合成磁动势中的谐波含量的原理一样，就是用短距和分布使每个线圈边及每个线圈中的电动势各次谐波在相位上发生不同的改变，

以致削弱或抵消。由图 4-34 可看出，两个互差一个角度的平顶电动势波，叠加以后得到的合成电动势波形就接近于正弦波。如果这两个平顶电动势相位相同，叠加后电动势的波形就不会得到改善。

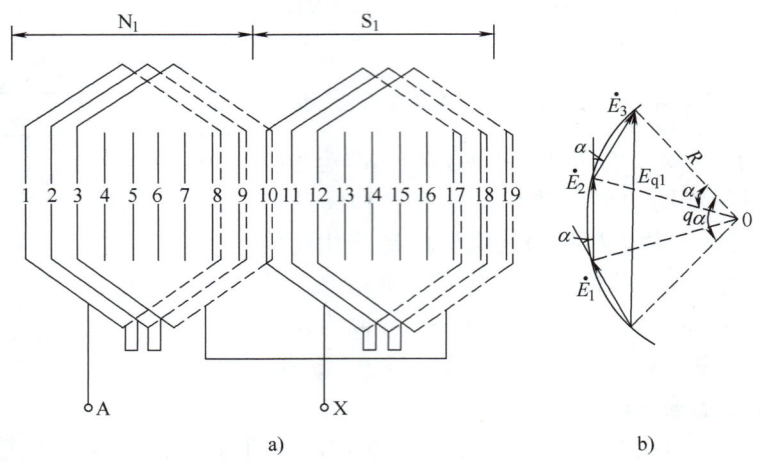

图 4-33 一对极下线圈组的电动势
a) 一对极下的线圈组　b) 线圈组的电动势相量合成

三、相绕组的感应电动势——相电动势

每个相绕组由 $2p$ 个（双层绕组）或 p 个（单层绕组）线圈组串联、并联或串并联组成。这些线圈组在结构上相同，且在磁场中的位置相对应，所以各线圈组的电动势大小相等、相位相同，把各线圈组串联，整个相绕组为一条支路，相电动势就是各线圈组电动势的代数和，如并联，相绕组为多支路，则每条支路的电动势就是相电动势。

对单层绕组来说，每个相绕组有 p 个线圈组，并联支路数为 a，每个线圈的匝数为 N_y，则每个相绕组串联匝数为

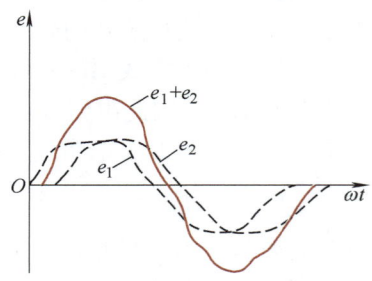

图 4-34 两个相差一个角度的平顶波的合成波形

$$N = \frac{p}{a} q N_y \quad (4-61)$$

所以单层绕组相电动势的有效值为

$$E_{\varphi 1} = \frac{p}{a} E_{q(y_1 < \tau)} = \frac{p}{a} 4.44 f_1 q N_y k_{w1} \Phi_1 = 4.44 f_1 \frac{pq N_y}{a} k_{w1} \Phi_1 = 4.44 f_1 N k_{w1} \Phi_1 \quad (4-62)$$

在双层绕组中，每个相绕组有 $2p$ 个线圈组，每条支路串联匝数为

$$N = \frac{2p}{a} q N_y \quad (4-63)$$

双层绕组相电动势（基波）的有效值为

$$E_{\phi 1} = \frac{2p}{a} E_{q(y_1 < \tau)} = \frac{2p}{a} 4.44 f_1 q N_y k_{w1} \Phi_1 = 4.44 f_1 \frac{2pq N_q}{a} k_{w1} \Phi_1 = 4.44 f_1 N k_{w1} \Phi_1 \quad (4-64)$$

第四章 异步电机（一）——三相异步电动机的基本原理

同理，可得出相电动势中 ν 次谐波电动势有效值为

$$E_{\varphi\nu} = 4.44 f_\nu N k_{w\nu} \Phi_\nu \tag{4-65}$$

对称的三相绕组的相电动势求出以后，根据星形或三角形的联结，可得出线电动势。

式（4-62）或式（4-64）不仅是异步电动机的相绕组感应电动势有效值的计算公式，而且是计算交流绕组感应电动势有效值的普遍公式，是重要的基本公式之一。它与变压器中感应电动势有效值的计算公式在形式上相似，只多了一个绕组因数 k_{w1}，如 $k_{w1}=1$，两个公式就一致了。这说明变压器的绕组是集中和整距的。事实上，变压器中的主磁通同时交链着绕组中的每个线匝，每匝电动势大小相等、相位相同，因此绕组就是一种集中整距绕组。而交流绕组采用分布和短距以后，有效磁链减少，故 Nk_{w1} 可以理解为产生基波合成磁动势或基波相电动势的有效匝数。

[例 4-3] 一台四极三相异步电动机的定子绕组为双层叠绕，定子槽数 $Q_1=36$，线圈节距 $y_1=8$ 槽，支路数为 $a=2$。已知电动机的定子绕组为星形联结，线电压为 380V，正常工作时每相绕组的感应电动势为相电压的 87.7%，气隙基波磁通密度为 0.738T，定子内径 $D=10.4$cm，定子铁心长度 $L=9.5$cm，试求该绕组的每相串联匝数。

解 每相绕组的串联匝数可用式（4-63）求出，为此应先求出一个极下的基波磁通量。

极距　　　　$\tau = \dfrac{\pi D}{2p} = \dfrac{\pi \times 10.4}{4}\text{cm} = 8.16\text{cm}$

基波磁通量　$\Phi_1 = \dfrac{2}{\pi} B_{1m} \tau L = \dfrac{2}{\pi} \times 0.738 \times 8.16 \times 10^{-2} \times 9.5 \times 10^{-2} \text{Wb} \approx 3.65 \times 10^{-3}\text{Wb}$

相电动势　　$E_{\phi1} = \dfrac{380}{\sqrt{3}} \times 87.7\% \text{V} \approx 193.0\text{V}$

基波分布因数　$k_{q1} = 0.96$（见例 4-2）

基波节距因数　$k_{y1} = 0.985$

基波绕组因数　$k_{w1} = k_{q1} k_{y1} = 0.96 \times 0.985 = 0.946$

由此可算出每相串联匝数为

$$N = \dfrac{E_{\phi1}}{4.44 f k_{w1} \Phi_1} = \dfrac{193.0}{4.44 \times 50 \times 0.946 \times 3.65 \times 10^{-3}} \approx 252$$

小　结

三相异步电动机的工作原理是，定子上对称三相绕组中通以对称三相交流电流时产生旋转磁动势及相应的旋转磁场。这种旋转磁场以同步转速 n_s 切割转子绕组，则在转子绕组中感应出电动势及电流（转子绕组为闭合绕组），转子电流与旋转磁场相互作用产生电磁转矩，使转子旋转。

因为只有在转子与旋转磁场有相对运动时，才能在转子绕组中感应出电动势以及电流，所以异步电动机的转速 n 与旋转磁场的同步转速 n_s 之间总存在着转差 $n_s - n$。这是异步电动机运行的必要条件，通常用转差率 s 来表示这一转差与同步转速之比。根据转差率 s 的正负与大小做进一步分析，可得出异步电机的另外两种运行状态，即发电运行

状态和反接制动状态。

三相异步电动机的结构比直流电动机简单，其静止部分称为定子，转动部分称为转子。定子和转子均主要由铁心和绕组组成。转子有两种结构形式：一种是笼型；另一种是绕线转子。笼型转子是旋转电机的转子结构中最为简单的形式。

定子绕组是三相异步电动机的主要电路。异步电动机从电源输入电功率以后，就在定子绕组中以电磁感应的方式传递到转子，再由转子输出机械功率。定子绕组也可以认为是异步电动机的"心脏"。学习定子绕组的目的，在于理解三相异步电动机主电路组成的情况。异步电动机的定子绕组是一种交流绕组，交流绕组的形式很多，其构成原则是一致的。因此在定子绕组一节中，以三相单层同心式绕组和三相双层叠绕组为例，叙述了三相绕组排列和连接的方法：①计算极距 τ；②计算每极每相槽数 q；③划分相带；④组成线圈组；⑤按极性对电流方向的要求构成相绕组。

熟悉了异步电动机中三相交流电流的电路——三相绕组以后，对讨论异步电动机的磁动势及磁场的建立就有了基础。在磁动势及磁场这一节中，研究了单相和三相绕组磁动势的性质、大小和波形。单相绕组磁动势为脉振磁动势，三相绕组合成磁动势为旋转磁动势。因为定子绕组由许多线圈组成，所以讨论一个线圈磁动势是掌握整个绕组磁动势的基础。每个线圈的磁动势在空间是按矩形波分布的，而其大小在时间上随着电流频率而变化。这种磁动势就是脉振磁动势。应用傅里叶级数的数学工具，可将矩形波的脉振磁动势分解成基波磁动势和一系列奇次谐波磁动势，用波形逐点相加法或空间矢量相加法，把每个相绕组的线圈磁动势的基波和谐波分量分别相加，便可得出每相绕组的基波和谐波分量的合成磁动势。由于绕组的短距与分布，每相合成磁动势中的基波分量虽略有减少，但谐波磁动势可大大削弱。使每相合成磁动势的分布波形接近正弦波。这种绕组的短距和分布削弱每相合成磁动势中谐波分量的作用，用绕组因数来表征。所以采用短距分布绕组是改善磁动势波形的有效措施。

一个正弦分布的脉振磁动势可以分解为两个大小相等、旋转方向相反的旋转磁动势。对称的三相绕组中，若通以正序电流时，把各相的脉振磁动势分解为正向和反向旋转的旋转磁动势。将三个单相脉振磁动势合成，各相的反向磁动势互相抵消，正向磁动势加强，成为幅值不变（幅值为单相脉振磁动势的 3/2 倍）、转速为同步转速的旋转磁动势。这种旋转磁动势建立的磁场就是旋转磁场。

三相绕组合成磁动势中的谐波磁动势建立的谐波磁场作为漏磁场处理。这种谐波磁场的磁通与槽漏磁通、端接漏磁通综合在一起，称为定子绕组的漏磁通。

由于旋转磁场对定、转子绕组之间存在相对运动，以同步转速 n_s 切割定子绕组，以 n_s-n 的转速切割转子绕组，同时在定、转子绕组中感应电动势。对这两种电动势分析的方法是一样的。在电动势一节中仅分析了定子绕组的电动势。和分析磁动势相似，先分析一个线圈内的感应电动势，然后用相量相加的方法得出相绕组基波电动势公式为 $E_{\phi 1}=4.44f_1Nk_{w1}\Phi_1$，$\nu$ 次谐波电动势的计算公式为 $E_{\phi\nu}=4.44f_\nu Nk_{w\nu}\Phi_\nu$。绕组的短距与分布同样可以改善电动势的波形。

习　题

4-1　一台三相异步电动机铭牌上标明 $f=50$ Hz，额定转速 $n_N=960$ r/min，该电动机的极数是

第四章 异步电机（一）——三相异步电动机的基本原理

多少？

4-2 三相异步电动机的定、转子铁心如用非铁磁材料制成，会出现什么后果？

4-3 三相异步电动机的空气隙为什么必须做得很小？

4-4 电动势的频率与旋转磁场的极数及转速有什么关系？在三相异步电动机中，为什么旋转磁场切割定子绕组产生的感应电动势的频率总是等于电网频率？

4-5 短距绕组和整距绕组比较，各有什么优缺点？

4-6 有一个三相同心式绕组，极数 $2p=4$，定子槽数 $Q_1=36$，支路数 $a=1$，画出绕组展开图并计算绕组因数。

4-7 有一个三相单层整距绕组，极数 $2p=4$，$Q_1=24$，支路数 $a=1$，画出绕组展开图并计算绕组因数。

4-8 有一个三相双层叠绕组，极数 $2p=6$，定子槽数 $Q_1=36$，节距 $y_1=5\tau/6$，支路数 $a=2$，试画出绕组展开图。

4-9 为什么说交流绕组所产生的磁动势既是空间函数，又是时间函数？试用单相绕组的磁动势来说明。

4-10 交流电机磁动势相加时为什么能用矢量来运算？有什么条件？

4-11 试分析单相交流绕组、三相交流绕组所产生的磁动势有何区别，与直流电机电枢磁动势又有何区别？

4-12 如果在三相对称绕组中通入大小及相位均相同的电流 $i=I_m\sin\omega t$，此时三相合成磁动势基波的幅值及转速为多大？

4-13 一台三相异步电动机，如果把转子抽掉，而在定子绕组上施加三相额定电压，会产生什么后果？

4-14 拆换三相异步电动机的定子绕组时，若把每相绕组的匝数减少，则气隙中每极磁通及磁通密度会怎样变化？

4-15 一台三相异步电动机，极数 $2p=6$，定子槽数 $Q_1=36$，定子为双层叠绕组，节距 $y_1=\frac{5}{6}\tau$，每相绕组串联匝数 $N_1=72$，当定子通入三相对称电流，每相电流的有效值为20A时，试求基波以及3次、5次、7次谐波的三相合成磁动势的幅值和转速。

4-16 若在对称两相绕组（两相绕组匝数相同，在空间相差90°电角度）中通入对称两相电流 $i_A=I_m\cos\omega t$，$i_B=I_m\sin\omega t$，试用数学分析法证明两相合成磁动势为旋转磁动势。

4-17 有一台1000kW 三相绕线转子异步电动机，$f=50$Hz，电动机的同步转速 $n_s=187.5$r/min，$U_{1N}=6$kV，星形联结，$\cos\varphi_N=0.75$，额定效率 $\eta_N=92\%$，定子为双层叠绕组，$Q_1=288$，$y_1=8$ 槽，每槽内有8根有效导体，每相有两条支路。已知电动机的励磁电流为 $I_m=45\%I_N$，试求三相基波励磁磁动势为多少？

4-18 一台三相异步电动机接于电网工作时，其每相感应电动势 $E_1=350$V，定子绕组的每相串联匝数 $N_1=312$ 匝，绕组因数 $K_{w1}=0.96$，试问每极磁通为多大？

4-19 一台 $f=50$Hz 的交流电机，今通以三相对称正序60Hz的交流电，设电流大小不变，问此时基波合成磁动势的幅值大小、极对数、转速、转向将有何变化？

4-20 有一个三相双层叠绕组，$Q_1=36$，$2p=4$，$f_1=50$Hz，$y_1=7\tau/9$，试求基波、5次、7次谐波绕组因数。若绕组为星形联结，每个线圈有2匝，基波磁通 $\Phi_1=0.74$Wb，谐波磁场与基波磁场之比 $B_5/B_1=1/25$，$B_7/B_1=1/49$，每相只有一条支路，试求基波、5次、7次谐波的相电动势和线电动势。

第五章

异步电机（二）——三相异步电动机的运行原理及单相异步电动机

内容提要

在了解了异步电动机的概貌，阐明了磁动势和磁场以及电动势等这些参与电磁过程的基本物理量以后，本章首先分析异步电动机负载运行时的电磁过程，然后将电磁过程用基本方程式加以综合。和变压器一样，可从这些方程式导出等效电路与相应的相量图，并用等效电路与相量图去分析功率与转矩，从而得出异步电动机的工作特性，并说明工作特性测取的方法，为交流拖动系统的分析奠定基础。最后阐述了单相异步电动机的基本原理。

异步电动机与直流电动机都是拖动系统中重要的而且是主要的元件。学习异步电动机原理，和学习直流电动机原理一样，在具备了电机内部电路（即绕组）和磁场这些必要的有关电磁方面的基本知识以后，再进一步深入分析异步电动机有负载时的电磁过程及其工作特性。

第一节 三相异步电动机运行时的电磁过程

一、异步电动机负载时的物理情况

当三相异步电动机的定子绕组接到对称三相电源时，定子绕组中就通过对称三相交流电流 $\dot{I}_{1A}$、$\dot{I}_{1B}$、$\dot{I}_{1C}$（下标"1"表示定子，"2"表示转子；大写字母上加点表示相量）。若不计谐波磁动势和齿槽影响，这个对称三相交流电流将在气隙内形成按正弦规律分布，并以同步转速 n_s 旋转的旋转磁动势 F_1。由旋转磁动势 F_1 建立气隙主磁场 B_m（旋转磁场）。这个旋转磁场切割定、转子绕组，分别在定、转子绕组内感应出对称定子电动势 $\dot{E}_{1A}$、$\dot{E}_{1B}$、$\dot{E}_{1C}$，转子绕组亦为三相时，转子电动势为 $\dot{E}_{2a}$、$\dot{E}_{2b}$、$\dot{E}_{2c}$。若转子绕组闭合，转子回路有对称三相电流 $\dot{I}_{2a}$、$\dot{I}_{2b}$、$\dot{I}_{2c}$ 通过，于是在气隙磁场和转子电流的相互作用下，产生了电磁转矩，转子顺旋转磁场方向转动。如轴上没有任何机械负载，则电动机在空载下运行。在空载情况下，异步电动机所产生的电磁转矩仅克服摩擦、风阻的阻转矩，所以产生的转矩是很小的。由于电动机所受阻转矩很小，则其转速接近同步转速，即 $n \approx n_s$，转子与旋转磁场的相对转速就接近于零，即 $n_s - n \approx 0$。在这样的情况下，可以认为旋转磁场不切割转子绕组，这时 $\dot{E}_{2s} \approx 0$（下标"s"表示转子电动势的频率与定子电动势的频率不同），则 $\dot{I}_2 \approx 0$。由此可见，异步电动机空载运行时，建立气隙磁场 B_m 的励磁磁动势 F_{m0} 就是定子绕组产生的三相基波合成磁动势 F_{10}，即 $F_{m0} = F_{10}$。异步电动机空载运行时的这种电磁关系，可用图 5-1 表明（图中电学量为每相的量，而磁学量为三相合成的量）。

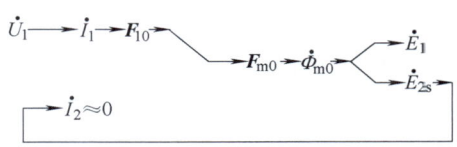

图 5-1 异步电动机空载运行时的电磁关系

当异步电动机轴上带有机械负载后，转子的转速就会降低，即 $n < n_s$，这时气隙中以同步转速 n_s 旋转的主磁场与转子之间的相对转速增大，于是在转子绕组中感应电动势 $\dot{E}_{2s}$ 及转子电流 $\dot{I}_2$ 都增大了。此时，不能再认为 $\dot{E}_{2s}$ 及 $\dot{I}_2 \approx 0$，而且 $\dot{I}_2$ 也形成了磁动势 F_2。这个 F_2 的性质怎样？它与 F_1 的关系如何？对气隙内主磁场有什么影响？要弄清异步电动机负载的物理情况，这些是首先要说明的问题。

（一）转子磁动势的分析

转子磁动势 F_2 也是一个旋转磁动势，如果电动机是绕线转子，其转子绕组也是三相对称绕组，转子电流是对称三相电流，所形成的磁动势无疑是旋转的；即使是笼型转子，导条所组成的绕组也是一种对称的多相绕组（一般每对极下的导条数就是相数），若 Q_2/p 为整数，则相数为一对极下的导条数。由正弦分布的旋转磁场切割对称多相的转子绕组而感应的电动势必然也是对称多相电动势，当然电流也是对称的多相电流。对称多相绕组中通过对称的多相电流时，所形成的合成磁动势，可用矩形磁动势波叠加方法分析得出（在第二章里已阐明这种方法，这里应注意的是导条中电流的瞬时值，取决于导体中的电动势和导条与端环的阻抗）。转子磁动势也是一种旋转磁动势，且近似地按正弦规律分布，如图 5-2 所示，可用矢量 F_2 表示。既然不论转子结构型式如何，F_2 都是一种旋转磁动势，则需确定其旋转方向及转速，才能判明其对 F_1、B_m 的关系和影响。

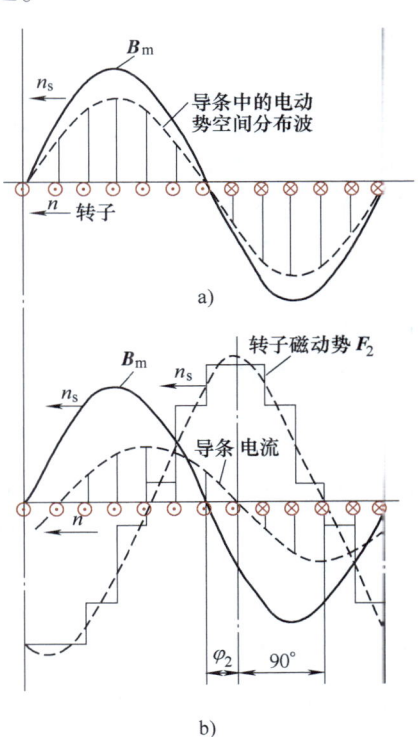

图 5-2 笼型转子的磁动势

1. F_2 的旋转方向

如图 5-3 所示，若相序为 A-B-C 的异步电动机定子电流所产生的旋转磁场按逆时针方向旋转，因 $n < n_s$，则它在转子绕组中感应电动势的相序为 a-b-c，转子电流的相序也是 a-b-c。根据旋转磁场方向的规律，可确定转子电流所形成的旋转磁动势 F_2 的旋转方

向是按 a-b-c 的相序，从图 5-3 看出也是逆时针方向。因此，转子磁动势 F_2 与定子磁动势 F_1 的旋转方向相同。

2. F_2 转速的大小

异步电动机带负载时，转子转速为 n，而旋转磁场的转速为 n_s 两者旋转方向相同，所以旋转磁场以 $n_s - n$ 的相对转速切割转子绕组，如电动机的极对数为 p（任何类型电动机的定、转子极对数必须相同）。则在转子绕组中感应的多相电动势和电流的频率为

$$f_2 = \frac{p(n_s - n)}{60} = \frac{pn_s}{60} \cdot \frac{n_s - n}{n_s} = sf_1 \quad (5\text{-}1)$$

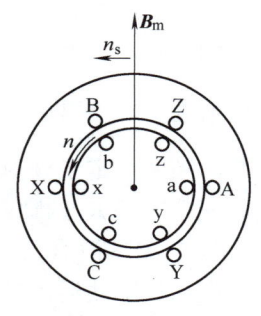

图 5-3 转子绕组的相序

f_2 称为转差频率。这种多相转子电流所形成的转子磁动势 F_2 是旋转的，旋转方向与 F_1 相同，它相对于转子本身的转速为 Δn，且

$$\Delta n = \frac{60 f_2}{p} = \frac{60 f_1}{p} s = n_s s = n_s \frac{n_s - n}{n_s} = n_s - n \quad (5\text{-}2)$$

因为转子以转速 n 旋转，而 Δn 与 n 的方向一致，因此，F_2 相对于静止的定子铁心的转速应为它相对于转子的转速 Δn 再加上转子本身的转速 n，即

$$\Delta n + n = n_s - n + n = n_s \quad (5\text{-}3)$$

如图 5-4 所示，转子磁动势 F_2 和定子磁动势 F_1 的转速是相同的，均为 n_s。换句话说，F_2 与 F_1 在空间保持相对静止，两者之间无相对运动。

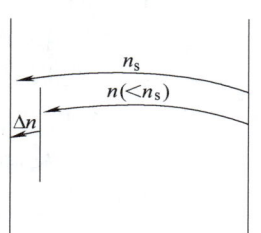

图 5-4 转子磁动势的转速

（二）磁动势平衡

由于转子磁动势 F_2 与定子磁动势 F_1 相对静止，可以把 F_2 与 F_1 合成起来，得出合成磁动势 $F_1 + F_2$。所以，异步电动机带负载时，在气隙内产生的旋转磁场是定、转子磁动势的合成磁动势，即

$$F_1 + F_2 = F_m \rightarrow B_m(\dot{\Phi}_m)$$

而空载时

$$F_{10} = F_{m0} \rightarrow B_{m0}(\dot{\Phi}_{m0})$$

负载或空载时气隙内主磁通都会在定子绕组内感应产生电动势，和变压器中的电磁情况相似，这种一次绕组（即与电源相接的绕组）内的感应电动势与电源电压只相差一个由绕组漏阻抗所引起的很小的电压降落。而异步电动机在正常运行时，电源电压是恒定不变的额定电压 U_{1N}，因此可以认为电动机从空载到负载的过程中，定子绕组内的感应电动势 $\dot{E}_1$ 的变化很小，差不多和电源电压相平衡，故 $\dot{E}_1$ 可以认为是一个近乎于不变的量。这样，可以断定主磁通 $\dot{\Phi}_m \approx \dot{\Phi}_{m0}$，工程上认为 $\dot{\Phi}_m = \dot{\Phi}_{m0}$ 是允许的，因此可得出

$$F_1 + F_2 = F_m \approx F_{m0} \rightarrow \dot{\Phi}_m$$

或者

$$F_1 = F_m + (-F_2) \quad (5\text{-}4)$$

式（5-4）表明，负载时异步电动机的定子磁动势 F_1 包含两个分量，一个是 $(-F_2)$，

第五章 异步电机（二）——三相异步电动机的运行原理及单相异步电动机

去抵消转子磁动势 F_2 的作用，所以它的大小和 F_2 相等，方向与 F_2 相反；另一个是产生气隙内主磁通 $\dot{\Phi}_m$ 的励磁磁动势 F_m。由 $\dot{\Phi}_m$ 在定子绕组中感应出电动势 $\dot{E}_1$ 与电源电压 $\dot{U}_{1N}$ 相平衡，这种异步电动机负载时磁动势的平衡关系如图 5-5 所示。

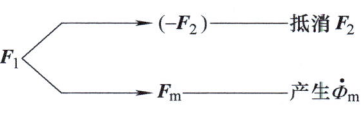

图 5-5　异步电动机负载时磁动势的平衡关系

前面仅仅说明了定、转子磁动势之间存在着一种平衡情况，它们的相互关系怎样？它们与对应的电流又有什么关系？这些是要进一步分析的问题。

因为异步电动机的旋转磁动势及磁场都可用一种以同步角速度 ω_s 旋转的矢量表示，而与这些磁动势对应的电流又都可以用数值上等于同步角速度 ω_s 的角速度 ω 旋转的相量表示，所以要分析这些电磁量之间的关系最简单而有效的工具就是相量-矢量图（简称相矢图）。当然，是将矢量间的关系表明在矢量图中，相量间的关系表明在相量图中。然而，在阐明三相基波合成磁动势的性质时，已明确了旋转磁动势与对应相电流有一定的时间与空间关系，即当某一相的电流达到最大值时，三相基波合成磁动势的幅值正好在这一相绕组的轴线上。我们用相矢图来表明这种关系。图 5-6 所示为一台两极异步电动机的定、转子绕组示意图，所表示的瞬间正是 A 相电流达到最大值的瞬间。在矢量图中，定子磁动势矢量 F_1 就可表明在 A 相绕组的轴线上。这时在相量图中，定子 A 相电流 $\dot{I}_{1A}$ 与时间参考轴重合。由于矢量和相量各自在其几何图形中，以相同的角速度旋转，那么在任何瞬间，它们都各自转过相等的电角度。如果人为地把时间参考轴放在 A 相绕组的轴线上，即将相量图与矢量图合并在一起，则 F_1 与 $\dot{I}_{1A}$ 是始终重合的。这样做，不仅直接表明了 F_1 与 $\dot{I}_{1A}$ 在时间上的关系，而且通过电磁规律就可找出 F_2 与 F_1 的关系，将给分析带来很多方便。所以，在交流电动机的分析中，经常应用这种把相量图与矢量图混合在一起的所谓相量-矢量图，或称时空矢量图。因为定子三相电流是对称的，分析对称系统的电量，只要分析一相就可以了，其余两相的情况可用对称原则得出。所以，以后在相矢图中总是分析 A 相的电量，而旋转磁动势却为各对称相绕组磁动势的合成量。下面利用电流和磁动势的相矢图来找出 F_1 与 F_2 的关系。

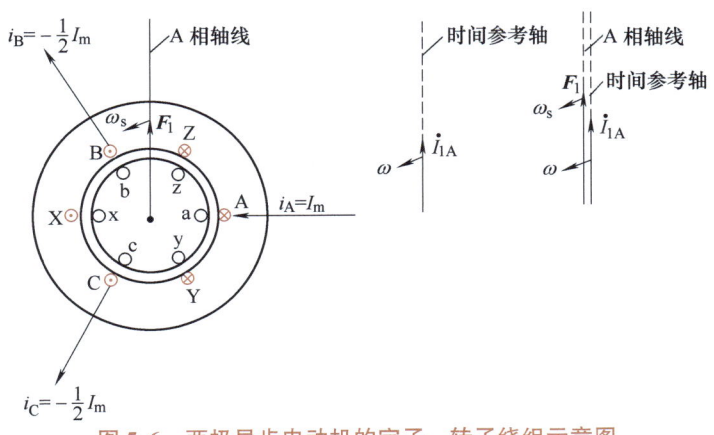

图 5-6　两极异步电动机的定子、转子绕组示意图

选定主磁场（旋转磁场）矢量 B_m 在 A 相绕组轴线上这个瞬间来分析，图 5-7 中画出了定子三相绕组的等效线圈，A 相轴线在垂直位置。A 相电流由 A 端点流入，从 X 端点流出，矢量 B_m 位于线圈 A-X 轴线上，用右手螺旋定则确定其方向向上。如果不考虑磁滞和涡流损耗，产生主磁场 B_m 的励磁磁动势 F_m 与 B_m 在空间的位置是相同的，即两个矢量重合。实际上和变压器中的情况一样，由于磁滞、涡流现象的存在，致使 B_m 在空间相位上滞后于 F_m 一个电角度 α_{Fe}。因为励磁磁动势 F_m 的幅值通过异步电动机铁心中某处时，由于磁滞与涡流的阻碍作用，磁通密度波幅值尚未到达该处。因此，图 5-7 表明，当 B_m 在 A 相绕组轴线上时，则 F_m 在 B_m 前面一个电角度 α_{Fe}。这时，通过 A 相绕组的主磁链 $\psi_m = N_1 k_{w1} \Phi_m$ 有最大值。因 $N_1 k_{w1}$ 是定子绕组每相有效串联匝数，对已制成的电动机来说是确定的，那么这时通过 A 相绕组的主磁通 $\dot{\Phi}_m$ 也有最大值。磁通密度波为正弦空间函数时，匝链绕组的磁链 $\dot{\psi}_m$ 与磁通 $\dot{\Phi}_m$ 必然是正弦时间函数，前者用矢量表示，后者用相量表示，而且 B_m 的空间位移与 $\dot{\psi}_m$ 和 $\dot{\Phi}_m$ 的时间相位是一致的，故相矢图中 $\dot{\psi}_m$ 及 $\dot{\Phi}_m$ 与 F_m 画在一起。需要说明的是，在相矢图中，合成磁动势 F_1 在旋转过程中幅值是恒定不变的，而对应磁动势的电流相量 $\dot{I}_1$ 也是不变的，但电流的瞬时值是随时间变化的，其瞬时值是对时间参考轴的投影，投影角为 ωt。

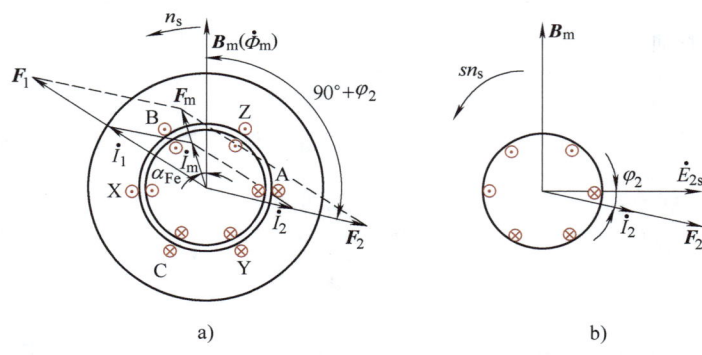

图 5-7 负载时定子、转子磁动势和电流的相矢图

从电磁感应定律 $e = -N \dfrac{d\phi}{dt} = -d\psi/dt$ 可知，绕组中的感应电动势在相位上滞后于绕组磁链 90°电角度，故在 B_m 位于 A 相绕组轴线上的这个瞬间，A-X 中的感应电动势 $\dot{E}_1$ 的瞬时值等于零。在相矢图中，$\dot{E}_1$ 这个相量应位于水平位置。从旋转磁场理论及图 5-2b 可以看出，F_2 在空间上滞后于 B_m 的角度为 $90° + \varphi_2$，故在转子相矢图中，相量 $\dot{I}_2$ 必然与矢量 F_2 重合，则 $\dot{I}_2$ 滞后于 B_m 的角度亦为 $90° + \varphi_2$。φ_2 为转子电流 $\dot{I}_2$ 对转子电动势 $\dot{E}_{2s}$ 的相位差角，由此可知，这时转子绕组 a 相的电动势 $\dot{E}_{2s}$ 在转子相量图中也在水平位置。由 $\dot{E}_{2s}$ 产生的转子电流 $\dot{I}_2$，在相位上滞后于 $\dot{E}_{2s}$ 一个电角度 φ_2（见图 5-7b）。

根据 F_2 与 F_1、F_m 在空间上相对静止，以及转子磁动势 F_2 与对应的对称转子电流 $\dot{I}_2$ 有严格的相量矢量关系，画出 F_2，把 $-F_2$ 与 F_m 相加，就得出 F_1，即

$$F_m + (-F_2) = F_1$$

（三）电磁关系

前面已得出负载时异步电动机中定子磁动势 F_1 与转子磁动势 F_2 合成为励磁磁动势 F_m 的磁动势平衡关系。在此基础上，分析电磁关系。

由励磁磁动势 F_1 建立气隙内主磁场 B_m，其主磁通为 $\dot{\Phi}_m$。由于主磁通 $\dot{\Phi}_m$ 与定子、转子绕组相链，分别在定、转子绕组中感应出对称的定子电动势 $\dot{E}_1$ 和转子电动势 $\dot{E}_{2s}$，$\dot{E}_1$ 与 $\dot{E}_{2s}$ 的有效值分别为

$$E_1 = 4.44 f_1 N_1 k_{w1} \Phi_m$$
$$E_{2s} = 4.44 f_2 N_2 k_{w2} \Phi_m$$

而 $\dot{E}_1$ 与 $\dot{E}_{2s}$ 在相位上均滞后 $\dot{\Phi}_m$ 90°电角度，所以 $\dot{E}_1$ 与 $\dot{E}_{2s}$ 的相量表达式分别为

$$\dot{E}_1 = -j4.44 f_1 N_1 k_{w1} \dot{\Phi}_m \tag{5-5}$$

$$\dot{E}_{2s} = -j4.44 f_2 N_2 k_{w2} \dot{\Phi}_m = -j4.44 f_1 N_2 k_{w2} \dot{\Phi}_m s$$

此外，定子、转子电流 $\dot{I}_1$ 和 $\dot{I}_2$ 分别产生定、转子的漏磁通 $\dot{\Phi}_{1\sigma}$ 和 $\dot{\Phi}_{2\sigma s}$，这些漏磁通会在各自的绕组内感应产生漏电动势 $\dot{E}_{1\sigma}$ 和 $\dot{E}_{2\sigma s}$，其相量表达式分别为

$$\dot{E}_{1\sigma} = -j4.44 f_1 N_1 k_{w1} \dot{\Phi}_{1\sigma}$$

$$\dot{E}_{2\sigma s} = -j4.44 f_2 N_2 k_{w2} \dot{\Phi}_{2\sigma s} = -j4.44 f_1 N_2 k_{w2} \dot{\Phi}_{2\sigma s} s$$

另外，定、转子绕组中还有电阻存在，定、转子电流 $\dot{I}_1$ 和 $\dot{I}_2$ 通过电阻又会产生电压降落 $\dot{I}_1 R_1$、$\dot{I}_2 R_2$。异步电动机在负载时的这种电磁关系如图 5-8 所示。由此可见，相矢图可从异步电动机定、转子磁动势在空间相对静止的电磁关系中，揭示其转子处于运动状态时，定子、转子之间的电磁关系。

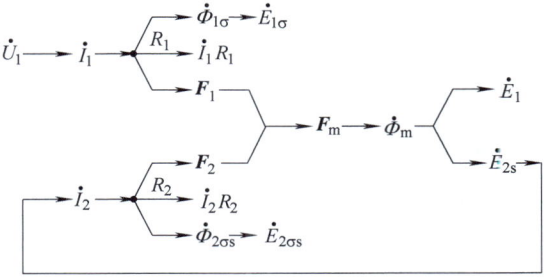

图 5-8　异步电动机负载运行时的电磁关系

二、基本方程式

从图 5-8 可看出，异步电动机负载时内部的电磁关系与变压器极为相似，故可仿效变压器的分析方法，把这种电磁关系用一些基本方程式来加以综合。

（一）磁动势平衡方程式

异步电动机定、转子磁动势合成为励磁磁动势的关系式，体现了磁路中的基尔霍夫第二定律，也就是表达异步电动机负载时磁动势平衡的方程式

$$F_1 + F_2 = F_m$$

因为这些磁动势都有对应的相电流,这种相电流与磁动势的关系分别为 [见式(4-33)]

$$\begin{cases} \boldsymbol{F}_1 = 0.9\dfrac{m_1}{2}\dfrac{N_1 k_{w1}}{p}\dot{I}_1 \\ \boldsymbol{F}_m = 0.9\dfrac{m_1}{2}\dfrac{N_1 k_{w1}}{p}\dot{I}_m \\ \boldsymbol{F}_2 = 0.9\dfrac{m_2}{2}\dfrac{N_2 k_{w2}}{p}\dot{I}_2 \end{cases} \tag{5-6}$$

式中 m_1、m_2——定子、转子绕组的相数;

$\dot{I}_m$——对应于励磁磁动势的励磁电流。

把励磁磁动势写成 $0.9\dfrac{m_1}{2}\dfrac{N_1 k_{w1}}{p}\dot{I}_m$,是因为负载时建立励磁磁动势的电流仍由电源从定子绕组流入。

由于 $\boldsymbol{F}_1$、$\boldsymbol{F}_2$ 和 $\boldsymbol{F}_m$ 在空间的相位差就等于电流 $\dot{I}_1$、$\dot{I}_2$ 和 $\dot{I}_m$ 在时间上的相位差,在相矢图中,磁动势矢量的方向与对应电流相量方向一致,则磁动势平衡方程式又可表示为

$$0.9\dfrac{m_1}{2}\dfrac{N_1 k_{w1}}{p}\dot{I}_1 + 0.9\dfrac{m_2}{2}\dfrac{N_2 k_{w2}}{p}\dot{I}_2 = 0.9\dfrac{m_1}{2}\dfrac{N_1 k_{w1}}{p}\dot{I}_m \tag{5-7}$$

如果将式(5-7)中的 $\dot{I}_2$ 稍加变换,使其前面的系数与 $\dot{I}_1$、$\dot{I}_m$ 前面的系数一致,则磁动势的矢量关系就可以变换成对应电流的相量关系。令

$$\dot{I}_2' = \dfrac{1}{k_i}\dot{I}_2 \tag{5-8}$$

并使

$$0.9\dfrac{m_1}{2}\dfrac{N_1 k_{w1}}{p}\dot{I}_1 + 0.9\dfrac{m_1}{2}\dfrac{N_1 k_{w1}}{p}\dot{I}_2' = 0.9\dfrac{m_1}{2}\dfrac{N_1 k_{w1}}{p}\dot{I}_m \tag{5-9}$$

则

$$\dot{I}_1 + \dot{I}_2' = \dot{I}_m \tag{5-10}$$

因为转子磁动势 $\boldsymbol{F}_2$ 是转子绕组对定子绕组的电磁作用,所以将 $\dot{I}_2$ 进行这种人为的变换时,必须保持 $\boldsymbol{F}_2$ 不变。换言之,由变换过的转子电流 $\dot{I}_2'$ 所形成的磁动势必须和实际转子电流 $\dot{I}_2$ 所形成的转子磁动势的数值相等,即

$$\boldsymbol{F}_2 = 0.9\dfrac{m_1}{2}\dfrac{N_1 k_{w1}}{p}\dot{I}_2' = 0.9\dfrac{m_2}{2}\dfrac{N_2 k_{w2}}{p}\dot{I}_2 \tag{5-11}$$

比较式(5-11)和式(5-8),即可得出

$$k_i = \dfrac{m_1 N_1 k_{w1}}{m_2 N_2 k_{w2}} \tag{5-12}$$

式中 k_i——异步电动机的电流比。

式(5-10)就是用电流相量表达磁动势平衡的方程式,如将 $\dot{I}_2'$ 移至等号右边,即

$$\dot{I}_1 = \dot{I}_m + (-\dot{I}_2') \tag{5-13}$$

式(5-13)和式(5-4)有相似的物理意义,即负载时异步电动机的定子电流可以看成由两部分组成:一部分为励磁分量 $\dot{I}_m$,亦称励磁电流,其作用是产生气隙主磁通 $\dot{\Phi}_m$;另一部分是负载分量 $-\dot{I}_2'$,亦称负载电流,其作用为抵消转子电流所产生的磁效应。

(二)电动势平衡方程式

对于定、转子绕组这两个异步电动机的电路,如图5-8所表示的电磁关系及所规定的电动势、电流方向;根据基尔霍夫定律,可列出异步电动机负载时定子、转子绕组的电动势平衡方程式为

$$\begin{cases} \dot{U}_1 = (-\dot{E}_1) + (-\dot{E}_{1\sigma}) + \dot{I}_1 R_1 \\ \dot{E}_{2s} = (-\dot{E}_{2\sigma s}) + \dot{I}_2 (R_2 + R_\Omega) \end{cases} \tag{5-14}$$

式中 R_Ω——转子绕组中的外加电阻。

如为笼型转子,则 $R_\Omega = 0$。和变压器一样,把 $\dot{E}_1$ 这个电动势和表明漏磁通的电磁效应的漏电动势 $\dot{E}_{1\sigma}$ 和 $\dot{E}_{2\sigma s}$ 作为电压降来处理,即

$$\dot{E}_1 = -\dot{I}_m Z_m = -\dot{I}_m (R_m + jX_m) \tag{5-15}$$

式中 Z_m——表征铁心磁化特性和铁耗的一个综合参数,称为励磁阻抗。其大小等于单位励磁电流所产生的主磁通在定子绕组中所感应的电动势;

X_m——对应于气隙主磁通 $\dot{\Phi}_m$ 的电抗,称为励磁电抗;

R_m——反映铁耗的励磁电阻。

而
$$\dot{E}_{1\sigma} = -j\dot{I}_1 X_1$$

$$\dot{E}_{2\sigma s} = -j\dot{I}_2 X_{2s}$$

式中 X_1——表征定子绕组漏磁通磁路特性的一个参数,称为定子漏电抗;

X_{2s}——表征转子绕组漏磁通磁路特性的一个参数,称为转子漏电抗。

对 X_{2s} 需要做一些说明。转子电流所产生的漏磁通 $\dot{\Phi}_{2\sigma s}$ 在转子绕组内感应漏电动势 $\dot{E}_{2\sigma s}$,其有效值为

$$E_{2\sigma s} = 4.44 f_2 N_2 k_{w2} \Phi_{2\sigma s} = 4.44 s f_1 N_2 k_{w2} \Phi_{2\sigma s}$$

漏电动势的频率为 $f_2 = s f_1$。当转子不动时,$n = 0$,$s = 1$,这时,$f_2 = f_1$,用 $E_{2\sigma} = 4.44 f_1 N_2 k_{w2} \Phi_{2\sigma}$ 表示转子不动时转子绕组内漏电动势 $E_{2\sigma}$ 的有效值。如转子转动时,则漏电动势的有效值 $E_{2\sigma s}$ 为

$$E_{2\sigma s} = E_{2\sigma} s \tag{5-16}$$

所以,转子绕组漏电抗也有这种关系

$$X_{2s} = 2\pi f_2 L_{2\sigma} = 2\pi f_1 L_{2\sigma} s = X_2 s \tag{5-17}$$

即转子转动时的转子漏电抗 X_{2s},等于不动时的转子漏电抗 X_2 与转差率 s 的乘积。对于已制成的异步电动机,X_2 是不变的,所以转子转动时的转子漏电抗与转差率成正比,即

$$X_{2s} \propto s$$

同理,异步电动机转动时转子电动势有效值 E_{2s},等于转子不动时转子电动势有效值 E_2 与转差率 s 的乘积,即

$$E_{2s} = 4.44sf_1 N_2 k_{w2} \Phi_m = E_2 s \tag{5-18}$$

将分析得出的漏电抗 X_1、X_2 等参数代入式(5-14),即得

$$\dot{U}_1 = -\dot{E}_1 + \dot{I}_1 R_1 + j\dot{I}_1 X_1 \tag{5-19}$$

$$\dot{E}_{2s} = E_2 s = \dot{I}_2 (R_2 + R_\Omega) + j\dot{I}_2 X_{2s} \tag{5-20}$$

画出外加电阻 $R_\Omega = 0$ 时相应于式(5-19)、式(5-20)的电路,如图 5-9 所示。由于定、转子绕组的相数、有效匝数以及电动势、电流的频率均不相同,定子、转子的电路还不能连接起来。

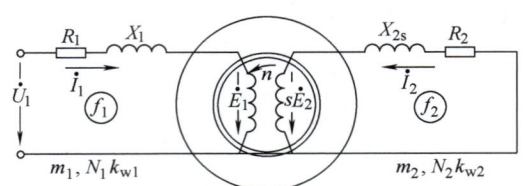

图 5-9 旋转时异步电动机的电路

将异步电动机负载时的基本方程式列在一起有

$$\dot{U}_1 = -\dot{E}_1 + \dot{I}_1 R_1 + j\dot{I}_1 X_1 = -\dot{E}_1 + \dot{I}_1 Z_1$$

$$\dot{E}_{2s} = \dot{E}_2 s = \dot{I}_2 (R_2 + R_\Omega) + j\dot{I}_2 X_{2s}$$

$$\dot{E}_1 = -\dot{I}_m (R_m + jX_m) = -\dot{I}_m Z_m$$

$$\dot{I}_1 + \frac{1}{k_i}\dot{I}_2 = \dot{I}_m$$

第二节 三相异步电动机的等效电路及相量图

分析异步电动机和分析直流电动机一样,在列出综合异步电动机运行时内部电磁关系的全部基本方程式以后,求解这些方程式,就可确定其运行时的主要物理量以及它们之间的相互关系,这种关系就表征为异步电动机的运行特性。在上节中所得出的四个基本方程式,连同考虑到转子静止时转子电动势 $\dot{E}_2$ 与定子电动势 $\dot{E}_1$,可有下列关系的方程式

$$\begin{aligned}\dot{E}_2 &= -j4.44f_1 N_2 k_{w2} \dot{\Phi}_m \\ &= -j4.44f_1 N_1 k_{w1} \dot{\Phi}_m \frac{N_2 k_{w2}}{N_1 k_{w1}} = \frac{N_2 k_{w2}}{N_1 k_{w1}} \dot{E}_1 = \frac{1}{k_e}\dot{E}_1\end{aligned} \tag{5-21}$$

式中 k_e——电动势比,$k_e = \dfrac{N_1 k_{w1}}{N_2 k_{w2}}$。

这样,一共有五个基本方程式。在给定端电压 U_1 及已知参数 Z_1、Z_2、Z_m 的条件下,对应一定的转差率 s,可由五个基本方程式求解 $\dot{E}_1$、$\dot{E}_2$、$\dot{I}_1$、$\dot{I}_2$、$\dot{I}_m$ 五个未知数。但是求解这五个相量方程式不仅计算十分复杂,而且由于转子电路的频率 f_2 与定子电路频率

第五章 异步电机（二）——三相异步电动机的运行原理及单相异步电动机

f_1 不同，直接联立求解这些频率不同的电路相量方程式是没有物理意义的。因此，需要寻求一种既简便又准确的方法去解决这个问题，这种方法就是在"变压器"一章中已阐明和运用过的，将耦合电路中的一个电路归算到另一个电路，导出所谓等效电路的方法。在直流电机中，稳态运行已隐去具有交变量耦合的电路，所以不会发生这样的问题，不必去推求等效电路。

一、异步电动机的等效电路

异步电动机的定、转子绕组与普通双绕组变压器的一次、二次绕组一样，两者之间只有磁的耦合，而无电的联系。如果在不改变定子绕组中的物理量（定子的电动势、电流及功率因数等）和异步电动机的电磁性能的前提下，将转子绕组进行所谓"归算"，然后将归算过的转子绕组与定子绕组直接联系起来，即可得出与异步电动机等效的电路。用这种等效电路就可以很方便地分析电动机的运行特性。

前面指出，异步电动机转动时转子电路频率 f_2 与定子电路频率 f_1 不同，进行归算时，除了和变压器一样要进行绕组归算以外，必须先将频率归算。

（一）频率归算

所谓"频率归算"就是指保持整个电磁系统的电磁性能不变，把一种频率的参数及有关物理量换算成为另一种频率的参数及有关物理量。就异步电动机而言，为克服因定子、转子电路中频率不同而带来分析与计算上的困难，须将转子电路中的参数及电动势、电流等归算为定子频率下的参数。实质上，就是用一个具有定子电路的频率而等效于转子的电路去代换实际转子电路。这里所说的"等效"包括两个方面：

1）进行这种代换以后，必须确保转子电路对定子电路的电磁效应不变。因为转子电路对定子电路的电磁效应集中表现于转子磁动势 F_2，所以必须保持 F_2 不变（同转速、同幅值、同空间位移角）。

2）等效的转子电路的电磁性能（有功功率、无功功率、铜耗等）必须和实际转子电路一样。

因为 $f_2 = sf_1$，当 $s=1$ 时，$f_2 = f_1$，这个关系说明转子频率和定子频率相等时，转子是静止的，所以要进行转子频率的归算，需用一个静止的转子电路去代替实际转动的转子电路以后，才有可能。问题在于静止的转子电路能否与实际的转子电路等效？

就转子磁动势的转速而言，实际转子电流所产生的转子磁动势的绝对转速是同步转速，而实际转子电路被静止的转子电路代换后，转子频率就变为定子的频率 f_1 了。所以，用静止转子电路代换实际转子电路以后，得出的转子电流所产生的转子磁动势的绝对转速还是同步转速，这种转子电路的代换，不会影响转子磁动势的转速。

从转子磁动势幅值与空间位移角来看，因为合成磁动势与对应电流之间存在严格不变的关系，所以 F_2 的幅值与空间位移角完全取决于对应相电流的有效值与时间相位角。如果用静止的转子电路去代换实际转子电路，而转子电流的相量 $\dot{I}_2$ 不变的话，则可保证 F_2 这个矢量的大小不变。

根据式（5-20），若 $R_\Omega = 0$，则

$$\dot{I}_2 = \frac{\dot{E}_2 s}{R_2 + jX_2 s}$$

如果将上式的分子分母都除以 s，则重新表示为

$$\dot{I}_2'' = \frac{\dot{E}_2}{R_2/s + jX_2} \tag{5-22}$$

虽然对式（5-20）仅仅进行了一步简单的代数运算，得出了式（5-22），但是式（5-22）却具有不同的物理意义。因为式（5-22）中的 $\dot{E}_2$、X_2 表示静止转子电路中的电动势和漏电抗，所以 $\dot{I}_2''$ 代表静止转子电路中的电流，而 $\dot{I}_2''$ 的有效值和相位角均与 $\dot{I}_2$ 相等，即

$$I_2'' = \frac{E_2}{\sqrt{(R_2/s)^2 + X_2^2}} = \frac{E_2 s}{\sqrt{R_2^2 + (X_2 s)^2}} = I_2$$

$$\varphi_2'' = \arctan\frac{X_2}{R_2/s} = \arctan\frac{X_2 s}{R_2} = \varphi_2$$

所以要用静止转子电路去代替实际的转子电路，除改变与频率有关的参数和电动势以外，要用 R_2/s 去代替 R_2，就可达到保持 $\dot{I}_2$、F_2 不变的目的。

下面再就 R_2 变换为 R_2/s 后，讨论电动机功率的变化。

因为异步电机作电动机运行时，$0 < s < 1$，转子电阻由 R_2 变为 R_2/s，相当于转子电路串入了一个附加电阻

$$\frac{1-s}{s}R_2 = \frac{R_2}{s} - R_2 \tag{5-23}$$

在附加电阻 $(1-s)R_2/s$ 中会发生损耗 $I_2^2(1-s)R_2/s$，而实际转子电路中并不存在这部分损耗，而只产生机械功率，因此，静止转子电路中这部分虚拟的损耗，实质上是表征了异步电动机的机械功率。从附加电阻 $(1-s)R_2/s$ 本身就是一个 s 的函数（即转子转速的函数）也可以说明这一点。在异步电机工作原理一节中，已分析过异步电机的转速与运行状态的关系：当 $0 < s < 1$ 时，异步电机作电动机运行，这时电机产生的机械功率是正值，而 $I_2^2(1-s)R_2/s$ 也是正值，异步电机输出机械功率；当 $-\infty < s < 0$ 时，$I_2^2(1-s)R_2/s$ 变为负值，这时异步电机输入机械功率，变作发电机运行了。这就说明，用静止的转子去代替实际转子，在功率和损耗方面也是等效的。

因此，用静止的转子去代换实际的转子，无论从转子对定子的电磁效应看，还是就功率而言都是等效的，这种人为的代换就是进行频率归算。而归算前后定子的电动势、电流及功率等物理量不会发生变化，换言之，从定子方面看，无从区别转子是一个实际转子，还是转子电路中串加一个附加电阻 $(1-s)R_2/s$ 的静止等效转子。图 5-10 所示为频率归算后异步电动机的定、转子电路图。

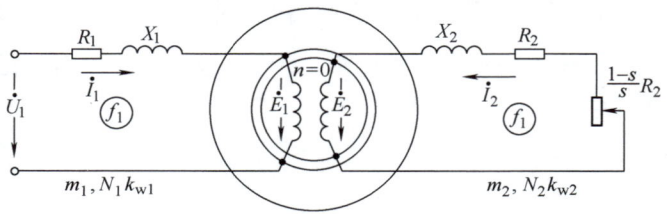

图 5-10　频率归算后异步电动机的定子、转子电路图

（二）绕组归算

对异步电动机进行频率归算之后，定、转子频率不同而发生的问题解决了，但是还不能把定、转子电路连接起来，因为两个电路的电动势还不相等，即 $\dot{E}_1 \neq \dot{E}_2$，电动势两端不是等电位点，所以还要像变压器那样进行绕组归算，才可得出等效电路。

和变压器的绕组归算一样，异步电动机的绕组归算也就是人为地用一个相数、每相串联匝数以及绕组因数和定子绕组一样的绕组去代替相数为 m_2、每相串联匝数为 N_2 以及绕组因数为 k_{w2} 并经过频率归算的转子绕组。这里必须保证归算前后转子对定子的电磁效应不变，即转子磁动势、转子总的视在功率、转子铜耗及转子漏磁场储能均保持不变。

根据所阐明的条件和要求进行归算，转子的归算值上均加"'"表示。

由转子磁动势保持不变，得出

$$0.9 \frac{m_1}{2} \frac{N_1 k_{w1}}{p} \dot{I}'_2 = 0.9 \frac{m_2}{2} \frac{N_2 k_{w2}}{p} \dot{I}_2 \tag{5-24}$$

所以归算后的转子电流有效值为

$$I'_2 = \frac{m_2 N_2 k_{w2}}{m_1 N_1 k_{w1}} I_2 = \frac{1}{k_i} I_2 \tag{5-25}$$

式中 k_i——式（5-12）中的电流比。

由转子总的视在功率保持不变，得出

$$m_1 E'_2 I'_2 = m_2 E_2 I_2 \tag{5-26}$$

所以

$$E'_2 = \frac{N_1 k_{w1}}{N_2 k_{w2}} E_2 = k_e E_2 \tag{5-27}$$

式中 k_e——式（5-21）中的电动势比。

由式（5-21）及式（5-27）可得出

$$E'_2 = k_e E_2 = k_e \frac{1}{k_e} E_1 = E_1$$

由转子铜耗和漏磁场储能不变，得出

$$m_1 I'^2_2 R'_2 = m_2 I^2_2 R_2 \tag{5-28}$$

所以

$$R'_2 = \frac{N_1 k_{w1}}{N_2 k_{w2}} \frac{m_1 N_1 k_{w1}}{m_2 N_2 k_{w2}} R_2 = k_e k_i R_2 \tag{5-29}$$

$$\frac{1}{2} m_1 I'^2_2 L'_{2\sigma} = \frac{1}{2} m_2 I^2_2 L_{2\sigma} \tag{5-30}$$

$$L'_{2\sigma} = \frac{N_1 k_{w1}}{N_2 k_{w2}} \frac{m_1 N_1 k_{w1}}{m_2 N_2 k_{w2}} L_{2\sigma} = k_e k_i L_{2\sigma}$$

所以

$$X'_2 = k_e k_i X_2 \tag{5-31}$$

图 5-11 所示为经频率和绕组归算后的异步电动机定、转子电路图。

（三）异步电动机的等效电路

经过频率和绕组的归算，把异步电动机转子绕组的频率、相数、每相有效串联匝数都归算成和定子绕组一样，即可用归算过的基本方程式推导出异步电动机的等效电路。

归算过的定、转子电动势方程式为

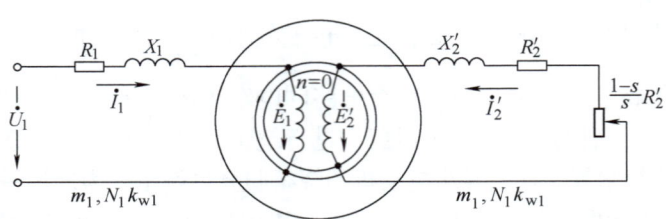

图 5-11 转子绕组归算后的异步电动机定、转子电路图

$$\begin{cases} \dot{U}_1 = -\dot{E}_1 + \dot{I}_1(R_1 + jX_1) = -\dot{E}_1 + \dot{I}_1 Z_1 \\ \dot{E}'_2 = \dot{I}'_2 R'_2 \frac{1-s}{s} + \dot{I}'_2(R'_2 + jX'_2) = \dot{I}'_2 R'_2 \frac{1-s}{s} + \dot{I}'_2 Z'_2 \\ \dot{E}_1 = \dot{E}'_2 \\ \text{磁动势方程为} \\ \qquad \dot{I}_1 + \dot{I}'_2 = \dot{I}_m \\ \text{励磁支路的电动势方程式为} \\ \qquad \dot{E}_1 = -\dot{I}_m Z_m \end{cases} \quad (5\text{-}32)$$

从式（5-32）中消去 $\dot{E}_1$、$\dot{E}'_2$、$\dot{I}'_2$、$\dot{I}_m$，可导出

$$\dot{U}_1 = \dot{I}_1 \left[Z_1 + \frac{Z_m\left(Z'_2 + \frac{1-s}{s}R'_2\right)}{Z_m + \left(Z'_2 + \frac{1-s}{s}R'_2\right)} \right] \quad (5\text{-}33)$$

画出相应于式（5-33）的电路，如图 5-12 所示。和变压器一样，这个电路就叫作异步电动机的 T 形等效电路。在电路中 R_1、X_1 为定子绕组的电阻和漏电抗，R'_2、X'_2 为归算过的转子绕组的电阻和漏电抗；R_m 代表与定子铁心损耗相对应的励磁电阻；X_m 代表与主磁通相对应的铁心磁路的励磁电抗。

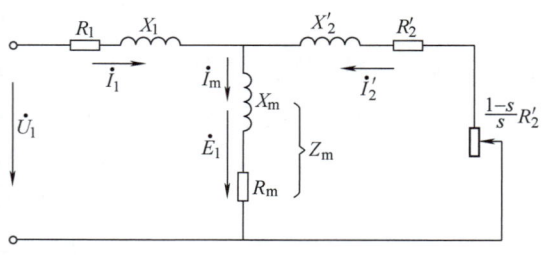

图 5-12 异步电动机的 T 形等效电路

如果从电路中的等电位点可直接连接而不影响整个电路的物理情况这个角度来考虑的话，由于 $\dot{E}_1 = \dot{E}'_2$，也可把图 5-11 中 $\dot{E}_1$ 与 $\dot{E}_2$ 的两端设想用导线直接连接起来，而得出如图 5-12 所示的 T 形等效电路。

异步电动机的 T 形等效电路以电路形式综合了异步电机的电磁过程，因此它必然反映异步电机的各种运行情况。下面从 T 形等效电路去看几种异步电机典型的运行情况。

1. 异步电动机的空载运行

异步电动机空载时，转子转速与同步转速非常接近，因此转差率 $s \approx 0$，T 形等效电路中代表机械负载的附加电阻 $\frac{1-s}{s}R_2' \to \infty$，转子相当于开路情况，这时定子电路中的电流 $\dot{I}_m$ 滞后于外加电压 $\dot{U}_1$ 的相位差接近 $90°$ 电角度。所以异步电动机空载运行时，功率因数是滞后的，而且很低。

2. 异步电动机在额定负载下运行

异步电动机带有额定负载时，转差率 s_N 大约为 5%，这时归算过的转子电路中的总电阻 R_2'/s 为归算过的转子电阻 R_2' 的 20 倍左右，这使归算过的转子电路基本上成为电阻性的，所以转子电路的功率因数较高。虽然定子电流 $\dot{I}_1$ 由励磁电流 $\dot{I}_m$ 和负载分量 $-\dot{I}_2'$（即归算过转子电流 $\dot{I}_2'$ 的负值）合成，定子的功率因数决定于这两部分电流的滞后程度，但是在负载情况下，$-\dot{I}_2'$ 这个分量要比 $\dot{I}_m$ 大得多，$-\dot{I}_2'$ 的电阻性程度起主要作用，因此定子的功率因数能达到 $0.8 \sim 0.85$。由于负载时定子漏阻抗压降 $\dot{I}_1 Z_1$ 的影响不大，$\dot{E}_1$ 和相应的主磁通只比空载时略小。

3. 异步电动机起动时的情况

这里所说的"起动"实际上为转子堵转状态。异步电动机堵转时，$n=0$，则 $s=1$，代表机械负载的附加电阻 $(1-s)R_2'/s = 0$，相当于电路短路状态。所以起动电流（即堵转电流）很大，而功率因数也较低。

4. 异步发电机运行

异步电机作发电机运行时，转子转速超过同步转速，转速处于 $\infty > n > n_s$ 的范围，s 处于 $-\infty < s < 0$ 的范围，转差率进入负值。此时代表机械功率的附加电阻 $(1-s)R_2'/s$ 是一个负值，与之相应的机械功率也是负值，即这时是输入机械功率。这个每相功率输入分配如下

$$\left(-I_2'^2 \frac{1-s}{s} R_2'\right)_{s<0} = I_2'^2 R_2' + \left(-I_2'^2 \frac{R_2'}{s}\right)$$

转子机械功率 = 转子铜耗 + 传给定子的功率

5. 异步电机作电磁制动状态运行

异步电机处于电磁制动状态时，转子反旋转磁场方向旋转，即转差率 $s>1$，产生的机械功率也是负值，即

$$\left(I_2'^2 \frac{1-s}{s} R_2'\right)_{s>1} < 0$$

在这种情况下，异步电机吸收机械功率，这时由定子传到转子的电磁功率以及轴上吸收的机械功率，都供给了转子的铜耗。这种既吸收机械功率又吸收电功率的运行情况，对机械运动起制动作用，所以称为电磁制动状态。

（四）等效电路的简化

图 5-12 所示的 T 形等效电路是一个复联电路，计算和分析都比较复杂。因此，在实际应用时，常把励磁支路移到输入端，因为励磁电流占总负载电流的比例并不很小，故励磁支路只能前移，不能略去，如图 5-13 所示。这样，电路就简化为单纯的并联支路，使计算更为简化，这种等效电路称为异步电动机近似的等效电路。不难看出，这样

算出的定、转子电流将比用 T 形等效电路算出的稍大，且电动机越小相对偏差越大。

二、异步电动机的相量图

根据归算过的异步电动机的电动势和磁动势方程式或等效电路，可以画出相应的相量图，如图 5-14 所示。从这个相量图可以更清楚地看出异步电动机的各电磁量在数值上和相位上的关系。

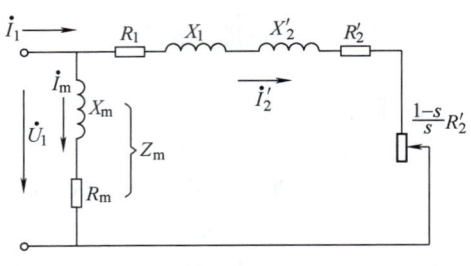

图 5-13　异步电动机的近似等效电路

画相量图时，先把主磁通 $\dot{\Phi}_m$ 画在垂直位置（或水平位置），定为参考相量。定子绕组中的电动势相量 $\dot{E}_1$ 和归算后转子绕组电动势相量 $\dot{E}_2'$ 均滞后于 $\dot{\Phi}_m$ 90°电角度。产生主磁通的励磁电流相量 $\dot{I}_m$ 则超前于 $\dot{\Phi}_m$ 一个 α_{Fe} 电角度，画上相量 $\dot{E}_1$、$\dot{E}_2'$ 及 $\dot{I}_m$。

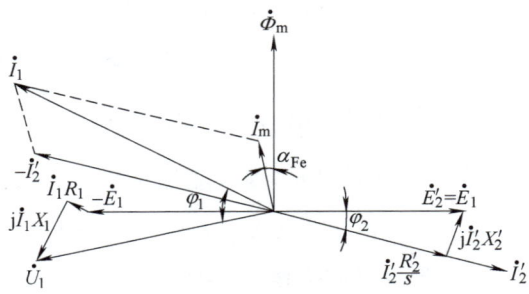

图 5-14　异步电动机 T 形等效电路的相量图

归算后转子电流相量 $\dot{I}_2'$ 的大小和相位由相量 $\dot{E}_2'$ 和归算后转子绕组的总阻抗 $R_2'/s + jX_2'$ 来决定，画出相量 $\dot{I}_2'$，根据

$$\dot{E}_2' = \dot{I}_2' \frac{R_2'}{s} + j\dot{I}_2' X_2'$$

画相量 $\dot{I}_2' \frac{R_2'}{s}$、$j\dot{I}_2' X_2'$，前者与 $\dot{I}_2'$ 同相，后者超前 $\dot{I}_2'$ 90°电角度。

再根据磁动势方程式

$$\dot{I}_1 = \dot{I}_m + (-\dot{I}_2')$$

把相量 $\dot{I}_m$ 与相量 $-\dot{I}_2'$ 相加，得出定子电流相量 $\dot{I}_1$，最后根据定子电动势方程式

$$\dot{U}_1 = \dot{I}_1(R_1 + jX_1) + (-\dot{E}_1)$$

画相量 $\dot{I}_1 R_1$ 和 $j\dot{I}_1 X_1$，$\dot{I}_1 R_1$ 与 $\dot{I}_1$ 同相，$j\dot{I}_1 X_1$ 超前 $\dot{I}_1$ 90°电角度，φ_1 即为定子的功率因数角。

从相量图可以看出，异步电动机的定子电流 $\dot{I}_1$ 总是滞后于电源 $\dot{U}_1$。这是由磁化电流和定、转子漏抗压降所引起的，因为要建立和维持气隙中的主磁通和定、转子漏磁通，需要一定的无功功率。这些感性的无功功率从电源输入，所以定子电流永远滞后于电源电压，即异步电动机的功率因数始终是滞后的。

图 5-15 所示为异步电动机近似等效电路的相量图。

[例 5-1]　一台 $2p = 4$ 的三相异步电动机有关数据如下：

$P_N = 10\text{kW}$, $U_N = 380\text{V}$, $n_N = 1452\text{r/min}$
$R_1 = 1.33\Omega/\text{相}$, $X_1 = 2.43\Omega/\text{相}$, $R_2' = 1.12\Omega/\text{相}$
$X_2' = 4.4\Omega/\text{相}$, $R_m = 7\Omega/\text{相}$, $X_m = 90\Omega/\text{相}$, 定子绕组为三角形联结,试求额定负载时的定子电流、转子电流、励磁电流、功率因数、输入功率和效率。

解 额定负载时的转差率 s_N 为

$$s_N = \frac{n_s - n}{n_s} = \frac{1500 - 1452}{1500} = 0.032$$

$$\frac{R_2'}{s} = \frac{1.12}{0.032}\Omega = 35\Omega$$

(1) 用 T 形等效电路计算

$$\frac{R_2'}{s_N} + jX_2' = (35 + j4.4)\Omega = 35.4\underline{/7.15°}\Omega$$

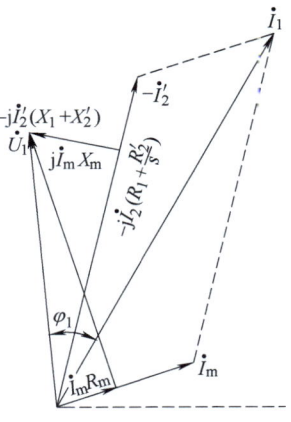

图 5-15 异步电动机近似等效电路的相量图

励磁阻抗

$$Z_m = R_m + jX_m = (7 + j90)\Omega = 90.4\underline{/85.54°}\Omega$$

$R_2'/s + jX_2'$ 与 Z_m 的并联值为

$$\frac{(R_2'/s + jX_2')Z_m}{(R_2'/s + jX_2') + Z_m} = \frac{35.4\underline{/7.15°} \times 90.4\underline{/85.54°}}{35.4\underline{/7.15°} + 90.4\underline{/85.54°}}\Omega$$

$$= \frac{3200\underline{/92.69°}}{103.5\underline{/66°}}\Omega = 30.9\underline{/26.69°}\Omega$$

$$= (27.6 + j13.89)\Omega$$

总阻抗

$$Z_1 + \frac{(R_2'/s + jX_2')Z_m}{(R_2'/s + jX_2') + Z_m} = (1.33 + j2.43 + 27.6 + j13.69)\Omega$$

$$= 33.23\underline{/29.43°}\Omega$$

① 设 $\dot{U}_1 = 380\underline{/0°}\text{V}$,定子电流为

$$\dot{I}_1 = \frac{\dot{U}_1}{Z_1 + \frac{(R_2'/s + jX_2')Z_m}{(R_2'/s + jX_2') + Z_m}} = \frac{380\underline{/0°}}{33.23\underline{/29.43°}}\text{A} = 11.42\underline{/-29.43°}\text{A}$$

定子线电流有效值为

$$\sqrt{3} \times 11.42\text{A} = 19.8\text{A}$$

② 定子功率因数

$$\cos\varphi_1 = \cos 29.43° = 0.87(\text{滞后})$$

③ 定子输入功率

$$P_1 = 3U_1I_1\cos\varphi_1 = 3 \times 380 \times 11.42 \times 0.87\text{W} = 11326\text{W}$$

④ 转子电流 $\dot{I}_2'$ 和励磁电流 $\dot{I}_m$

$$|\dot{I}_2'| = \left|\dot{I}_1\frac{Z_m}{(R_2'/s + jX_2') + Z_m}\right| = 11.42 \times \frac{90.4}{103.5}\text{A} = 9.97\text{A}$$

$$|\dot{I}'_m| = \left| \dot{I}_1 \frac{R'_2/s + jX'_2}{(R'_2/s + jX'_2) + Z_m} \right| = 11.42 \times \frac{35.4}{103.5} \text{A} = 3.91 \text{A}$$

⑤ 效率

$$\eta = \frac{P_2}{P_1} = \frac{10000}{11330} \times 100\% = 88.26\%$$

(2) 用近似等效电路计算

负载支路阻抗

$$Z_1 + R'_2/s + jX'_2 = (1.33 + j2.43 + 35.1 + j4.4)\Omega$$
$$= (36.43 + j6.83)\Omega = 37.1 \underline{/10.6°}\Omega$$

励磁支路阻抗

$$Z_m = R_m + jX_m = (7 + j90)\Omega = 90.4 \underline{/85.54°}\Omega$$

① 转子电流（即负载电流）

$$\dot{I}'_2 = \frac{\dot{U}_1}{Z_1 + R'_2/s + jX'_2} = \frac{380\underline{/0°}}{37.1 \underline{/10.6°}} \text{A} = 10.24 \underline{/-10.6°} \text{A}$$

② 励磁电流

$$\dot{I}_m = \frac{\dot{U}_1}{Z_m} = \frac{380\underline{/0°}}{90.4\underline{/85.54°}} \text{A} = 4.24 \underline{/-85.54°} \text{A}$$

③ 定子电流

$$\dot{I}_1 = \dot{I}_m + \dot{I}'_2 = (4.2 \underline{/-85.54°} + 10.24 \underline{/-10.6°}) \text{A}$$
$$= [(0.326 - j4.18) + (10.07 - j1.885)] \text{A} = (10.396 - j6.065) \text{A}$$
$$= 12.45 \underline{/-29.1°} \text{A}$$

定子线电流有效值为

$$\sqrt{3} \times 12.45 \text{A} = 21.6 \text{A}$$

④ 定子功率因数

$$\cos\varphi_1 = \cos 29.1° = 0.874$$

⑤ 定子输入功率

$$P_1 = 3U_1 I_1 \cos\varphi_1 = 3 \times 380 \times 12.45 \times 0.874 \text{W} = 12405 \text{W}$$

⑥ 效率 η

$$\eta = \frac{P_2}{P_1} = \frac{10000}{12400} \times 100\% = 80.6\%$$

两种等效电路计算结果证实，用近似等效电路计算出的定、转子电流以及励磁电流都比 T 形等效电路算出的要大。

第三节　三相异步电动机的功率和转矩

异步电动机的机电能量转换过程和直流电动机相似，其机电能量转换的关键在于作为耦合介质的磁场对电气系统和机械系统的作用和反作用。在直流电动机中，这种磁场由定、转子绕组双边的电流共同激励，而异步电动机的耦合介质磁场仅由定子一边的电

第五章 异步电机（二）——三相异步电动机的运行原理及单相异步电动机

流来建立。这种特殊性表现为直流电动机的气隙磁场随负载而变化，由此发生了所谓电枢反应的问题，而异步电动机的气隙磁场基本上与负载大小无关，故无电枢反应可言。尽管如此，异步电动机由定子绕组输入电功率，从转子轴输出机械功率的总过程和直流电动机还是一样的，不过在异步电动机中的电磁功率却在定子绕组中发生，然后经由气隙送给转子，扣除一些损耗以后，在轴上输出。在机电能量转换过程中，不可避免地要产生一些损耗，其种类和性质也和直流电动机相似，这里就不再分析。下面仅就功率转换过程加以说明，然后导出功率方程式和相应的转矩方程式。

一、功率转换过程

异步电动机在负载时，由电源供给的、从定子绕组输入电动机的电功率为 P_1，从图 5-12 所示的等效电路可看出，P_1 的一小部分消耗于定子电阻上的定子铜耗 p_{Cu1}，还有一小部分消耗于定子铁心中的铁耗 p_{Fe}，余下的大部分电功率借助于气隙旋转磁场由定子传送到转子，这部分功率就是异步电动机的电磁功率 P_e。它和直流电动机中的电磁功率稍有不同，前者是靠电磁作用而传递的功率，后者是由电磁作用而转换的功率。异步电动机中的电磁功率传送到转子以后，必伴生转子电流，有电流在转子绕组内通过，在转子电阻上又发生了转子铜耗 p_{Cu2}。在气隙旋转磁场传递电磁功率的过程中，与转子铁心存在着相对运动，旋转磁场切割转子铁心，理应引起转子铁心中的铁耗，但实际上由于异步电动机在正常运行时，转差率很小，即气隙旋转磁场与转子铁心相对运动很小，以致转子铁心中磁通变化的频率很低，通常仅 1～3Hz，所以转子的铁耗可以略去不计。这样，从定子传递到转子的电磁功率仅须扣除转子铜耗，便是使转子产生旋转运动的总机械功率 P_{mech}。总机械功率补偿了机械损耗 p_{mech} 和附加损耗 p_Δ，就由轴上输出净机械功率 P_2。这个异步电动机功率和能量转换的关系，可形象地用功率图来表示，如图 5-16 所示。

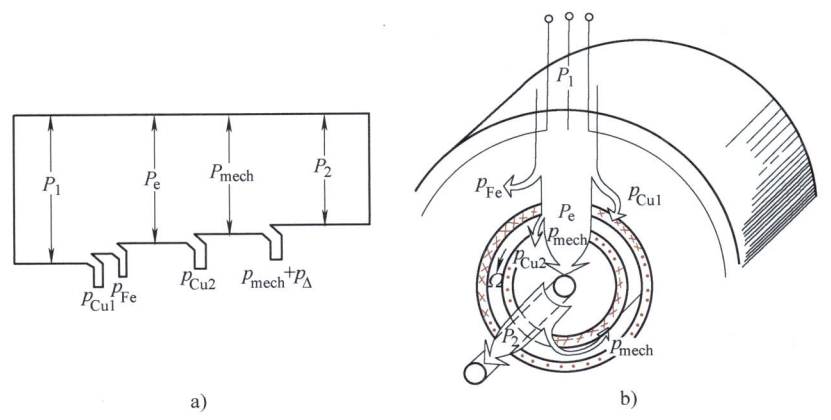

图 5-16 异步电动机的功率图
a) 功率关系　　b) 能量转换关系

如果异步电动机的转差率较大，则 f_2 较大，那就应该考虑转子铁耗，铁耗包括涡流损耗和磁滞损耗两部分。铁心中的涡流，除引起损耗之外，还与主磁场相作用产生拖动转矩和机械功率，正如转子上导条中的电流一样。转子铁心内的磁滞现象也会形成微弱的磁滞转矩和机械功率。有些微型电动机和控制电动机就是利用这种涡流与磁滞的作用产生转矩和功率的。

附加损耗亦产生制动性的附加转矩，因而消耗电动机轴上的机械功率。p_Δ 的大小与气隙大小及一些工艺因素关系极大，和直流电动机一样，是难以准确计算的。在小型异步电动机中，满载时 p_Δ 可达输出功率的 (1~3)%，或更大些；在大型异步电动机中约为输出功率的 0.5%。

二、功率方程式

根据上述功率转换过程，可建立功率方程式如下

$$P_1 - p_{Cu1} - p_{Fe} = P_e \tag{5-34}$$

$$\begin{cases} P_1 = m_1 U_1 I_1 \cos\varphi_1, \quad p_{Cu1} = m_1 I_1^2 R_1, \quad p_{Fe} = m_1 I_m^2 R_m & (5\text{-}35\text{a}) \\ P_e = m_1 E_2' I_2' \cos\varphi_2' = m_1 I_2'^2 \dfrac{R_2'}{s} & (5\text{-}35\text{b}) \end{cases}$$

式中　U_1——定子相电压；

　　　I_1——定子相电流；

　　　φ_1——定子功率因数角；

　　　φ_2'——转子功率因数角。

$$\begin{cases} P_e - p_{Cu2} = P_{mech} & (5\text{-}36\text{a}) \\ P_{mech} - (p_{mech} + p_\Delta) = P_2 & (5\text{-}36\text{b}) \end{cases}$$

$$p_{Cu2} = m_1 I_2'^2 R_2' \tag{5-37}$$

由式（5-35b）和式（5-37）可得

$$p_{Cu2} = sP_e \tag{5-38}$$

式中　sP_e——转差功率。

由式（5-38）可知，异步电动机的转速 n 越低，转差率 s 越大，或者说转差功率 sP_e 越大，转子铜耗就越大。当异步电机处于电磁制动状态时，$s>1$，即转子铜耗大于电磁功率，故由定子传送到转子的电磁功率都消耗于转子的铜耗还不够，还应从轴上输入机械功率去补偿。这里再次说明，异步电机处于电磁制动状态时，从电源和转轴两方面输入功率，而都消耗于转子电阻上。

总机械功率 P_{mech} 为

$$P_{mech} = P_e - p_{Cu2} = m_1 I_2'^2 \dfrac{R_2'}{s} - m_1 I_2'^2 R_2' = (1-s) m_1 I_2'^2 \dfrac{R_2'}{s} \tag{5-39}$$

$$= (1-s) P_e$$

三、转矩方程式

由于在电动机稳态运行时，机械功率等于相应的转矩与机械角速度的乘积。把机械功率的方程式 $P_{mech} = P_2 + p_{mech} + p_\Delta$，两边除以转子的机械角速度 Ω 就可以得到相应的稳态转矩方程式，即

$$T_e = T_2 + T_0 \tag{5-40}$$

式中　T_2——电动机输出的机械转矩；

　　　T_0——空载转矩，$T_0 = \dfrac{p_{mech} + p_\Delta}{\Omega}$。

这也是稳态时电动机转矩的平衡规律。电动机产生的电磁转矩减去对应的机械损耗和附

加损耗的转矩，或者稍微粗略地说减去空载转矩 T_0 之后，就是电动机轴上的输出机械转矩。但这里必须注意到，异步电动机与直流电动机中转矩与功率对应情况稍有不同。在直流电动机中，总机械功率由全部电磁功率转换而来，所以总的机械转矩（负载转矩加空载转矩）就与电磁转矩相平衡，转矩与功率无疑是一一对应的。但在异步电动机中，一方面总的机械功率与电磁功率还相差一个数值不大的转子铜耗，另一方面，又必须符合稳态的转矩平衡规律，即电磁转矩与总的机械转矩相平衡。这样就找不到一一对应的关系，好像在功率与转矩的平衡关系之间存在着矛盾。其实只要注意到异步电动机的特性，即其中存在着两个转速，一个是旋转磁场的转速，另一个是转子的转速，就可以洞悉其物理本质而感到不足为奇了，下面说明这个问题。

由式（5-39）可知

$$P_{\text{mech}} = (1-s)P_e = \frac{n}{n_s}P_e = \frac{\Omega}{\Omega_0}P_e$$

于是

$$\frac{P_{\text{mech}}}{\Omega} = \frac{P_e}{\Omega_s} \tag{5-41}$$

式（5-41）说明，总机械功率除以转子的机械角速度与电磁功率除以旋转磁场的同步角速度相等。再由式（5-36）转化到式（5-40）可知

$$\frac{P_{\text{mech}}}{\Omega} = \frac{P_e}{\Omega_s} = T_e \tag{5-42}$$

这种关系表明，电磁转矩 T_e 既可以用转子的总机械功率除以转子机械角速度来计算，也可以用电磁功率除以同步角速度来计算。前者从转子本身产生机械功率这一概念导出，由于转子本身的机械角速度为 Ω，所以 $T_e = \dfrac{P_{\text{mech}}}{\Omega}$；后者则从旋转磁场对转子做功这一概念出发，由于旋转磁场以同步角速度 Ω_s 旋转而拖动转子，旋转磁场每秒所做的功，即通过气隙传到转子的电磁功率为 P_e，所以 $T_e = P_e/\Omega_s$。这种物理情况如图 5-17 所示。

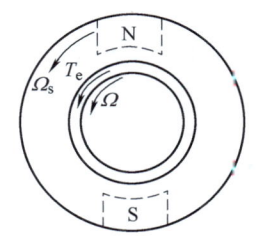

图 5-17　旋转磁场对转子做功的物理情况

四、电磁转矩公式

关于异步电动机的电磁转矩公式，也可以像直流电动机那样，根据电磁力定律，用积分方法导出，读者可参阅电机学的有关书籍。这里我们首先简单地从等效电路和相量图来推导。

由式（5-35）和式（5-42）可得

$$T_e = \frac{P_e}{\Omega_s} = \frac{1}{\Omega_s}m_1 I_2'^2 \frac{R_2'}{s} = \frac{p}{\omega_1}m_1 E_2' I_2' \cos\varphi_2'$$

$$= \frac{p}{2\pi f_1}m_1 E_2' I_2' \cos\varphi_2' \tag{5-43}$$

把归算过的转子电动势公式 $E_2' = \sqrt{2}\pi f_1 N_1 k_{w1} \Phi_m$ 代入式（5-43），则

$$T_e = \frac{pm_1 N_1 k_{w1}}{\sqrt{2}}\Phi_m I_2' \cos\varphi_2' = C_{T1}\Phi_m I_2' \cos\varphi_2' \tag{5-44}$$

式中，$C_{T1}=\dfrac{pm_1N_1k_{w1}}{\sqrt{2}}$，和直流电动机一样，对已制成的电机是一个常数，亦称为转矩常数。电流 I_2' 的单位为 A；主磁通 Φ_m 的单位为 Wb，则电磁转矩 T_e 的单位为 N·m。

异步电动机的电磁转矩公式（5-44）与直流电动机的电磁转矩公式（2-20）极为相似。由于只有电流的有功分量才能产生有功功率，所以异步电动机的电磁转矩 T_e 的大小是和每极磁通 Φ_m 与归算过转子电流的有功分量 $I_2'\cos\varphi_2'$ 成正比。异步电动机电磁转矩的这种性质极为重要，且与其运行特性关系极大。

[例 5-2] 根据例 5-1 中的数据，还知道电动机的机械损耗 $p_{mech}=100\text{W}$，额定负载时的附加损耗 $p_\Delta=50\text{W}$，试计算各种功率和转矩。

解 （1）定子、转子的铜耗及定子铁耗

$$p_{Cu1}=3I_1^2R_1=3\times11.42^2\times1.33\text{W}=520\text{W}$$

$$p_{Cu2}=3I_2'^2R_2'=3\times9.98^2\times1.12\text{W}=335\text{W}$$

$$p_{Fe}=3I_m^2R_m=3\times3.91^2\times7\text{W}=321\text{W}$$

（2）同步角速度 Ω_s

$$\Omega_s=2\pi\dfrac{n_s}{60}=2\pi\times\dfrac{1500}{60}\text{rad/s}=157\text{rad/s}$$

（3）转子的机械角速度 Ω

$$\Omega=2\pi\dfrac{n}{60}=2\pi\times\dfrac{1452}{60}\text{rad/s}=152\text{rad/s}$$

（4）总机械功率 P_{mech}

$$P_{mech}=P_2+p_{mech}+p_\Delta=(10000+100+50)\text{W}=10150\text{W}$$

（5）电磁功率 P_e

$$P_e=P_{mech}+p_{Cu2}=(10150+335)\text{W}=10485\text{W}$$

（6）负载制动转矩 T_2

$$T_2=\dfrac{P_2}{\Omega}=\dfrac{10\times10^3}{152}\text{N·m}=65.79\text{N·m}$$

（7）空载制动转矩 T_0

$$T_0=\dfrac{p_{mech}+p_\Delta}{\Omega}=\dfrac{150}{152}\text{N·m}=0.99\text{N·m}$$

（8）电磁转矩 T_e

$$T_e=T_2+T_0=(65.79+0.99)\text{N·m}=66.78\text{N·m}$$

或

$$T_e=\dfrac{P_e}{\Omega_s}=\dfrac{10485}{157}\text{N·m}=66.78\text{N·m}$$

$$T_e=\dfrac{P_{mech}}{\Omega}=\dfrac{10150}{152}\text{N·m}=66.78\text{N·m}$$

第四节　三相异步电动机的工作特性及其测取方法

异步电动机的工作特性是指在额定电压和额定频率运行情况下，电动机的转速 n、

第五章 异步电机（二）——三相异步电动机的运行原理及单相异步电动机

定子电流 I_1、功率因数 $\cos\varphi_1$、电磁转矩 T_e、效率 η 等与输出功率 P_2 的关系，即 $U_1 = U_{1N}$，$f = f_N$ 时的 $n = f(P_2)$、$I_1 = f(P_2)$、$\cos\varphi_1 = f(P_2)$、$T_e = f(P_2)$、$\eta = f(P_2)$。由于异步电动机是一种交流电动机，所以对电网来说需要考虑功率因数。同时，由于是单边励磁，励磁电流与负载电流共存于定子绕组中，所以要注意到定子电流，而转子电流一般不能直接测取，以致这些特性就非对输出功率而言不可。和直流电动机一样，熟悉异步电动机的工作特性以后，就可以使它很好地完成拖动系统所赋予的使命。下面分析工作特性。

一、工作特性的分析

1. 转速特性

异步电动机在额定电压和额定频率下，输出功率变化时转速变化的曲线 $n = f(P_2)$ 称为转速特性。

电动机的转差率 s、转子铜耗 p_{Cu2} 和电磁功率 P_e 的关系，即式（5-38）为

$$s = \frac{n_s - n}{n_s} = 1 - \frac{n}{n_s} = \frac{p_{Cu2}}{P_e} = \frac{m_2 I_2^2 R_2}{m_2 E_2 I_2 \cos\varphi_2}$$

当电动机空载时，输出功率 $P_2 \approx 0$，在这种情况下 $I_2 \approx 0$。上列关系展示出转差率 s 差不多与 I_2 成正比，所以 $s \approx 0$，转速接近同步转速，即 $n \approx n_s$。负载增大时，必使转速略有下降，转子电动势 E_{2s} 增大，所以转子电流 I_2 增大，以产生更大的电磁转矩去和负载转矩平衡。因此，随着输出功率 P_2 的增大，转差率 s 也增大，则转速稍有下降，为了保证电动机有较高的效率，在一般异步电动机中，转子铜耗是很小的，额定负载时转差率为 $(1.5 \sim 5)\%$（小数字对应于大容量的电动机），相应的转速 $n = (1 - s_N) n_s = (0.985 \sim 0.95) n_s$，所以异步电动机的转速特性为一条稍向下倾斜的曲线（见图5-18），与并励直流电动机的转速特性极为相似。

2. 定子电流特性

异步电动机在额定电压和额定频率下，输出功率变化时，定子电流的变化曲线 $I_1 = f(P_2)$，称为定子电流特性。

异步电动机的定子电流方程式（即磁动势平衡方程式）为

$$\dot{I}_1 = \dot{I}_m + (-\dot{I}_2')$$

前面已经说明，空载时，转子电流 $\dot{I}_2' \approx 0$，此时定子电流几乎全部为励磁电流 $\dot{I}_m$。随着负载的增大，转子转速下降，转子电流增大，定子电流及磁动势亦随之增大，抵消转子电流产生的磁动势，以保持磁动势的平衡。定子电流几乎随 P_2 按正比例增加。异步电动机的定子电流特性如图5-18所示。

3. 功率因数特性

异步电动机在额定电压和额定频率下，输出功率变化时，定子功率因数的变化曲线 $\cos\varphi_1 = f(P_2)$ 称为功率因数特性。

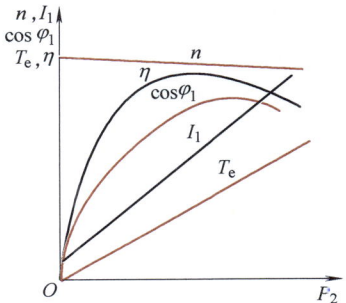

图5-18 异步电动机的工作特性

由异步电动机等效电路求得的总阻抗是感性的,所以对电源来说,异步电动机相当于一个感性阻抗,其功率因数总是滞后的,它必须从电网吸取感性的无功功率。空载时,定子电流 I_1 基本上是励磁电流,主要用于无功励磁,所以功率因数很低,为 0.1~0.2。当负载增加时,转子电流的有功分量增加,定子电流的有功分量随之增加,即可使功率因数提高,在接近额定负载时,功率因数达到最大。由于在空载到额定负载范围内,电动机的转差率 s 很小,而且变化也很小,所以转子功率因数角 $\varphi_2 = \arctan X_2 s/R_2$ 几乎不变,但负载超过额定值时,s 值就会变得较大,因此 φ_2 变大,转子电流中的无功分量增加,从而使电动机定子功率因数又重新下降。功率因数特性如图 5-18 所示。

4. 电磁转矩特性

<u>异步电动机在额定电压和额定频率下,输出功率变化时,电磁转矩变化曲线 $T_e = f(P_2)$ 称为电磁转矩特性。</u>

稳态运行时,异步电动机的转矩平衡方程式为

$$T_e = T_0 + T_2$$

因为输出功率 $P_2 = T_2 \Omega$,所以

$$T_e = T_0 + \frac{P_2}{\Omega} \tag{5-45}$$

异步电动机的负载不超过额定值时,转速和角速度变化很小,而空载转矩 T_0 又可以认为基本上不变,所以电磁转矩特性 $T_e = f(P_2)$ 近似为一条斜率为 $1/\Omega$ 的直线,如图 5-18 所示。

5. 效率特性

<u>异步电动机在额定电压和额定频率下,输出功率变化时,效率的变化曲线 $\eta = f(P_2)$ 称为效率曲线。</u>

根据效率的定义,异步电动机的效率为

$$\eta = 1 - \frac{\sum p}{P_1} \times 100\% = \frac{P_2}{P_2 + p_{Cu1} + p_{Fe} + p_{Cu2} + p_{mech} + p_\Delta} \times 100\% \tag{5-46}$$

异步电动机中的损耗也可分为不变损耗 p_{mech} 和可变损耗 p_{Cu1}、p_{Cu2}、p_Δ 两部分。当输出功率 P_2 增加时,可变损耗增加较慢,所以效率上升很快。和直流电动机的效率特性一样,当可变损耗等于不变损耗时,异步电动机的效率达到最大值。随后负载继续增加,可变损耗增加很快,效率就要降低。对于中小型异步电动机,最大效率大约出现在额定负载的 3/4 时,电动机容量越大,效率就越高。

二、工作特性的求取

异步电动机的工作特性可用直接负载法求取,也可利用等效电路进行计算。

用直接负载法求取异步电动机的工作特性需要带负载做试验,并测出电动机的定子电阻、铁耗和机械损耗。

负载试验是在额定电压和额定频率下进行的,即试验时,保持电源电压和频率为额定值,加负载到额定值的 5/4,然后再减少负载到额定值的 1/4,分别读取输入功率 P_1、定子电流 I 和转速 n(或转差 $n_s - n$),然后计算出不同负载下的功率因数 $\cos\varphi_1$、电磁转矩 T_e 及效率 η 等,并绘制出工作特性。

因为异步电动机在额定电压下从空载到额定负载时具有气隙磁场几乎不变的特性,

第五章 异步电机（二）——三相异步电动机的运行原理及单相异步电动机

所以可认为代表励磁特性的励磁阻抗是常数；又因为在电动机漏磁通的磁路中，存在很大气隙，一般认为都是线性的，所以表示漏磁通对绕组的电磁效应的漏电抗也是常数。这样，反映异步电动机电磁过程的等效电路中的参数，在额定电压和额定频率下基本上是不变的。因此，利用给定参数的等效电路，再给定机械损耗和附加损耗，按不同的转差率，对转速 n、定子电流 I_1、功率因数 $\cos\varphi_1$、电磁转矩 T_e、效率 η 等可进行计算，每次取不同的转差率，一直算到输出功率达到或略超过额定值为止。将计算结果列出表格，然后可画出工作特性。

第五节 三相异步电动机参数的测定

和变压器一样，异步电动机也有两种参数：一种是表示空载状态的励磁参数，即励磁阻抗 Z_m、R_m、X_m；另一种是对应堵转电流的漏阻抗 Z_1、R_1、X_1、Z'_2、R'_2、X'_2，通常漏阻抗称为堵转时的参数。这两种参数，不仅大小悬殊，而且性质也不同。前者决定于电动机主磁路的饱和程度，所以是一种非线性参数；后者基本上与电动机的饱和程度无关，是一种线性参数。和变压器等效电路中的参数一样，励磁参数、堵转参数（即短路参数）可分别通过简便的空载试验和堵转试验测定。

一、空载试验与励磁参数的确定

1. 空载试验

异步电动机空载运行，是指在额定电压和额定频率下，轴上不带任何负载的运行。试验在电动机空载下进行，定子绕组上施加频率为额定值的对称三相电压，将电动机运转一段时间（30min）使其机械损耗达到稳定值，然后调节电源电压从（1.10~1.30）U_N 开始，逐渐降低到可能达到的最低电压值（电压下降时，转速发生明显变化时为止）。测量 7~9 点，每次记录端电压、空载电流、空载功率和转速。根据记录数据，绘制电动机的空载特性曲线，如图 5-19 所示。

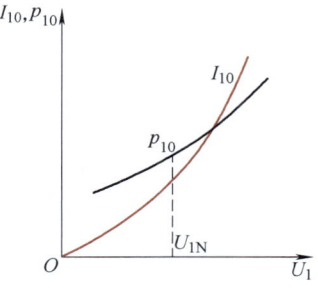

图 5-19 空载特性曲线

2. 励磁参数与铁耗及机械损耗的确定

由异步电动机的空载特性，可确定计算工作特性所需的等效电路中的励磁参数、铁耗和机械损耗。

（1）机械损耗和铁耗的分离　异步电动机空载时，$s \approx 0$，$I_2 \approx 0$，此时输入电动机的电功率用来补偿定子铜耗 p_{Cu1}、铁耗 p_{Fe} 和机械损耗 p_{mech}，即

$$p_{10} \approx m_1 I_1^2 R_1 + p_{Fe} + p_{mech} \tag{5-47}$$

上述空载损耗中，定子铜耗和铁耗与电压大小有关，而机械损耗仅与转速有关。从空载功率中扣除定子铜耗以后，即得铁耗与机械损耗之和

$$p_{10} - m_1 I_1^2 R_1 \approx p_{Fe} + p_{mech} \tag{5-48}$$

由于铁耗可认为与磁通密度的二次方成正比，则与端电压二次方成正比，故须绘制铁耗与机械损耗之和与端电压二次方值的曲线 $p_{Fe} + p_{mech} = f(U_1^2)$，如图 5-20 所示，将曲线延长相交于纵轴 $U_1=0$ 处，得交点 O'。过 O' 做一水平虚线将曲线的纵坐标分为两部分，由于机械损耗仅与电动机转速有关，而在空载状态下，电动机的转速 $n \approx n_s$，则机械损

耗可认为是恒值,所以虚线下部纵坐标表示与电压大小无关的机械损耗,虚线上部纵坐标表示对应于电压大小的铁耗。

(2) 励磁参数的确定　空载时,转差率 $s \approx 0$,则 T 形等效电路中的附加电阻 $\frac{1-s}{s}R_2' \approx \infty$,等效电路呈开路状态,如图 5-21 所示。根据电路计算,可得励磁参数为

$$Z_m + Z_1 = Z_0 = \frac{U_1}{I_{10}} \tag{5-49}$$

$$R_m = \frac{p_{Fe}}{m_1 I_{10}^2} \tag{5-50}$$

$$X_0 = \sqrt{Z_0^2 - R_0^2} \tag{5-51}$$

式中,$X_0 = X_1 + X_m$,$R_0 = R_1 + R_m$,其中 X_1 可由下面介绍的堵转试验确定,于是励磁电抗 X_m 为

$$X_m = X_0 - X_1 \tag{5-52}$$

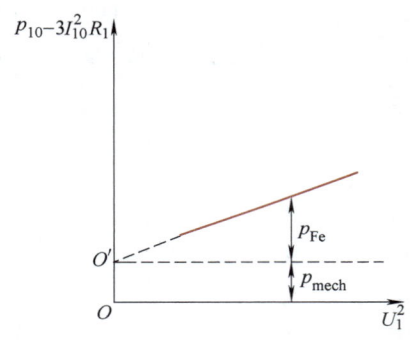

图 5-20　$p_{Fe} + p_{mech} = f(U_1^2)$ 曲线

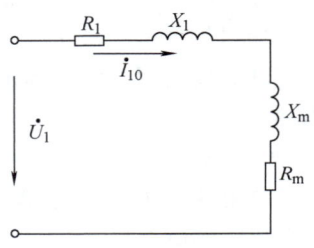

图 5-21　空载时异步电动机的等效电路

二、堵转试验及堵转时参数的确定

堵转试验,旧称短路试验,就异步电动机而言,堵转是使其转子堵住不转,在 T 形等效电路中表现为 $s=1$,即附加电阻 $\frac{1-s}{s}R_2' = 0$ 的状态。在这种情况下,$s=1$,$n=0$,即电动机在外施电压下处于静止状态。因此堵转试验必须在电动机堵转条件下进行。为了使堵转试验时电动机的堵转电流不致过大,可降低电源电压进行,一般从 $U_1 \approx 0.4U_{1N}$ 开始,然后逐步降低电压。为了避免定子绕组过热,试验应尽快进行,测量 5~7 点,每次记录端电压、定子堵转电流和功率,并测量定子绕组的电阻。根据记录数据,绘制电动机的堵转特性 $I_{1k} = f(U_1)$,$p_{1k} = f(U_1)$,如图 5-22 所示。

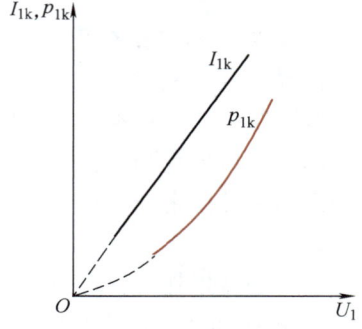

图 5-22　异步电动机的堵转特性

电动机堵转时,$s=1$,代表总机械功率附加的电阻 $\frac{1-s}{s}R_2' = 0$,其等效电路如图 5-23 所示。由于 $Z_m \gg Z_2'$,可以认为励磁支路开路,则 $I_m \approx 0$,铁耗可忽略不计。此时

输出功率和机械损耗为零，全部输入电功率都变成定子铜耗与转子铜耗。

$$p_{1k} \approx m_1 I_1^2 R_1 + m_1 I_2'^2 R_2' \quad (5\text{-}53)$$

因为 $I_m \approx 0$，则可认为 $I_2' \approx I_1 = I_{1k}$，所以

$$p_{1k} \approx m_1 I_{1k}^2 (R_1 + R_2') = m_1 I_{1k}^2 R_k \quad (5\text{-}54)$$

根据堵转试验数据，可求出堵转时的阻抗（即短路阻抗）Z_k、电阻 R_k 和电抗 X_k。

$$Z_k = \frac{U_1}{I_{1k}}, \quad R_k = \frac{p_{1k}}{m_1 I_{1k}^2}, \quad X_k = \sqrt{Z_k^2 - R_k^2} \quad (5\text{-}55)$$

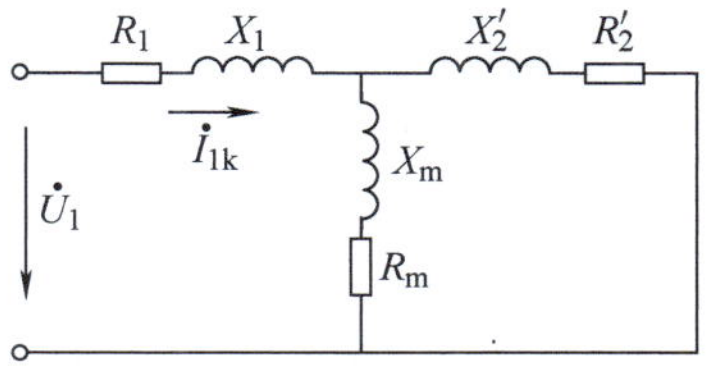

图 5-23 堵转时异步电动机的等效电路

式中

$$R_k = R_1 + R_2'$$
$$X_k = X_1 + X_2'$$

将 R_k 减去 R_1 即得 R_2'。若要把 X_k 分为 X_1 和 X_2'，对于大、中型异步电动机，可认为

$$X_1 \approx X_2' \approx \frac{X_k}{2} \quad (5\text{-}56)$$

对于 100kW 以下的小型异步电动机，可取 $X_2' \approx 0.67 X_k$（2、4、6 极），$X_2' \approx 0.57 X_k$（8、10 极）。

第六节 三相异步电动机的转矩与转差率的关系

三相异步电动机的输出机械功率为输出机械转矩与转速的乘积。输出转矩又是其电磁转矩的主要成分，而转速的派生量为转差率，也是异步电动机的基本变量之一。所以研究三相异步电动机的电磁转矩 T_e 与转差率 s 的关系十分重要，还可借以阐明其他电机，如单相异步电动机、伺服电动机这些电动机的工作原理等。

由式（5-43）已给出

$$T_e = \frac{1}{\Omega_s} m_1 I_2'^2 \frac{R_2'}{s}$$

如图 5-13 所示，由三相异步电动机的近似等效电路得

$$I_2' = \frac{U_1}{\sqrt{\left(R_1 + \dfrac{R_2'}{s}\right)^2 + (X_1 + X_2')^2}} \quad (5\text{-}57)$$

将式（5-57）代入式（5-43），即得三相异步电动机的电磁转矩与转差率的关系为

$$T_e = \frac{m_1}{\Omega_s} \cdot \frac{U_1^2 \dfrac{R_2'}{s}}{\left(R_1 + \dfrac{R_2'}{s}\right)^2 + (X_1 + X_2')^2} \quad (5\text{-}58)$$

按式（5-58），即可给出异步电动机的 T_e-s 曲线，如图 5-24 所示。

转矩-转差率曲线为一条二次曲线，在某一转差率 s_m 时，转矩有一最大值 T_{max}，称为异步电动机的最大转矩。

令 $\dfrac{dT_e}{ds} = 0$，即可求得 T_{max}。当 $\dfrac{dT_e}{ds} = 0$ 时，可求出产生 T_{max} 时的转差率 s_m，即

$$s_m = \pm \frac{R'_2}{\sqrt{R_1^2 + (X_1 + X'_2)^2}} \quad (5\text{-}59)$$

s_m 称为临界转差率。把式（5-59）代入式（5-58）可求得最大转矩 T_{max} 为

$$T_{max} = \pm \frac{m_1}{\Omega_s} \frac{U_1^2}{2[\pm R_1 + \sqrt{R_1^2 + (X_1 + X'_2)^2}]} \quad (5\text{-}60)$$

式中正号对应于电动机状态，而负号则适用于发电机状态。

通常 $R_1 \ll (X_1 + X'_2)$，故式（5-59）及式（5-60）可近似变为

$$s_m \approx \pm \frac{R'_2}{X_1 + X'_2} \quad (5\text{-}61)$$

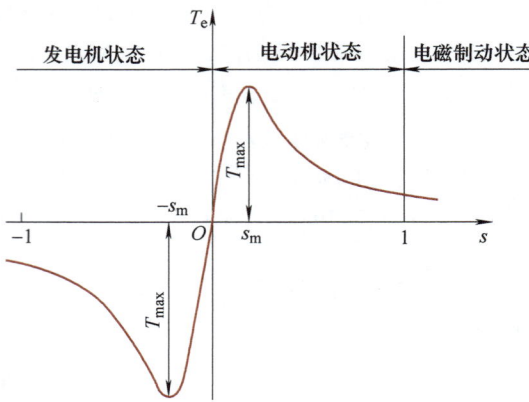

图 5-24 三相异步电动机的 T_e-s 曲线

$$T_{max} \approx \frac{m_1 U_1^2}{2\Omega_s (X_1 + X'_2)} \quad (5\text{-}62)$$

由式（5-59）~式（5-62）可知：

1) 当电动机各参数及电源频率不变时，T_{max} 与 U_1^2 成正比，s_m 则保持不变，与 U_1 无关。

2) 当电源频率及电压不变时，s_m 与 T_{max} 近似地与 $X_1 + X'_2$ 成反比。

3) T_{max} 与 R'_2 之值无关，s_m 则与 R'_2 成正比。对于绕线转子异步电动机，当转子电路串联某一恰当电阻 R_Ω 时，可使 $s_m = 1$ （相当于 $n = 0$），即起动时转矩达最大值 T_{max}。显然，此时转子电路的总电阻为

$$R'_2 + R'_\Omega = \sqrt{R_1^2 + (X_1 + X'_2)^2}$$

由此可求出

$$R'_\Omega = \sqrt{R_1^2 + (X_1 + X'_2)^2} - R'_2 \quad (5\text{-}63)$$

本书下册"电力拖动"部分将对 T_e-s 曲线做进一步分析。

第七节 单相异步电动机

由单相电源供电的异步电动机即为单相异步电动机，其基本原理是建立在三相异步电动机的基础上的，但在结构和特性方面有不少差别。

一、由单相电源供电的异步电动机的运行——单相异步电动机的工作原理

一台三相异步电动机，其定子绕组仅一相供电，或者一相断开时的运行，都是在单相电源供电时的运行情况，其接线图如图 5-25 所示，实质上这就是单相异步电动机的运行情况。在"交流绕组磁动势"中已阐明，由单相交流电流 $i = \sqrt{2}I\cos\omega t$ 所建立的磁动势是一种脉振磁动势，若仅考虑其基波分量，其表达式为

$$f_1 = F_1 \cos\frac{\pi}{\tau}x\cos\omega t = \frac{1}{2}F_1\cos\left(\frac{\pi}{\tau}x - \omega t\right) + \frac{1}{2}F_1\cos\left(\frac{\pi}{\tau}x + \omega t\right) = f_+ + f_-$$

第五章　异步电机（二）——三相异步电动机的运行原理及单相异步电动机

上式表明，一个脉振磁动势可分解为两个幅值相等，且等于脉振磁动势幅值的一半，旋转转速相同但旋转方向相反的两个旋转磁动势。一个称为正转磁动势，向着 x 正方向旋转，用空间矢量 F_+ 表示，另一个称为反转磁动势，向着 x 反方向旋转，用空间矢量 F_- 表示，如图 5-25 所示。这两个旋转磁动势分别产生正转和反转磁场，其磁通分别为 Φ_+ 和 Φ_-。正、反转磁场同时在转子绕组中

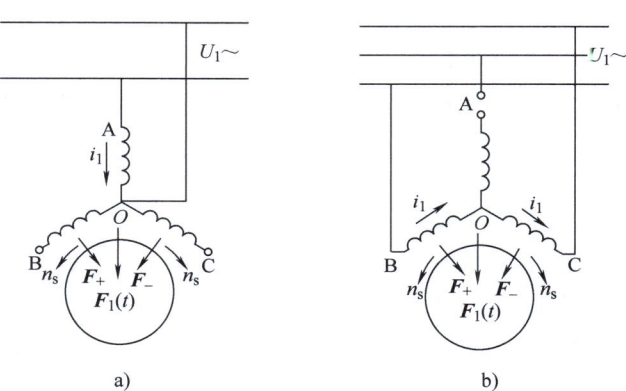

图 5-25　单相电源供电下的异步电动机接线图

a) 单相供电　b) 一相断开

分别感应产生相应的电动势和电流，从而产生使电动机正转和反转的电磁转矩 T_{e+} 和 T_{e-}。正转电磁转矩若为拖动转矩，反转电磁转矩则为制动转矩，因此，对正转旋转磁场而言，电动机的转差率为

$$s_+ = \frac{n_s - n}{n_s} \tag{5-64}$$

正转电磁转矩 T_{e+} 与正转转差率 s_+ 的关系 $T_{e+} = f(s_+)$，和三相异步电动机的一样，如图 5-26 中曲线 1 所示。但对反转旋转磁场而言，电动机的转差率应为

$$s_- = \frac{n_s - (-n)}{n_s} = \frac{2n_s - (n_s - n)}{n_s} = 2 - s_+ \tag{5-65}$$

反转电磁转矩 T_{e-} 与反转转差率 s_- 的关系 $T_{e-} = f(s_-) = f(2-s_+)$，其曲线形状和 $T_{e+} = f(s_+)$ 完全一样，不过 T_{e+} 为正值，而 T_{e-} 为负值，并且两转差率之间有 $s_+ + s_- = 2$ 的关系，$T_{e-} = f(s_-)$ 如图 5-26 中曲线 2 所示。曲线 1 和曲线 2 分别为正转和反转的 T_e-s 曲线，它们相对于原点对称。电动机的合成电磁转矩为 $T_e = T_{e+} + T_{e-}$。因此在单相电源供电时，异步电动机或者是单相异步电动机的 T_e-s 曲线为 $T_{e+} + T_{e-} = f(s)$，如图 5-26 中曲线 3 所示。

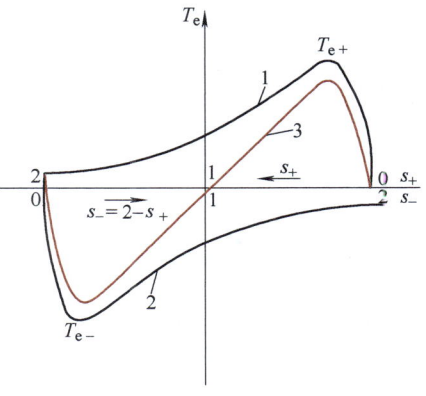

图 5-26　单相异步电动机的 T_e-s 曲线

从图 5-26 所示的 T_e-s 曲线可看出，单相异步电动机有两个特性：

1）电动机不转时，$n = 0$，即 $s_+ = s_- = 1$ 时，合成转矩 $T_{e+} + T_{e-} = 0$，电动机无起动转矩。

2）若用外力拖动电动机向正转或反转方向转动，即 s_+ 或 s_- 不为"1"时，合成电磁转矩不等于零，去掉外力，电动机会被加速到接近同步转速 n_s，换句话说，单相异步电动机虽无起动转矩，但一经起动，就会转动而不停止。这些特征还可以用把脉振磁动势转变为旋转磁动势的道理去分析。

由于单相异步电动机的转子是笼型的，结构上对称，不论转子处于什么位置，从电磁效应考虑，都可以用定子磁动势及其垂直轴线（以下定子磁动势轴线称为直轴，用下标"d"表示，与定子磁动势轴线垂直的轴线称为交轴，用下标"q"表示）上各有两根导条的转子去代替 n 根导条均匀分布的实际笼型转子，如图 5-27 所示。

当电动机不转时，脉振磁动势所建立的脉振磁场仅在 q 轴上导条 1-1′组成的线圈内感应产生电动势与电流，其正方向在图 5-27 中表明，2-2′导条组成的线圈不与脉振磁场交链，其中无电动势和电流。这时，单相异步电动机好像一台二次侧短路的单相变压器，作用在导条 1-1′上的电磁力互相抵消，不能形成电磁转矩，电动机不能起动。和变

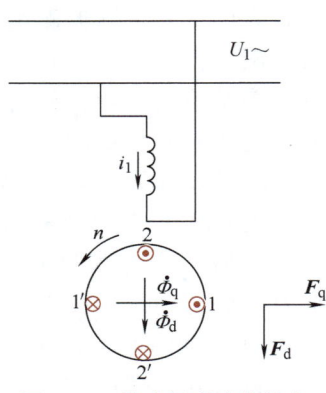

图 5-27 从脉振磁动势转变为旋转磁动势

压器一样，其合成磁动势仍为脉振磁动势，磁动势的方向不变。如果用外力拖动转子逆时针方向转动，由于不论转子处于什么位置，转子上导条组成的等效线圈总是在 d、q 轴上，而 q 轴线圈 2-2′切割脉振磁场，在其中感应产生电动势及电流；d 轴线圈 1-1′因处于磁场中性线上不切割磁场，故其中无电动势和电流。所以当转子转动以后，电动机内的电磁情况有了变化。

设脉振磁场按正弦分布，即 $B = B_{\mathrm{m}}\cos\omega t \sin\dfrac{\pi}{\tau}x$，则每极脉振磁通为

$$\Phi = \frac{2}{\pi}B_{\mathrm{m}}\tau l\cos\omega t \tag{5-66}$$

式中　τ——极距；

　　　l——定子铁心长度；

　　　B_{m}——脉振磁场的幅值。

Φ 除在 d 轴线圈 1-1′中感应产生所谓变压器电动势 e_{d} 以外，还在 q 轴线圈 2-2′中感应产生速度电动势 e_{q}，这两种电动势分别为

$$e_{\mathrm{d}} = -N'_{\mathrm{d}}\frac{\mathrm{d}\phi}{\mathrm{d}t} = N'_{\mathrm{d}}\frac{2}{\pi}B_{\mathrm{m}}\tau l\omega\sin\omega t \tag{5-67}$$

式中　N'_{d}——等效线圈 1-1′的匝数。

$$e_{\mathrm{q}} = 2N'_{\mathrm{q}}Blv = 2N'_{\mathrm{q}}B_{\mathrm{m}}lv\cos\omega t \tag{5-68}$$

式中　N'_{q}——等效线圈 2-2′的匝数。

q 轴上仅有一个线圈，线圈好像电抗器，所以对线圈 2-2′中电流 $\dot{I}_{\mathrm{q}}$ 的阻抗，可以认为是一种纯感抗，则 $\dot{I}_{\mathrm{q}}$ 滞后于 $\dot{E}_{\mathrm{q}}$ 90°电角度，而 $\dot{E}_{\mathrm{q}}$ 与 $\dot{\Phi}_{\mathrm{d}}$ 同相位［见式（5-68）］。因此，$\dot{I}_{\mathrm{q}}$ 以及由 $\dot{I}_{\mathrm{q}}$ 建立的脉振磁动势 F_{q} 在时间上滞后于 $\dot{\Phi}_{\mathrm{d}}$ 和建立 $\dot{\Phi}_{\mathrm{d}}$ 的定子脉振磁动势 F_{d} 90°电角度（不计铁心损耗）。单相异步电动机转动时，其中存在着空间和时间上均相差 90°电角度的两种脉振磁动势，其表达式可写为

$$\begin{aligned}f_{\mathrm{d}} &= F_{\mathrm{d}}\cos\frac{\pi}{\tau}x\cos\omega t \\ f_{\mathrm{q}} &= F_{\mathrm{q}}\sin\frac{\pi}{\tau}x\sin\omega t\end{aligned} \tag{5-69}$$

式中 F_d、F_q——直、交轴脉振磁动势的幅值。合成磁动势为

$$f = f_d + f_q = F_d \cos\frac{\pi}{\tau}x\cos\omega t + F_q \sin\frac{\pi}{\tau}x\sin\omega t$$
$$= \frac{1}{2}(F_d + F_q)\cos\left(\frac{\pi}{\tau}x - \omega t\right) + \frac{1}{2}(F_d - F_q)\cos\left(\frac{\pi}{\tau}x + \omega t\right) \quad (5\text{-}70)$$
$$= F_+ \cos\left(\frac{\pi}{\tau}x - \omega t\right) + F_- \cos\left(\frac{\pi}{\tau}x + \omega t\right)$$

从旋转磁动势理论可知，将两个在空间和时间上均相差 90°的脉振磁动势合成，如脉振磁动势的幅值相等，即 $F_d = F_q = F_1$，则

$$f = F_1 \cos\left(\frac{\pi}{\tau}x - \omega t\right) \quad (5\text{-}71)$$

为正转圆形旋转磁动势。如两磁动势幅值不等，即 $F_d \neq F_q$，若 $F_d > F_q$，则 $F_+ = (F_d + F_q)/2 > F_- = (F_d - F_q)/2$，即正转磁动势幅值大于反转磁动势幅值。

若用矢量图去描述式（5-70）所表达的合成磁动势，如图 5-28 所示，图中 F_+ 为正转（逆时针）旋转磁动势的矢量，F_- 为反转（顺时针）旋转磁动势的矢量。当 $\omega t = 0$ 时，F_+ 与 F_- 重合，选 $\omega t = \frac{\pi}{3}、\frac{2\pi}{3}、\pi$ 等几个特定瞬间，将 F_+ 与 F_- 合成，结果得出的合成磁动势为正弦分布、幅值变动、非恒速旋转的一种磁动势，其矢量矢端的轨迹为一椭圆。合成磁动势的最大幅值（椭圆的长轴）为正转和反转磁动势幅值之和，最小幅值（椭圆的短轴）为正转和反转磁动势幅值之差，旋转方向与正转磁动势相同，这种旋转磁动势称为椭圆形旋转磁动势。

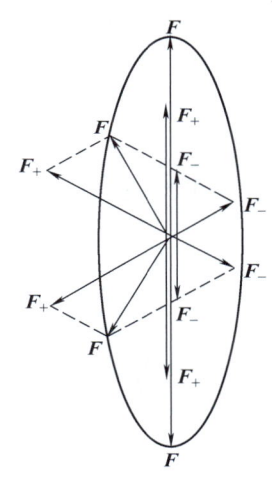

图 5-28 椭圆形旋转磁场的矢量表示

从以上分析可知，单相异步电动机一经转动以后，由于出现交轴磁动势，其磁动势即由脉振磁动势变为旋转磁动势（一般为椭圆形旋转磁动势）。随着转速的增大，由于交轴线圈中的电动势 E_q 与转速 n（或线速度 v）成正比，I_q 及 F_q 逐渐增大，从式（5-70）可看出，F_+ 增大，F_- 减小，合成磁动势会变得接近圆形旋转磁动势，由合成磁动势建立的磁场会变得接近圆形旋转磁场。因此，单相异步电动机和三相异步电动机一样，能够产生电磁转矩使电动机继续转动。

如果外力拖动电动机顺时针方向（反转方向）转动，电磁情况完全和逆时针方向转动一样，无非是正、反转旋转磁动势大小和作用互换，所以不加任何起动措施的单相异步电动机旋转方向可以是任意的。

如何解决起动问题是单相异步电动机付诸实用的关键问题。

二、单相异步电动机的主要类型和起动方法

从工作原理可知，单相异步电动机之所以无起动转矩是由于它处于静止状态时，其磁动势是脉振的，这种脉振磁动势由正、反幅值相等的旋转磁动势合成。如果加强正转磁动势、削弱反转磁动势，使磁动势由脉振变为旋转的，可为椭圆形，理想的话可为圆形，则电动机不但能自行起动，且能运行，所以解决单相异步电动机起动的根本措施，

就是设法使电动机中再建立一个脉振磁动势,而其相位和位置不同于原来存在的脉振磁动势。

根据起动方法和相应结构上的不同,常用的单相异步电动机有下述两种类型。

1. 分相式电动机

这种单相异步电动机的定子铁心和三相异步电动机一样,定子上除装有单相的主绕组(又称工作绕组)外,另外装一个辅助绕组(又称起动绕组),它与主绕组在空间上相差 90°电角度,如图 5-29 所示。主绕组和辅助绕组接在同一单相电源上。接线如图 5-30 所示,在辅助绕组中串入适当的电容或电阻,也可以是电感,使辅助绕组中电流的相位不同于主绕组中的电流相位,以获得空间上相差 90°而时间上相差一定电角度的两种脉振磁动势。这样就会在电动机内形成一种旋转磁动势,从而产生起动转矩。辅助绕组一般是按短时运行状态设计的,所以在电动机起动以后,为了避免辅助绕组过热,当转速到达一定值时,由离心开关 Q 将辅助绕组与电源切断,这是利用辅助绕组使电动机形成两相电动机的起动方法。这样的单相异步电动机称为分相式电动机。

分相式电动机又可分为两种:电阻分相及电容分相。

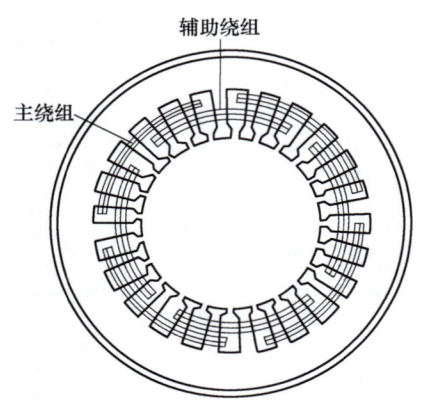

图 5-29 分相式电动机的定子示意图

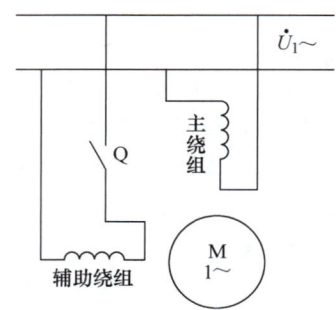

图 5-30 分相式电动机的接线图

(1)电阻分相电动机 电阻分相电动机的辅助绕组用较细的导线绕成,与主绕组可以有不同的匝数,使其电阻增大,电流超前于主绕组中的电流,以形成两相电流。但由于两个绕组中的阻抗都是感性的,两相电流的相位差不仅不可能达到 90°电角度,而且其值也不大。故电动机气隙内旋转磁场椭圆度较大,所以产生的起动转矩较小,而起动电流较大。

(2)电容分相电动机 电容分相电动机的辅助绕组中串联电容,如果电容选择得恰当,这种电动机辅助绕组中的电流可超前于主绕组中的电流接近 90°电角度,则在电动机气隙内建立起椭圆度较小的旋转磁场,从而获得较大的起动转矩,使起动电流较小。

由于辅助绕组中串入电容以后,不仅能解决起动问题,而且运行时还能改善电动机的功率因数,提高电动机的过载能力。设计时,如果考虑到辅助绕组不仅作起动用,而且能供工作用,让串联电容的辅助绕组在电动机起动后不再与电源切断,使电动机成为一台两相电动机,这种电动机就称为电容分相式电动机。

如果要改变分相式电动机的转动方向,只需将辅助绕组与主绕组相并联的接线端子对调即可。

有时需要将三相异步电动机运行于单相电源，可按照图5-31所示接线图接线，即将一相从中性点断开，串联电容作为电动机起动用的辅助绕组，另外两相反向串联作主绕组使用，使三相异步电动机成为一台电容分相电动机。

2. 罩极式电动机

罩极式电动机的定子铁心多制成凸极式，由硅钢冲片叠压而成，每极上装有集中绕组，即为主绕组；每极极靴的一边开有一个小槽，小槽中嵌入短路铜环，将部分磁极罩起来，这个短路铜环称为罩极线圈；转子是笼型结构，其结构示意图如图5-32所示。

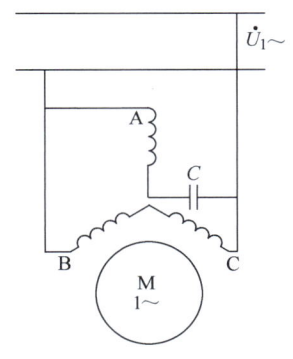

图 5-31 三相异步电动机做单相运行的接线图

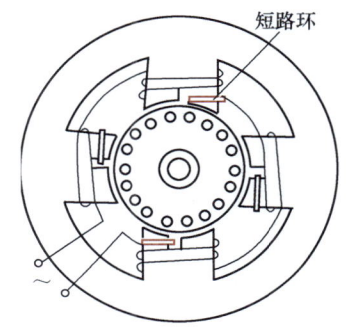

图 5-32 罩极式电动机的结构示意图

当主绕组中通过单相交流电流时，产生脉振磁通，在短路铜环中感应产生电动势 $\dot{E}_k$ 和电流 $\dot{I}_k$，罩极部分的电磁情况和短路的变压器一样，穿过短路铜环的总磁通可认为是由穿过罩极部分的磁通 $\dot{\Phi}'$（主绕组中电流产生）与 I_k 产生的磁通 $\dot{\Phi}_k$ 所合成的，即 $\dot{\Phi}' + \dot{\Phi}_k = \dot{\Phi}''$。它与未穿过罩极部分的磁通 $\dot{\Phi}_0$ 之间形成一定的相位差，如图5-33的相量图所示。由于 $\dot{\Phi}_0$ 与 $\dot{\Phi}''$ 在空间上处于不同位置，时间上又有相位差，所以它们的合成磁场是一种"扫动磁场"，扫动的方向为从超前的 $\dot{\Phi}_0$ 扫向滞后的 $\dot{\Phi}''$。这种扫动磁场实质上是一种椭圆度很大的旋转磁场。在这种磁场的作用下，电动机将获得一定的起动转矩。

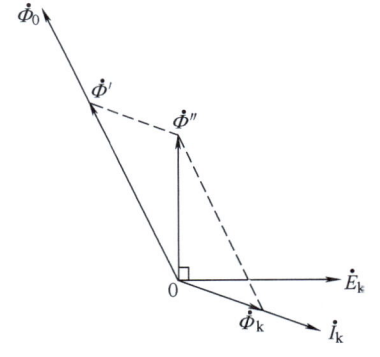

图 5-33 罩极式电动机的磁通相量图

罩极式电动机也有将定子铁心做成隐极式的，槽内除主绕组外，还嵌有一个匝数较少、与主绕组错开一个电角度，且自行短路的辅助绕组。

三、单相异步电动机的用途

虽然单相异步电动机的功率因数、效率和过载能力都比同容量的三相异步电动机低，体积也较同容量的三相异步电动机大，但是仅需单相电源供电，如果容量不大，所述这些缺点就不很突出，所以小容量单相异步电动机在日常生活、家用电器、医疗器械和某些工业装置中应用很广。罩极式电动机主要用于小台扇、电唱机和录音机中，容量一般在几十瓦以下;电容分相式电动机应用于需要较大起动转矩的装置,如空气压缩机、空气调节器、电冰箱等,容量在几百瓦以下。

第八节 直线异步电动机

生产机械除绝大多数做旋转运动外,有些还需要做直线运动。直线异步电动机是把交流电能直接转换为直线运动机械能的能量转换装置,是能做直线运动的异步电动机。

直线电动机是在与旋转电动机相同的电磁理论基础上,结合直线运动的特点发展起来的,可以看成由旋转电动机演变而来的一种电动机。因此,从理论上说,直流、异步和同步等几大类型的旋转电机都可以做成直线电动机,当然具体结构要结合应用情况来设计。

直线异步电动机也和旋转的异步电动机一样,具有结构简单、使用方便、运行可靠等优点,同时具有运动系统无离心力、散热条件好等优点。本节仅就该类电动机的工作原理、结构特点与使用场合做简单的介绍。

一、工作原理

设想将一台笼型异步电动机,沿其径向剖开,然后拉直便为一台直线异步电动机,如图 5-34 所示。这是最原始的扁平型直线异步电动机。

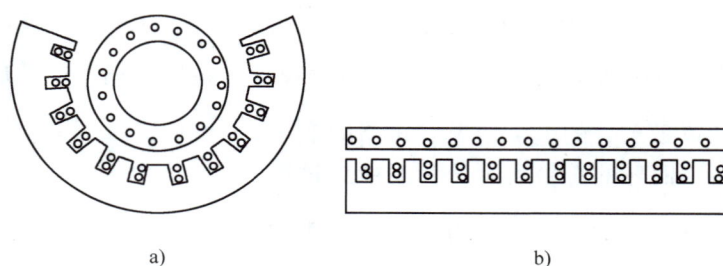

图 5-34 旋转异步电动机演变为直线异步电动机

由定子演变而来的一侧叫初级(也称一次侧),而由转子演变成的一侧叫次级(也称二次侧)。初级被固定,次级运动的直线电动机被称为动次级电动机,反之则被称为动初级电动机。为了对称,它的次级导体不再嵌在槽中,而直接由一块整体片状铜(铝)构成,称为铜(铝)次级或非磁性次级;或由整块钢板(或钢轨)构成,称为钢次级或磁性次级;或由覆盖有一层铜(铝)板的钢板(或钢轨)所构成,称复合次级。

当直线异步电动机的初级三相绕组中通入对称三相交流电流以后,就建立了三相合成磁动势,在合成磁动势作用下,和旋转的异步电动机一样,也产生气隙磁场。不同的是,这个气隙磁场不是旋转的,而是按 A、B、C 相序沿直线移动的行波磁场,如图 5-35 所示。

显然,行波磁场直线移动速度与旋转磁场在

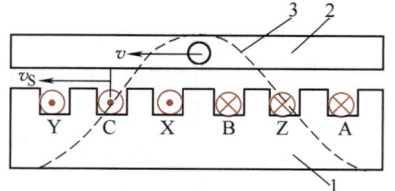

图 5-35 直线运动的直线异步电动机

1—初级 2—次级 3—行波磁场

定子内圆表面上线速度是一样的，即

$$v_s = \frac{Da}{2} \times \frac{2\pi n_s}{60} = \frac{Da}{2} \times \frac{2\pi}{60} \times \frac{60 f_1}{p} = 2\tau f_1 \quad (5-72)$$

当行波磁场切割拉直的转子，即所形成的次级导条，将在其中感应产生电动势及电流。根据电磁力定律，次级导条中的电流与气隙中行波磁场相互作用，便产生电磁力。若初级固定，次级将沿着移动磁场方向移动。次级线速度为 v，则转差率 s 为

$$\left.\begin{array}{c} s = \dfrac{v_s - v}{v_s} \\ v = (1-s) v_s \end{array}\right\} \quad (5-73)$$

正如在旋转电机中，改变极对数即可改变同步转速一样，在直线异步电动机中，改变极距 τ，也可改变行波磁场的线速度 v_s。由此可知，直线异步电动机的工作原理与旋转异步电动机并无本质上的差异，只是两种电动机的机械运动方式不同而已。

二、结构形式及其特点

1. 结构形式

直线异步电动机有三种结构形式。

（1）扁平形　由旋转异步电动机演变而来的直线异步电动机是扁平形的直线异步电动机，如图 5-34 所示。次级一侧装初级的称为单边型，次级两边都装初级的，称为双边型，如图 5-36 所示。

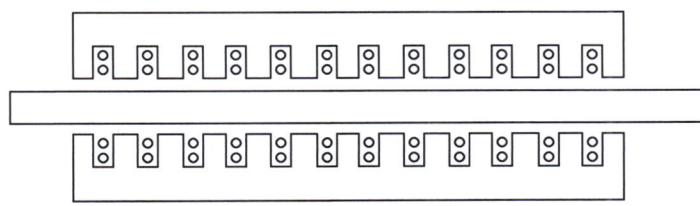

图 5-36　双边型直线异步电动机

（2）管形　若将扁平形直线异步电动机的初级沿着与移动磁场方向平行的轴线卷成圆筒，便成为管形直线异步电动机，如图 5-37 所示，此时磁场沿圆筒的轴向移动。管形直线异步电动机的次级主要形式为钢次级和复合次级。

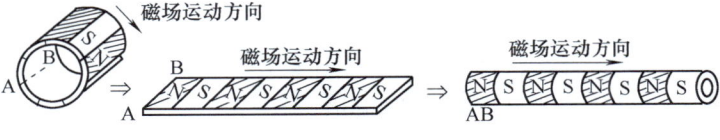

图 5-37　管形直线异步电动机

（3）圆盘形　如将扁平形直线异步电动机拉直的转子条铁，再改制成扁平的圆盘状，并能绕经过圆心的轴自由转动，而将拉直的定子装置安装在次级圆盘靠近外缘的平面上，使次级圆盘在切向电磁力的作用下做圆周运动，即为圆盘形直线异步电动机，如图 5-38 所示。

2. 结构特点

旋转电机的铁心是圆环形的，磁路不存在始端和终端。直线电机的铁心是平直的，且两端是断开的，如果将直线异步电动机固定部件和移动部件做成一样长，如图 5-35 所示，因相对运动，初级的一部分就不再与次级相覆盖，移动部件则离固定部件而远去，初、次级间实现电磁耦合的有效部分将越来越少，两者失去耦合作用，将会使移动部件停止运动。因此为了不使电机输出力减少，所以移动部件与固定部件长度不能相等。实际的直线异步电动机常把固定部件和移动部件做成长短不等，使长的部件有足够长度，保证在所需行程范围内，初级、次级有不变的耦合性。这种加长就导致了直线电动机的两种基本类型：短初级电动机；短次级电动机。显然，采用长次级、短初级成本较低（因初级装设绕组），如图 5-39 所示。

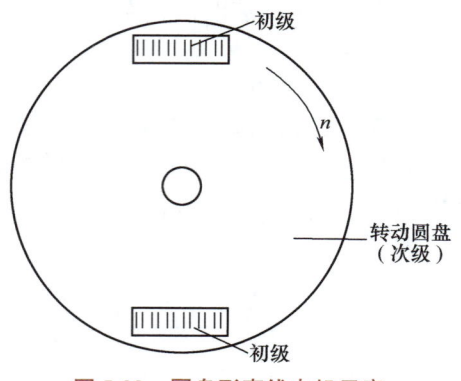

图 5-38　圆盘形直线电机示意

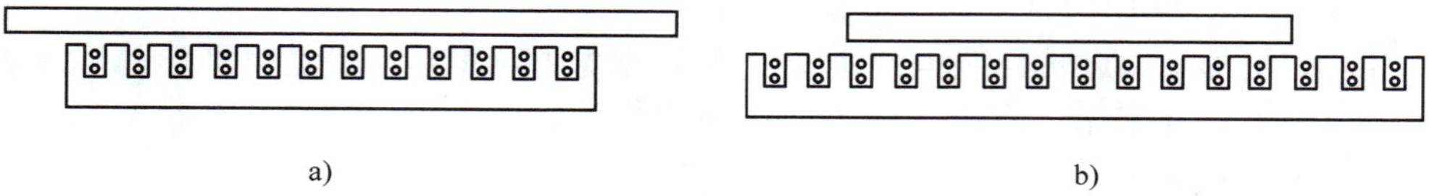

图 5-39　直线电动机的两种基本类型

a）短初级电动机　b）短次级电动机

直线异步电动机与旋转异步电动机虽然有相似之处，但由于铁心结构的差别，在一些电磁基本现象上也有不同，如电机的磁场分布，直线异步电动机有轴向磁通式和横向磁通式两种，如图 5-40 所示。直线异步电动机的初级铁心是断开的，绕组在两端不连续，非铁磁物质的磁导率虽比铁磁物质的磁导率要小得多，但不能认为铁心以外的空气中无磁场存在，而会产生所谓边缘效应。直线异步电动机仅有一个次级，当初级励磁并产生行波磁场后，必然会出现纵向磁拉力，这是直线异步电动机在电磁本质上的一个特点。在圆筒状旋转电机中，只要定、转子同心，径向磁拉力就会相互抵消掉。而单边型直线电动机的法向磁拉力不能自行抵消。如果直线异步电动机用于行车上，这种纵向磁拉力可以很好地被利用，它可以抵消一部分负荷重力而减小前进中的摩擦力，但在大多数使用场合下，是不希望存在这种磁拉力的。如果在次级两侧都装上初级，则两边的磁拉力可以互相抵消。另外直线异步电动机与同容量旋转电机相比，直线异步电动机的效率和功率因数较低，尤其在低速时比较明显。其主要原因有两点：一是直线电机的初、次级间气隙一般比旋转电机的气隙大，因此所需的磁化电流较大，使损耗增加；二是由于直线电机初级铁心两端开断，产生了边缘效应，从而引起波形畸变等问题，其结果也导致损耗增加。

目前直线异步电动机主要应用于液态金属电磁泵、转台传动装置、传送带、起重机、电梯、生产自动线上的机械手及电磁弹射器等。

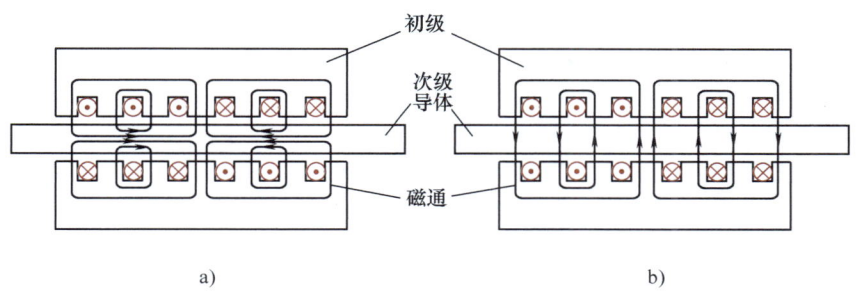

图 5-40 直线异步电动机磁场分布
a) 轴向磁通式 b) 横向磁通式

小　结

1. 三相异步电动机

三相异步电动机空载与负载运行时的基本电磁关系是异步电动机原理的核心。空载运行时，异步电动机的转速接近于同步转速，转子电流接近于零，定子电流近似地等于励磁电流。负载运行时，转速下降，转差率增大，旋转磁场与转子绕组的相对运动增大，此时气隙中的旋转磁场由定子、转子绕组磁动势联合建立。由于电源电压为额定电压，定子绕组中漏阻抗压降很小，所以气隙磁场基本不变。通过磁动势平衡和电磁感应的作用，电功率由电源输入定子绕组，机械功率从转子轴上输出。

从基本电磁关系看，异步电动机与变压器极为相似。异步电动机的定、转子和变压器的一次、二次侧的电压、电流都是交流的，两者之间的关系都是感应关系，它们都以磁动势平衡、电动势平衡、电磁感应和全电流定律为理论基础。因此，其基本方程式、等效电路及相量图不论是形式或推导过程都很相似，本质上的差别在于异步电动机的磁动势为三相合成磁动势，是一种旋转磁动势，所建立的磁场是旋转磁场，而变压器中的磁动势是脉振磁动势，即使是三相变压器也分相考虑。异步电动机转子绕组的电动势及电流的频率 $f_2 = sf_1$ 不仅决定于定子（初级）的频率，还决定于转子的转速。异步电动机绕组是短距和分布的，变压器的绕组是整距和集中的，所以两者的磁动势、电动势公式也略有不同。此外，异步电动机与变压器的能量转换和传递情况也不同，变压器中只有能量传递，而异步电动机中既有能量传递，又有能量转换。

异步电动机中磁动势、磁通密度可用矢量表示，电动势、电流用相量表示，相量是对一相画出的，而矢量是就整个电机，即各相合成值画出的。矢量图与相量图通过磁动势与电流的关系画在一起而成为一种所谓相矢图，使有关物理量表示在一个图上，以便清楚地表示它们之间的关系。

正常运行的异步电动机是一种"单边励磁"的电机，即只有一边接到电源上，另一边的电动势、电流依靠感应作用而产生，因此，从空载到负载，其气隙磁场基本不变；而直流电动机则属于"双边励磁"的电机，磁极、电枢两边都与电源相接，其气隙磁场是随负载大小而变化的。

等效电路也是分析异步电动机的有效工具。也用"归算"的方法，先将转子频率与转子绕组"归算"到定子。"归算"的物理意义是用一个静止的转子去代替实际转动的转子，其绕组和定子绕组相同，而与定子的电磁关系及其本身的功率和能量又与实际转子等效。转子进行归算以后，可导出等效电路。等效电路中出现一个附加电阻 $(1-s)R_2'/s$，应深刻理解它是机械负载的模拟。等效电路中的参数可用实验方法确定。因等效电路如实而全面地反映了异步电机内部的电流、功率、转矩以及它们之间的关系，因此工程上常用它来计算异步电机的各种运行特性。

在异步电动机的功率与转矩的关系中，要充分理解电磁转矩与电磁功率及总机械功率的关系。

异步电动机的工作特性为电源的电压和频率均为额定值时，异步电动机的转速、定子电流、功率因数、电磁转矩及效率与输出功率的关系。从工作特性可知，异步电动机基本上也是一种恒速的电动机，而在任何负载下功率因数始终是滞后的。这是异步电动机的不足之处之一。

异步电动机的电磁转矩与转差率的关系极为重要，必须掌握其分析方法，并认识其特点，为学习"电力拖动"部分奠定基础。

2. 单相异步电动机

单相异步电动机的工作原理是建立在一个脉振磁动势可分解为两个幅值相等、转速相同、转向相反的两个旋转磁动势理论的基础上。单相电动机的固有特性是不能自行起动，但一经起动即可连续地旋转，由此设法加强正向旋转磁动势，削弱反向旋转磁动势，使磁动势变为椭圆形旋转磁场，从而可解决起动问题。按起动方法和相应结构的不同，单相异步电动机有分相式和罩极式两大类，两者都是从结构上采取措施，使脉振磁动势变为椭圆形旋转磁场。

单相异步电动机理论复杂，性能较差，但用途也颇广泛。

3. 直线异步电动机

直线异步电动机由旋转的异步电动机演变而来，其工作原理和旋转的异步电动机相同，由于做直线运动，结构上有一定的特点。

习　题

5-1　异步电动机为什么又称为感应电动机？

5-2　与同容量的变压器相比，异步电动机的空载电流大还是变压器的空载电流大？为什么？

5-3　异步电动机等效电路中的 Z_m 反映什么物理量？在额定电压下电动机由空载到满载，Z_m 大小是否有变化？若有变化，是怎样变化的？

5-4　导出三相异步电动机的等效电路时，转子边要进行哪些归算？归算的原则是什么？

5-5　异步电动机等效电路中的 $\frac{1-s}{s}R_2'$ 代表什么？能否用电感或电容代替，为什么？

5-6　异步电动机拖动额定负载运行时，若电源电压下降过多，会产生什么后果？

5-7　若笼型转子由于铸铝质量不好而造成导条断裂，会产生什么后果？

5-8　一台三相异步电动机额定电压为380V，定子绕组为星形联结，现改为三角形联结，仍接在380V电源上，会出现什么情况？

5-9　异步电动机的转差功率消耗到哪里去了？若增大这部分损耗，异步电动机会出现什么情况？

5-10　说明异步电动机的机械负载增加时，定子电流和输入功率会自动增加的物理过程。

5-11　在相矢图上，为什么励磁电流 $\dot{I}_m$ 与励磁磁动势在同一位置上？

第五章 异步电机（二）——三相异步电动机的运行原理及单相异步电动机

5-12 为什么说三相异步电动机定、转子磁动势相对静止是异步电机工作的必要条件？并说明无论异步电动机转速 n 为多大时，定、转子旋转基波磁动势在空间总保持相对静止。

5-13 一台三相异步电动机，额定数据如下：$U_{1N}=380\text{V}$，$f_N=50\text{Hz}$，$P_N=7.5\text{kW}$，$n_N=962\text{r/min}$，定子绕组为三角形联结，$2p=6$，$\cos\varphi_N=0.827$，$p_{Cu1}=470\text{W}$，$p_{Fe}=234\text{W}$，$p_{mech}=45\text{W}$，$p_\Delta=80\text{W}$。试求额定负载时的：

（1）转差率；（2）转子电流频率；（3）转子铜耗；（4）效率；（5）定子电流。

5-14 一台三相异步电动机的额定数据和每相参数为：$P_N=10\text{kW}$，$U_{1N}=380\text{V}$，$2p=4$，$f_N=50\text{Hz}$，$n_N=1455\text{r/min}$，$R_1=1.375\Omega$，$X_1=2.43\Omega$，$R_2'=1.04\Omega$，$X_2'=4.4\Omega$，$R_m=8.34\Omega$，$X_m=82.6\Omega$，定子绕组为三角形联结，在额定负载时的机械损耗及附加损耗共为205W。求额定转速时的定子电流、功率因数、输入功率及效率。

5-15 已知一台三相四极异步电动机的额定数据为 $P_N=10\text{kW}$，$U_{1N}=380\text{V}$，$I_N=11\text{A}$，定子绕组为星形联结，额定运行时，$p_{Cu1}=557\text{W}$，$p_{Cu2}=314\text{W}$，$p_{Fe}=276\text{W}$，$p_{mech}=77\text{W}$，$p_\Delta=200\text{W}$。试求：

（1）额定转速；（2）空载转矩；（3）电磁转矩；（4）电动机轴上的输出转矩。

5-16 一台三相绕线转子异步电动机，$U_{1N}=380\text{V}$，$f_N=50\text{Hz}$，定子绕组为星形联结，$n_N=1444\text{r/min}$，每相参数为 $R_1=0.4\Omega$，$R_2'=0.4\Omega$，$X_1=1\Omega$，$X_2'=1\Omega$，$X_m=40\Omega$，R_m 略去不计，设转子为三相，定子、转子的有效匝比为4，试求：

（1）满载时的转差率；

（2）根据等效电路解出 $\dot{I}_1$、$\dot{I}_2$ 和 $\dot{I}_m$；

（3）满载时转子每相电动势 E_{2s} 的大小和频率；

（4）总机械功率；

（5）额定电磁转矩 T_e。

5-17 一台三相异步电动机额定运行时的转差率为0.02，问这时通过气隙传递的功率有百分之几转化为铜耗？有百分之几转化为机械功率？

5-18 三相异步电动机原设计频率为60Hz，今接在频率为50Hz的电网上运行，设额定电压和输出功率均保持在原设计值，问电动机内部各种损耗、转速、功率因数、效率将有什么变化？

第六章

同 步 电 机

> **内容提要**
>
> 本章主要阐述另一大类交流电机,即同步电动机的工作原理、运行特性等问题。此外,简介几种从机理上考虑可归属于同步电机范畴的电机:自控式同步电动机(无换向器电动机)、磁阻同步电动机、永磁同步电动机以及步进电动机等。这几种电动机都是电力拖动系统和控制系统中常用的。

第一节 三相同步电动机

同步电动机也是一种交流电动机,其工作原理与异步电动机之间既有联系,又有区别。异步电动机的同步运行是这种联系和区别的具体体现。为了更好地理解同步电动机的工作原理及其特性,我们先阐明异步电动机的同步运行问题。

一、三相异步电动机同步运行(异步电动机同步化)**和三相同步电动机的工作原理**

三相异步电动机的工作原理中明确指出:异步电动机的转速不可能等于气隙内旋转磁场的同步转速 n_s,异步电动机由此命名。异步电动机的转速之所以与同步转速 n_s 有差别,是因为在其转子绕组内感应产生电动势和电流,使其具备了产生电磁转矩的条件,所以异步电动机也称为感应电动机。但是要使电动机转子绕组内有电流存在,利用电磁感应原理去感应产生电动势和电流仅仅是产生电流的一种方式而已,导体或回路中的电流除感应方式以外,还可以靠传导方式产生。下面分析当在异步电动机转子绕组内直接通入直流电流以后,所发生的电磁现象。

如图 6-1 所示,将一台绕线转子三相异步电动机的转子绕组出线端 a、b、c 引出,b、c 两出线端并接在一起,在 a 端和 b、c 并联端施加一定的直流电压(图 6-1 中,开关 Q 投向右边),使直流电流从 a 端流入,分 y-b、z-c 两路从 b-c 端流出。为清楚起见,将转子供电方式单独画出接线图,如图 6-2 所示。

当对转子绕组供给直流电流以后,就会建立磁动势,从而产生磁场。由于转子的三相绕组是对称的,每相电阻均相等,显然

$$I_{ax} = I_{yb} + I_{zc}$$

$$I_{yb} = I_{zc} = -I_{by} = -I_{cz} = \frac{1}{2}I_{ax} \tag{6-1}$$

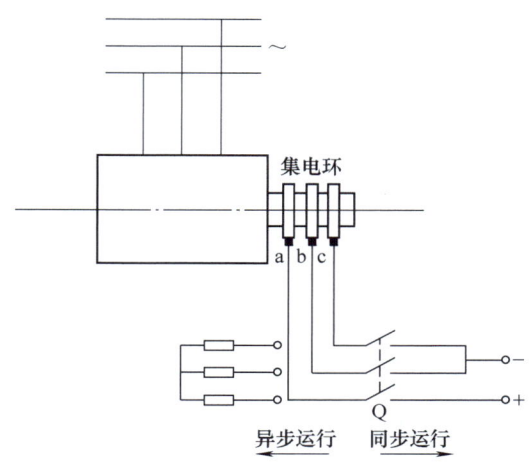

图 6-1 异步电动机同步运行的接线图

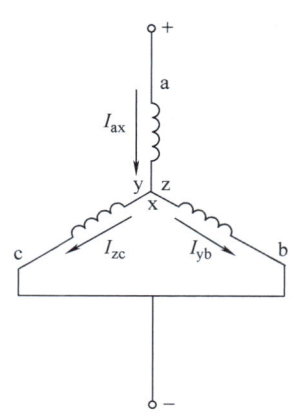

图 6-2 异步电动机同步运行时转子绕组的接线图

式（6-1）所表示的三相绕组中的电流关系，与取 $\omega t=0$ 这个瞬时建立三相绕组合成磁动势的三相电流的关系相吻合（见三相绕组合成磁动势），即

$$i_{ax} = I_m\cos\omega t = I_m\cos 0° = I_m$$

$$i_{by} = I_m\cos(\omega t - 120°) = I_m\cos 120° = -\frac{1}{2}I_m$$

$$i_{cz} = I_m\cos(\omega t + 120°) = I_m\cos 120° = -\frac{1}{2}I_m$$

$$-i_{by} = -i_{cz} = \frac{1}{2}i_{ax}$$

由此，绕线转子三相异步电动机的转子绕组做"两并一串"连接以后，通入直流电流所建立的磁动势与磁场的基波分布图和三相绕组合成磁动势一样，如图 6-3 所示。

从磁效应来看，绕线转子三相异步电动机转子绕组做"两并一串"连接，通入直流电流以后，就成为一个电磁铁。在这种情况下，用通有直流电流的电磁铁去代替绕线转子，并用旋转磁极去模拟电动机的定子电流产生的旋转磁场。如果电动机仅有两个极，可以描绘出一种物理模型，如图 6-4 所示，这样的物理模型就可供考察绕线转子异步电动机的

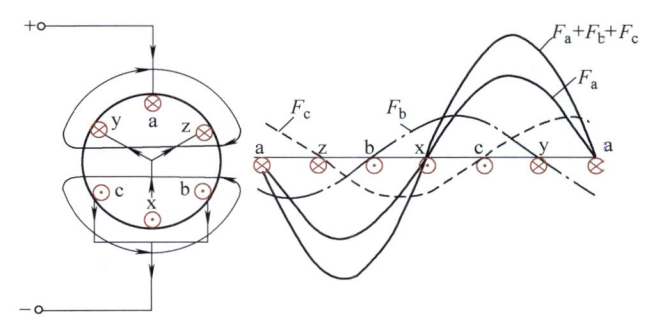

图 6-3 转子绕组做"两并一串"连接，并通入直流后建立的磁动势和磁场的基波分布图

转子绕组按要求通入直流电流以后所发生的电磁现象。

从异性相吸、同性相斥的磁的基本物理特性可以断定，不论旋转磁极与电磁铁起始时的相对位置如何，结果总是旋转磁极的 N 极和 S 极分别与电磁铁的 S 极和 N 极相吸。

旋转磁极以同步转速 n_s 旋转，它必然以磁拉力拖着电磁铁，两者严格地同步转动，因此电动机的转速亦为同步转速 n_s，这时异步电动机就做同步运行。

异步电动机的同步运行是异步电动机的一种特殊状态。从异步电动机的工作原理中知道，异步电动机运行时，转子绕组内电流频率 $f_2 = sf_1$，$s = \dfrac{n_s - n}{n_s}$，如果 $n = n_s$，则 $s = 0$，$f_2 = 0$，转子电流频率为零。这种情况意味着转子绕组内存在不交变的电流，即直流电流，所以要使异步电动机同步运行（$n = n_s$）是可能的，只要转子绕组内通过的电流是直流电流。这种直流电流由另一个直流电源来供给。

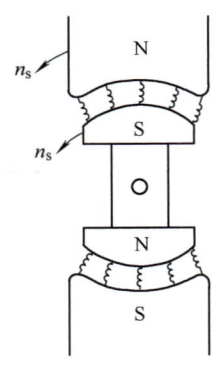

图 6-4　异步电动机同步运行的物理模型

通过对三相异步电动机做同步运行的分析可知，如果改变异步电动机的转子结构，使它成为用直流电流励磁而可以转动的磁极，这样的交流电动机就是同步电动机。所以同步电动机是一种定子边用交流电流励磁以建立旋转磁场，转子边用直流电流励磁构成旋转磁极的双边励磁的交流电动机。其工作原理就是旋转磁场以磁拉力拖着旋转磁极同步地旋转，图 6-4 所表示的物理模型也就是同步电动机的物理模型。

二、同步电动机的基本结构

同步电动机也是由静止的定子和转动的转子两个基本部分组成的。

1. 定子

由于同步电动机的定子结构部件和异步电动机一样，起着接收电能、产生旋转磁场的作用，它们的结构形式并无多大区别，所以同步电动机的定子也是由导磁的定子铁心和导电的三相绕组，以及固定铁心用的机座和端盖等部件组成的。

2. 转子

同步电动机的转子有两种结构形式：一种是有明显磁极的，称为凸极式，如图 6-5a 所示；另一种转子为一个圆柱体，并无明显磁极，称为隐极式，如图 6-5b 所示。一般同步电动机都做成凸极式，和直流电动机一样，磁极铁心由钢板冲成冲片后，叠压而成，磁极上套有励磁绕组，励磁绕组用绝缘的铜线绕成，它与极身之间有绝缘。各磁极上励磁绕组间的连接，必须注意到通过励磁电流以后，相邻磁极的极性呈现 N 与 S 交替排列，励磁绕组两个出线端接到两个集电环上，通过与集电环相接触的静止电刷向外引出，另外在磁极表面上装有笼型绕组，这种笼型绕组称为阻尼绕组。整个转子由磁极、磁轭、

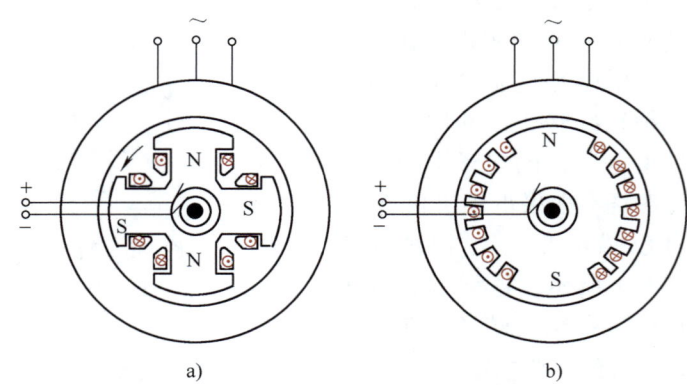

图 6-5　旋转磁极式同步电动机的结构示意图
a）凸极式　b）隐极式

励磁绕组、转子支架（大型同步电动机有）、轴以及集电环等部件组成。

励磁用的直流电流一般由一台同轴或非同轴的直流发电机供给，也可用整流电源来供给。

小容量同步电动机也有做成旋转电枢式的，即定子是磁极，转子是电枢，目前这种结构形式已很少见。

三、电动势平衡方程式及相量图

三相同步电动机与三相异步电动机两者在电磁现象上的不同之处在于：前者的转子电流是靠传导方式通入的直流电流，而后者是以感应方式产生的差频交流电流。所以在一定的负载下稳定运行时，同步电动机的气隙磁场虽然由励磁磁动势（即转子磁动势）与电枢磁动势（即定子磁动势）联合激励，但由于励磁磁动势由直流电流建立，并且转子与电枢磁动势无相对运动，转子不受电枢磁动势的影响。因此，在不同负载情况下，有不同的电枢磁动势时，气隙内的磁场会发生显著的变化；而异步电动机则不然。在"异步电动机运行原理"中已指出，转子磁动势与定子磁动势之间存在感应关系，在不同负载情况下，可认为合成磁动势以及由合成磁动势产生的气隙磁场基本不变。我们必须充分注意这种差异，从电磁关系去建立电动势平衡方程式。

和三相异步电动机一样，三相同步电动机在对称三相电压下运行，由于三相电量的对称性，建立的电动势平衡关系中的电量可取一相的量。而磁动势，对定子来说，为三相合成的量，对转子来说，则为一对极的总磁动势，所以电动机的磁量为合成的总量。

前已指出，在稳态对称运行时，三相同步电动机的定子、转子上都存在着磁动势。定子上旋转的电枢磁动势 F_a，一方面以同步转速 n_s 对定子旋转；另一方面以磁拉力拖动转子同步地旋转。转子上由励磁电流建立的励磁磁动势 F_f，由于励磁电流是直流电流；它对转子无相对运动；转子与电枢磁动势同步地旋转，F_f 与 F_a 亦无相对运动。由此可知，F_a 与 F_f 对转子都无相对运动，在稳态运行时，这些磁动势与转子上的绕组均不出现耦合作用，由它们建立的对应磁场感应产生的电动势的平衡关系仅存在于定子绕组中。为了更清楚地理解同步电动机的电磁关系，我们应用重叠原理，即认为电动机中的各个磁动势分别建立磁场，并在定子绕组中分别感应产生电动势，即励磁磁动势 F_f 建立励磁磁场，其磁通为 Φ_0，励磁磁场在定子绕组中感应产生励磁电动势 E_0（励磁电动势亦称为空载电动势，因为电动机空载时，电枢电流很小，可以认为无电枢磁动势，定子绕组中仅存在空载电动势 E_0）；电枢磁动势 F_a 建立电枢磁场，其磁通为 Φ_a，电枢磁场 Φ_a 在定子绕组中感应产生电枢反应电动势 E_a。另外，电枢电流还产生仅与定子绕组相交链的定子绕组漏磁通 Φ_σ，漏磁通 Φ_σ 也会在定子绕组中感应产生漏电动势 E_σ，和异步电动机类似，把电枢反应电动势 E_a 和漏电动势 E_σ 分别表示成电枢电流 I 的压降形式，即

$$\dot{E}_a = -j\dot{I}X_a \tag{6-2}$$

$$\dot{E}_\sigma = -j\dot{I}X_\sigma \tag{6-3}$$

式中　X_a——电枢反应电抗；

　　　X_σ——定子绕组漏抗。

此外，定子绕组中还有一定的电阻 R_a，电流流过电枢电阻 R_a 还会产生电压降落。因此，

也和异步电动机一样，同步电动机中这些电磁关系可以综合如下

转子——励磁：$U_f \rightarrow I_f \rightarrow F_f \rightarrow \dot{\Phi}_0 \rightarrow \dot{E}_0$

定子——电枢：$\dot{U} \rightarrow \dot{I} \rightarrow \dot{F}_a \rightarrow \dot{\Phi}_a \rightarrow \dot{E}_a \bigg| \rightarrow \sum \dot{E}$

$\rightarrow \dot{\Phi}_\sigma \rightarrow \dot{E}_\sigma$

$\dot{I} R_a$

按上述综合的电磁关系，考虑到同步电动机中这些电动势均为反电动势，可列出定子绕组相量形式的电动势平衡方程式为

$$\dot{U} = -\dot{E}_0 - \dot{E}_a - \dot{E}_\sigma + \dot{I} R_a$$
$$= -\dot{E}_0 + j\dot{I} X_a + j\dot{I} X_\sigma + \dot{I} R_a$$
(6-4)

如将式（6-4）中的电枢反应电抗 X_a 与漏抗 X_σ 合并用 X_t 表示，则

$$X_t = X_a + X_\sigma$$
(6-5)

X_t 称为同步电抗。由于应用重叠原理，单独考虑电枢反应磁场与励磁磁场的感应作用，引入电枢反应电抗 X_a 的概念，且未做任何修正，即认为电机磁路是线性的，处于未饱和状态，所以 X_a、X_t 均为不饱和的值。

根据电动势平衡方程式（6-4），可做出对应的同步电动机的相矢图，认为电动机的功率因数是超前的，如图6-6所示。

这里还必须指出，同步电动机带负载时，其气隙磁场会发生显著的变化，这种电磁情况和直流电动机极为相似。这是由于同步电动机与直流电动机均隶属于双边励磁类电机的缘故。和直流电动机一样，同步电动机带负载时，电枢磁动势使气隙磁场发生显著变化的这种作用，称为电枢反应。不过在直流电动机

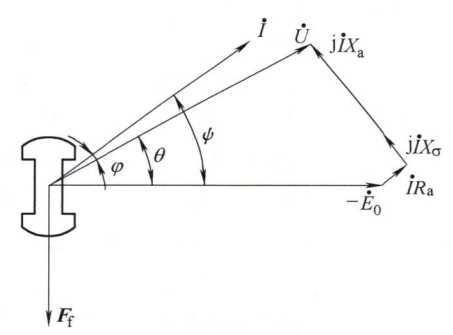

图6-6 不计凸极效应时同步电动机的相矢图

中，当电刷放置在几何中心线上（实际位置在磁极轴线处）时，在任何负载情况下，因换向作用，电枢磁动势 F_a 与励磁磁动势 F_f 互相垂直，而在同步电动机中，电枢磁动势 F_a 与励磁磁动势 F_f 在空间上的关系决定于励磁磁动势的强弱（这一点在"运行特性"里再做说明）。这里笼统地引用电枢反应电抗 X_a 这个参数去表明电枢反应的作用，是不考虑极下和极间的气隙对电枢反应磁场有不同的影响，即不计凸极效应，或者说电动机的转子结构形式是隐极的。如果考虑凸极效应，情况就会变得复杂一些。

下面应用在分析异步电动机运行原理时已应用过的相矢图考虑凸极效应。

相矢图是表示时间的相量与空间矢量两者联系在一起的图像，其中时间相量图与空间矢量图是通过电流相量与对称三相电流所建立合成磁动势矢量的关系联系在一起的。

按照综合电磁关系及凸极效应，画出的相矢图如图6-7所示，认为电动机的功率因数是超前的，并注意图中电枢磁动势矢量 F_a 与励磁磁动势 F_f 的相对位置与电动机的功

率因数有关。在图示的情况下，F_a 处于磁极轴线（即直轴 d）与极间轴线（即交轴 q）之间，和直流电动机一样，如将 F_a 的分布波形以及由 F_a 建立磁场的磁通密度分布波形表示于图 6-8 所示的展开图中，电枢反应磁场磁通密度分布波形之所以发生畸变完全是由凸极结构所造成的。考虑到凸极效应，为了便于分析，采用所谓双反应理论，即在电枢电流 $\dot{I}$ 与励磁电动势 $-\dot{E}_0$ 之间的夹角为任意角 ψ 的情况下，把 F_a 分解为直轴分量 F_{ad} 与交轴分量 F_{aq}（直轴即磁极的轴线，交轴即空间上位于直轴后 90° 电角度的轴线），建立 F_a 的电流相应地也分解为直轴分量 $\dot{I}_d$ 及交轴分量 $\dot{I}_q$，即

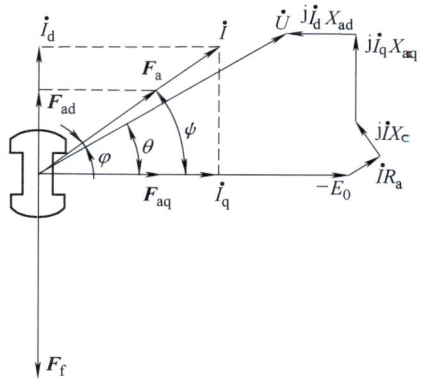

图 6-7 凸极式同步电动机的相矢图

$$F_a = F_{ad} + F_{aq} \quad (6\text{-}6)$$
$$\begin{cases} F_{ad} = F_a \sin\psi \\ F_{aq} = F_a \cos\psi \end{cases}$$
$$\dot{I} = \dot{I}_d + \dot{I}_q \quad (6\text{-}7)$$
$$\begin{cases} I_d = I\sin\psi \\ I_q = I\cos\psi \end{cases}$$

将电枢磁动势分解为直、交轴分量以后，因为对直、交轴来说，气隙磁导是对称的，所以电枢磁动势直、交轴分量分别所建立的直、交轴电枢反应磁场的波形必然符合 $f(x)=f(-x)$ 关系，容易用傅里叶级数进行分解，给分析带来方便。显然，隐极结构电机无须应用双反应理论。

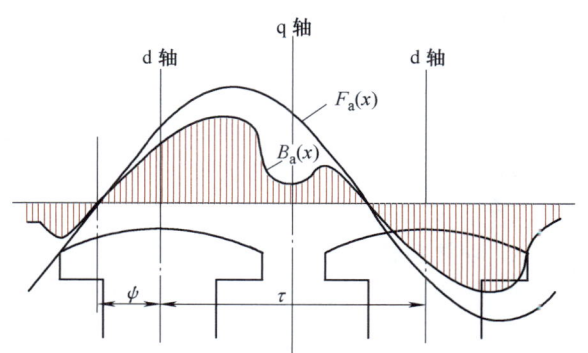

图 6-8 凸极式同步电动机的电枢磁动势分布波及其磁通密度分布波

然后分别考虑 F_{ad} 与 F_{aq} 的作用，即 F_{ad}、F_{aq} 分别产生 $\dot{\Phi}_{ad}$、$\dot{\Phi}_{aq}$；由 $\dot{\Phi}_{ad}$、$\dot{\Phi}_{aq}$ 分别感应产生电动势 $\dot{E}_{ad}$、$\dot{E}_{aq}$；而 $\dot{E}_{ad}$、$\dot{E}_{aq}$ 分别可以表示成压降形式，即

$$\dot{E}_{ad} = -j\dot{I}_d X_{ad} \quad (6\text{-}8)$$
$$\dot{E}_{aq} = -j\dot{I}_q X_{aq} \quad (6\text{-}9)$$

因为电抗 X 与相应的磁导 λ 成正比，即

$$X \propto \lambda \quad (6\text{-}10)$$

这个磁导就是对应感应产生电动势的磁通的磁导，而这种电动势往往用电抗压降形式表示。所以这里引用直、交轴电枢反应电抗 X_{ad}、X_{aq} 就是考虑了凸极效应。直轴磁导 λ_d 大于交轴磁导 λ_q，所以 $X_{ad} > X_{aq}$。

考虑凸极效应的同步电动机电动势平衡方程式为

$$\begin{aligned}
\dot{U} &= -\dot{E}_0 + \mathrm{j}\dot{I}_\mathrm{d}X_\mathrm{ad} + \mathrm{j}\dot{I}_\mathrm{q}X_\mathrm{aq} + \mathrm{j}\dot{I}X_\sigma + \dot{I}R_\mathrm{a} \\
&= -\dot{E}_0 + \mathrm{j}\dot{I}_\mathrm{d}X_\mathrm{ad} + \mathrm{j}\dot{I}_\mathrm{d}X_\sigma + \mathrm{j}\dot{I}_\mathrm{q}X_\mathrm{aq} + \mathrm{j}\dot{I}_\mathrm{q}X_\sigma + \dot{I}R_\mathrm{a} \\
&= -\dot{E}_0 + \mathrm{j}\dot{I}_\mathrm{d}X_\mathrm{d} + \mathrm{j}\dot{I}_\mathrm{q}X_\mathrm{q} + \dot{I}R_\mathrm{a}
\end{aligned} \tag{6-11}$$

式中　X_d——直轴同步电抗，$X_\mathrm{d} = X_\mathrm{ad} + X_\sigma$；

　　　X_q——交轴同步电抗，$X_\mathrm{q} = X_\mathrm{aq} + X_\sigma$。

四、运行特性

同步电动机的运行特性，也和其他类型的电动机一样，包括工作、调速和起动三个方面的特性。工作特性的含义和异步电动机一样，即在 $U = U_\mathrm{N}$、$I_\mathrm{f} =$ 常数的情况下，电磁转矩 T_e、电枢电流 I、功率因数 $\cos\varphi$、效率 η 及转速 n 与输出功率 P_2 之间的关系，其函数形式为 $T_\mathrm{e} = f(P_2)$，$I = f(P_2)$，$\cos\varphi = f(P_2)$，$\eta = f(P_2)$，$n = f(P_2)$。然而仅由工作特性揭示同步电动机的特性是不足的，因为不仅调节输出功率，而且调节励磁电流都会引起同步电动机运行情况的改变，所以以励磁电流大小和有功功率输出多少作为参数来分析同步电动机的特性是比较适宜的。下面就以这两个方面的问题进行讨论：

1）在励磁电流不变的条件下，输出有功功率改变时有什么表征？——功角特性。

2）在有功功率输出不变的条件下，改变励磁电流的大小将如何引起电枢电流及功率因数的改变？——V 形曲线。

（一）功角特性和 V 形曲线

1. 功角特性

同步电动机的功率平衡关系为

$$\begin{aligned}
P_1 &= P_\mathrm{e} + p_\mathrm{Cua} \\
P_\mathrm{e} &= P_2 + (p_\mathrm{Fe} + p_\mathrm{mech} + p_\Delta) = P_2 + p_0
\end{aligned} \tag{6-12}$$

式中　P_1——定子输入功率；

　　　P_e——电磁功率；

　　　P_2——轴上输出功率；

　　　p_Cua——定子铜耗；

　　　p_Fe——铁耗；

　　　p_mech——机械损耗；

　　　p_Δ——附加损耗；

　　　p_0——空载损耗，$p_0 = p_\mathrm{Fe} + p_\mathrm{mech} + p_\Delta$。

相应的转矩平衡关系为

$$T_\mathrm{e} = T_2 + T_0 \tag{6-13}$$

式中　T_e——电磁转矩，$T_\mathrm{e} = P_\mathrm{e}/\Omega_\mathrm{s}$；

　　　T_2——机械负载转矩，$T_2 = P_2/\Omega_\mathrm{s}$；

　　　T_0——空载转矩，$T_0 = (p_\mathrm{Fe} + p_\mathrm{mech} + p_\Delta)/\Omega_\mathrm{s} = p_0/\Omega_\mathrm{s}$；

　　　Ω_s——同步角速度。

同步电动机负载变化，即机械负载转矩 T_2 的变化会引起电磁转矩的变化，但不会引起转速的变化。所以,同步电动机电磁功率 P_e 与相应的电磁转矩 T_e 随负载而变化的情况不能用与转速的关系去表征,而用所谓的功角特性去描述,下面从电动势相量图去导出同步电动机的功角特性。

为了分析简明起见,不计同步电动机定子电阻。在这种情况下,考虑凸极效应、不计定子电阻的电动势相量图如图 6-9 所示。由相量图得出

$$\begin{cases} I_d X_d = E_0 - U\cos\theta \\ I_q X_q = U\sin\theta \end{cases} \quad (6\text{-}14)$$

而
$$\theta = \psi - \varphi \quad (6\text{-}15)$$

式中 θ——相量 $\dot{U}$ 与 $-\dot{E}_0$ 之间的夹角,称为功率角;

ψ——相量 $\dot{I}$ 与 $-\dot{E}_0$ 之间的夹角,称为内功率因数角;

φ——功率因数角;

E_0——$-\dot{E}_0$ 的有效值。

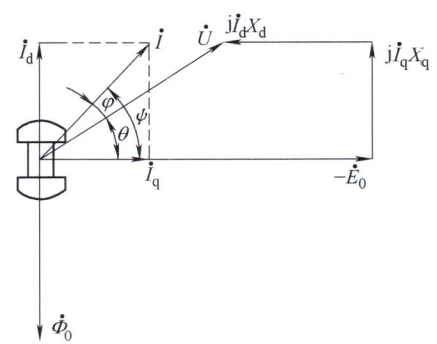

图 6-9 考虑凸极效应,不计定子电阻的同步电动机电动势相量图

由于不计 R_a,$p_{Cua} = mI^2 R_a \approx 0$,所以

$$P_e \approx P_1 = mUI\cos\varphi = mUI\cos(\psi - \theta) \quad (6\text{-}16)$$
$$= mUI\cos\psi\cos\theta + mUI\sin\psi\sin\theta$$

将式 (6-7) 中的 $I_d = I\sin\psi$,$I_q = I\cos\psi$ 代入式 (6-16) 整理后,得电磁功率的表达式为

$$P_e = m\frac{UE_0}{X_d}\sin\theta + m\frac{U^2}{2}\left(\frac{1}{X_q} - \frac{1}{X_d}\right)\sin 2\theta \quad (6\text{-}17)$$

式中 m——相数。

相应的电磁转矩表达式为

$$T_e = m\frac{UE_0}{X_d \Omega_s}\sin\theta + m\frac{U^2}{2\Omega_s}\left(\frac{1}{X_q} - \frac{1}{X_d}\right)\sin 2\theta \quad (6\text{-}18)$$

式 (6-17) 或式 (6-18) 表示出,当电源电压 $U = U_N$,励磁电流不变,即 $I_f = $ 常数,$\dot{\Phi}_0$ 及 $\dot{E}_0$ 均为常数时,同步电动机的电磁功率 P_e(或电磁转矩 T_e)与功率角 θ 的关系,即 $P_e = f(\theta)$ [或 $T_e = f(\theta)$],如图 6-10 所示。这种关系称为同步电动机的功角特性(或矩角特性),这是同步电动机一种很重要的特性。

由式 (6-17) 及相应的图 6-10 可知,凸极式同步电动机的电磁功率 P_e(或电磁转矩 T_e)包含两个部分,一部分为

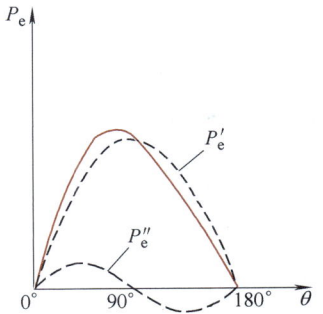

图 6-10 凸极式同步电动机的功角特性

$$\begin{cases} P'_e = m\dfrac{UE_0}{X_d}\sin\theta \\ T'_e = m\dfrac{UE_0}{X_d\Omega_s}\sin\theta \end{cases} \quad (6\text{-}19)$$

另一部分为

$$\begin{cases} P''_e = m\dfrac{U^2}{2}\left(\dfrac{1}{X_q}-\dfrac{1}{X_d}\right)\sin2\theta \\ T''_e = m\dfrac{U^2}{2\Omega_s}\left(\dfrac{1}{X_q}-\dfrac{1}{X_d}\right)\sin2\theta \end{cases} \quad (6\text{-}20)$$

式中　$P'_e(T'_e)$——基本分量；

$P''_e(T''_e)$——附加分量。

从式（6-20）看出，附加分量与励磁状态无关，即使 $I_f=0$，$E_0=0$，只要 $x_d\ne x_q$ 它就会存在，所以同步电动机的转子结构为凸极式时，就会出现这种电磁功率和电磁转矩的附加分量。

这种附加分量可有物理形象的解释，如图 6-11 所示。当无励磁的凸极结构转子放在旋转磁场中（这里用一对旋转的磁极表示）时，如果转子轴线与旋转磁极的轴线重合，如图 6-11a 所示，这时转子虽已被磁化，但气隙磁场并不被扭歪，显然只有径向磁拉力，而无切向磁拉力，转子上无电磁转矩作用；如果将转子转过一个 θ 角（见图 6-11b），旋转磁极的磁回路总是从磁阻最小的途径通过，因此气隙磁场被扭歪，这时，旋转磁极与

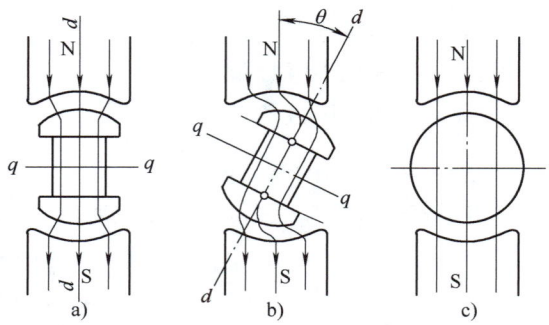

图 6-11　$P''_e(T''_e)$ 的物理解释

a）气隙磁场不被扭歪　b）气隙磁场被扭歪
c）气隙磁场不会被扭歪

转子之间除径向磁拉力之外，还出现了切向磁拉力，这种切向磁拉力形成一种电磁转矩；如果转子结构为隐极式，如图 6-11c 所示，不论转子转过多少角度，气隙磁场都不会被扭歪，不出现切向磁拉力，也不会形成电磁转矩。所以同步电动机凸极效应会因其直、交轴上磁阻不相等而产生一种附加转矩 T''_e（也称磁阻转矩），相应产生附加电磁功率 P''_e。

为了加深对功率角的理解，下面结合功角特性，再次形象地说明同步电动机从空载到负载的电磁过程以及电磁转矩和电磁功率的极限。

如图 6-12 所示，电动机空载时，机械负载转矩 $T_2=0$，空载损耗 $p_0\approx 0$，空载转矩 $T_0\approx 0$，不计凸极效应，即 $X_d=X_q=X_t$，由式（6-18）得出

$$T_e = m\dfrac{UE_0}{X_t\Omega_s}\sin\theta \approx 0$$

$$\sin\theta\approx 0,\theta\approx 0$$

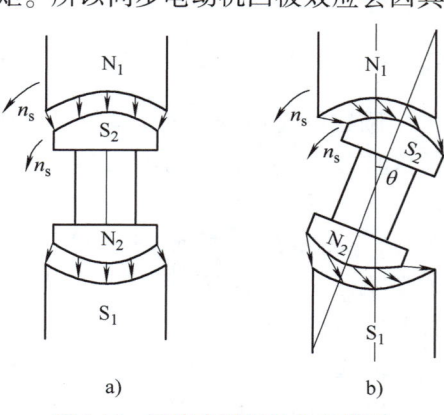

图 6-12　同步电动机的物理模型

a）理想空载　b）电动机运行

$\theta \approx 0$ 表明转子磁极轴线与定子合成磁场磁极轴线几乎重合。当同步电动机带上负载时,两组磁极系统的轴线被拉开,θ 有一定的数值,负载越大,则 θ 越大。当同步电动机端电压恒定,并在一定励磁状态下,其电磁转矩有一个最大值,即当 $\theta_{max} = \dfrac{\pi}{2}$、$\sin\theta_{max} = 1$ 时

$$T_{max} = m\dfrac{UE_0}{X_t \Omega_s} \quad (6\text{-}21)$$

当 $\theta = \theta_{max}$ 以后,如负载继续增大,会使两组磁极系统间的轴线进一步拉开,当 $\theta > \theta_{max}$ 后,P_e 及 T_e 不再增大,反而减小,于是出现 $T_e < T_2 + T_0$ 的现象,电动机便减速,以致 θ 角更增大,又进一步减速,结果导致转子磁极不能与定子合成磁场磁极同步旋转,使电动机进入失步状态,被迫停转。为了保证同步电动机能十分安全而稳定地运行,一般在额定工况下,θ 为 25°~30°。

从式(6-21)可知,同步电动机的最大电磁转矩与 E_0 成正比,增大励磁电流 I_f,以增大 E_0,可以增大最大电磁转矩。如果电动机在负载突然增加的同时,迅速增加其励磁,进行所谓强行励磁,就能提高同步电动机的稳定性,不致失步。

2. V 形曲线

同步电动机的 V 形曲线是指当电源电压与频率均为额定值,即 $U = U_N$,$f = f_N$ 时,在输出功率不变的条件下,调节励磁电流 I_f,定子电流 I 会相应地变化,将两个电流数值变化关系,即 $I = f(I_f)$,绘成曲线,其形状像英文字母"V",故称 V 形曲线。

由于输出功率一定,电源供给电动机电流的有功分量一定,调节励磁电流 I_f,引起定子电流 $\dot{I}$ 的变化,实质上是引起定子电流无功分量的变化。用简化的相量图(见图 6-13)可说明这种调节过程。

所做简化是:① 不计定子铜耗、铁耗及机械损耗;② 不计凸极效应,即 $X_t = X_q = X_d$。

电动机的负载不变,又不计铜耗,从式(6-16)可知,输入功率 P_1 与电磁功率 P_e 相等,且不变,可得

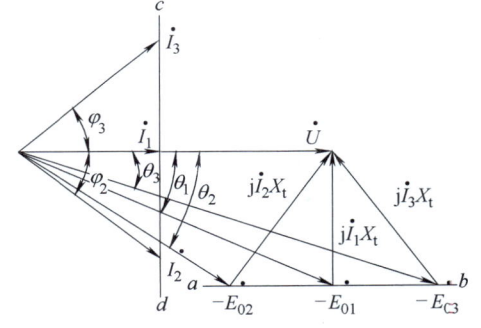

图 6-13 恒功率、变励磁、不计凸极效应时同步电动机的电动势相量图

$$P_1 = mUI\cos\varphi = m\dfrac{UE_0}{X_t}\sin\theta = 常数 \quad (6\text{-}22)$$

可以认为 $X_t \approx$ 常数,有

$$I\cos\varphi = 常数, \quad E_0\sin\theta = 常数$$

调节励磁电流 I_f,即调节励磁磁动势 F_f,从而改变励磁磁场的磁通 $\dot{\Phi}_0$ 以及由 $\dot{\Phi}_0$ 所感应产生的电动势 $-\dot{E}_0$,必然引起定子电流 $\dot{I}$ 的变化。无论 $-\dot{E}_0$ 及 $\dot{I}$ 如何变化,在 $I\cos\varphi =$ 常数、$E_0\sin\theta =$ 常数的情况下,从图 6-13 中相量 $\dot{U}$、$-\dot{E}_0$、$j\dot{I}X_t$ 及 $\dot{I}$ 的关

系中不难看出，I_f、$-\dot{E}_0$ 的大小变化时，相量 $-\dot{E}_0$ 的矢端只能在平行于相量 $\dot{U}$ 的直线 ab 上移动，相量 $\dot{I}$ 只能在垂直于相量 $\dot{U}$ 的直线 cd 上移动。换句话说，$-\dot{E}_0$ 和 $\dot{I}$ 矢端的轨迹分别为直线 ab 和 cd，只有在这样的约束下，才能使 $I\cos\varphi$ 和 $E_0\sin\theta$ 不变。

图 6-13 的相量图表明，若励磁电流 $I_f = I_{f1}$、$-\dot{E}_0 = -\dot{E}_{01}$ 时，$\dot{I} = \dot{I}_1$，$\varphi = \varphi_1 = 0$，$\cos\varphi = \cos\varphi_1 = 1$，$\theta = \theta_1$，定子电流 $\dot{I}$ 为纯有功电流，同步电动机从电网仅吸取有功功率，这时的励磁状态可谓"正常励磁"。减少励磁电流使 $I_f = I_{f2} < I_{f1}$，$-\dot{E}_0 = -\dot{E}_{02} < -\dot{E}_{01}$，使电动机运行于欠励状态时，因 $E_0\sin\theta$ 不变，即 $E_{02}\sin\theta_2 = E_{01}\sin\theta_1$，定子电流变为 $\dot{I}_2$，功率因数角 $\varphi = \varphi_2$，定子电流中除有功分量 $I_2\cos\varphi_2 = I_1\cos\varphi_1$ 外，还会出现无功分量 $I_2\sin\varphi_2$，因而定子电流的有效值比"正常励磁"时要大，电动机的功率因数变为滞后，除从电网吸取一定的有功功率以外，还吸取滞后的无功功率。反之，增加励磁，使 $I_f = I_{f3} > I_{f1}$，$-\dot{E}_0 = -\dot{E}_{03} > -\dot{E}_{01}$，使电动机运行于过励状态时，同样因 $E_0\sin\theta$、$I\cos\varphi$ 不变，有 $E_{03}\sin\theta_3 = E_{01}\sin\theta_1$，$I_3\cos\varphi_3 = I_1\cos\varphi_1$。定子电流中除有功分量 $I_3\cos\varphi_3$ 外，还会出现超前的无功分量 $I_3\sin\varphi_3$，其值比正常励磁时也大，不过其性质呈容性，电动机有超前的功率因数，从电网吸取超前的无功功率。因此，在恒功率、变励磁的条件下，将定子电流 $\dot{I}$ 与对应的励磁电流 I_f 描绘成曲线，形似"V"字，得所谓 V 形曲线。每对应一定的功率，有一条 V 形曲线，如此可得一簇曲线，如图 6-14 所示。

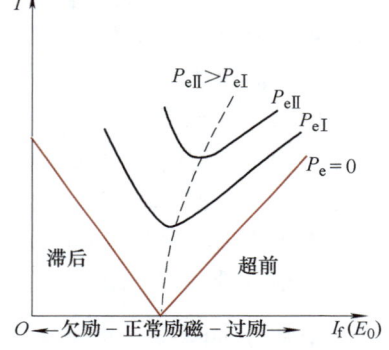

图 6-14 同步电动机的 V 形曲线

从分析上述同步电动机的电磁现象可知，调节同步电动机的励磁电流 I_f，可改变其定子电流中的无功分量和功率因数，这是同步电动机一种可贵的特性。在"异步电动机运行原理"中已阐明，异步电动机的励磁电流是定子电流的组成部分，不能调节，从电网吸收的励磁电流，其性质是感性的，使电动机功率因数滞后。换句话说，异步电动机运行时，电网必须向电动机提供感性的励磁电流，这使电网功率因数变坏。如果能将同步电动机与异步电动机接入同一电网运行，并使同步电动机运行于过励状态，电网可同时提供容性与感性的无功电流，两者互相补偿，从而改善电网的功率因数。有时，为了改善电网的功率因数，可使同步电动机不带负载，浮接在电网上而运行于过励状态。这样运行的同步电动机，称为同步补偿机，这种措施可改善电网功率因数，提高供电质量，降低线路损耗。

在生产实际允许的情况下，将绕线转子三相异步电动机改作同步电动机运行（即本节一开始所简述的将异步电动机同步化问题），对改善电网功率因数也是有好处的。

（二）转速特性及起动步骤

同步电动机在电源频率恒定、定子合成磁场转速恒定的条件下，其速度是不可调节的，这点在物理模型中已明显地表现出来。电动机能连续而稳定地运行，其所产生的电磁转矩平均值必须不为零。按同步电动机的机理，只是在同步运行时才有平均转矩，否则只有脉动电磁转矩，图 6-15 表明了无平均电磁转矩的情况。在图 6-15 中，表明定子合成磁场磁极（图中表示上面的磁极系统）与转子磁极（图中表示下面的磁极系统）有相对运动，如 $n < n_s$，在这种情况下，定子合成磁场磁极会从转子磁极上面转过去。在图 6-15a 所表示的瞬间，转子受到负的转矩作

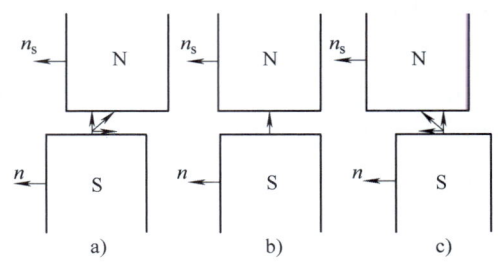

图 6-15　无平均电磁转矩的图像

用，迫使它向定子合成磁场磁极转动的相反方向转动；图 6-15b 所表示的瞬间，两组磁极仅有径向磁拉力，无转矩；而图 6-15c 所表示的瞬间，转子受到正的转矩作用，促使转子随定子合成磁场磁极转动。这样，转子受到一个忽正忽负的转矩（即脉动转矩）作用，平均电磁转矩为零。从电磁转矩表达式也可证实这一点。

定子合成磁场磁极与转子有相对运动时，设转子转速 Ω 一定，且 $\Omega < \Omega_s$，两者轴线间的夹角，即功率角是时间的函数，可表示为

$$\theta = (\Omega_s - \Omega)t + \theta_0 \tag{6-23}$$

式中　Ω_s——定子合成磁场磁极的同步角速度；

Ω——转子磁极的角速度，设为定值；

θ_0——两者轴线间的起始功率角。

电磁转矩的瞬时值表达式应为

$$T_e(t) = m\frac{UE_0}{X_d \Omega_s}\sin[(\Omega_s - \Omega)t + \theta_0] + m\frac{U^2}{2\Omega_s}\left(\frac{1}{X_q} - \frac{1}{X_d}\right)\sin 2[(\Omega_s - \Omega)t + \theta_0] \tag{6-24}$$

而平均电磁转矩为

$$T_{eav} = \int_0^T T_e(t)\mathrm{d}t = 0 \tag{6-25}$$

由此可知，电磁转矩的基本分量和附加分量都是交变性质的，其平均值等于零。所以同步电动机稳定运行时，其转速必须为同步转速，即 $n = n_s$，它的固有转速特性不能与异步电动机相比，更不能与直流电动机相比。

从同步电动机的转速不能调节这一性质可联系到它的起动问题，应该说同步电动机的起动是不方便的，因为同步电动机仅在同步运行时才有平均电磁转矩，而起动过程是转子转速从零开始增大到同步转速的过程，这正是非同步运行状态，所以同步电动机不能自行起动。现代同步电动机都采用异步起动法起动，就是在同步电动机转子磁极的极靴上装设笼型绕组，起动时靠笼型绕组产生异步转矩，作为异步电动机起动。笼型绕组称为起动绕组，亦称阻尼绕组。因为笼型绕组所产生的异步转矩不仅在起动过程中出现，使电动机转子加速，还会在同步电动机的功率角有周期性变化时出现，具有抑制 θ 角变化的阻尼作用。

在同步电动机的起动过程中，还需关注其励磁绕组。若让它开路，因 $0 < n < n_s$ 时，励磁绕组与旋转的定子磁场有相对运动，特别在起动之初，相对转速很大，励磁绕组匝

数又较多，绕组中会感应出很高的单相电动势，对绝缘有威胁，对人身亦不安全。若将励磁绕组直接短路，所感应的单相电动势又会产生单相电流，与旋转定子磁场相作用会形成一种对起动不利的所谓"单轴转矩"。为了避免出现高压，减小单轴转矩，可将励磁绕组串联一个限流电阻而闭合，其阻值为励磁绕组本身电阻的 5~10 倍。

用异步起动法起动同步电动机时，其线路如图 6-16 所示。起动时，先把励磁绕组通过限流电阻 R_1 短接，然后把定子绕组接上三相交流电源，这样，靠起动绕组所产生的异步转矩，电动机便起动起来。然后逐渐加速，待转速上升到接近同步转速（约 95% n_0）时，将

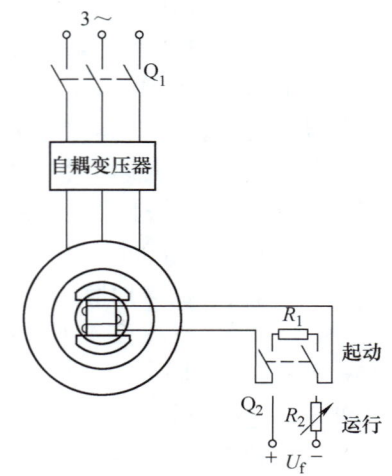

图 6-16 同步电动机异步起动时的线路图

励磁绕组换接到励磁电源上，使转子建立励磁磁场，这样依靠定、转子磁场间互相作用所产生的同步转矩（即基本分量），再加上凸极效应所引起的磁阻转矩（即附加分量），便可使转子转速到达同步转速，即所谓"牵入同步"，从而结束起动过程。

第二节　自控式同步电动机——无换向器电动机

<u>自控式同步电动机是频率闭环控制的同步电动机，亦称无换向器电动机</u>。这种电动机的问世是电力电子技术的飞速发展和电力电子学与电机学互相交叉、互相渗透的结果，也是电子运行电机（或电子控制电机）开创的实例，标志着电机学科发展的方向。

这种电动机本体就是一台同步电动机，结构较简单，且维护方便。若用永磁体励磁，制成无刷结构，这些优点就更为突出。其调速性能和直流电动机相似，较为理想，所以这种电动机集交、直流电动机之优点于一体，为电动机向高速化、大容量化发展开辟了道路。

一、自控式同步电动机的分类

自控式同步电动机有以下两种运行方式。

1. 交-直-交系统的自控式同步电动机

又称自控式同步电动机交-直-交系统。它是由交流电经可控整流变成直流电，再由晶闸管或晶体管所组成的逆变器变成频率可调的交流电供电的同步电动机，实质上这是一个频率自控同步电动机的调速系统。这个系统主要由同步电动机、可控整流器、晶闸管或晶体管所组成的逆变器、位置检测器以及控制线路等所组成，其示意图如图 6-17 所示。

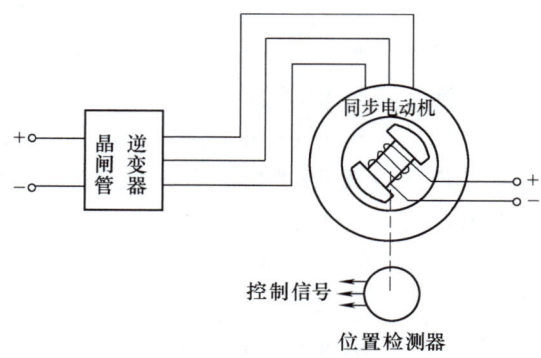

图 6-17　交-直-交系统的自控式同步电动机示意图

2. 交-交系统的自控式同步电动机

又称自控式同步电动机交-交系统。它是利用晶闸管或晶体管组成的变频器直接把 50Hz 的交流电转换成可变频率的交流电供电的同步电动机，是另一种频率自控同步电动机的调速系统。该系统由同步电动机、变频器、位置检测器以及控制线路等所组成，其示意图如图 6-18 所示。

这两种运行方式各有优缺点，交-直-交系统中存在换流问题，而交-交系统结构比较复杂，给设计、测试等带来不便，但就同步电动机用变频电源供电以实现调速的机理来说，两者是一致的。

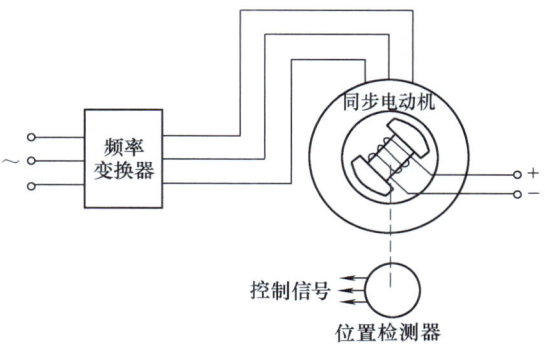

图 6-18 交-交系统的自控式同步电动机示意图

二、工作原理

无论是交-直-交系统的自控式同步电动机，还是交-交系统的自控式同步电动机，它们的工作原理是一样的。电动机本体是一台同步电动机，可以是直流励磁的，也可以是永磁体励磁的。其轴上装有位置检测器，以测定转子磁极与定子的脉冲步进磁场的相对位置，为晶闸管或晶体管提供触发信号。电动机的定子绕组由逆变器（或变频器）供电。输出频率也是电动机定子电流频率而不是独立调节的，它受安装在同步电动机转子轴上的位置检测器所控制，以保证定子脉冲步进磁动势（即电枢磁动势）与转子磁动势（即励磁磁动势）同步转动。这样，由逆变器（或变频器）供电的频率自控式同步电动机就蜕变为一台电枢绕组中电流的交变频率随转子转速做相应变化的直流电动机，不过其电枢与磁极位置互易，可以说是一台反装式直流电动机。为了便于说明自控式同步电动机的工作原理，先回顾一下直流电动机的工作原理。

一台直流电动机的磁极极性及电枢绕组导线中的电流方向如图 6-19 所示。根据右手螺旋定则，确定励磁磁动势 F_f 方向为垂直向下，如不计电枢反应或者说补偿较好，可以认为这就是气隙磁场的方向，电枢磁动势 F_a 方向为水平向左。按左手定则可确定电动机所产生的电磁转矩方向为逆时针方向，电动机按逆时针方向转动。由于电刷位于几何中性线上（实际电机中，电刷在磁极轴线上），以及电流的换向作用，使 F_a 与 F_f 始终互相垂直。也可认为 F_a 与气隙合成磁场 Φ_δ 互相垂直，不因电动机负载情况不同而改变，从而保证了电动机在有最大电磁转矩状态下运行。如果设想将电动机的磁极装在转子上，电枢绕组装在定子上，换向器（图中没有画出）也装在定子上，则结构示意图如图 6-20 所示。若励磁磁动势 F_f 与电枢电流及电枢磁动势 F_a 的方向如图 6-20a 中所示，按电磁转矩的性质，直流电机电刷在几何中性线上时，则电动机电枢绕组受到最大电磁转矩，欲使电动机的电枢按顺时针方向转动，但是电枢绕组装在定子上不能转动，由电磁转矩的反作用迫使磁极按逆时针方向转动。当磁极按逆时针方向转过 90°电角度时，如图 6-20b 所示，F_f 与 F_a 方向一致，电动机就不产生电磁转矩，因而磁极将停止转动。如

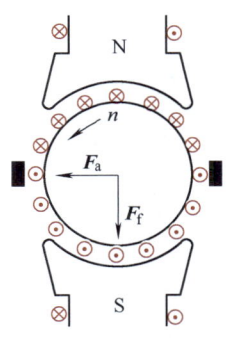

图 6-19 直流电动机工作原理示意图

果将电刷和磁极与转速同方向转动，当磁极按逆时针方向转过 90°电角度时，电刷在换向器上也是按逆时针方向转过 90°电角度，两者同步转动，使 F_a 与 F_f 始终保持互相垂直，电动机则始终处于产生最大电磁转矩的状态，而继续转动。这就是反装式直流电动机的工作原理。从电磁过程来说，它与传统的直流电动机并无本质上的区别，直流电动机之所以无"反装式"这种结构形式，是因为要实现电刷与磁极同步转动，结构会更为复杂。

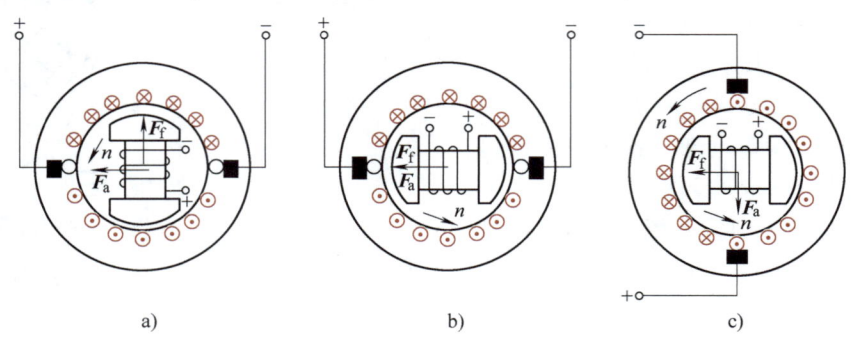

图 6-20 反装式直流电动机示意图

在所设想的反装式直流电动机中，如果使电刷与磁极同步地转动，F_a 与 F_f 的相对位置保持一定，但不是互相垂直，又不是两者重合，则电动机也会连续转动，不过所发生的电磁转矩不是最大而已。自控式同步电动机的工作原理就是按反装式直流电动机工作原理，不过采用了晶闸管（或晶体管）与位置检测器，置换了换向器和电刷这些机械接触部件，前者起电子换流作用，后者起机械换向作用。尽管两者构造不同，但它们所起的作用却完全相同，即保证 F_a 与 F_f 有一定的相对位置，从而产生一定的平均电磁转矩，使电动机连续运转。

利用半导体元件，就可以实现交流-直流、直流-交流、交流-交流、直流-直流以及变频等各种电能的变换和大小的控制。在自控式同步电动机中，晶闸管或晶体管可以理解为无触点的电子开关。如果设想将反装式直流电动机的换向器和电刷舍去，通过由晶闸管或晶体管组成的自控式逆变器对其电枢绕组供电，由转子位置检测器按所要求的 F_a 在空间上超前于 F_f 一定的电角度，并转换成电信号去导通和阻断逆变器中的晶闸管或晶体管，使电枢绕组中通过的交流电流的频率与磁极转速同步，这就是自控式同步电动机工作原理的物理状况。

自控式同步电动机实质上是一台以电子换向取代机械换向的直流电动机，容量不大的自控式同步电动机的电机本体采用永磁励磁，逆变器中半导体元件采用晶体管。为简单起见，下面以这种结构为例，简要说明其实际的工作原理。电动机的结构示意图如图 6-21 所示。电动机的三相定子绕组（即电枢绕组）为星形联结，三相绕组的出线端分别与三个晶体管 V_1、V_2、V_3（代表逆变器的输出）相连，转子位置检测器的旋转部分由导磁体（图中涂黑部分）

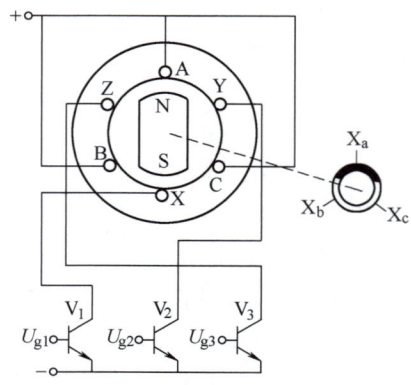

图 6-21 自控式同步电动机的结构示意图

和非导磁体组成一个圆环,与电动机同轴连接,三个霍尔元件 X_a、X_b、X_c各互差120°电角度,对称分布在其周围。当导磁体磁场进入相应霍尔元件的有效区域时,该霍尔元件就会产生感应电动势 U_g,并触发相应的晶体管导通。

为了简明说明问题起见,选几个特定的瞬间来分析。图 6-22a 表示 $\omega t = 0$ 时的情况,此时转子位置检测器的导磁体进入霍尔元件 X_b 的有效区,使 X_b 产生电动势 U_{g2} 并触发 V_2 导通,于是 B 相绕组馈电,产生电枢磁动势 F_a 及相应的定子磁场;定、转子磁场互相作用产生电磁转矩,使转子逆时针方向旋转。当转子转过 120°电角度时,如图 6-22b 所示,导磁体进入 X_c 的有效区,使 X_c 产生电动势 U_{g3} 并触发 V_3 导通,使 C 相绕组馈电,电枢磁动势 F_a 及其磁场逆时针前进 120°电角度,继续推动转子逆时针旋转。当转子再转过120°电角度时,如图 6-22c 所示,导磁体进入 X_a 的有效区,使 X_a 产生电动势 U_{g1},并触发 V_1 导通,使 A 相绕组馈电,电枢磁动势及其磁场又逆时针前进120°电角度,继续推动转子旋转。如此周而复始,转子便会连续旋转起来。

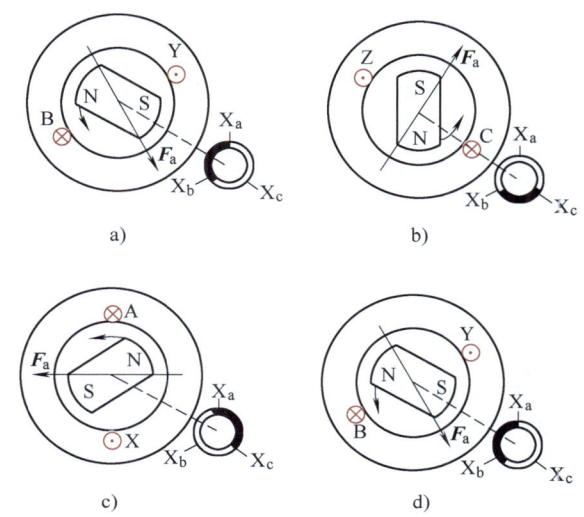

图 6-22 自控式同步电动机的工作原理

a) $\omega t = 0$ 时 b) $\omega t = 120°$时 c) $\omega t = 240°$时 d) $\omega t = 360°$时

三、调速原理与性能分析

自控式同步电动机可以看作是一台直流电动机,利用分析直流电动机的方法对它进行研究。也可以把它看作是一种特殊的同步电动机变频调速系统,用同步电动机的理论对它进行分析。一般来说,从系统角度分析时,我们把它当作直流电动机看待,可利用现有各种直流电动机调速系统的设计经验和方法。若要研究电动机内部的一些特性,又常把它当作同步电动机处理。因为在同步电动机理论分析中既能考虑交轴电枢反应又可考虑直轴电枢反应的影响,它所采用的相量图方法,可以形象地说明自控式同步电动机中的一些重要的物理现象,这对我们了解自控式同步电动机的性能是有帮助的。当然相量图只能描述电动机各基波分量之间的关系,而实际自控式同步电动机的电流中还含有许多谐波分量,只用相量图是无法加以完全说明的。但毕竟基波分量起着主导的作用,若能掌握基波分量之间的关系,基本上就可以掌握自控式同步电动机的特性。

首先分析一下自控式同步电动机的调速性能。自控式同步电动机的主电路如图 6-23 所示,图中符号所表示的量说明如下:

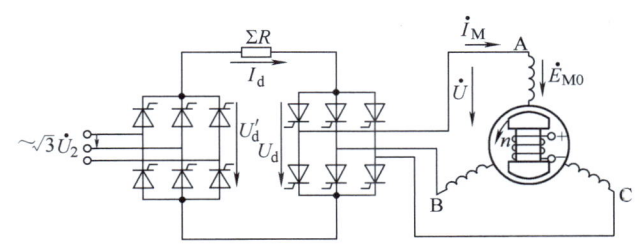

图 6-23 自控式同步电动机的主电路

U'_d——可控整流桥输出电压的平均值；

U_d——逆变器直流侧输入电压的平均值；

I_d——逆变器直流侧输入电流的平均值；

U——电动机相电压的有效值；

E_M0——电动机每相反电动势的有效值；

U_2——三相交流电源相电压的有效值；

$\sum R$——直流回路总等效电阻，包括平波电抗器、晶闸管、正向压降的等效电阻、定子绕组两相的电阻等。

按逆变器工作原理可知，为了使逆变器能正常工作，必须将换流时刻从自然换流位置（图6-24中 M 点）提前一个角度 γ（图6-24中 M' 点）。换流过程用重叠角 μ 表示。

考虑到换流超前角 γ 和重叠角 μ 以后，自控式同步电动机端电压的波形如图6-24所示。经推导，逆变器直流侧输入电压的平均值为

$$U_\mathrm{d} = \frac{3\sqrt{6}}{\pi} U \cos\left(\gamma - \frac{\mu}{2}\right) \cos\frac{\mu}{2} \quad (6\text{-}26)$$

而电动机定子绕组每相反电动势的有效值为

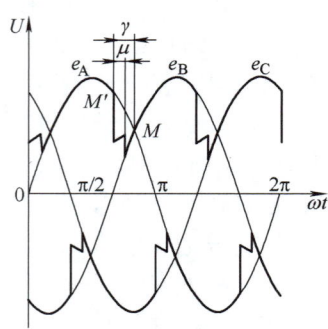

图 6-24　无换向器电动机端电压的波形

$$E_\mathrm{M0} = 4.44 f N k_\mathrm{w1} \Phi = \sqrt{2}\pi \frac{pn}{60} N k_\mathrm{w1} \Phi \quad (6\text{-}27)$$

式中　p——电动机的极对数；

n——电动机的转速；

Φ——气隙合成磁通。

不计电动机定子绕组漏抗压降，电动机定子绕组的电阻已并入总等效电阻 $\sum R$，电动机的反电动势 E_M0 与电动机的端电压（即逆变器输出电压）U 相平衡，两者有效值相等，即

$$U = E_\mathrm{M0} = \sqrt{2}\pi \frac{pn}{60} N k_\mathrm{w1} \Phi \quad (6\text{-}28)$$

将式（6-26）代入式（6-28），消去 U，得

$$n = \frac{10 U_\mathrm{d}}{\sqrt{3} p N k_\mathrm{w1} \Phi \cos\left(\gamma - \frac{\mu}{2}\right) \cos\frac{\mu}{2}} \quad (6\text{-}29)$$

为简单起见，从可控整流电路原理可知，对于三相全控桥式整流电路的输出电压的平均值，不计换流重叠角时，为

$$U'_\mathrm{d} = \frac{3\sqrt{6}}{\pi} U_2 \cos\alpha = 2.34 U_2 \cos\alpha \quad (6\text{-}30)$$

式中　α——可控整流器的触发延迟角 α。

这个输出电压的平均值 U'_d 与逆变器直流侧输入电压的平均值 U_d 以及总等效电阻上的压降 $I_\mathrm{d} \sum R$ 相平衡，即

$$U'_d = 2.34U_2\cos\alpha = U_d + I_d\sum R \qquad (6\text{-}31)$$

将式（6-31）中的 U_d 代入式（6-30），得

$$n = \frac{2.34U_2\cos\alpha - I_d\sum R}{\left[\frac{\sqrt{3}}{10}pNk_{w1}\cos\left(\gamma - \frac{\mu}{2}\right)\cos\frac{\mu}{2}\right]\Phi} \qquad (6\text{-}32)$$

式（6-32）为自控式同步电动机的转速公式，它与直流电动机的转速公式 $n = \frac{U - I_aR_a}{C_e\Phi}$ 极为相似。由此可知，改变整流桥的直流输出电压或励磁，可调节自控式同步电动机的转速。通常采用通过改变触发延迟角 α 以改变可控整流桥的输出电压的方法，不采用改变励磁的方法，因为自控式同步电动机的磁路比较饱和，对励磁稍做调节，转速变化不大，而且调节励磁时，若减少过多，会引起换流失败，影响电动机正常运行。

下面利用同步电动机的理论对自控式同步电动机的特性做进一步的分析。

首先看电动机空载时的情况。设空载时逆变桥的换流超前角为 γ_0，则电动机的空载电动势 E_{M0} 和电流 I_M 的波形如图 6-25 所示。图 6-25a 为不计换流重叠角的情况下，在 $\gamma_0 = 0°$ 的电动机电流、电压波形图。这时电流的基波分量和电动势波形同相。而当 $\gamma_0 \neq 0°$ 时，从图 6-25b 可见，电流基波也正好超前于空载电动势一个 γ_0 角。如若计及换流重迭角的影响，则由图 6-25c 可见电流的基波将后移 $\mu/2$ 角，变成超前于空载电动势 E_{M0} 一个 $\left(\gamma_0 - \frac{\mu}{2}\right)$ 角。

在电机学里，一般把同步电动机中电流和空载电动势之间的夹角叫作内功率因数角，通常用 ψ 表示。在自控式同步电动机中，这个内功率因数角 ψ，在不计重叠角的影响时为 γ_0，即 $\psi = \gamma_0$；而在计及重叠角时应为 $\psi = \gamma_0 - \frac{\mu}{2}$。

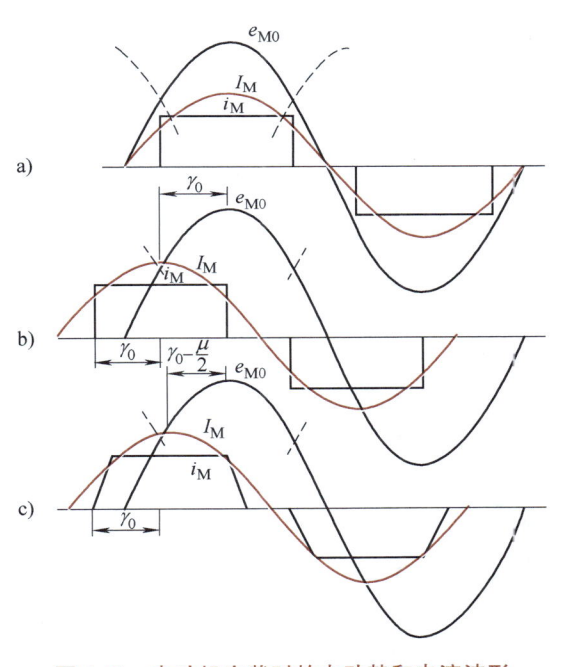

图 6-25 电动机空载时的电动势和电流波形

这里需要指出，同步电动机的内功率因数角 ψ 是随时可以变化的。只要调节同步电动机的励磁，就可以改变 ψ 角的大小，改变电枢反应的性质，但是调节励磁不能改变同步电动机的转速。可是在自控式同步电动机中，情况就完全不同。ψ 角之值主要是由 γ_0 决定的，它取决于转子位置检测器整定的情况，改变励磁不能改变 ψ 的数值，不会引起电枢反应性质的变化，可是却能影响电动机的转速。这是自控式同步电动机类似于直流电动机，而和一般同步电动机有本质上差别的地方。

当电动机承受的负载增加时，如整定的空载换流超前角 γ_0 保持不变，则电动机电

流基波的相位 $\psi = \gamma_0 - \dfrac{\mu}{2} \approx \gamma_0$ 基本不变。这个电流可以分为直轴和交轴分量 I_{dM} 和 I_{qM}，它们分别产生直轴、交轴电枢反应磁场和直轴、交轴电抗压降 $-\mathrm{j}X_d \dot{I}_{dM}$ 与 $-\mathrm{j}X_q \dot{I}_{qM}$，如图 6-26 所示相量图。由图可见，当电动机带负载时，其端电压 U 将与空载时的端电压 $U_0 \approx E_{M0}$ 有所不同，它不但大小有所变化，而且相位将较 $-\dot{E}_{M0}$ 超前一个角度 θ。

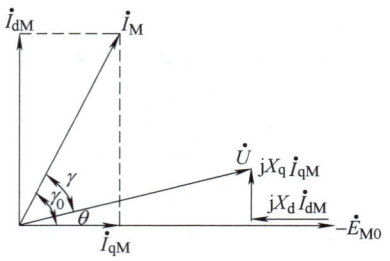

图 6-26 自控式同步电动机的相量图

这个角度 θ 在同步电动机理论中称为功率角，它表征着电动机输出功率的大小。由于功率角的出现，使电流对电压的超前角度，即逆变桥的换流超前角 γ 减小，由空载时的 γ_0 变到负载时的 $\gamma = \gamma_0 - \theta$。这对换流是不利的。

至于自控式同步电动机的功率和转矩，设 $p = 1$，可以证明为

$$P = 3I_M \left[E_{M0} - (X_d - X_q) I_M \sin\left(\gamma_0 - \dfrac{\mu}{2}\right) \right] \cos\left(\gamma_0 - \dfrac{\mu}{2}\right) \tag{6-33}$$

$$T_e = \dfrac{P_e}{\Omega} = 3I_M \left[C_{\psi 0} - (L_d - L_q) I_M \sin\left(\gamma_0 - \dfrac{\mu}{2}\right) \right] \cos\left(\gamma_0 - \dfrac{\mu}{2}\right) \tag{6-34}$$

式中 $C_{\psi 0}$——比例系数（含等效相绕组磁链 ψ_0 数），$C_{\psi 0} = \dfrac{E_{M0}}{\Omega}$。

从式（6-34）可见，自控式同步电动机的电磁转矩在计及换流重叠角 μ 时的公式相当复杂。为了简化计算，通常可以近似地假定 μ 为某一常数。这样电动机的电磁转矩公式可简化成一个简单的非线性式子，即

$$T_e = C_m I - C_R I^2 \tag{6-35}$$

其中，C_m、C_R 均为由电动机参数所决定的常数，前一项 $C_m I$ 为电动机的基本转矩，它与电流直接成正比；后一项 $C_R I^2$ 为电动机的反应转矩，它是由电动机的直轴和交轴的不对称性所决定的，它的大小与 γ_0 角有关，而且正比于电流的二次方，是一个非线性项。当 $\gamma_0 = 45°$ 时，C_R 之值为最大。当电机作电动机运行时，该项反应转矩为负，使电动机有效转矩减小。若不计凸极效应，$C_R \approx 0$，则自控式同步电动机的转矩公式为 $T_e = C_m I$，酷似并励直流电动机。

四、自控式同步电动机的特点

自控式同步电动机主要有下列特点：

1）维护简便。若电动机本体采用永磁体励磁的无刷结构，则自控式同步电动机就无集电环、换向器和电刷等机械接触部件，控制装置的主要部分采取无触点方式，寿命较长。

2）从自控式同步电动机的转速和转矩特性见［式（6-32）与式（6-35）］可知，其调速性能可与并励直流电动机相匹敌。调速范围也广，在额定负载范围内，可按 3∶1～10∶1 或自零到额定转速实现无级调速（调速问题请参看有关书籍）。

3）控制方便。在任何转速下，可产生平滑再生制动转矩。对于从"＋"转矩到"－"转矩宽广范围内变化的负载，也能进行稳定的运行和紧急增减转速的控制，若要

改变电磁转矩的方向,只需改变变频器输出电压的相序,并能连续地进行正、反转运行。

4)电动机能使用于条件较恶劣的场合。由于没有耐腐蚀性较差的电刷、换向器和集电环等机械接触部件,如果电动机绕组有足够的绝缘,就可以在恶劣环境中长期运行而不需要维修。

5)快速性好。控制装置由半导体元件组成,装置的时间常数小,因而具有很好的快速性。

总的说来,自控式同步电动机是一种新型电动机,由电动机本体(同步电动机)、位置检测器和变频器三部分组成。变频器的频率不是独立调节,而是受控于转子位置检测器的信号,使其频率始终与同步电动机保持同步,故不存在振荡或失步问题,它的调速性能可与直流电动机媲美,而结构简单。在高转速、大容量上,更显示出其优越性。这种电动机适用于化纤、造纸、印刷、轧钢等工业及运输部门。但是也因为采用了半导体元件组成的控制装置,使其整体造价较高。

第三节 其他同步电动机

一、磁阻同步电动机

磁阻同步电动机的转子结构是凸极式,具有凸极效应,无励磁绕组,从外形上看,是一个圆柱体,如图 6-27 所示。整个转子用钢片和非磁材料,如铝、铜等镶嵌而成,其中铝或铜部分可起到笼型绕组作用而使电动机异步起动。在正常运行时,气隙磁场基本上只能沿钢片引导方向进入转子直轴磁路,其对应的电抗为直轴同步电抗 X_d 而交轴由于要多次跨入非磁性材料铝或铜的区域,遇到的磁阻很大,所以对应的交轴同步电抗 X_q 很小。

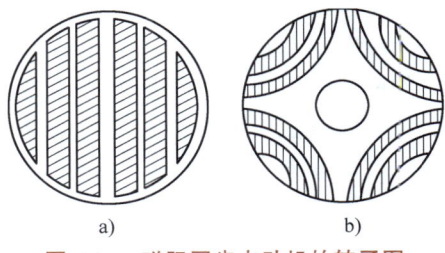

图 6-27 磁阻同步电动机的转子图

a) 二极式 b) 四极式

物理模型表明,当同步电动机的 $X_d \neq X_q$ 时会出现磁阻转矩,见"功角特性"部分。当 $X_d > X_q$ 时,同步电动机的磁阻转矩为拖动转矩,可见功率特性的附加分量[见式(6-20)]为

$$T_e'' = m\frac{U^2}{2\Omega_s}\left(\frac{1}{X_q} - \frac{1}{X_d}\right)\sin2\theta$$

所以,这种电机称为磁阻同步电动机,又因磁场只有电枢反应磁场,故又称反应式同步电动机。

磁阻同步电动机的电动势相量图如图 6-28 所示。由于无励磁,励磁电动势 $-\dot{E}_0 = 0$,但转子直轴仍然存在,各相量应有的相位也仍然存在。

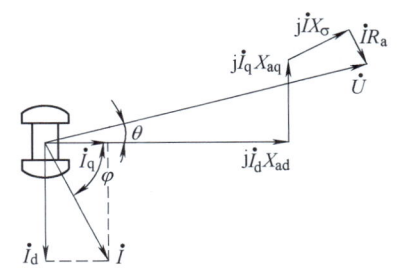

图 6-28 磁阻同步电动机的电动势相量图

磁阻同步电动机由于结构简单、成本低

廉、运行可靠,在自动和遥控装置、录音传真及钟表工业中获得广泛应用,其功率可从几百分之一瓦到数百瓦。

二、永磁同步电动机

永磁同步电动机是转子励磁采用永久磁铁励磁的同步电动机。从励磁而论,不要集电环、电刷以及励磁装置,结构就大为简化。还由于无励磁电流,也就无励磁损耗,故电动机效率较高。但要求永磁材料具有高的矫顽力 H_c、大的剩磁 B_r 和高的磁能积 BH 等优异的磁性能。在磁性能优异的永磁材料未推出之前,加之同步电动机采用永磁材料励磁,励磁不能调节,永磁同步电动机虽然早已问世,但还难以发挥其优势,以致一直受到冷遇,只在自动化仪表中得到应用,一般功率很小。

自 20 世纪 60 年代中期以来,相继开展和研制了第一代、第二代以及第三代磁性能优异的稀土永磁材料,特别是第三代永磁材料——钕铁硼(Nd-Fe-B)永磁材料,磁能积较高,矫顽力也较高。尽管它还有价格偏高、温度系数偏大、居里点偏低等性能上的不足,但还是受到了电机界莫大的关注。稀土永磁材料在电机,特别是微电机中的应用,将引起电机结构、工艺、设计、测试和控制等多方面的变革。

下面介绍稀土永磁同步电动机应关注和探索的一些问题。

1. 转子结构问题

稀土永磁同步电动机的转子结构形式很多。考虑转子结构的出发点是出力一定而减小永磁体的体积,或者永磁体体积一定而改善电动机的性能。为了减少永磁体之间的漏磁,提高气隙和齿磁通密度,以及考虑机械强度和去磁效应等问题,不宜采用像电励磁那样的凸极结构形式,一般采用所谓埋藏式或说内藏式,就是把永磁体嵌在圆柱体的转子中。永磁体的放置也是多种多样的,如图 6-29 所示。目前,还在不断涌现新的结构形式。

2. 磁路与参数问题

由于转子结构形式不同,磁路组成部分也各异,如图 6-30a 所示的横向结构,其磁路组成部分如图 6-30b 所示,磁通路径为:永磁体 N 极→软铁极靴→套环的磁性材料段→气隙→定子铁心→套环的磁性材料段→软铁极靴→永磁体 S 极。

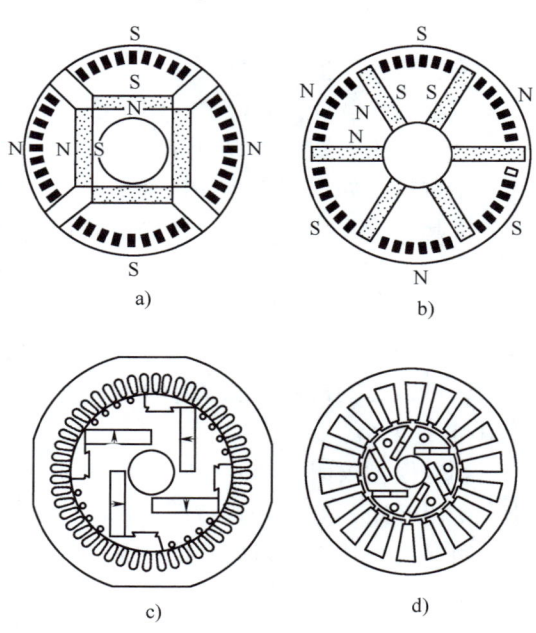

图 6-29 永磁同步电动机的转子结构图
a) 纵向式 b) 横向式 c) 串并联式 d) 蜗轮式

在第六章第一节中已指出,同步电机的主要参数 X_d、X_q 决定于磁路的磁导。在电励磁或磁阻同步电机中,$X_d > X_q$,但在稀土永磁同步电动机中,情况就不一样了。在直轴磁路中有永磁体,稀土永磁体的回复磁导率很低,约为 1.05,其导磁性能与空气相似,因而大大减少了直轴电枢反应的作用,表现为 X_d 较小;而在交轴磁路中,主要是软铁极靴和套环的磁性材料段(见图 6-30a),导磁性能好,交轴电枢反应的作用较大,

X_q 较大。因此在稀土永磁同步电动机中，会出现 $X_q > X_d$ 的情况。

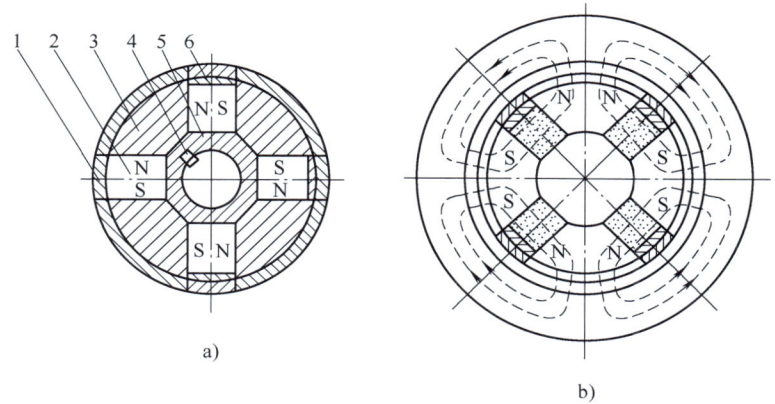

图 6-30 永磁体为横向结构的永磁同步电动机磁路示意图
a) 转子结构 b) 磁路示意
1—套环 2—永磁体 3—软铁极靴 4—键 5—衬套（非磁体） 6—垫片（非磁体）

3. 起动问题

第六章第一节中指出，同步电动机不能自行起动，要进行异步起动。为了能顺利起动和确保人身安全，励磁绕组必须串一限流电阻而闭合，待要牵入同步时，再投入励磁。但在永磁同步电动机中，情况又不同了，因为永磁同步电动机无论在何种运行状态，总是提供一定励磁，因此在起动过程中，永磁体磁场与定子电流产生的旋转磁场非同步运行，两者之间有相对运动而不能形成同步转矩。但从重叠原理考虑，永磁体磁场与定子绕组俨然构成一台同步发电机，定子绕组中除基波频率 f_1 电流之外，会出现频率为 $(1-s)f_1$ 的感应电流，加之两轴磁阻不等，又会出现频率为 $(1-2s)f_1$ 的感应电流。由于这些电流所建立的定子磁场与永磁体磁场以及磁阻不等的因素相互作用形成转矩。所以永磁同步电动机在起动过程中，除去笼型绕组提供的异步起动转矩之外，还有频率为 $(1-s)f_1$ 感应电流所建立的定子旋转磁场与永磁磁场形成的发电机制动转矩（即同步转矩），以及频率为 $(1-2s)f_1$ 感应电流所建立的定子旋转磁场所形成的磁阻转矩。经分析，永磁同步电动机的起动特性如图 6-31 所示，它远比笼型转子异步电动机复杂。

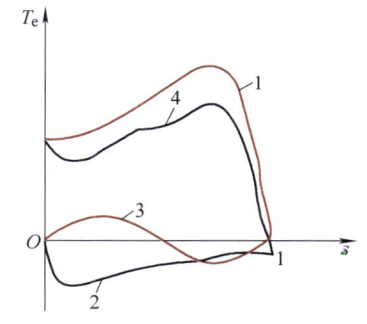

图 6-31 永磁同步电动机起动特性
1—异步转矩 2—发电机制动转矩
3—磁阻转矩 4—合成转矩

总之，永磁同步电动机的结构、参数与性能之间关系甚为复杂，亟待进一步探索和研究。

三、步进电动机

步进电动机是"一步一步"地转动的一种电动机，因其转矩性质和同步电动机的电磁转矩性质一样，所以本质上也是一种磁阻同步电动机或永磁同步电动机。由于电源输入是一种电脉冲（脉冲电压），电动机相应于有一个脉冲就转过一个固定角度，故而也称脉冲电动机。步进电动机由于具有这种特性，在自动控制系统中，可用它将电脉冲信号转变为转角位移量。

步进电动机的结构形式和分类方法较多，有反应式、永磁式、混合式以及特种形式等。下面以反应式（磁阻式）步进电动机为例，简要地说明其工作原理。

图 6-32 所示是三相反应式步进电动机的示意图。定、转子铁心均由硅钢片叠成，定子有六个极，每两个相对极上绕有一相绕组，定子的三相绕组为控制绕组，转子有四个磁极，无绕组。当 A 相绕组通电时，由于磁回路力图通过磁阻最小的途径，转子将受到磁阻转矩作用，必然转到其磁极轴线与 A 相绕组轴线重合的位置，磁回路便通过磁阻最小的途径。此时两轴线间夹角为零，磁阻转矩为零，转子就停止转动，如图 6-32a 所示。由此可知，步进电动机磁路的磁阻是变化的，故也可称变磁阻电动机。当 A 相断电、B 相通电时，由于同样的机理，转子将按逆时针方向转过 30°空间角，原与 A 相绕组轴线重合的转子磁极轴线便与 B 相绕组轴线重合，如图 6-32b 所示。同样，B 相断电、C 相通电时，转子再按逆时针方向转过 30°空间角，如图 6-32c 所示。若按 A→B→C 顺序通电，转子就按逆时针方向一步一步地前进（转动）；若按 A→C→B 顺序通电，转子就按顺时针方向一步一步地转动。一种通电状态换到另一种通电状态，叫做"一拍"，每一拍转子就转过一个空间角度，这个角度叫作步距角 θ_b。显然，通电状态变换的频率（即电脉冲的频率）越高，转子就转得越快。

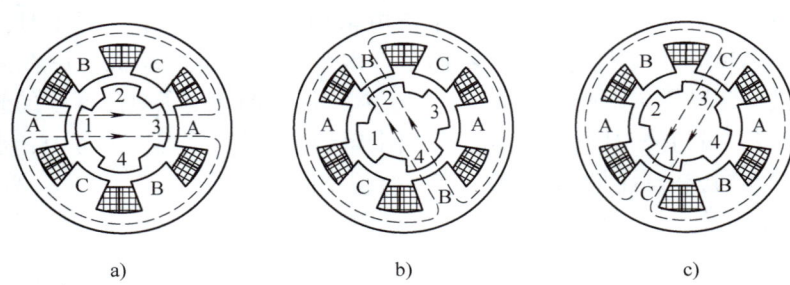

图 6-32 三相反应式步进电动机的示意图
a) 位置一　b) 位置二　c) 位置三

按上述三相依次单相通电的方式，称为"三相单三拍运行"，"三相"指定子三相绕组，"单"指每次只有一相通电，"三拍"指三次通电为一个循环，第四次通电开始重复第一次的情况。三相反应式步进电动机的通电方式除"单三拍"外，还有"双三拍"和"三相六拍"等。

（1）"双三拍"　按 AB→BC→CA→AB 的顺序通电，即每次有两相通电。不难看出，两相绕组通电后所建立的磁场轴线与未通电的一相磁极轴线重合。例如，A、B 相通电，其磁场轴线与 C-C 极轴线对齐。按此方式运行与"单三拍"相同，步距角不变，但振荡弱，稳定性好。

（2）"三相六拍"　按 A→AB→B→BC→C→CA→A 的顺序通电，相当于前述两种通电方式的综合，步距角为"三拍"方式的一半。

上述简单的三相反应式步进电动机的步距角太大，即每一步转过的角度太大，很难满足生产中所提出小位移量的要求，下面介绍一种典型结构。

三相反应式步进电动机的典型结构示意图如图 6-33 所示。定子仍然为三对极，每相一对，相对的极属于同一相，不过每个定子磁极的极靴上均匀开有许多小齿，转子圆周上也均匀开有许多小齿。根据工作原理的要求，定、转子齿宽和齿距必须相等。转子齿数不能为任意数值，一方面要考虑到对步距角的要求，另一方面需以工作原理为根据，这些要求的根据有两点：

1）在相同的几个磁极下，定、转子齿应同时对齐或同时错开，这样才能使几个磁极的作用相加，产生足够的磁阻转矩，所以当每相的磁极沿圆周均匀分布时，要求转子齿数为每相极数的倍数。

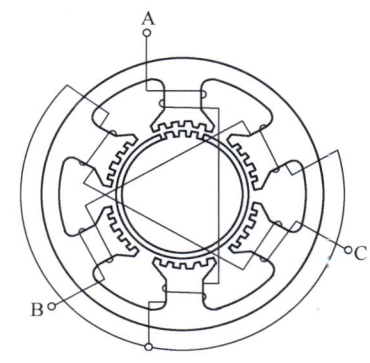

图 6-33 三相反应式步进电动机的典型结构示意图

2）在不同相的相邻极之间的距离（即极距）不应是转子齿数的倍数，应依次错开 $1/m$ 齿距（m 为相数），这样才能在连续改变通电的状态下获得不断的步进运动。否则，当任一相通电时，转子齿都将处于磁路的磁导为最大的位置上。各相轮流通电时，转子将一直处于静止状态，电动机就不能运行，无工作能力。

步进电动机在近十年中发展很快，这是由于电力电子技术的发展解决了步进电动机的电源问题。最近，新型永磁材料研制上的突破，又会促进步进电动机的进一步发展。由于步进电动机的步距（转速）不受电压波动和负载变化的影响，也不受环境条件（温度、压力、冲击和振动等）的限制，而只与脉冲频率成正比，所以它能按照控制脉冲数的要求，立即起动、停止、反转。在不丢步的情况下，角位移的误差不会长期积累，所以步进电动机能实现高精度的角度开环控制。然而，由于开环控制的频率不自控，低速时会发生振荡现象，这也是值得重视和研究的问题。尽管如此，目前步进电动机的应用范围已很广，数控、工业控制、数-模转换和计算机外围设备、工业自动线、印刷机、遥控指示装置、航空系统中，都已成功地应用了步进电动机。

小　　结

1. 三相同步电机可认为是三相异步电机运行的一种特殊情况，这种特殊情况是转子电流的转差频率等于零，电机的转速始终是同步速度，因此而命名。

同步电机也遵循可逆原理，其物理模型十分形象地表征了电机的运行状况，对反映有功功率情况的功率角得到一种空间的解释，也表明了机电能量的转换。

同步电机又与直流电机有相似之处，两者在负载时，气隙磁场都会发生显著的变化，因为在同步电机的定子绕组中通入交流电流，转子通入直流电流；在直流电机中，励磁绕组通入直流电流，而电枢绕组中通入由换向器作用将直流电流变换成频率受转速控制的多相交流电流。从励磁效应看，这两类电机都隶属于双边励磁的电机，两者都存在所谓电枢反应问题。在同步电机中，电枢反应的性质与其内功率因数角有关。电枢反应的作用用同步电抗来表征，凸极式同步电机的电枢反应的分析需用"双反应理论"。

同步电机有功功率的改变用功角特性表征，无功功率的调节用 V 形曲线说明。因同步电动机所吸取的无功功率可以调节，如使其运行于吸取容性无功功率的状态下，可改善电网功率因数。与异步电动机相比，这是它独特的优点。有时因生产实际需要，绕线转子异步电动机也可改作同步电动机运行。

同步电动机本身无起动能力，必须在磁极上装设起动绕组（亦称阻尼绕组），作异步起动。

2. 自控式同步电动机，亦称无换向器电动机，是集直流电动机与同步电动机之长于一体的一种电子运行电机，电机本体是同步电动机，而调速性能酷似直流电动机。由于其定子绕组电流的频率受转速自动控制、可消除振荡，所以称为自控式同步电动机，而实质上，它是由晶闸管逆变器或变频器置换换向器和电刷装置的直流电动机，所以又称无换向器电动机，这是一种有发展前途的电动机。

3. 磁阻同步电动机的转子无励磁，是由直轴和交轴的磁阻不等所形成的磁阻转矩而运行的一种小型同步电动机，结构简单，其所形成磁阻转矩即属电励磁凸极式同步电动机电磁转矩中的附加分量。

4. 永磁同步电动机的励磁由永磁材料提供。稀土永磁材料研制上的突破使它异军突起，颇受电机界的关注，具有节能高效、运行可靠等优势，是颇有前途的一种同步电动机，但由于永磁体的存在，导致 $X_q > X_d$，使起动过程较复杂。

5. 步进电动机的工作原理是建立在磁回路力图通过磁阻最小的途径，即产生与同步电动机一样的磁阻转矩，所以就其本质而论，归属于同步电动机。

步进电动机是一种将脉冲信号转换为角位移或直线位移的电动机，说得通俗一些，就是给一个脉冲信号前进一步的电动机。所以，它能按照控制脉冲的要求、起动、停止、反转、无级调速，在不丢步的情况下，角位移的误差不会长期累积。

习　题

6-1　为什么说同步电动机本身无起动能力？采用异步法起动同步电动机时应注意哪些事项？

6-2　从磁能观点说明调节励磁可以调节同步电动机功率因数的道理。调节励磁对同步电动机的有功负载有无影响？

6-3　一台三相凸极同步电动机，定子绕组为星形联结，$U_{1N}=6000\text{V}$，$f_N=50\text{Hz}$，$n_N=300\text{r/min}$，$I_N=57.8\text{A}$，$\cos\varphi_N=0.8$（超前），$X_d=64.2\Omega$，$X_q=40.8\Omega$，不计定子电阻，试求：

（1）在额定负载下的励磁电动势 E_0；

（2）在额定负载下的电磁功率及电磁转矩。

6-4　某车间耗用功率为 200kW，功率因数 $\cos\varphi=0.65$（滞后），其中两台异步电动机的输入功率及功率因数分别为：$P_I=41\text{kW}$，$P_{II}=20\text{kW}$，$\cos\varphi_I=0.625$，$\cos\varphi_{II}=0.641$。将此两台异步电动机作同步运行后，车间功率因数提高到 1，而且该两台异步电动机作同步运行后，均吸收超前无功功率，无功功率与它们的有功功率成正比。试求该两台异步电动机同步运行时的容量各为多少？

6-5　无换向器电动机的工作原理建立在怎样的电磁关系基础上？

6-6　磁阻同步电动机的电磁转矩是怎样产生的？为什么隐极机转子不会产生这种转矩？

6-7　步进电动机的工作原理是怎样的？什么叫"三相单三拍"运行？

6-8　步进电动机为什么必须"自动错位"？自动错位的条件是什么？

第七章

控 制 电 机

> **内容提要**
>
> 本章在熟悉一般旋转电机基本理论的基础上，简要地介绍几种常用控制电机的工作原理和基本结构，以便在电力拖动系统中正确使用这些作控制用的电磁元件。

电力拖动系统是机械和电气相结合的一种自动控制系统，系统中除了必要的、主要的机电能量转换的电磁元件——交、直流电动机以外，还有作检测、放大和执行用的许多电磁元件。这些电磁元件就是在一般旋转电机的理论基础上发展起来的各式各样的小功率电机，这些小功率电机都有特殊的性能。根据它们被赋予的使命，我们统称之为控制电机。就电磁过程及所遵循的基本电磁规律而言，控制电机和一般旋转电机没有什么本质上的区别，不过，一般旋转电机的作用是完成能量的转换，对它们的要求是具有较高的力学性能指标。而由于控制系统的需要，控制电机的主要任务是完成控制信号的传递和转换。它们使用的场合及所需要完成的任务，就决定了对它们的要求是运行可靠、响应迅速以及准确度高等。

目前已生产、使用和研制出的控制电机种类繁多、不胜枚举，本章就拖动系统中常用的一些控制微电机，讨论其工作原理、基本结构以及用途等。

第一节 伺服电动机

伺服电动机亦称执行电动机，它具有一种服从控制信号的要求而动作的职能，在信号来到之前，转子静止不动；信号来到之后，转子立即转动；当信号消失时，转子能及时自行停转。由于这种"伺服"的性能，因此而得名。

按照自动控制系统的功用要求，伺服电动机必须具备可控性好、稳定性高和适应性强等基本性能。可控性好是指信号消失以后，能立即自行停转；稳定性高是指转速随转矩的增加而均匀下降；适应性强是指反应快、灵敏。

常用的伺服电动机有两大类，以交流电源工作的称为交流伺服电动机；以直流电源工作的称为直流伺服电动机。

一、交流伺服电动机

（一）工作原理

图 7-1 所示是交流伺服电动机的原理图，图中 f 和 c 表示装在定子上的两个绕组，

它们在空间相差 90°电角度。绕组 f 由定值交流电压励磁，称为励磁绕组，绕组 c 是由伺服放大器供电而进行控制的，故称为控制绕组。转子为笼型。

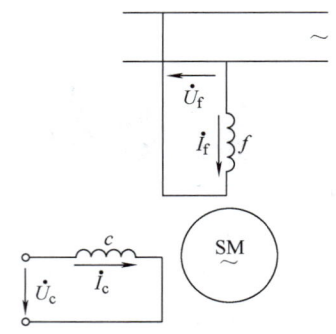

交流伺服电动机的工作原理与单相异步电动机相似，当它在系统中运行时，励磁绕组固定地接到交流电源上，当控制绕组上的控制电压为零时，气隙内磁场为脉振磁场，电动机无起动转矩，转子不转；若有控制电压加在控制绕组上，且控制绕组内流过的电流和励磁绕组内的电流不同相，则在气隙内会建立一定大小的旋转磁场。此时就电磁过程而言，就是一台分相式的单相

图 7-1 交流伺服电动机的原理图

异步电动机，因此电动机有了起动转矩，转子就立即旋转。但是，这种伺服性仅仅表现在伺服电动机原来处于静止状态下。伺服电动机在自动控制系统中是起执行命令的作用，因此不仅要求它在静止状态下能服从控制电压的命令而转动，而且要求它在受控起动以后，一旦信号消失，即控制电压除去，电动机能立即停转。如果伺服电动机的参数设计得和一般单相异步电动机差不多，它就会和单相异步电动机一样，电动机一经转动，即使在单相励磁情况下，也会继续转动，这样，电动机就失去控制。伺服电动机的这种失控而自行旋转的现象称为"自转"。

自转现象显然不符合可控性的要求。下面从分析单相异步电动机的机械特性入手，去寻求克服交流伺服电动机这种"自转"现象的方法。

从单相异步电动机的工作原理可知，其机械特性由正向旋转磁场作用而导致的正向机械特性和由反向旋转磁场产生的反向机械特性合成，如图 7-2 所示。在 $0 < s_+ < 1$ 时，正向电磁转矩大于反向电磁转矩，所以电动机一经起动，虽处于单相励磁的情况，仍能继续转动。在分析异步电动机的机械特性时，已判明异步电动机的最大转矩所对应的临界转差率 s_m 随转子电阻的增加而变大。若 $R_2' \approx X_1 + X_2'$，则正、反向的机械特性必呈现 $s_+ = 1$，$T_{e+} = T_{eM+}$；$s_- = 1$，$T_{e-} = T_{eM-}$，在这种情况下，正、反向机械特性以及合成机械特性如图 7-2 所示。从合成的机械特性看出，当单相励磁时，在电动机运行范围内 $(0 < s_+ < 1)$ 出现负

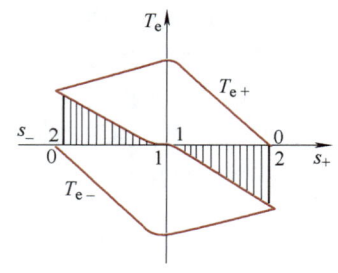

图 7-2 $s_{Tem+} = s_{Tem-} = 1$ 时单相励磁时的机械特性

转矩，即为制动转矩。如果使交流伺服电动机的转子电阻满足条件 $s_{m+} \approx R_2'/(X_1 + X_2') = 1$，它在系统中运行时，当控制电压为零，即信号消失后，便出现制动转矩，转子能自行停转。所以为了克服自转现象，以防止误动作，必须将转子电阻设计得满足 $R_2'/(X_1 + X_2') \geq 1$。

在图 7-2 中还可看出，增大转子电阻，在电动机运行范围内（即 $0 < s_+ < 1$），会使正、反向机械特性随着 s 绝对值的减小而下降，电动机运行于下降的机械特性总是稳定的。所以，增大转子电阻，使 $s_{m+} \geq 1$，还可以扩大交流伺服电动机的稳定运行范围。因此，对交流伺服电动机而言，只要做到无自转，运行必然是稳定的。但是转子电阻过大，会降低交流伺服电动机的起动转矩，以致影响其适应性。

(二）基本结构

交流伺服电动机的基本结构也和异步电动机相似，它的定子铁心也是由冲有齿和槽的硅钢片叠压而成的。定子槽中，装有在空间互差90°电角度的励磁绕组和控制绕组，这两种绕组可有相同或不同的匝数。常用的转子结构有两种形式，一种为笼型转子，这种转子的结构和三相异步电动机的笼型转子完全一样；另一种是非磁性杯形转子，非磁性杯形转子交流伺服电动机的结构如图7-3所示。电机中除了和一般异步电动机一样的定子外，还有一个内定子，内定子是一个由硅钢片叠成的圆柱体，通常在内定子上不放绕组，只是代替笼型转子铁心作为磁路的一部分，在内外定子之间有一个细长的、装在转轴上的杯形转子。杯形转子通常用非磁性材料（铝或铜）制成，壁厚0.3mm左右。杯形转子可以在内、外定子间的气隙中自由旋转。电动机靠杯形转子内感应涡流与主磁场作用而产生电磁转矩。杯形转子交流伺服电动机的优点为：转动惯量小，摩擦转矩小，因此适应性就强；另外运转平滑，无抖动现象。其缺点是由于存在内定子，气隙较大，励磁电流大，所以体积也较大。

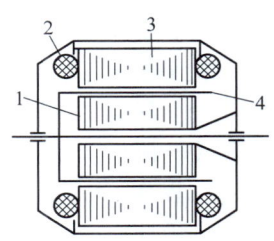

图7-3 杯形转子交流伺服电动机
1—内定子　2—定子绕组
3—定子铁心　4—杯形转子

（三）控制方法

伺服电动机不仅需具有起动和停止的伺服性，而且还需具有转速的大小和方向的可控性。

如果将交流伺服电动机的控制电压 $\dot{U}_c$ 的相位改变180°，则控制绕组内的电流以及由该电流所建立的磁动势在时间上的变化也改变了180°，若控制绕组内的电流原来为超前于励磁电流，相位改变了180°，即变为滞后于励磁电流。由旋转磁场理论可知，旋转磁场的旋转方向是由电流超前相的绕组转向滞后相的绕组，于是电动机的旋转方向也改变了，所以控制电压 $\dot{U}_c$ 的相位改变180°，可以改变交流伺服电动机的旋转方向。如果控制电压 $\dot{U}_c$ 的相位不变而大小改变了，气隙内旋转磁场的幅值大小也会做相应的改变。从异步电动机的电磁转矩为 $T_e = C_T \Phi_m I_2 \cos\varphi_2$ 的性质可知，电磁转矩的大小与气隙内旋转磁场的幅值 Φ_m 成正比，电磁转矩改变了，电动机的转速也就会改变，所以改变控制电压 $\dot{U}_c$ 的大小和相位，就可以控制电动机的转速与转向。交流伺服电动机的控制方法有以下三种：

（1）**幅值控制** 即保持控制电压 $\dot{U}_c$ 的相位不变，仅仅改变其幅值来进行控制。

（2）**相位控制** 即保持控制电压 $\dot{U}_c$ 的幅值不变，仅仅改变其相位来进行控制。

（3）**幅—相控制** 同时改变控制电压 $\dot{U}_c$ 的幅值和相位来进行控制。

这三种控制方法的实质和单相异步电动机一样，都是利用改变正转与反转旋转磁动势大小的比例，来改变正转和反转电磁转矩的大小，从而达到改变合成电磁转矩和转速的目的。

（四）机械特性和调节特性

机械特性和调节特性是交流伺服电动机的主要特性，从这些特性可看出交流伺服电动机是否可控、起动转矩的大小以及特性的线性程度。

1. 机械特性

机械特性是指控制电信号一定时，电磁转矩随转速变化的关系。

由于交流伺服电动机像单相异步电动机那样，一般在不对称状态下运行，不对称程度决定于控制电压 $\dot{U}_c$ 与励磁电压 $\dot{U}_f$ 是否满足有效值相等且相位上相差 $90°$ 电角度的条件。如这个条件不满足，则气隙合成磁场不会是一个圆形旋转磁场，而是一个椭圆形的旋转磁场。磁场的椭圆度增大，正转旋转磁场相应地会削弱，反转旋转磁场则加强，因而正转旋转磁场产生的正向电磁转矩减小，反转旋转磁场产生的反向电磁转矩增大。这种不对称程度不仅因各种控制方式而异，而且控制电信号（即控制电压）不同时也有所不同。因此机械特性应在一个表征控制电信号的系数（即为特性参数）为一定值的条件下去求得。

（1）幅值控制方式　用所谓有效信号系数 α_e 即控制电压 U_c 与归算到控制绕组的电源电压 U_s' 之比。在这种控制方式中，电源电压就是励磁电压，则 $U_s' = U_f'$，故 $\alpha_e = \dfrac{U_c}{U_s'} = \dfrac{U_c}{U_f'}$。

（2）相位控制方式　亦用有效信号系数 α_e，不过在这种控制方式中，虽然控制电压与归算到控制绕组的电源电压即励磁电压大小相等，即 $U_c = U_s' = U_f'$，但是在相位上控制电压滞后于电源电压 β 电角度。因为幅值控制时，$\dot{U}_c$ 滞后于 $\dot{U}_s$ $90°$ 电角度，所以有效信号系数应取控制电压 $\dot{U}_c$ 滞后于 $\dot{U}_s$ $90°$ 电角度的分量 $U_c\sin\beta$ 与电源电压 U_s' 之比，即

$$\alpha_e = \dfrac{U_c\sin\beta}{U_s'} = \dfrac{U_c}{U_c}\sin\beta = \sin\beta。$$

（3）幅—相控制方式　控制电压 U_c 与电源电压 U_s 是同相位的，但其大小在改变，并在励磁绕组回路中串联电容 C 进行分相，励磁绕组上的电压不等于电源电压。当调节控制电压 U_c 的幅值来改变电动机的转速时，由于转子绕组的耦合作用，励磁绕组中电流及其电压也随之改变。这样 $\dot{U}_c$ 和 $\dot{U}_f$ 的大小及它们之间的相位也随之改变，所以这样的控制方式是幅值-相位控制方式。为了提高系统的动态性能，通常按电动机起动时使气隙合成磁场为圆形旋转磁场这一要求去选择电容 C。满足这个要求的控制电压为 U_{c0}，故幅—相控制方式中，有效信号系数为 U_{c0} 与归算到控制绕组的电源电压 U_s' 之比，即 $\alpha_{e0} = U_{c0}/U_s'$。

三种控制方式的机械特性如图 7-4 所示。图中 T 为输出转矩对起动转矩的相对值；ν 为转速对同步转速的相对值。

从机械特性可看出，不论哪种控制方式，控制电信号越小，机械特性就越下移，理想空载（即 $T=0$）转速也随之减小。

2. 调节特性

为了能更清楚地表示转速随控制电信号的变化关系，往往采用调节特性。所谓调节

特性，就是输出转矩一定的情况下，转速与控制电信号变化的关系。调节特性可从机械特性得来。在机械特性上做许多平行于横轴的转矩线，每一转矩线与机械特性相交于很多点，将这些点的转速值与对应的控制电信号值画成曲线，就得出该输出转矩下的调节特性。从不同的转矩线就可得出不同的输出转矩下的调节特性，如图 7-5 所示。

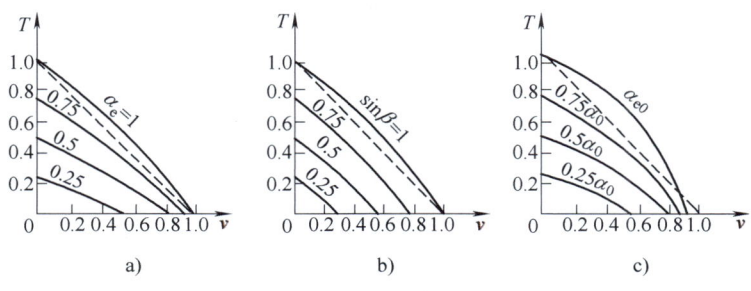

图 7-4 机械特性
a) 幅值控制　b) 相位控制　c) 幅—相控制

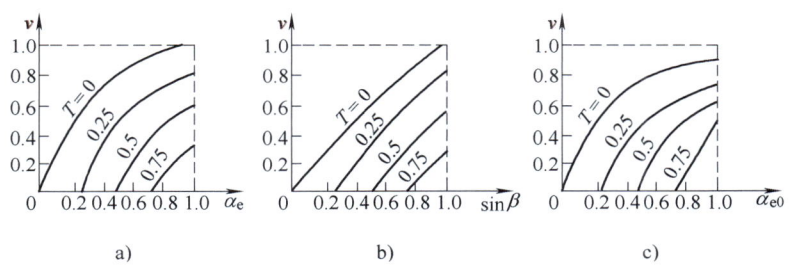

图 7-5 调节特性
a) 幅值控制　b) 相位控制　c) 幅—相控制

二、直流伺服电动机

直流伺服电动机的结构与普通小型直流电动机相同，不过由于直流伺服电动机的功率不大，也可由永久磁铁制成磁极，省去励磁绕组。其励磁方式几乎只采取他励式（永磁式亦认为是他励式）。

直流伺服电动机的工作原理和普通直流电动机相同。只要在其励磁绕组中有电流通过且产生了磁通，当电枢绕组中通过电流时，这个电枢电流与磁通相互作用而产生转矩就会使伺服电动机投入工作。当这两个绕组其中的一个断电时，电动机立即停转，它不像交流伺服电动机那样有"自转"现象；所以直流伺服电动机也是自动控制系统中一种很好的执行元件。

下面介绍直流伺服电动机的控制方式及其特性。

交流伺服电动机的励磁绕组与控制绕组均装在定子铁心上，从理论上讲，这两种绕组的作用互相对换时，电动机的性能不会出现差异。但直流伺服电动机的励磁绕组和电枢绕组分别装在定子和转子上，由直流电动机的调速方法可知，改变电枢绕组端电压或改变励磁电流进行调速时，特性有所不同，所以直流伺服电动机由励磁绕组励磁，用电枢绕组来进行控制；或由电枢绕组励磁，用励磁绕组来进行控制，两种控制方式的特性不一样。下面就这两种控制方式的主要特性做一些简要的分析,以便正确使用直流伺服电动机。为便于分析起见,假定磁路不饱和,并不计电枢反应,在小功率的直流伺服电动机中,这两个假定是允许的。

1. 电枢控制时直流伺服电动机的特性

电枢控制时,直流伺服电动机的电路图如图 7-6 所示。电枢控制时由励磁绕组进行励磁,将励磁绕组接于恒定电压为 U_f 的直流电源上,使其中通过电流 I_f 以产生磁通 Φ,电枢绕组接受控制电压 U_c,即为控制绕组。当控制绕组接到控制电压以后,电动机就转动;控制电压消失,电动机立即停转。电枢控制时,直流伺服电动机的机械特性和他励式直流电动机改变电枢电压时的人为机械特性一样,即 $U_c =$ 常数,$T_e = f(n)$,其表达式为

$$T_e = \frac{C_T \Phi U_c}{R_a} - \frac{C_e C_T \Phi^2}{R_a} n \tag{7-1}$$

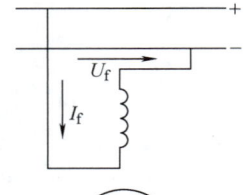

图 7-6 电枢控制电路图

式中　C_e——电动势常数[见式(2-13)];
　　　C_T——转矩常数[见式(2-20)];
　　　R_a——电枢绕组电阻。

由于认为磁路是不饱和的,并不计电枢反应,可得

$$\Phi \propto I_f \propto U_f$$

或

$$\Phi = C_\Phi U_f \tag{7-2}$$

式中　C_Φ——比例常数。

又规定控制电压 U_c 与励磁电压 U_f 之比值为信号系数,即

$$\alpha = \frac{U_c}{U_f} \tag{7-3}$$

将式(7-2)及式(7-3)代入式(7-1),则得出

$$T_e = \frac{C_T C_\Phi U_f^2}{R_a} \alpha - \frac{C_T C_e C_\Phi^2 U_f^2}{R_a} n \tag{7-4}$$

将 T_e 表示成控制电压等于励磁电压和电枢不动时(即 $n = 0$,$\alpha = 1$)的转矩

$$T_{eB} = \frac{C_T C_\Phi U_f^2}{R_a} \tag{7-5}$$

的相对值,并将 n 表示成控制电压等于励磁电压时(即 $T_e = 0$)的理想空载转速,即

$$n_B = \frac{1}{C_e C_\Phi} \tag{7-6}$$

的相对值,则式(7-4)可表示成

$$T = \frac{T_e}{T_{eB}} = \alpha - \frac{n}{n_B} = \alpha - \nu \tag{7-7}$$

由式(7-2)可看出,当 $\alpha =$ 常数时,直流伺服电动机的机械特性显然是线性的,如图 7-7 所示。

若将式(7-7)变为

$$\nu = \frac{n}{n_B} = \left(-\frac{T_e}{T_{eB}}\right) + \alpha = -T + \alpha \tag{7-8}$$

则式（7-8）就是 $T = \dfrac{T_e}{T_{eB}} =$ 常数时的调节特性 $\nu = \dfrac{n}{n_B} = f(\alpha)$，显然也是线性的，如图7-8所示。

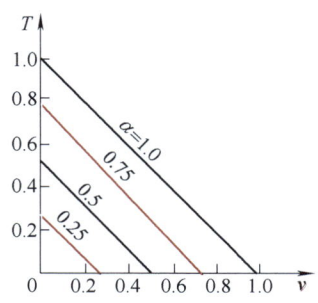

图 7-7　电枢控制时的机械特性

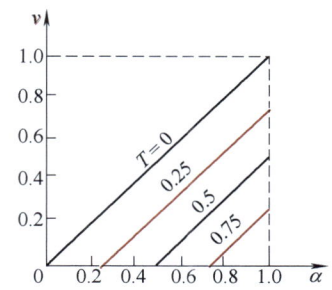

图 7-8　电枢控制时的调节特性

从以上分析可得出，电枢控制时直流伺服电动机的两个主要特性——机械特性和调节特性都是线性的，并且特性的线性关系与电枢电阻无关，这种特性是很可贵的。

2. 磁场控制时直流伺服电动机的特性

磁场控制电路图如图7-9所示。在这种控制方式中，电枢绕组作为励磁绕组，接于恒定的励磁电压 U_f，而励磁绕组作为控制绕组，受控制电压为 U_c。信号系数仍规定为 $\alpha = \dfrac{U_c}{U_f}$，在磁路不饱和且不计电枢反应的情况下，可得

$$\Phi = C'_\phi U_c \tag{7-9}$$

由于在两种控制方式中，励磁电压 U_f 和控制电压 U_c 所施加的绕组互换，则式（7-4）中电压 U_c 与 U_f 互换后，可得磁场控制方式的机械特性，即

$$T_e = \dfrac{C_T C'_\phi U_f^2}{R_a}\alpha - \dfrac{C_T C_e C'^2_\phi \alpha^2 U_f^2}{R_a} n \tag{7-10}$$

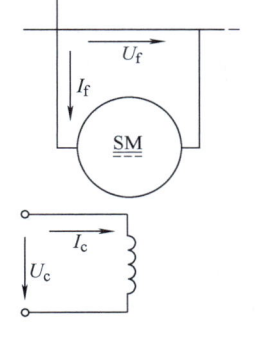

图 7-9　磁场控制电路图

仍将 T_e 及 n 分别表示成 $T_{eB} = \dfrac{C_T C'_\phi U_f^2}{R_a}$ 及 $n_B = \dfrac{1}{C_e C'_\phi}$ 的相对值，亦可得出机械特性和调节特性的表达式为

$$T_e = \dfrac{T_e}{T_{eB}} = \alpha - \alpha^2 \dfrac{n}{n_B} = \alpha - \alpha^2 \nu \tag{7-11}$$

$$\nu = \dfrac{n}{n_B} = \dfrac{\alpha - \dfrac{T_e}{T_{eB}}}{\alpha^2} = \dfrac{\alpha - T}{\alpha^2} \tag{7-12}$$

机械特性为：$\alpha =$ 常数，$T = T_e/T_{eB} = f(n/n_B) = f(\nu)$，调节特性为：$T = T_e/T_{eB} =$ 常数，$\nu = n/n_B = f(\alpha)$ 分别表示于图7-10与图7-11中。

比较图7-10与图7-7可看出，$\alpha = 1$ 时，两种控制方式的电磁关系完全一样，所以两者机械特性一样；当 $\alpha < 1$ 时，磁场控制的机械特性较为平坦。也就是说，在转速变化比较大时，转矩变化较小，这种特性在某些场合下也是可贵的。从图7-11可看出，

磁场控制时的调节特性不是线性的，而且在 $T = T_e/T_{eB} = 0 \sim 0.5$ 范围内不是单值函数，每个转速对应两个信号系数，这是磁场控制最严重的缺点。

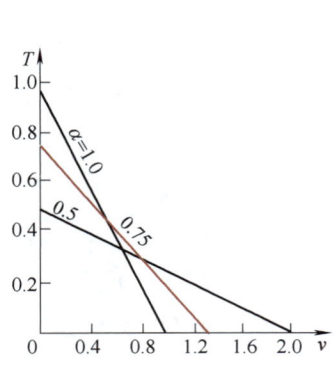

图 7-10 磁场控制的机械特性

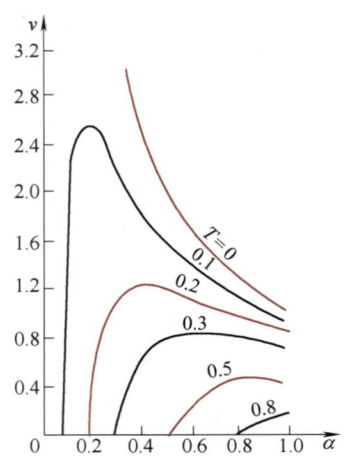

图 7-11 磁场控制的调节特性

通过对两种控制方式的特性分析比较可得出，电枢控制方式的机械特性与调节特性均为线性的，而特性曲线簇是一组平行线。另外，由于励磁绕组进行励磁时，励磁绕组电阻较大，所消耗的功率较小，并且电枢电路的电感小，时间常数小，响应迅速。所以直流伺服电动机多采用电枢控制方式。

第二节　测速发电机

在自动控制系统及计算装置中，测速发电机是一种检测元件，其基本任务是将机械转速转换为电气信号。它具有测速、阻尼及计算的职能，所以其用途有：①产生加速或减速的信号；②在计算装置中作计算元件；③对旋转机械作恒速控制等。

按照测速发电机的职能，对它的要求是：

1）输出电压与转速成严格的线性关系，以达到高的准确度。

2）输出电动势斜率要大，即转速变化所引起的电动势的变化要大，以满足灵敏度的要求。用作计算元件时，应着重考虑线性误差要小；用作一般测速或阻尼元件时，则需立足于有大的输出斜率。

测速发电机也有交、直流两大类。交流测速发电机又有异步测速发电机与同步测速发电机之分。在自动控制系统中，交流异步测速发电机应用较广。本节就交流异步测速发电机和直流测速发电机做简要的介绍。

一、交流异步测速发电机

（一）结构及工作原理

交流异步测速发电机的结构与交流伺服电动机的结构完全一样。虽然从工作原理来看，发生在笼型转子中的电磁过程与杯形转子中的没有什么区别，但是笼型转子的交流异步测速发电机的精度不及杯形结构。并且测速发电机在运行时，经常与伺服电动机的转轴连接在一起，为了提高系统的快速性与灵敏度，要求测速发电机的转子惯量越小越好，所以目前被广泛应用的交流异步测速发电机的转子都是杯形结构。在机座号小的测速发电机中，和交流伺服电动机一样，在空间上互差90°电角度的两相绕组嵌放在定子槽内，一个绕组称为励磁绕组，另一个绕组称为输出绕组。机座号较大时，常把励磁绕组嵌放在外定子上，而把输出绕组嵌放在内定子上，以便调节内、外定子间的相对位置，使剩余电压最小。

交流异步测速发电机运行时，在励磁绕组上施加恒定的单相电压；输出绕组则输出与转速大小成正比的电压信号，其工作原理如图 7-12 所示，图中 N_1 表示励磁绕组的匝数，N_2 表示输出绕组的匝数。当频率为 f_1 的电压 U_1 加在励磁绕组上以后，若转子不转，励磁绕组与杯形转子之间的电磁关系，和二次侧短路的变压器一样，励磁绕组相当于变压器的一次绕组，杯形转子就是短路的二次绕组（杯形转子可看成导条无数多的笼型转子）。按右手螺旋定则可决定杯形转子中的变压器电动势及电流方向（图 7-12 中没有表明）。在这种情况下，发电机内的气隙磁场是脉振磁场，脉振频率为 f_1，其轴线就是励磁绕组的轴线，与输出绕组轴线互相垂直。所以气隙磁通 $\dot{\Phi}_d$

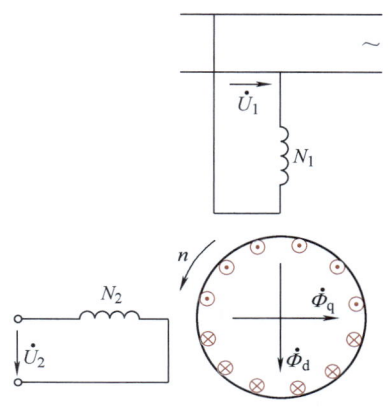

图 7-12 交流异步测速发电机的工作原理

不会在输出绕组 N_2 中感应产生电动势，即测速发电机的转速为零时，输出绕组的电压信号为零。当转子以转速 n 转动时，转子导体切割气隙磁通 $\dot{\Phi}_d$，在转子导体中又感应产生旋转电动势，按右手螺旋定则决定其方向，如图 7-12 所示。为分析方便起见，上、下半个圆周上的导条，分别用一个线圈边去代替，这样，这两个等效线圈边就组成一个等效线圈，其轴线与输出绕组重合。

设气隙脉振磁场磁通密度的瞬时表达式为 $B_d(x,t) = B_{dm}\cos\omega t\cos\dfrac{\pi}{\tau}x$，则等效线圈中的旋转电动势的瞬时表达式为

$$e_{rq} = 2N'_q B_{dm} lv = Cn\Phi_d\cos\omega t = \sqrt{2}E_{rq}\cos\omega t \tag{7-13}$$

式中 $C = \dfrac{2p\pi}{60}N'_q$；

E_{rq}——旋转电动势的有效值；

l——转子等效线圈导体有效部分的长度；

N'_q——等效线圈匝数。

由式（7-13）可看出，旋转电动势也是一种交流电动势，其频率仍是励磁电源的频率 f_1，有效值与转速成正比，即

$$E_{rq} = \dfrac{C\Phi_d}{\sqrt{2}}n \tag{7-14}$$

在旋转电动势 $\dot{E}_{rq}$ 作用下，转子导体中又产生交流电流 $\dot{I}_{rq}$。按给定的转子转动方

向，用右手定则决定杯形转子中 $\dot{I}_{rq}$ 的方向。由 $\dot{I}_{rq}$ 所产生的磁通 $\dot{\Phi}_q$ 也是交变的，其大小与 $\dot{I}_{rq}$ 以及 $\dot{E}_{rq}$ 的大小成正比，即

$$\Phi_q = K E_{rq} \tag{7-15}$$

式中　K——比例常数。

其轴线与输出绕组轴线重合，由此在输出绕组感应产生变压器电动势 E，其值为

$$E = 4.44 f_1 N_2 \Phi_q \tag{7-16}$$

式中　N_2——输出绕组的有效匝数。

将式（7-14）、式（7-15）代入式（7-16），可得出

$$E = 4.44 f_1 N_2 K \frac{C \Phi_d}{\sqrt{2}} n = C' n \tag{7-17}$$

式中，$C' = 4.44 f_1 N_2 K C \Phi_d / \sqrt{2}$，即输出绕组中所感应产生的电动势 E 与转速 n 成正比，其相量为 $\dot{E}$，由这个电动势产生输出电压 U_2，其相量为 $\dot{U}_2$。若转子转动方向相反，则转子中的旋转电动势 E_{rq}、电流 I_{rq} 及其所产生的磁通 Φ_q 的相位均相反，因而输出电压的相位也相反。这样，异步测速发电机就能将转速信号转变成电压信号，实现测速的目的。实质上，交流异步测速发电机是交流伺服电动机的一种逆运行方式。因为在交流伺服电动机中，由控制绕组（相当于异步测速发电机的输出绕组）输入的是电压信号，通过电动机变成了转速信号在轴上输出。在交流异步测速发电机中，由外力拖动转轴转动，输入的是转速信号，通过测速发电机，输出与转速成正比的电压信号。所以，就信号转换而言，交流测速发电机和交流伺服电动机互为可逆运行方式，和一般发电机与电动机的能量转换一样，是符合可逆原理的。

（二）主要误差

一台理想的交流异步测速发电机应该是：①输出电压与转轴的转速成严格的线性关系；②输出电压和励磁电压（即电源电压）是同相的；③转速为零时，没有输出电压，即所谓剩余电压应为零。实际上，测速发电机的定子绕组和转子杯都有一定的参数。这些参数受温度变化和工艺等因素的影响；会造成输出电压线性误差、相位误差以及产生剩余电压等。以下分别说明产生这些误差的原因。

1. 线性误差

从式（7-17）可看出，输出电压 U_2 与转速 n 成严格的线性关系的前提是，在励磁绕组轴线上产生变压器电动势的脉振磁通 $\dot{\Phi}_d$，即相当于变压器短路状态下内部的主磁通最大值需恒定不变。如果测速发电机转速为零，根据变压器的电磁过程可列出励磁绕组（相当于变压器的一次绕组）和转子杯等效回路（相当于变压器的二次绕组）中的电动势平衡方程式，即

$$\begin{cases} \dot{U}_1 = -\dot{E}_1 + \dot{I}_1 Z_1 & (7\text{-}18\text{a}) \\ \dot{E}_1 = \dot{E}'_{r2} = \dot{I}'_{r2} Z'_{r2} & (7\text{-}18\text{b}) \\ \dot{E}_1 = -\text{j} 4.44 f_1 N_1 \dot{\Phi}_d & (7\text{-}18\text{c}) \end{cases}$$

式中 Z_1——励磁绕组的漏阻抗；

Z'_{r2}——转子杯等效线圈中的漏阻抗的折合量；

$\dot{E}_1$——励磁绕组内的感应电动势；

$\dot{E}'_{r2}$——转子杯等效线圈中的感应电动势的折合量；

$\dot{I}_1$——励磁绕组内的电流；

$\dot{I}'_{r2}$——转子杯等效线圈中的电流的折合量。

由式（7-18b、c）可得出

$$\dot{\Phi}_d = j\frac{\dot{I}'_{r2}Z'_{r2}}{4.44f_1N_1} \tag{7-19}$$

由此可知，$\dot{\Phi}_d$ 与 $\dot{I}'_{r2}$ 有关，在工作原理中已阐明，当转子转动时，在输出绕组轴线上还会出现大小与转速成正比的脉振磁通 $\dot{\Phi}_q$，因此转子杯又切割这个磁通而在其等效线圈中感应出旋转电动势 $\dot{E}_{rd}$，用右手定则决定 $\dot{E}_{rd}$ 的方向，如图 7-13 所示。转子杯回路中除变压器电动势 $\dot{E}'_{r2}$ 外，又出现旋转电动势 $\dot{E}_{rd}$，因此引起 $\dot{I}_{r2}$ 以及 $\dot{I}_1$ 的变化。换言之，$\dot{I}_{r2}$ 以及 $\dot{\Phi}_d$ 与转子杯转速有关，所以输出电压 $\dot{U}_2$ 与转速 n 的线性关系，即

$$U_2 = C''n \tag{7-20}$$

遭到破坏，从而造成线性误差。

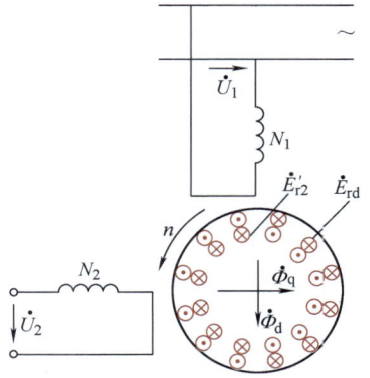

图 7-13 转子杯电流对定子的作用

2. 相位误差

输出电压与励磁电压之间的相位误差是励磁绕组以及杯形转子内的漏阻抗压降所引起的。根据变压器原理可画出相应于式（7-18）的相量图，如图 7-14 所示。图中 $\dot{E}_{rq}$ 和 $\dot{I}_{rq}$ 为转子杯切割 $\dot{\Phi}_d$ 而感应产生的旋转电动势及电流，按式（7-13）可确定 $\dot{E}_{rq}$ 与 $\dot{\Phi}_d$ 同相，按转子杯等效回路的参数确定 $\dot{I}_{rq}$ 的相位。不计磁滞及涡流的影响，由 $\dot{I}_{rq}$ 产生的脉振磁场 $\dot{\Phi}_q$ 与 $\dot{I}_{rq}$ 同相。$\dot{\Phi}_q$ 在输出绕组中所感应产生的变压器电动势 $\dot{E}$，在相位上滞后于 $\dot{\Phi}_q$ 90°电角度。如果输出电压 $\dot{U}_2$ 与 $-\dot{E}$ 同相，从图 7-14 所示的相量图可看出，输出电压 $\dot{U}_2$ 与励磁电压 $\dot{U}_1$ 有相位移，这种相位移是随转速的变化而变化的。所谓相位误差是指在规定的转速范围内，输出电压与励磁电压之间相位的变

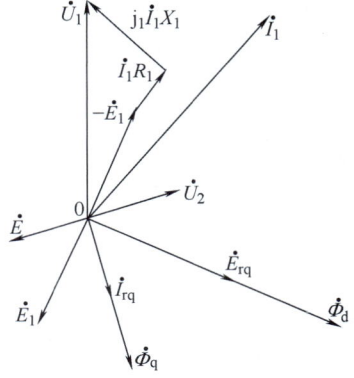

图 7-14 交流测速发电机相量图

化量。

3. 剩余电压

理想的测速发电机，当转速为零时，输出电压也为零。实际上，交流异步测速发电机加上励磁电压以后，虽然转子静止，但往往会有输出电压，这样使控制系统的准确度大为降低。这种在测速发电机已励磁而转子不转（即零信号状态）的条件下，输出绕组所出现的电压，称为剩余电压，亦称零信号电压。

产生剩余电压的原因是很多的，主要有两个方面，其一是制造工艺不良，如内定子椭圆，造成磁路不对称；绕组匝间短路以及两相绕组在空间不完全成90°电角度等原因，使励磁绕组与输出绕组之间存在耦合作用。其二是导磁材料不均匀以及非线性，以致产生谐波磁场，这些谐波磁场就会在输出绕组中感应产生谐波电动势。

以上所说的交流异步测速发电机的这些主要误差，除在技术数据中规定的允许值外，应消除可以避免的一些因素，并采取适当措施尽量使其减小。

二、直流测速发电机

1. 结构和工作原理

直流测速发电机的结构与普通小型直流发电机相同。也像直流伺服电动机那样，由于功率小，磁极可由永久磁铁制成。励磁方式采用他励式。

直流测速发电机的工作原理和直流发电机相同，其工作原理图如图7-15所示。在恒定磁场中，电枢以转速 n 旋转时，电枢上的导体切割磁通 Φ_0，就在电刷间产生空载感应电动势 E_0，在直流电机的运行原理中已推导得感应电动势的公式［见式(2-13)］为

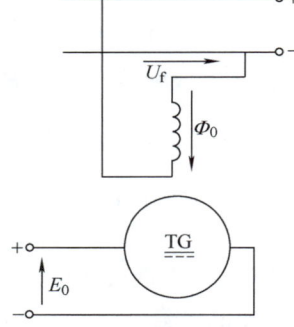

$$E_0 = \frac{pZ}{60a}\Phi_0 n = C_e \Phi_0 n \quad (7\text{-}21)$$

式中　p——极对数；

　　　Z——电枢绕组总导体数；

　　　a——电枢绕组的并联支路对数。

图 7-15　直流测速发电机的工作原理

在空载情况下，直流测速发电机的输出电压就是空载电压，即 $U_0 = E_0$，所以输出电压 U 与转速 n 成线性关系。和直流发电机一样，在有负载时，例如负载电阻为 R_L，包括电刷接触电阻在内的电枢回路的总电阻为 R_a，负载电流为 I，在不计电枢反应的条件下，输出电压 U 为

$$U = E_0 - IR_a = E_0 - U\frac{R_a}{R_L} \quad (7\text{-}22)$$

将式(7-21)代入式(7-22)，并整理后可得

$$U = \frac{C_e \Phi_0}{1 + \dfrac{R_a}{R_L}} n \quad (7\text{-}23)$$

从式(7-23)可看出，如果 Φ_0、R_a 和 R_L 不变，直流测速发电机的输出电压 U 与转速 n 仍成线性关系，只不过是随着负载电阻 R_L 的减小，输出电压 U 变低而已。这种线性关系即为 R_L = 常数时的输出特性 $U = f(n)$，如图7-16所示。因此，和交流异步测速发

机一样，直流测速发电机也能把转速 n 线性地变换为电压信号 U。直流伺服电动机是将电压信号转换为转速信号，而直流测速发电机是将转速信号转换为电压信号，所以直流测速发电机与直流伺服电动机也是两种互为可逆的运行方式。

2. 误差

由于直流测速发电机的磁场是恒稳的，所以在无信号输入时，直流测速发电机中不会出现剩余电压，又无相位误差，然而线性误差还是存在的，即输出特性不是严格的线性关系，如图 7-16 中实线所示。从式 (7-23) 可知，输出电压 U 与转速 n 成线性关系的条件是 Φ_0、R_a 及 R_L 均保持不变。实际上，直流测速发电机在运行时，有一些因素会引起这些量发生变化，这些因素是：

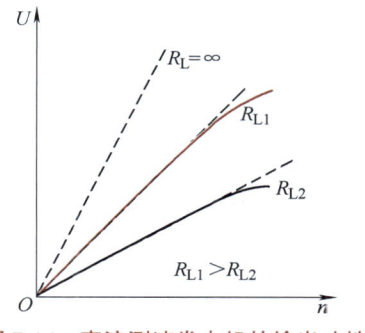

图 7-16 直流测速发电机的输出特性

1）周围环境温度的变化，使各绕组的电阻值发生变化，特别是励磁绕组电阻的变化，引起励磁电流及磁通 Φ_0 的变化，从而造成了线性误差。

2）从直流电机运行原理中可知，负载时，电枢电流会产生电枢反应，即电枢磁动势对气隙磁场的影响。电枢反应的存在，必然会影响直流测速发电机内磁场的变化。所以电枢反应也是引起线性误差的因素。

3）因为电枢电路总电阻中包括电刷与换向器的接触电阻，而这种接触电阻是随负载电流变化而变化的。当输入信号——转速变化时，输出电压信号 U 以及负载电流均相应地变化，以致引起电枢回路总电阻的变化。所以电刷的接触电阻也是导致破坏 $U = f(n)$ 线性关系的因素之一。

为了减小由温度变化所引起的磁通变化，总是把直流测速发电机的磁路设计得足够饱和。因为由图 7-17 磁化曲线可知，当励磁电流变化 ΔI_f 所引起的磁通变化 $\Delta \Phi$，在磁路饱和，即磁通值大时（图中 A 点）比不饱和时（图中 B 点）要小得多。由于电枢反应的去磁作用随负载电流的增大而增大，所以输出电压 U 与转速 n 之间的非线性关系在负载电阻 R_L 越小以及转速越高，使负载电流 I 越大时越显著。因此，为了减小电枢反应对输出特性 $U = f(n)$ 的影响，从限制负载电流 I 这一观点出发，应尽可能采用大的负载电阻和采用不大的转速范围。

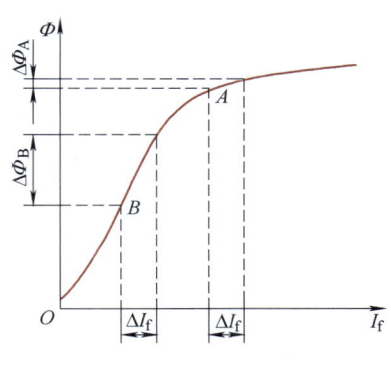

图 7-17 磁化曲线

第三节 自整角机

顾名思义，自整角机是一种对角位移或角速度的偏差能自动整步的一种控制电机。在自动控制系统中，自整角机总是两个或两个以上组合使用。这种组合自整角机能将转轴上的转角信号变换为电信号，或者再将电信号变换为转轴的转角信号，使机械上互不相连的两根或几根转轴同步偏转或旋转，以实现角度信号的传输、变换和接收。

按照励磁电源的相数，自整角机分为三相和单相两种，三相自整角机多用于功率较大的拖动系统中，构成所谓"电轴"，它们不在控制电机之列。在自动控制系统中使用的自整角机，一般均为单相的。因其有自动整步的这种特性，所以广泛地应用于远距离指示装置和伺服系统中。下面简要地叙述单相自整角机的基本结构、工作原理及误差问题。

一、基本结构

自整角机的基本结构与一般小型转场式同步电动机相似，定子铁心上嵌有一套与三相绕组相似的三个互成120°电角度的绕组，称为同步绕组。转子上放置单相的励磁绕组，转子有凸极结构，也有隐极结构。为了使气隙磁场能按正弦分布，凸极结构的气隙一般制成不均匀的。励磁电源通过电刷和集电环施加于励磁绕组，其基本结构示意图如图7-18所示。

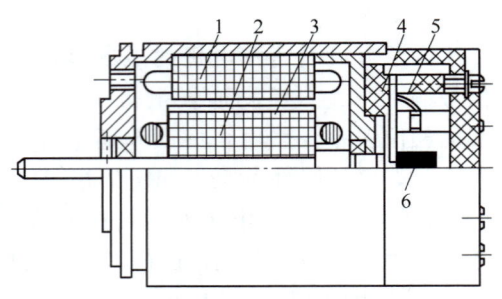

图7-18 自整角机基本结构示意图

1—定子　2—转子　3—阻尼绕组　4—电刷
5—接线柱　6—集电环

二、工作原理

自整角机按其工作原理的不同，分为力矩式和控制式两种。力矩式自整角机主要用在指示系统中，实现角度的传输；控制式自整角机主要用在传输系统中，作检测元件用，其任务为将角度信号变换为电压信号。下面分别说明它们的工作原理。

1. 力矩式自整角机的工作原理

力矩式自整角机的接线图如图7-19所示，图中左方的自整角机称为发送机，右方的则称为接收机。它们的励磁绕组 Z_1Z_2 和 $Z_1'Z_2'$ 接到同一单相电源，同步绕组的出线端按相序依次连接。当发送机和接收机的励磁绕组相对于本身的同步绕组偏转角分别为 θ_1 和 θ_2 时，两者的相对偏转角为 $\theta = \theta_1 - \theta_2$，这个相对偏转角 θ 称为失调角。当接收机与发送机之间存在失调角时，便出现整步转矩，这种整步转矩力图使失调角 θ 趋于零。由于发送机的转子与主令轴相接，不能做任意转动，因此整步转矩会使接收机转子转过 θ 角，使两转子转角一致。当力矩式自整角机的这种自动整步的能力来自于存在失调角时，在同步绕组回路中会出现差额电动势所产生的环流。下面对这种整步能力的物理本质做简要的说明。

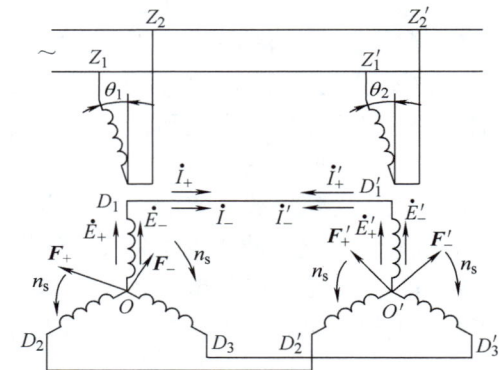

图7-19 力矩式自整角机接线图

为分析简单起见，发送机转子由主令轴带动，使其励磁绕组相对于同步绕组偏转 θ 角，此时接收机的励磁绕组相对于同步绕组无偏转，即 $\theta_1 = \theta$，$\theta_2 = 0$。图7-19表明 Z_1Z_2 绕组轴线从 D_1O 绕组轴线向逆时针方向偏转 θ 角。根据脉振磁动势可分解为两个旋转磁动势的原理，发送机和接收机的单相励磁磁动势均可分别分解为幅值相等，且为脉振磁动势幅值的一半，而以角速度 $+n_s$ 和 $-n_s$ 向相反方向旋转的两个旋转磁动势 F_+、

$\dot{F}_-$ 及 $\dot{F}'_+$、$\dot{F}'_-$。如图中所表示,这些旋转磁动势各自在同步绕组中感应产生对称三相电动势 $\dot{E}_+$、$\dot{E}_-$;$\dot{E}'_+$、$\dot{E}'_-$。图中 Z_1Z_2 绕组的轴线从 D_1O 绕组轴线沿逆时针方向转过 θ 角时,按图中所规定的电动势与电流的正方向,则 $\dot{E}_+$ 与 $\dot{E}_-$ 分别超前于 $\dot{E}'_+$ 和滞后于 $\dot{E}'_-$ θ 电角度,因此同步绕组回路中出现的差额电动势为 $\Delta\dot{E}_+ = \dot{E}_+ - \dot{E}'_+$ 及 $\Delta\dot{E}_- = \dot{E}_- - \dot{E}'_-$,这两个差额电动势各自在同步绕组回路中产生对称的三相环流,这些环流为

$$\begin{cases} \dot{I}_+ = \dfrac{\Delta\dot{E}_+}{2Z_k} = -\dot{I}'_+ & \text{(7-24a)} \\ \dot{I}_- = \dfrac{\Delta\dot{E}_-}{2Z_k} = -\dot{I}'_- & \text{(7-24b)} \end{cases}$$

式中 Z_K——自整角机的短路阻抗。

由此,$\dot{I}_+$、$\dot{I}_-$ 滞后于 $\Delta\dot{E}_+$、$\Delta\dot{E}_-$ 的相角均为 φ,相应的相量图如图 7-20 所示。从电磁关系来看,在这种情况下,自整角机犹如三相异步电动机,因此所产生的四个电磁转矩的表达式(见"三相异步电动机的功率和转矩"一节)应为

$$\begin{cases} T_{e+} = C_T E_+ I_+ \cos\varphi <^{E_+}_{I_+} \\ T_{e-} = C_T E_- I_- \cos\varphi <^{E_-}_{I_-} \\ T'_{e+} = C_T E'_+ I'_+ \cos\varphi <^{E'_+}_{I'_+} \\ T'_{e-} = C_T E'_- I'_- \cos\varphi <^{E'_-}_{I'_-} \end{cases} \quad \text{(7-25)}$$

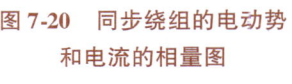

从图 7-20 所示的相量图可以看出,$\cos\varphi <^{E_+}_{I_+} > 0$,$\cos\varphi <^{E_-}_{I_-} < 0$,$\cos\varphi <^{E'_+}_{I'_+} < 0$,$\cos\varphi <^{E'_-}_{I'_-} > 0$,则电磁转矩 T_{e+} 是正值,T_{e-} 是负值,T'_{e+} 是负值,T'_{e-} 是正值。正值的意义是电磁转矩的方向与相应旋转磁场的方向相同,负值的意义则相反。所以可判明,在发送机中,作用于同步绕组的转矩 T_{e+} 和 T_{e-} 都促使同步绕组向缩小 θ 角方向转动;而在接收机中,作用于同步绕组的转矩 T'_{e+} 和 T'_{e-} 都促使同步绕组与励磁绕组产生偏转角。这样,这四个电磁转矩都力图使两转子转到同一位置,起整步作用,即为整步转矩。由于发送机的转子与主令轴相接,因此整步转矩只能使接收机跟随发送机转子转过 θ 角,使失调角等于零,差额电动势消失,于是整步转矩为零,系统进入新的协调位置,从而实现了转角的传输。

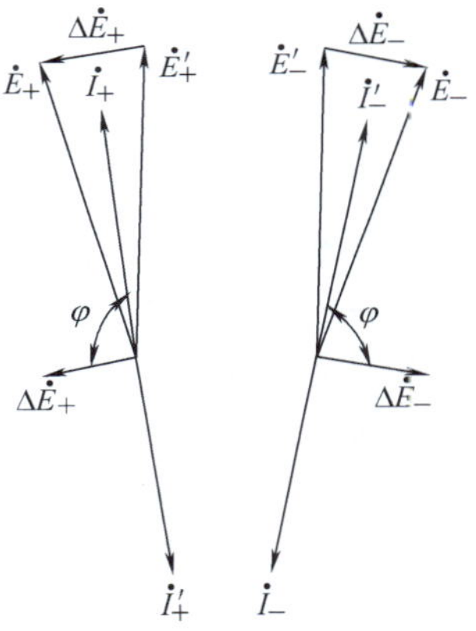

图 7-20 同步绕组的电动势和电流的相量图

2. 控制式自整角机的工作原理

若把发送机和接收机的转子绕组(即励磁绕组)互相垂直的位置作为协调位置,而将接收机的转子绕组 $Z'_1Z'_2$ 从电源断开,其线路图如图 7-21 所示。这样接线的自整角机系统便成为控制式的自整角机。当发送机转子由主令轴转过 θ 角,即出现失调角时,接收机转子绕组即输出一个与失调角 θ 具有一定函数关系的电压信号,这样就实现了转

角信号的变换。在这样的情况下,接收机是在变压器状态下运行,故在控制式自整角机系统中的接收机亦称为自整角变压器。

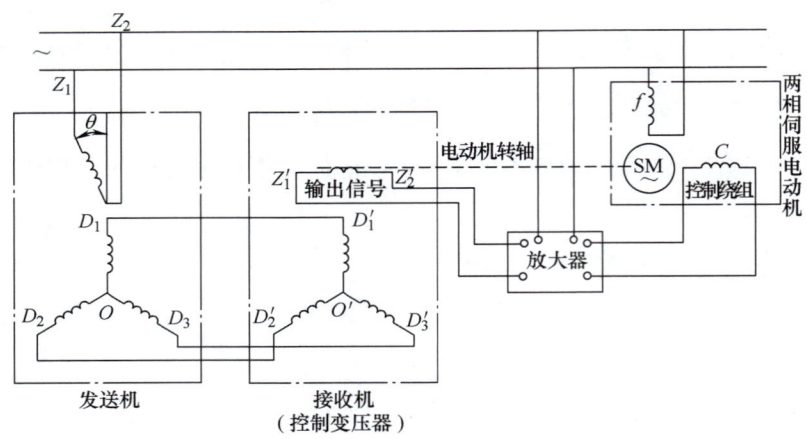

图 7-21 控制式自整角机的接线图

像力矩式自整角机那样,发送机励磁以后,其转子绕组的脉动磁动势也可代之以两个正、反转的旋转磁场。若发送机转子绕组轴线在垂直线上,接收机转子绕组轴线在水平线上,发送机转子相对于同步绕组向逆时针方向转过一个 θ 角,如图 7-21 所示,此时同步绕组对正转旋转磁动势来说,与起始的协调位置相比,在空间上超前了 θ 角,而对于反转旋转磁动势则滞后了 θ 角。因此,由正、反转旋转磁动势在同步绕组中所感应产生的电动势和电流与起始的协调位置时所感应产生的电动势和电流相比,在相位上分别超前和滞后了 θ 角。按旋转磁动势的理论,在起始协调位置时,发送机转子正、反转旋转磁动势感应电流所形成的同步绕组正、反转旋转磁动势的表达式可设为

$$\begin{cases} f_+(x,t)\,\theta=0 = F\sin\left(\omega t - \frac{\pi}{\tau}x\right) \\ f_-(x,t)\,\theta=0 = F\sin\left(\omega t + \frac{\pi}{\tau}x\right) \end{cases} \tag{7-26}$$

式中 F——正、反转磁动势的幅值。

那么,出现失调角时,发送机同步绕组的正、反转旋转磁动势的表达式则必然为

$$\begin{cases} f_+(x,t)\,\theta\neq 0° = F\sin\left[(\omega t + \theta) - \frac{\pi}{\tau}x\right] \\ f_-(x,t)\,\theta\neq 0° = F\sin\left[(\omega t - \theta) + \frac{\pi}{\tau}x\right] \end{cases} \tag{7-27}$$

从电磁情况来看,转子绕组的正、反转旋转磁动势与同步绕组的正、反转旋转磁动势分别类似于异步电机中的定子磁动势 F_1 和转子磁动势 F_2。异步电机中,在不计励磁磁动势的情况下,F_1 与 F_2 在空间互差 180°电角度,即两者的轴线一致,因这种电磁感应关系,则同步绕组的正、反转旋转磁动势所合成的脉振磁动势,其轴线必与转子磁动势的轴线重合。$t=0$ 时,相应的磁动势矢量图如图 7-22 所示。因此,当发送机转子从起始协调位置逆时针方向转过 θ 角,以致同步绕组正、反转旋转磁动势的表达式中出现这个失调角 θ 时,则其合成的脉振磁动势的轴线也一定在出现这个失调角 θ 时的转子绕

组的轴线上，相应的磁动势图亦表达在图 7-22 上。换句话说，无论是否出现失调角 θ，发送机同步绕组的脉振磁动势轴线与其转子绕组的轴线始终重合，即转子转过 θ 角，则同步绕组合成的脉振磁动势随之转过 θ 角。因为接收机同步绕组中的电流就是发送机中同步绕组的电流，而两者绕组结构又完全相同，所以当发送机出现失调角 θ 时，其同步绕组合成的脉振磁动势就会转过 θ 角，接收机同步绕组合成磁动势轴线必然从 $D_1'O'$ 绕组的轴线位置也转过 θ 角。在未出现失调角时，接收机转子绕组轴线与其同步绕组合成磁动势轴线

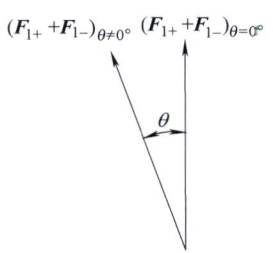

图 7-22 正、反转同步绕组旋转磁动势矢量图

互相垂直，两者无耦合作用，而出现失调角 θ 时，接收机同步绕组脉振磁场的磁通就会穿过其转子绕组而感应产生变压器输出电压

$$U_2 = U_{2m} \sin\theta \tag{7-28}$$

式中 U_{2m} ——当 θ 为 90°电角度时转子绕组最大输出电压。

这个电压 U_2 只与失调角 θ（即发送机和接收机之间的差角）有关，而与发送机和接收机转子本身位置无关。该电压经放大后加到交流伺服电动机的控制绕组上，使伺服电动机转动。伺服电动机一方面拖动负载，另一方面转动接收机转轴，直到 $\theta = 0°$，接收机转子绕组中电压消失，即 $U_2 = U_{2m}\sin 0°$，使负载的转轴处于发送机所要求的位置，此时接收机与发送机的转角相同，系统即进入新的协调位置。

从上述工作原理来看，力矩式自整角机系统中无力矩放大作用，整步转矩比较小，因此只能带动指针、刻度盘等轻负载，而且它仅能组成开环的自整角机系统，系统精度不高。要提高自整角机的精度和负载能力，可使用控制式自整角系统，由于控制式自整角机组成的闭环控制有功率放大环节，所以系统的精度要高得多。

三、误差概述

力矩式自整角机的整步转矩必须大于其接收机转轴的阻尼转矩（包括负载转矩和接收机本身的摩擦转矩等），它才能驱动接收机转子跟着发送机转动，因此发送机和接收机之间必然保存一定的失调角，这个角差就成为力矩式自整角机转角随动的误差。显然，失调角为 1°时，自整角机具有的整步转矩，即所谓比转矩越大，则角误差越小。因为凸极结构会产生反应转矩，可增大比转矩，因此力矩式自整角机的转子制成凸极式。

为了提高控制式自整角机的精度，其发送机和接收机的转子都制成隐极式。但实际上，由于磁动势在空间不能做到真正的正弦分布，转子安装不同心，以致气隙不均匀，而造成磁通密度分布偏离正弦分布，以及同步绕组阻抗不对称。由于这些结构、工艺、材料等方面的原因，使协调位置、输出绕组（即接收机转子绕组）中仍有某些电压存在，这些电压一方面会破坏式（7-28）的关系，造成转角随动误差，另一方面会使得放大器和系统工作恶化。另外，当控制式自整角变压器转速较高时，还要考虑由于输出绕组切割其同步绕组合成磁通而产生的速度电动势 E_v，这也使接收机转子最后所处的位置偏离协调位置 $\Delta\theta_v$，使输出电压 U_2 与 E_v 相抵消，即

$$U_2 = U_{2m}\sin\Delta\theta_v = E_v \tag{7-29}$$

从式（7-29）可得出

$$\Delta\theta_v = \arcsin\frac{E_v}{U_{2m}} \tag{7-30}$$

而输出电压是一种变压器电压，它的大小和电流频率成正比，则

$$\Delta\theta_v = \arcsin\frac{E_v}{Kf} \tag{7-31}$$

因此，为了减小因速度电动势而引起的误差，可将自整角机的频率设计为400Hz。

第四节 旋转变压器

旋转变压器可以说是一种可以旋转的变压器。由于它的一、二次绕组之间的相对位置因旋转而会改变，其耦合情况是随转角变化的。在励磁绕组（即一次绕组）以一定频率的交流电压励磁时，输出绕组（即二次绕组）的输出电压可与转子转角成正弦或余弦函数关系，或在一定转角范围内成线性关系。输出电压与转角成正弦或余弦函数关系的称为正弦或余弦旋转变压器，输出电压与转角成线性关系的称为线性旋转变压器。在自动控制系统中，旋转变压器广泛地被用来进行三角运算和传输角度数据，也可以作为移相器使用。

一、基本结构

旋转变压器的结构形式与绕线转子异步电动机相似，不过其定、转子绕组均为两个在空间互差90°电角度的高精度的正弦绕组。在定子或转子上的这两个绕组，其匝数、线径和接线方式都相同，一般制成两极，转子绕组由电刷和集电环引出。

二、工作原理

旋转变压器的工作原理与普通变压器相似，不过能改变其相当于变压器一、二次绕组的励磁绕组和输出绕组之间的相对位置，以改变两个绕组间的互感，使输出电压与转子转角成某种函数关系而已。下面分别阐述正、余弦旋转变压器和线性旋转变压器的工作原理。

1. 正、余弦旋转变压器

正、余弦旋转变压器，即其输出电压是转子转角的正、余弦函数的一种旋转变压器，其原理图如图7-23所示。图中 D_1D_2、D_3D_4 为定子上两个互差90°电角度的正弦绕组，其匝数均为 N_D；Z_1Z_2、Z_3Z_4 为转子上两个互差90°电角度的正弦绕组，其匝数均为 N_Z，转子绕组与定子绕组的有效匝比为

$$k = \frac{N_Z}{N_D} \tag{7-32}$$

转子绕组即输出绕组 Z_1Z_2、Z_3Z_4 开路，即无负载，且使绕组 Z_1Z_2 与绕组 D_1D_2 的轴线重合，绕组 D_3D_4 也开路。当绕组 D_1D_2 上加上交流励磁电压 $u_D = \sqrt{2}U_D\sin\omega t$ 时，D_1D_2 即为励磁绕组，其中就有励磁电流通过，即在气隙中建立一个和转子位置无关的，且按正弦规律分布的脉振磁场，绕组 Z_1Z_2 好像变压器的二次绕组，脉振磁场在其中感应产生的

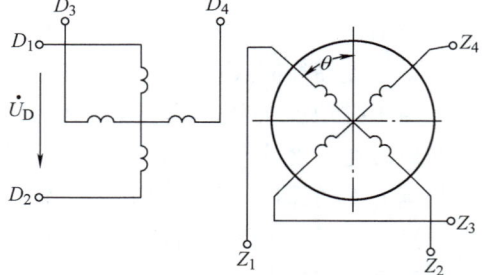

图7-23 正、余弦旋转变压器的原理图

电动势为

$$e_{Z_1Z_2} = k\sqrt{2}U_D\sin\omega t \quad (7\text{-}33)$$

而绕组 Z_3Z_4 与绕组 D_1D_2 互差 90°电角度,脉振磁场在绕组 Z_3Z_4 中不感应产生电动势,即

$$e_{Z_3Z_4} = 0 \quad (7\text{-}34)$$

若转子逆时针方向转过 θ 角,如图 7-24 所示,绕组 Z_1Z_2 轴线从绕组 D_1D_2 轴线逆时针方向转过 θ 角。分析这种情况下的电磁关系,和分析自整角机一样,亦可应用将脉振磁动势分解为两个旋转磁动势的原理,如图 7-19 所示。正转磁动势 F_+ 逆时针方向旋转,反转磁动势 F_- 顺时针方向旋转,则在绕组 Z_1Z_2 中,由正转磁动势所感应产生电动势的表达式为

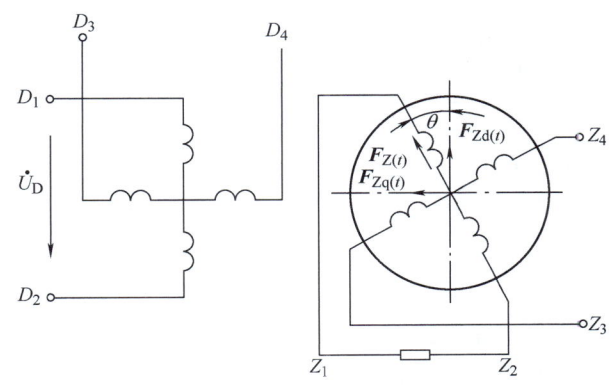

图 7-24 正、余弦旋转变压器有负载时的情况

$$e_{Z_1Z_2}^+ = \frac{1}{2}k\sqrt{2}U_D\sin(\omega t - \theta) \quad (7\text{-}35)$$

而由反转磁动势所感应产生电动势的表达式则为

$$e_{Z_1Z_2}^- = \frac{1}{2}k\sqrt{2}U_D\sin(\omega t + \theta) \quad (7\text{-}36)$$

所以绕组 Z_1Z_2 中的总电动势为

$$e_{Z_1Z_2} = \frac{1}{2}k\sqrt{2}U_D\sin(\omega t - \theta) + \frac{1}{2}k\sqrt{2}U_D\sin(\omega t + \theta) \quad (7\text{-}37)$$

$$= \sqrt{2}kU_D\cos\theta\sin\omega t$$

同理,可得出绕组 Z_3Z_4 中的总电动势为

$$e_{Z_3Z_4} = -\sqrt{2}kU_D\sin\theta\sin\omega t \quad (7\text{-}38)$$

从式(7-37)和式(7-38)可看出,在励磁电压 $\dot{U}_D$ 不变和有效匝数比 k 一定的条件下,输出绕组 Z_1Z_2 中电动势的有效值为转角 θ 的余弦函数,即

$$E_{Z_1Z_2} = kU_D\cos\theta \quad (7\text{-}39)$$

而输出绕组 Z_3Z_4 中,电动势的有效值为转角 θ 的正弦函数,即

$$E_{Z_3Z_4} = -kU_D\sin\theta \quad (7\text{-}40)$$

当输出绕组带有负载时,就有电流通过输出绕组,从而产生相应的磁动势,使气隙磁场发生畸变,以致输出绕组中的感应电动势的大小偏离式(7-39)和式(7-40),输出电压就不再是转角的正、余弦函数。

由负载电流所引起偏差的原因是这样的,如输出绕组 Z_1Z_2 带有负载,因为负载电流产生一个按正弦规律分布的脉振磁动势,其幅值位于 Z_1Z_2 绕组的轴线上。为分析方便起见,用空间矢量 $F_z(t)$ 表示这个脉振磁动势,如图 7-24 所示。按 D_1D_2 轴线方向和 D_1D_2 轴线的垂直方向去分解 $F_z(t)$,得两个分量分别为

$$F_{zd}(t) = F_z(t)\cos\theta \tag{7-41}$$
$$F_{zq}(t) = F_z(t)\sin\theta \tag{7-42}$$

由于励磁绕组的磁动势和 $F_{zd}(t)$ 构成变压器的一对一、二次绕组磁动势，在变压器工作原理中已阐明，变压器二次绕组磁动势会引起一次磁动势的变动，却对主磁通（这里的气隙磁通）影响很小，所以 $F_{zd}(t)$ 不致使气隙磁场有明显畸变或被削弱。但是 $F_{zq}(t)$ 这个分量的作用则不同，因为它无对应的励磁磁动势分量，对绕组 Z_1Z_2 和 Z_3Z_4 都会有耦合作用，若由 $F_{zq}(t)$ 所产生的脉振磁通的最大值为

$$\Phi_{qm} = \lambda_q F_{zq}\sin\theta \tag{7-43}$$

式中 λ_q——交轴磁导。

则 Φ_{qm} 在绕组 Z_1Z_2 中感应的变压器电动势的有效值分别为

$$E_{Z_1Z_2}(q) = 4.44 f N_z \Phi_{qm} \sin^2\theta \tag{7-44}$$
$$E_{Z_3Z_4}(q) = 4.44 f N_z \Phi_{qm} \sin\theta\cos\theta \tag{7-45}$$

因此，在绕组 Z_1Z_2 中的感应电动势除 $E_{Z_1Z_2}$ 外，还有 $E_{Z_1Z_2}(q)$，同样，在绕组 Z_3Z_4 中也有两种感应电动势，即 $E_{Z_3Z_4}$ 和 $E_{Z_3Z_4}(q)$。因此，有负载时，输出绕组 Z_1Z_2、Z_3Z_4 中的感应电动势不再是转角 θ 的正、余弦函数，造成了输出特性的畸变，负载电流越大，畸变越大。

为了减小旋转变压器有负载时输出特性的畸变，必须采用补偿措施以消除 Φ_q 的影响，一般将定子绕组 D_3D_4 加以短接，如图 7-25 所示，因为 D_3D_4 绕组的轴线正与脉振磁动势 $F_{zq}(t)$ 的轴线重合。根据楞次定律、D_3D_4 绕组对这个脉振磁动势有很强的阻尼作用，好像变压器二次侧短路时的物理情况一样，二次侧短路，变压器内部合成磁动势很小，主磁通很小，所以绕组 D_3D_4 短接起一种补偿作用，从而保证了输出电压是转角 θ 的正、余弦函数。

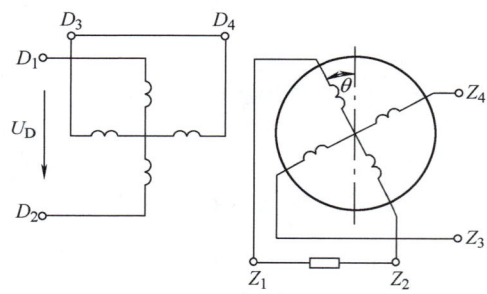

图 7-25 一次侧补偿的正、余弦旋转变压器

这仅仅是一种补偿措施，还可在二次侧补偿或一、二次侧同时补偿，读者可参考有关控制电机的书籍。

2. 线性旋转变压器

将正、余弦旋转变压器的定、转子绕组做适当改接，就可成为线性旋转变压器，其原理图如图 7-26 所示，定子绕组 D_1D_2 与转子绕组 Z_1Z_2 串联施加励磁电压 U_D，定子绕组 D_3D_4 短接，起补偿作用，转子绕组 Z_3Z_4 为输出绕组。

转子逆时针方向转过 θ 角，使绕组 Z_1Z_2 的轴线从 D_1D_2 轴线位置逆时针转过 θ 角。由于绕组 D_3D_4 的补偿作用，可以认为绕组 D_1D_2 及绕组 Z_1Z_2 合成磁动势产生的磁通仅有沿 D_1D_2 轴线的分量 Φ_d，如果转子绕组与定子绕组的有效匝数比 $k = \dfrac{N_z}{N_D}$，Φ_d 在绕组 D_1D_2 中感应的电动势为

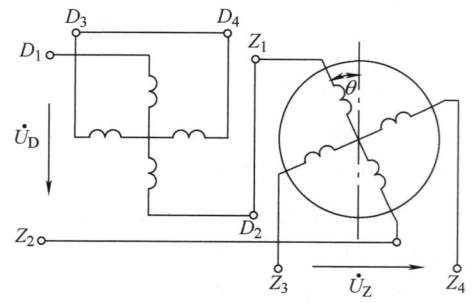

图 7-26 线性旋转变压器的原理图

第七章 控制电机

E_d，在绕组 Z_1Z_2、Z_3Z_4 中感应的电动势分别为

$$E_{Z_1Z_2} = kE_d\cos\theta \quad (7\text{-}46)$$

$$E_{Z_3Z_4} = kE_d\sin\theta \quad (7\text{-}47)$$

不计绕组 D_1D_2 及 Z_1Z_2 中的漏抗压降，根据电动势平衡关系，可得出

$$U_D = -(E_d + kE_d\cos\theta) \quad (7\text{-}48)$$

若输出绕组 Z_3Z_4 的负载阻抗很大，则输出电压为

$$U_Z \approx E_{Z_3Z_4} = kE_d\sin\theta \quad (7\text{-}49)$$

电动势 E_d 与 $kE_d\cos\theta$ 在时间上是同相的，从式（7-48）和式（7-49）取有效值可得出

$$U_Z = \frac{k\sin\theta}{1+k\cos\theta}U_D \quad (7\text{-}50)$$

式（7-50）中，$k \approx 0.52$ 时，$U_Z = f(\theta)$ 的曲线如图 7-27 所示。从所示曲线可以看出，在 $\theta = \pm 60°$ 范围内，输出电压 U_Z 随 θ 角做线性变化。这种线性关系与理想的直线关系比较，误差不超过1%。所以线性旋转变压器输出电压随转角的线性变化是在一定条件下的一种近似特性。

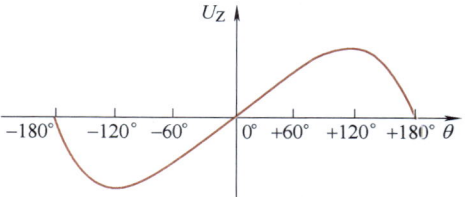

图 7-27　$k = 0.52$ 时的 $U_Z = f(\theta)$

三、应用举例

旋转变压器的用途较广，今举计算装置中应用的两例。

1. 坐标旋转

如图 7-28 所示，一直角坐标系 xOy 逆时针方向旋转 θ 角，变换为新坐标系 $x'Oy'$，平面上 P 点的新、老坐标为

$$\begin{cases} x' = x\cos\theta + y\sin\theta & (7\text{-}51a) \\ y' = -x\sin\theta + y\cos\theta & (7\text{-}51b) \end{cases}$$

将匝数比为1的旋转变压器按图 7-29 接线，用两个分别正比于 xOy 坐标系中两个坐标 x、y 的电压信号，即 $U_x \propto x$，$U_y \propto y$ 作为励磁电压，各自加到旋转变压器的两个定子绕组上，旋转转子，使其转角等于坐标系的转角 θ。根据正、余弦变压器原理，转子绕组的输出电压分别为

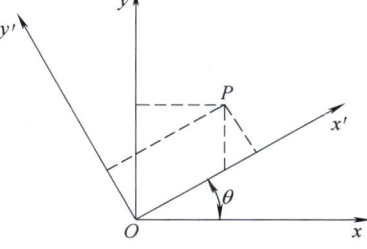

图 7-28　坐标系统的旋转

$$\begin{cases} U'_x = U_x\cos\theta + U_y\sin\theta & (7\text{-}52a) \\ U'_y = -U_x\sin\theta + U_y\cos\theta & (7\text{-}52b) \end{cases}$$

则可得出

$$\begin{cases} U'_x \propto x' = x\cos\theta + y\sin\theta & (7\text{-}53a) \\ U'_y \propto y' = -x\sin\theta + y\cos\theta & (7\text{-}53b) \end{cases}$$

从而实现了式（7-51）所表示的转变关系。

2. 求解直角三角形

已知直角三角形的斜边 C 和对边 A，求邻边 B 及 θ 角。

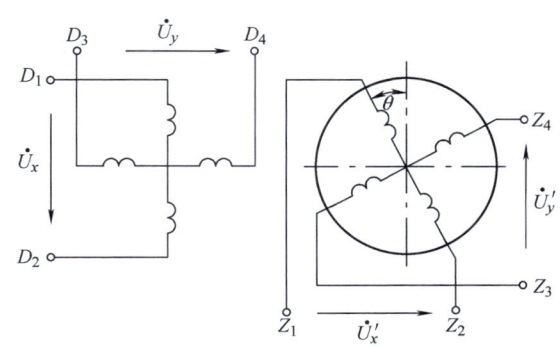

图 7-29　旋转变压器用作坐标旋转的接线图

如图 7-30 所示接线，将与斜边 C 成正比的电压 $\dot{U}_C$ 加到定子绕组 D_1D_2 上作为励磁电压。将与对边 $A=C\sin\theta$ 成正比的电压 $\dot{U}_A$ 与转子绕组 Z_3Z_4 对接，并将 $\dot{U}_A$ 与绕组 Z_3Z_4 中感应电动势的差值作为误差信号，通过放大器输入交流伺服电动机的控制绕组。电动机必拖动旋转变压器的转子旋转到信号电压等于零时为止，这时绕组 Z_3Z_4 的输出电压为

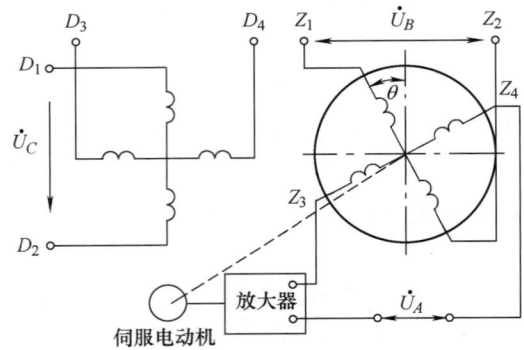

图 7-30　旋转变压器求解直角三角形的接线图

$$U_A \propto A = C\sin\theta \tag{7-54}$$

而绕组 Z_1Z_2 的输出电压为

$$U_B \propto B = C\cos\theta \tag{7-55}$$

式中　θ——转子转角。

第五节　力矩电动机

力矩电动机是一种将输入电信号转变为转轴上的转矩来执行控制任务的电机，它具有低转速、大转矩的工作特性。在自动控制系统中可以作为一个执行元件直接拖动负载，由输入电压信号调节负载的转速。由于无须通过齿轮或减速装置，减小了损耗和误差，从而显著地提高了控制系统的精度和稳定性。力矩电动机在设计和结构工艺上做了一些考虑，但其工作原理与同类型的控制电机并无多大区别。

力矩电动机分为直流、交流两大类，以下分别介绍它们的特点。

一、直流力矩电动机

直流力矩电动机按不同的励磁方式分为电磁式和永磁式两种，工作原理与普通直流伺服电动机相同。

1. 结构特点

为了在一定的体积和电枢电压下，使电机能够产生较大的转矩与较低的转速，力矩电动机在结构上一般设计成具有较大内孔的扁平形盘状。其电枢长度与直径之比仅约 0.2，并选用较多的极对数。永磁式直流力矩电动机实质上是一个绕组串联的多极数的永磁直流电动机，定子由钢质带槽的圆环制成，槽中嵌入永久磁铁。为了固定永磁体，在钢质圆环的外圆套有一个铜环，定子外侧要有电刷装置。转子由电工钢片叠压的铁心和换向器组成，铁心的槽内嵌有单波绕组，如图 7-31 所示。

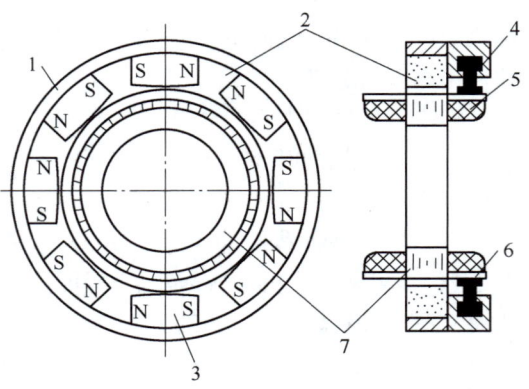

图 7-31　永磁式直流力矩电动机的结构示意图
1—铜环　2—定子　3—永久磁铁　4—电刷
5—电枢绕组　6—换向器片　7—转子

第七章 控制电机

2. 运行性能

（1）反应快速　采用较多的极对数，电机低速运行，使得电气时间常数和机械时间常数都较小。

（2）高线性度　电机磁路设计得较为饱和，以减小电枢反应的影响，故机械特性和调节特性均较好。

（3）高精度低速运行　能在每分钟几转至几十转时稳定运行，并能在堵转状态下连续工作。

（4）高耦合刚度　由于性能和结构上的特点，力矩电动机可以直接套在负载的轴上，提高了系统的耦合刚度。

二、交流力矩电动机

交流力矩电动机有异步、同步两种类型，异步型应用较为普遍，现仅对异步型力矩电动机做简单介绍。

异步型力矩电动机结构简单，运行可靠，可控性好，其工作原理与普通交流两相伺服电动机相同。外形与直流力矩电动机一样，为径向尺寸较大、轴向尺寸较小的扁平式。转子结构常采用笼型，以获得较大的堵转转矩。力矩电动机要求经常在低速状态下运行，甚至堵转。为使气隙中旋转磁场的转速较低，电机采用较多的极对数。

交流力矩电动机性能上的缺点主要是功率因数和效率都偏低，一般这两者都小于 0.5。另外，在达到希望的低速方面还有待于进一步完善。

小　结

1. 伺服电动机在自动控制系统中作执行元件用，分交、直流两类。交流伺服电动机就是一台分相式单相异步电动机，其励磁绕组和控制绕组分别相当于分相式电动机的主绕组和辅助绕组。当控制绕组接收电信号时，使电动机气隙中形成椭圆形或圆形旋转磁场，和单相异步电动机一样，由此产生起动转矩而起动。单相异步电动机虽然无起动转矩，但一经起动，即使断开辅助绕组也能继续转动，这种特性对交流伺服电动机来说，称为自转现象，不符合"控制"的要求。为了消除这种自转现象，将交流伺服电动机的转子电阻设计得较大，使电动机的合成机械特性在 $0 \leqslant s \leqslant 1$ 的范围内出现负转矩，一旦控制信号消失，电动机会立即停转。

交流伺服电动机的控制方法有三种：①幅值控制；②相位控制；③幅—相控制。

为了减小交流伺服电动机的转动惯量，转子采用杯形和套筒形结构。

直流伺服电动机就是一台他励直流电动机，励磁绕组和电枢绕组两者之一作励磁用，另一个绕组作为接收控制信号用。因此，可有两种控制方式，即电枢控制和磁场控制，前者励磁绕组作励磁用，电枢绕组作控制用；后者两绕组用途互换。不同控制方式表现出不同的特性，电枢控制方式的机械特性和调节特性是线性的，励磁功率较小，时间常数较小，响应迅速。

2. 测速发电机在自动控制系统中作检测元件用，即将转速信号变为电压信号，所以测速发电机与伺服电动机是两种互为可逆的运行方式，好像电动机运行方式变为发电机运行方式一样。

测速发电机也有交、直流两大类。交流测速发电机以交流异步测速发电机应用较广，其结构与交流伺服电动机相同。当两相绕组其中之一作为励磁绕组，通过励磁电流后，产生磁通 Φ_d，当转子以一定转速转动时，根据电磁感应定律，则由另一个绕组输出电压，其大小与转速成正比，但其频率与转速无关，仍等于励磁电流的频率。由于测速发电机是一种检测元件，故其主要性能指标为线性误差、相位误差、剩余电动势等，这些因素都会破坏电压信号与转速信号的正比关系；而造成测量上的误差。

直流测速发电机工作原理与直流发电机相同，根据电磁感应定律可知：发电机的空载输出电压与转速成正比。直流测速发电机中亦存在线性误差。造成线性误差的原因为电枢反应、温度影响以及电刷与换向器的接触电阻的非线性等。

3. 自整角机是一种感应式的电磁元件，通常成对运行，一个作为发送机，另一个作为接收机。其运行方式一种是力矩式，另一种是控制式。力矩式运行时，发送机的任务是将转轴上的转角信号变换为电压信号，接收机的任务是将电压信号变换为转轴上的转角信号。其工作原理就是建立在异步电动机工作原理基础上的同步拖动系统中电轴的工作原理。控制式运行时，发送机的任务和力矩式一样，而接收机则输出电压信号，通过放大器、输入给伺服电动机的控制绕组，使伺服电动机带动接收机追随发送机转轴同步转动。由于控制式自整角机组成闭环控制系统，其中有功率放大环节，所以精度较高。

自整角机的主要性能指标是精度。力矩式自整角机的精度表现于角度误差，这种误差取决于比转矩和轴上的阻转矩，比转矩越大，角误差越小。因此力矩式自整角机转子采用凸极结构，使它可以产生反应转矩以增大比转矩。控制式自整角机精度表现于接收机即使在协调位置亦可有输出电动势，以致造成转角随动误差。造成这种误差有结构、工艺、材料等诸方面的因素。如果转速较高，还会由于速度电动势的影响，误差可达可观数值而偏离协调位置。

4. 旋转变压器是一种电磁耦合情况随转角变化，输出电压与转子转角成某种函数关系的电磁元件。在自动控制系统中，旋转变压器作测量角度用，有输出电压是转子转角的正、余弦函数的正、余弦旋转变压器，有输出电压与转角成线性函数的线性旋转变压器。正、余弦旋转变压器的工作原理，也和分析自整角机一样，可用脉振磁动势分解为两个旋转磁动势的理论去分析。将正、余弦旋转变压器的定、转子绕组做适当改接，就成为线性旋转变压器。

旋转变压器有负载时出现交轴磁动势，破坏了输出电压与转角所选定的函数关系，因此，必须进行补偿，即消除交轴磁动势的效应。

5. 力矩电动机是满足自动控制系统更高要求的伺服电动机，其工作原理与伺服电动机相同。

习 题

7-1 交流伺服电动机的理想空载转速为何总是低于同步转速？当控制电压变化时，电机的转速为何能发生变化？

7-2 什么是伺服电动机的自转现象？如何消除？

7-3 如果直流伺服电动机电刷压力过大或者轴承装配不良，以致影响轴的灵活转动时，请问这些

第七章 控制电机

因素会不会影响直流伺服电动机的机械特性和调节特性？

7-4 如何从电磁关系上说明电枢控制式和磁场控制式直流伺服电动机的性能不同？

7-5 为什么说交流异步测速发电机是交流伺服电动机的一种逆运行方式？

7-6 分析交流异步测速发电机工作原理时，变压器电动势和旋转电动势交织在一起，哪些电动势是变压器电动势？哪些电动势是旋转电动势？这些分析方法是否可以用来分析交流伺服电动机？

7-7 直流测速发电机的转速不得超过规定的最高转速，负载阻值不能小于给定值，为什么？

7-8 如果一对自整角机定子绕组的一根连接线接触不良或脱开，试问能否同步转动？

附　　录

附录 A　小型单相变压器的计算

工频小容量（1000V·A 以下）单相变压器在控制系统中应用较多，故介绍其计算方法。

一般的小容量单相变压器一次侧有一种电压，而二次侧有几种电压，其原理图如图 A-1 所示。计算时给定数据为一次电压 U_1，二次电压 U_2，U_3，…及二次绕组的负载电流 I_2，I_3，…。计算内容有四部分：容量的确定；铁心尺寸的选定；绕组（线圈）的计算；绕组（线圈）排列及铁心尺寸的最后确定。

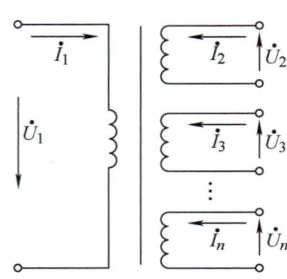

图 A-1　小型变压器原理图

一、容量的确定

1. 二次侧总容量

小容量单相变压器二次侧为多绕组时，若不计各绕组等效阻抗及负载阻抗的辐角之差别，可认为输出总视在功率为二次侧各绕组输出视在功率之代数和，即

$$S_2 = U_2 I_2 + U_3 I_3 + \cdots + U_n I_n \tag{A-1}$$

式中　U_2，U_3，…，U_n——二次侧各绕组电压的有效值（V）；

　　　I_2，I_3，…，I_n——二次侧各绕组的负载电流有效值（A）。

2. 一次绕组的容量

对于小容量变压器，不能认为一次绕组的容量等于二次绕组的总容量，因为考虑到变压器中有损耗，所以一次绕组的容量（单位为 V·A）应为

$$S_1 = \frac{S_2}{\eta} \tag{A-2}$$

式中　η——变压器的效率，为 0.8~0.9，表 A-1 所给的数据是生产实践的统计数据，可供计算时初步选用。

表 A-1　小容量变压器计算参考数据

变压器容量 S/V·A	磁通密度 B_m/($\times 10^{-4}$T)	效率 η（%）	电流密度 j/(A/mm²)	铁心计算中的 K_0 值
小于 10	6000~7000	60~70	3~2.5	2
10~50	7000~8000	70~80	2.5~2	2~1.5
50~100	8000~9000	80~85	2.5~2	1.5~1.3
100~500	9000~11000	85~90	2.5~1.5	1.3~1.25
500~1000	11000~12000	90~92	1.5~1.2	1.25~1.1

3. 变压器的额定容量

变压器的额定容量（单位为 V·A）取一、二次绕组容量的平均值，即

$$S = \frac{1}{2}(S_1 + S_2) \tag{A-3}$$

4. 一次电流的确定

$$I_1 = (1.1 \sim 1.2)\frac{S}{U_1} \tag{A-4}$$

式中　$1.1 \sim 1.2$——考虑励磁电流的经验系数，对容量很小的变压器应取大的系数。

二、铁心尺寸的选定

小容量变压器铁心形式多采用壳式，中间心柱上套放绕组，铁心的几何尺寸如图 A-2 所示。

小容量变压器心柱截面积 A 的大小与其视在功率有关，一般用下列经验公式计算（单位为 cm^2），即

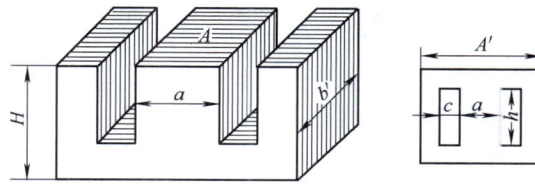

图 A-2　小型变压器硅钢片尺寸

$$A = K_0 \sqrt{S} \tag{A-5}$$

式中　K_0——经验系数，可参考表 A-1 选用。

计算心柱截面积 A 后，就可确定心柱的宽度和厚度，根据图 A-2 可知

$$A = ab = ab'K_c \tag{A-6}$$

式中　a——心柱的宽度（cm）；

　　　b——心柱净叠厚（cm）；

　　　b'——心柱的实际厚度（cm）；

　　　K_c——叠片系数，是考虑到铁心叠片间的绝缘所占空间引起铁心面积减小所引入的。对于 0.5mm 厚、两面涂漆绝缘的热轧硅钢片，$K_c = 0.93$；对于 0.35mm 厚、两面涂漆绝缘的热轧硅钢片，$K_c = 0.91$；对于 0.35mm 厚、两面涂漆绝缘的冷轧硅钢片，$K_c = 0.92$；对于 0.35 厚、不涂漆的冷轧硅钢片，$K_c = 0.95$。

按 A 的值，确定 a 和 b 的大小，答案是很多的，一般取 $b/a = 1.2 \sim 2$，并尽可能选用通用的硅钢片尺寸。表 A-2 列出了通用的小型变压器硅钢片尺寸。

表 A-2　通用的小型变压器硅钢片尺寸

a	c	h	A'	H
13	7.5	22	40	34
16	9	24	50	40
19	10.5	30	60	50
22	11	33	66	55
25	12.5	37.5	75	62.5
28	14	42	84	70
32	16	48	96	80
38	19	57	114	95
44	22	66	132	110
50	25	75	150	125
58	28	84	168	140
64	32	96	192	160

三、绕组的计算

绕组的计算内容为确定各绕组匝数与导线直径及选择导线。

1. 计算每伏匝数

从变压器的电动势公式 $E = 4.44fN\Phi = 4.44fNB_mA$，若频率 $f = 50\mathrm{Hz}$，可得出每伏所需的匝数

$$N_0 = \frac{N}{E} = \frac{10^4}{4.44fB_mA} = \frac{45}{B_mA} \tag{A-7}$$

式中　B_m——心柱的磁通密度最大值，单位是 T。对于普通的热轧钢片，可参考表 A-1 选用。

2. 根据每伏匝数计算各绕组匝数

$$一次绕组\ N_1 = N_0 U_1$$
$$二次绕组\ N_2 = (1.05 \sim 1.10) N_0 U_2$$
$$N_3 = (1.05 \sim 1.10) N_0 U_3 \tag{A-8}$$
$$\vdots$$

对小容量变压器，应考虑其内部阻抗压降，为使在额定负载时二次侧有额定电压，适当地增加二次绕组的匝数，增加 5%~10% 的匝数。

3. 计算绕组的导线直径 d 及选择导线

导线截面积 A_c（单位为 mm^2）　　$A_c = \dfrac{I}{j}$ 　　　　　　　　　　　　　　(A-9)

导线直径 d（单位为 mm）　$d = \sqrt{\dfrac{4}{\pi}}\sqrt{\dfrac{I}{j}} = 1.13\sqrt{\dfrac{I}{j}}$ 　　　　　(A-10)

按各绕组的负载电流，选择导线截面积，如选得小，则电流密度大，可节省材料，但铜耗增加，温升增高。小容量变压器是自然冷却的干式变压器，容许电流密度较低，根据实践经验，一般选用 $j = 2 \sim 3\mathrm{A/mm}^2$，短时工作变压器取 $j = 4 \sim 5\mathrm{A/mm}^2$。按计算所得导线截面积和直径，查表 A-3。选用相近截面积的导线直径 d，再由表 A-4 查得带绝缘的线径 d'。

表 A-3　圆导线规格

裸线直径 d/mm	截面积 A_c/mm^2	裸线直径 d/mm	截面积 A_c/mm^2	裸线直径 d/mm	截面积 A_c/mm^2	裸线直径 d/mm	截面积 A_c/mm^2
0.06	0.00283	0.27	0.0573	0.69	0.374	1.35	1.431
0.07	0.00385	0.29	0.0661	0.72	0.407	1.40	1.539
0.08	0.00503	0.31	0.0755	0.74	0.430	1.45	1.651
0.09	0.00636	0.33	0.0855	0.77	0.466	1.50	1.767
0.10	0.00785	0.35	0.0962	0.80	0.503	1.56	1.911
0.11	0.00950	0.38	0.1134	0.83	0.541	1.62	2.06
0.12	0.01131	0.41	0.1320	0.86	0.581	1.68	2.22
0.13	0.0133	0.44	0.1521	0.90	0.636	1.74	2.38
0.14	0.0154	0.47	0.1735	0.93	0.679	1.81	2.57
0.15	0.01767	0.49	0.1886	0.96	0.724	1.88	2.78
0.16	0.0201	0.51	0.204	1.00	0.785	1.95	2.99
0.17	0.0227	0.53	0.221	1.04	0.849	2.02	3.20
0.18	0.0255	0.55	0.238	1.08	0.916	2.10	3.46
0.19	0.0284	0.57	0.255	1.12	0.985	2.26	4.01
0.20	0.0314	0.59	0.273	1.16	1.057	2.44	4.68
0.21	0.0346	0.62	0.302	1.20	1.131	—	—
0.23	0.0415	0.64	0.322	1.25	1.227	—	—
0.25	0.0491	0.67	0.353	1.30	1.327	—	—

表 A-4 圆截面漆包线漆膜厚度　　　　　　　　　　　　　　（单位：mm）

裸线直径 导线品种	0.06～ 0.14	0.15～ 0.21	0.23～ 0.33	0.35～ 0.49	0.51～ 0.62	0.64～ 0.72	0.74～ 0.96	1.0～ 1.74	1.81～ 2.02	2.1～ 2.44
高强度聚酯漆包线 QZ	0.03	0.04	0.05	0.06	0.07	0.08	0.09	0.11	0.12	0.13
硅有机单玻璃丝包线	—	—	—	—	—	0.20	0.22	0.22	0.24	—
硅有机双玻璃丝包线	—	—	—	—	—	0.25	0.25	0.27	0.28	—

四、绕组排列，核算铁心窗口面积

绕组的匝数和导线直径确定之后，可作绕组排列。绕组每层匝数为

$$N_c = \frac{0.9[h-(2\sim4)]}{d'} \tag{A-11}$$

式中　d'——绝缘导线外径（mm）；

　　　h——铁心窗高（mm）；

　0.9——考虑绕组框架两端厚度的系数；

　2～4——考虑裕度的系数。

各绕组所需层数为

$$m = \frac{N}{N_c} \tag{A-12}$$

各绕组厚度为

$$t_i = m_i(d_i' + \delta_i) + \gamma \tag{A-13}$$
$$i = 1, 2, \cdots, n$$

式中　δ_i——层间绝缘厚度（mm），导线较细（0.2mm 以下），用一层厚度为 0.02～0.04mm 的白玻璃纸，导线较粗（0.2mm 以上），用一层厚度为 0.05～0.07mm 的电缆纸（或牛皮纸），更粗的导线，可用厚度为 0.12mm 的青壳纸；

　　　γ——绕组间的绝缘厚度（mm），当电压不超过 500V 时，可用 2～3 层电缆纸夹 1～2 层黄蜡布等。

绕组总厚度为

$$t = (t_0 + t_1 + t_2 + \cdots + t_n) \times (1.1\sim1.2) \tag{A-14}$$

式中　t_0——绕组框架的厚度（mm）；

　1.1～1.2——考虑裕度的系数。

计算所得的绕组总厚度 t 必须略小于铁心窗口宽度 c，若 $t>c$，可加大铁心叠装厚度，减小绕组匝数或重选硅钢片尺寸，按上述步骤重复计算和核算，至合适时为止。

[计算实例]　试计算一单相电源变压器的有关参数，规格要求如图 A-3 所示。

（1）计算二次侧容量 S_2

图 A-3 中 N_2 绕组供全波整流用，且用 π 形滤波器，因此实际输出视在功率应为绕组视在功率的

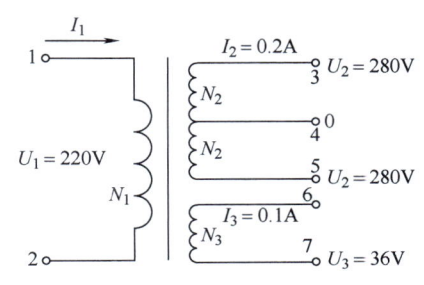

图 A-3　单相电源变压器

$0.7\sim0.8$，即

$$S_2 = K_B(2U_2I_2) + U_3I_3 = [0.77\times(2\times280\times0.2) + 36\times0.1]\text{V}\cdot\text{A} \approx 90\text{V}\cdot\text{A}$$

式中，K_B 取 0.77。

(2) 一次绕组的容量

$$S_1 = \frac{S_2}{\eta} = \frac{90}{0.9}\text{V}\cdot\text{A} = 100\text{V}\cdot\text{A}$$

式中，η 取 0.9。

(3) 变压器的额定容量

$$S = \frac{1}{2}(S_1 + S_2) = \frac{1}{2}\times(90+100)\text{V}\cdot\text{A} = 95\text{V}\cdot\text{A}$$

(4) 一次电流

$$I_1 = (1\sim1.2)\frac{S}{U_1} = 1.15\times\frac{95}{220}\text{A} = 0.5\text{A}$$

(5) 铁心截面积

$$A = K_0\sqrt{S} = 1.45\sqrt{95}\text{cm}^2 = 14.1\text{cm}^2$$

式中，K_0 按表 A-1 取 1.45。

$$a = \sqrt{\frac{A}{1.2}} = \sqrt{\frac{14.1}{1.2}}\text{cm} = 3.43\text{cm} = 34.3\text{mm}$$

按表 A-2 选用 $a = 32\text{mm}$ 的硅钢片，则

$$b' = \frac{A}{K_c a} = \frac{14.1}{0.91\times3.2}\text{cm} = 4.84\text{cm} = 48.4\text{mm}$$

取 $b' = 48\text{mm}$，硅钢片尺寸，$\dfrac{b}{a} = \dfrac{0.91\times48.4}{32} = 1.38$。由表 A-2 查得

$$c = 16\text{mm} \quad h = 48\text{mm} \quad A' = 96\text{mm} \quad H = 80\text{mm}$$

(6) 每伏匝数

$$N_0 = \frac{45}{B_m A} = \frac{45}{0.9\times14.1} \approx 3.5$$

式中，取 $B_m = 0.9\text{T}$。

(7) 各绕组的匝数

$$N_1 = U_1 N_0 = 220\times3.5 = 770$$
$$N_2 = 1.05 U_2 N_0 = 1.05\times280\times3.5 \approx 1030$$
$$N_3 = 1.05 U_3 N_0 = 1.05\times36\times3.5 = 132$$

(8) 导线直径及导线选择

取电流密度 $j = 3.0\text{A/mm}^2$

N_1 绕组

$$A_{c1} = \frac{I_1}{j} = \frac{0.5}{3.0}\text{mm}^2 = 0.167\text{mm}^2$$

查表 A-3 选导线的直径为 $d_1 = 0.47\text{mm}$。再由表 A-4 查得 QZ 型漆包线带漆膜后的直径为 $d_1' = 0.53\text{mm}$。

N_2 绕组

$$A_{c2} = \frac{I_2}{j} = \frac{0.2}{3.0}\text{mm}^2 = 0.067\text{mm}^2$$

查表 A-3、表 A-4 选　　　$d_2 = 0.29\text{mm}$，$d'_2 = 0.34\text{mm}$

N_3 绕组　　　　　　　$A_{c3} = \dfrac{I_3}{j} = \dfrac{0.1}{3.0}\text{mm}^2 = 0.033\text{ mm}^2$

查表 A-3、表 A-4 选　　　$d_3 = 0.21\text{ mm}$，$d'_3 = 0.25\text{mm}$

（9）各绕组每层匝数

$$N_{L1} = \frac{0.9[h - (2 \sim 4)]}{d'_1} = \frac{0.9 \times (48 - 2)}{0.53} = 79$$

$$N_{L2} = \frac{0.9[h - (2 \sim 4)]}{d'_2} = \frac{0.9 \times (48 - 2)}{0.34} = 123$$

$$N_{L3} = \frac{0.9[h - (2 \sim 4)]}{d'_3} = \frac{0.9 \times (48 - 2)}{0.25} = 169$$

（10）各绕组所需层数

$$m_1 = \frac{N_1}{N_{L1}} = \frac{770}{79} \approx 10$$

$$m_2 = \frac{2N_2}{N_{L2}} = \frac{2 \times 1030}{123} \approx 17$$

$$m_3 = \frac{N_3}{N_{L3}} = \frac{132}{169} \approx 1$$

（11）各绕组厚度

对地绝缘：两层电缆纸（0.05mm），夹一层黄蜡布（0.14mm），故

$$\gamma = 2 \times 0.05\text{mm} + 0.14\text{mm} = 0.24\text{mm}$$

绕组间绝缘：一层青壳纸（0.12mm）。

层间绝缘：N_1 绕组及 N_2 绕组用一层电缆纸，则 $\delta_1 = \delta_2 = 0.05\text{mm}$；$N_3$ 绕组用一层白玻璃纸，则 $\delta_3 = 0.02\text{mm}$。

绕组框架用 0.5mm 弹性纸绝缘，外包对地绝缘厚度为 γ，其厚度

$$t_0 = (0.5 + 0.24)\text{mm} = 0.74\text{mm}$$

$$t_1 = m_1(d'_1 + \delta_1) + \gamma = [10 \times (0.53 + 0.05) + 0.24]\text{mm} = 6.04\text{mm}$$

$$t_2 = m_2(d'_2 + \delta_2) + \gamma = [17 \times (0.34 + 0.05) + 0.24]\text{mm} = 6.87\text{mm}$$

$$t_3 = m_3(d'_3 + \delta_3) + \gamma = [1 \times (0.25 + 0.02) + 0.24]\text{mm} = 0.51\text{mm}$$

（12）绕组总厚度

$$t = (t_0 + t_1 + t_2 + t_3) \times 1.1 = (0.74 + 6.04 + 6.87 + 0.51) \times 1.1\text{mm}$$

$$= 15.58\text{mm} < c = 16\text{mm}$$

附录 B　变压器的瞬变过程

变压器在实际运行过程中，常须并入电网或从电网上切断，其负载有时也会急剧变化，在变压器所连接的输电线路上又往往会发生短路故障和遭受雷击等。这些都会使变压器的运行状态发生变化，使其运行从一种稳定状态变为另一种稳定状态，这种变化的整个过程称为瞬变过程。在瞬变过程中，变压器的电流可能超过其额定电流很多倍，使其绕组或绕组的各部分间产生很大的机械应力，或者使电压在绕组各部分之间，甚至各

线匝间产生极不均匀的分布。虽然过程本身延续时间极短，却能使变压器遭受严重损害。

就瞬变过程中产生的现象而言，可分为两大类：过电流现象和过电压现象。因此，在变压器的设计、制造和运行时，都必须予以认真考虑。本附录只分析过电流现象，至于过电压现象，读者可参阅其他有关书籍。

通常在下述两种情况下，变压器中将会产生过电流现象。

一、空载合闸过程

变压器稳态运行时，空载电流仅为额定电流的 3% ~ 10%（只有小型变压器才达到 10%）。值得注意的是，将二次绕组开路的变压器并入电网（合闸）时，会发生一次电流的瞬时冲击，经过一个瞬变过程，然后到达稳定状态。这个冲击性的合闸电流往往可达额定电流的 6 ~ 8 倍。

设外施电压按正弦规律变化，空载合闸时，如图 B-1 所示，按电动势平衡原理，可列出下列微分方程式

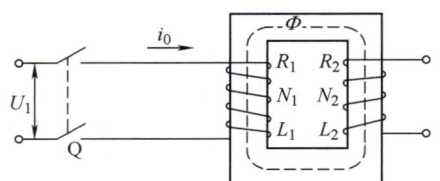

$$u_1 = \sqrt{2}U_1 \sin(\omega t + \psi_0) = i_0 R_1 + N_1 \frac{\mathrm{d}\phi}{\mathrm{d}t} \quad \text{(B-1)}$$

图 B-1 单相变压器的空载合闸

式中　　ψ_0——合闸瞬间电源电压的相位角；

i_0——一次绕组空载合闸电流；

N_1——一次绕组的匝数；

ϕ——与一次绕组全部匝数相交链的磁通量。

由于 ϕ 不仅是时间的函数，而且又是电流的函数，所以式（B-1）是一个非线性的微分方程式，直接求解是有困难的。

一次绕组电阻压降 $i_0 R_1$ 通常很小，在分析瞬变过程的初始阶段往往可忽略，这样就简化了方程式的求解，于是式（B-1）可写为

$$N_1 \frac{\mathrm{d}\phi}{\mathrm{d}t} = \sqrt{2}U_1 \sin(\omega t + \psi_0) \quad \text{(B-2)}$$

求解式（B-2），可得

$$\mathrm{d}\phi = \frac{\sqrt{2}U_1}{N_1} \sin(\omega t + \psi_0)\mathrm{d}t \quad \text{(B-3)}$$

$$\phi = -\frac{\sqrt{2}U_1}{\omega N_1}\cos(\omega t + \psi_0) + C \quad \text{(B-4)}$$

式中　　C——积分常数，由初始条件决定。

为简单起见，设 $t = 0$ 时，铁心中无剩磁，即 $\phi_{t=0} = 0$，代入式（B-4），确定 C

$$C = \frac{\sqrt{2}U_1}{\omega N_1}\cos\psi_0 \quad \text{(B-5)}$$

将式（B-5）代入式（B-4），可得式（B-2）的解为

$$\phi = \frac{\sqrt{2}U_1}{\omega N_1}[\cos\psi_0 - \cos(\omega t + \psi_0)] = \Phi_\mathrm{m}[\cos\psi_0 - \cos(\omega t + \psi_0)] \quad \text{(B-6)}$$

式中 Φ_m ——稳态磁通量的幅值，$\Phi_\mathrm{m} = \dfrac{\sqrt{2}U_1}{\omega N_1}$。

从式（B-6）可知，和其他瞬变过程一样，在变压器空载合闸（见图 B-1）的瞬变过程中，磁通量可以分为两个分量：非周期分量 $\Phi_\mathrm{m}\cos\psi_0$ 和周期分量 $\Phi_\mathrm{m}\cos(\omega t+\psi_0)$。最有利的情况是在 $\psi_0=90°$ 时的合闸，此时非周期分量为零，合闸后立即进入稳定状态，无瞬变过程。而最严重的情况，则是 $\psi_0=0°$ 时合闸，此时非周期分量为 Φ_m，周期分量为 $-\Phi_\mathrm{m}\cos\omega t$，磁通最大值可达稳态时最大磁通量 Φ_m 值的两倍，如图 B-2 所示。

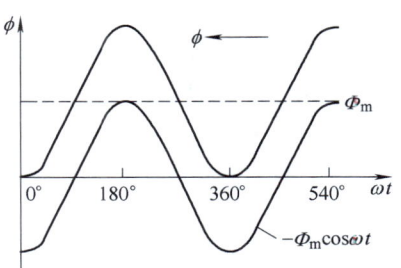

图 B-2 $\psi_0=0°$ 时合闸，磁通的变化（$R_1=0$）

考虑剩磁时，铁心中主磁通的最大值可达稳态最大值的 2.2 ~ 2.3 倍。

变压器正常运行时，铁心已较为饱和，所以在最不利的情况下合闸时，铁心的饱和程度将更高。根据磁通量的瞬态值，利用变压器的磁化曲线（见图 B-3），即可求出对应合闸电流的瞬态值。该瞬态值可达正常空载电流的几十倍，甚至百余倍，也就是相当于额定电流的 6 ~ 8 倍，如图 B-4 所示。

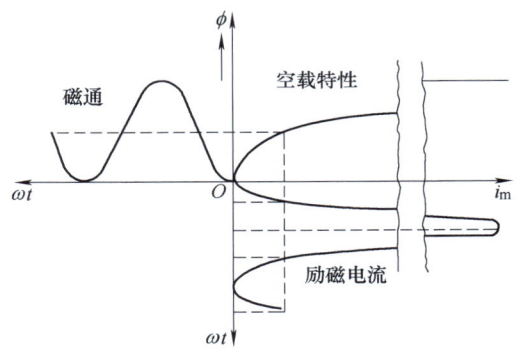

图 B-3 由磁化曲线确定空载（励磁）电流

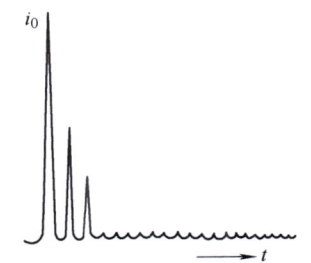

图 B-4 空载合闸电流的瞬变过程（最不利的情况）

实际上，一次绕组的电阻 R_1 会使合闸时的冲击电流很快地衰减到空载电流的稳态值。如图 B-4 所示，其衰减的快慢取决于时间常数 $T=L_1/R_1$，L_1 为一次绕组的平均自感，L_1 越大，则磁场储能越多，冲击电流衰减越慢；R_1 越大，储能消耗越快，衰减得也越快。一般容量较小的变压器 R_1 较大，冲击电流只要经过几个周波（零点几秒）即达稳态值，巨型变压器的合闸冲击电流衰减较慢，但也会控制在约 0.5s 以内。

空载合闸的冲击电流由于其持续时间较短，对变压器本身并无直接危害，但是它能导致一次侧的过电流保护装置动作，引起跳闸，此时可以再合闸一次。

二、突然短路过程

当变压器一次侧的外施电压保持不变，二次侧发生短路时，无疑将会导致很大的短路电流。由于短路电流很大，对这种故障情况进行分析时，可不计其励磁电流，于是根据变压器的近似等效电路，并设电源电压按正弦规律变化，可写出下列微分方程式

$$u_1 = \sqrt{2}U_1\sin(\omega t + \psi_K) = i_K R_K + L_K \frac{di_K}{dt} \quad (\text{B-7})$$

式中 ψ_K——短路瞬间电源电压的相位角；
i_K——短路电流；
R_K——变压器的短路电阻；
L_K——变压器的短路电感。

因为变压器的短路电阻 R_K 及短路电感 L_K 都是常数，变压器二次侧突然短路的情况犹如 R、L 串联电路突然接上正弦电压一样。

在一般变压器中，$R_K \ll L_K$，可认为 $\psi_K = \arctan\frac{L_K}{R_K} \approx \frac{\pi}{2}$，并假定初始条件为 $t=0$ 时 $i_K = 0$，即突然短路前，变压器处于空载状态，可解得

$$i_K = -\frac{\sqrt{2}U_1}{\sqrt{R_K^2 + (\omega L_K)^2}}\cos(\omega t + \psi_K) + \frac{\sqrt{2}U_1}{\sqrt{R_K^2 + (\omega L_K)^2}}\cos\psi_K e^{-\frac{R_K}{L_K}t} \quad (\text{B-8})$$

式（B-8）右边第一项为稳态分量（周期分量），第二项为瞬态分量（非周期分量）。当瞬态分量衰减为零时，短路电流达到稳态值。

在最不利的情况下，突然短路时 $\psi_k = 0$，即当短路瞬间一次绕组的电压 U_1 恰好经过零值，且假如瞬变过程又衰减得较慢，则短路冲击电流的最大值可以等于稳定短路电流幅值的两倍，即它们的比值 $K_s = 2$，但实际上短路时，瞬变过程衰减颇快，因此 K_s 等于 1.5 左右。短路冲击电流的最大值对额定电流的倍数，视变压器的阻抗电压百分值 u_K 的大小而定。若 $u_K = 6\%$，则短路冲击电流的最大值对额定电流的倍数将为

$$K_s \frac{1}{u_K} \approx 1.5 \times \frac{1}{0.06} = 25$$

式中 $\frac{1}{u_K}$——在额定电压下，稳定短路电流对额定电流的倍数。

突然短路的瞬变过程衰减的快慢决定于时间常数 $T_K = \frac{L_K}{R_K} = \frac{X_K}{\omega R_K}$，当 $f = 50\text{Hz}$ 时，小容量变压器 $\frac{X_K}{R_K}$ 的比值为 2~3，而大容量变压器 $\frac{X_K}{R_K}$ 的比值为 10~15。故小容量变压器中，如发生突然短路，其瞬变过程衰减较快。

尽管突然短路瞬变过程很短，但巨大的短路冲击电流将使变压器绕组及其导线受到强大的电磁力作用，可能使绕组遭到破坏；同时，若持续时间过长，可使绕组急剧地发热，损坏绝缘，因此在设计时，要考虑到提高 u_K 来降低短路电流，还应尽可能使各绕组做成相等高度的圆筒形，同时绕组安装要牢固，以免短路过程中发生的强大电磁力使绕组产生明显的变形。

附录 C 用耦合电路法导出电机稳态运行时的电动势平衡方程式

本附录试用耦合电路法导出基于合成磁场理论所建立的变压器、直流电动机、三相异步电动机和无阻尼绕组凸极式三相同步电动机稳态时的电动势平衡方程式。

附　录

一、变压器稳态时电动势平衡方程式的导出

前述第三章中用合成磁场理论分析了变压器稳态运行时内部的电磁关系，并导出了其等效电路。这种分析方法是立足于磁路性质的差异，如将参数与磁路性质联系起来，可进一步了解这些参数的意义。尽管如此，这种分析方法却掩盖了变压器是一种耦合电路的本质。用耦合电路的观点对变压器进行分析，不仅有助于弄清变压器的本质，还可使我们理解为什么"在电机的稳态理论分析时，总是用励磁电感和漏感这些诱导参数，而不用自感、互感这些基本参数的缘由"。下面试用耦合电路的观点分析变压器，并导出相同的电动势平衡方程式。

将变压器一次、二次绕组作为耦合电路来对待，其铁心中的损耗则无法考虑。认为电路是线性的，按第三章中图 3-13 所规定的正方向，可列出一次、二次绕组的微分方程式为

$$\left.\begin{array}{l} u_1 = R_1 i_1 + L_{11}\dfrac{\mathrm{d}i_1}{\mathrm{d}t} + M_{12}\dfrac{\mathrm{d}i_2}{\mathrm{d}t} \\ -u_2 = R_2 i_2 + L_{22}\dfrac{\mathrm{d}i_2}{\mathrm{d}t} + M_{21}\dfrac{\mathrm{d}i_1}{\mathrm{d}t} \end{array}\right\} \quad\text{(C-1)}$$

式中　L_{11}——一次绕组的自感系数；

　　　L_{22}——二次绕组的自感系数；

M_{12}、M_{21}——一次、二次绕组间的互感系数，$M_{12} = M_{21} = M$。

设电源电压和一次、二次绕组内的电流波形均为正弦波，与式（C-1）相应的相量方程式为

$$\left.\begin{array}{l} \dot{U}_1 = R_1\dot{I}_1 + \mathrm{j}\omega L_{11}\dot{I}_1 + \mathrm{j}\omega M\dot{I}_2 \\ -\dot{U}_2 = R_2\dot{I}_2 + \mathrm{j}\omega L_{22}\dot{I}_2 + \mathrm{j}\omega M\dot{I}_1 \end{array}\right\} \quad\text{(C-2)}$$

若一次、二次绕组的匝数比 $k = N_1/N_2$，可将式（C-2）改写为

$$\left.\begin{array}{l} \dot{U}_1 = [R_1 + \mathrm{j}\omega(L_{11} - kM)]\dot{I}_1 + \mathrm{j}\omega kM\left(\dot{I}_1 + \dfrac{\dot{I}_2}{k}\right) \\ -\dot{U}_2 = \left[R_2 + \mathrm{j}\omega\left(L_{22} - \dfrac{M}{k}\right)\right]\dot{I}_2 + \mathrm{j}\omega M\left(\dot{I}_1 + \dfrac{\dot{I}_2}{k}\right) \end{array}\right\} \quad\text{(C-3)}$$

从电路理论可知，$L_{11} - kM = L_{\sigma1}$ 为一次绕组的漏感，$L_{22} - M/k = L_{\sigma2}$ 为二次绕组的漏感，并从第三章中式（3-35a）可知，$\dot{I}_1 + \dot{I}_2/k = \dot{I}_\mathrm{m}$ 为励磁电流，由此得出 $\omega(L_{11} - kM) = \omega L_{\sigma1} = X_1$，$\omega(L_{22} - M/k) = \omega L_{\sigma2} = X_2$，因铁耗无法计及，则 $\mathrm{j}\omega kM\left(\dot{I}_1 + \dfrac{\dot{I}_2}{k}\right) = \mathrm{j}\omega kM\dot{I}_\mathrm{m} = -\dot{E}_1$，$\mathrm{j}\omega M(\dot{I}_1 + \dot{I}_2/k) = \mathrm{j}\omega M\dot{I}_\mathrm{m} = -\dot{E}_2$，将这些参数代入式（C-3），可得

$$\left.\begin{array}{l} \dot{U}_1 = (R_1 + \mathrm{j}X_1)\dot{I}_1 + (-\dot{E}_1) \\ \dot{E}_2 = (R_2 + \mathrm{j}X_2)\dot{I}_2 + \dot{U}_2 \end{array}\right\} \quad\text{(C-4)}$$

经归算后，式（C-4）为

$$\left.\begin{aligned}\dot{U}_1 &= (R_1 + jX_1)\dot{I}_1 + (-\dot{E}_1)\\ \dot{E}'_2 &= (R'_2 + jX'_2)\dot{I}'_2 + \dot{U}'_2\end{aligned}\right\} \quad (C\text{-}5)$$

通过以上分析可知，在具有铁心的耦合电路中，由于铁心中会出现饱和现象，直接按计算或试验的方法去获得各绕组的自感、互感系数是较困难的，所以从磁路性质着眼，把磁通分成主磁通与漏磁通，在电路中引入励磁电抗和漏抗这些诱导参数的分析方法，就是把局部非线性问题加以线性化处理。这也是变压器与旋转电机中处理饱和问题的基本方法。

二、直流电动机稳态时电动势平衡方程式的导出

第二章中并励电动机电枢回路与励磁回路的电动势平衡方程式［见式（2-23）和式（2-24）］也可以从耦合电路的观点导出。先列出如图 C-1 所示的双边励磁简单电机模型的电动势平衡方程式，然后加以直流电机的约束，就可以导出第二章中式（2-23）和式（2-24）以及与直流电动机感应电动势相同的计算公式（2-15）。

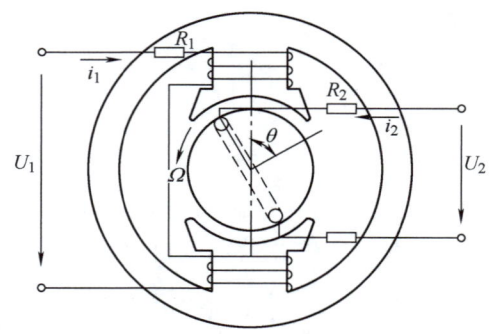

图 C-1　简单的电机模型

对图 C-1 所表示的模型，按基尔霍夫定律，可列出下列定、转子回路电动势平衡方程式为

$$\left.\begin{aligned}\text{定子回路} \quad u_1 &= R_1 i_1 + \frac{d\psi_1}{dt}\\ \text{转子回路} \quad u_2 &= R_2 i_2 + \frac{d\psi_2}{dt}\end{aligned}\right\} \quad (C\text{-}6)$$

式中　u_1、u_2——定、转子回路的外加电压；
　　　i_1、i_2——定、转子回路中的电流；
　　　R_1、R_2——定、转子回路的电阻；
　　　ψ_1、ψ_2——定、转子回路的磁链。

而

$$\left.\begin{aligned}\psi_1 &= L_1 i_1 + M i_2\\ \psi_2 &= L_2 i_2 + M i_1\end{aligned}\right\} \quad (C\text{-}7)$$

式中　L_1、L_2——定、转回路之自感系数；
　　　M——定、转子回路间的互感。

不计磁路之非线性性质，L_1、L_2 虽然不为电流之函数，但电机为凸极结构时，L_2 为转子转角 θ_e（电角度）的函数；若为隐极结构（即电机有均匀气隙），则 L_1、L_2 为常数。由于定、转子回路间存在相对运动，不论电机是凸极或隐极结构，互感系数 M 总是转子转角 θ_e 之函数。转子回路之轴线相对定子回路轴线之夹角，即 θ_e 角。当 $\theta_e = 0$ 时，$M = M_{\max}$（最大值）；$\theta_e = \frac{\pi}{2}$ 时，$M = 0$；$\theta_e = \pi$ 时，$M = -M_{\max}$（最大值）；$\theta_e = \frac{3\pi}{2}$ 时，$M = 0$，气隙磁通密度呈正弦分布，可认为

$$M = M_{\max} \cos\theta_e \quad (C\text{-}8)$$

将式（C-7）代入式（C-6），可得

$$\left.\begin{aligned} u_1 &= R_1 i_1 + L_1 \frac{\mathrm{d}i_1}{\mathrm{d}t} + i_1 \frac{\mathrm{d}L_1}{\mathrm{d}\theta_e}\Omega + M \frac{\mathrm{d}i_2}{\mathrm{d}t} + i_2 \frac{\mathrm{d}M}{\mathrm{d}\theta_e}\Omega \\ u_2 &= R_2 i_2 + L_2 \frac{\mathrm{d}i_2}{\mathrm{d}t} + i_2 \frac{\mathrm{d}L_2}{\mathrm{d}\theta_e}\Omega + M \frac{\mathrm{d}i_1}{\mathrm{d}t} + i_1 \frac{\mathrm{d}M}{\mathrm{d}\theta_e}\Omega \end{aligned}\right\} \tag{C-9}$$

式中 Ω——转子角转速（以电角度为单位），$\Omega = \frac{\mathrm{d}\theta_e}{\mathrm{d}t}$。

若写成矩阵形式，则为

$$\boldsymbol{U} = \boldsymbol{RI} + \boldsymbol{L}\frac{\mathrm{d}\boldsymbol{I}}{\mathrm{d}t} + \boldsymbol{L}_{\theta_e}\Omega\boldsymbol{I} \tag{C-10}$$

式中 $\boldsymbol{U}$——电压列向量，$\boldsymbol{U} = \begin{bmatrix} u_1 \\ u_2 \end{bmatrix}$；

$\boldsymbol{I}$——电流列向量，$\boldsymbol{I} = \begin{bmatrix} i_1 \\ i_2 \end{bmatrix}$；

$\boldsymbol{R}$——电阻矩阵，$\boldsymbol{R} = \begin{bmatrix} R_1 & 0 \\ 0 & R_2 \end{bmatrix}$；

$\boldsymbol{L}$——电感矩阵，$\boldsymbol{L} = \begin{bmatrix} L_1 & M \\ M & L_2 \end{bmatrix}$；

$\boldsymbol{L}_{\theta_e}$——运动电感矩阵，$\boldsymbol{L}_{\theta_e} = \begin{pmatrix} \frac{\mathrm{d}L_1}{\mathrm{d}\theta_e} & \frac{\mathrm{d}M}{\mathrm{d}\theta_e} \\ \frac{\mathrm{d}M}{\mathrm{d}\theta_e} & \frac{\mathrm{d}L_2}{\mathrm{d}\theta_e} \end{pmatrix}$。

式（C-9）或式（C-10）为从耦合电路观点导出的电动势平衡方程式的一般形式。直流电机（以电动机为例）之约束为：

① 定子绕组是励磁绕组，转子绕组是电枢绕组。

② 凸极结构，磁极在定子上。

③ 由于换向器与电刷的配合作用，宏观地考虑，不计换向过程，电枢绕组支路在空间的位置是静止的，但组成支路的元件在转子旋转时却在更换。换言之，电枢绕组在表面上看是不动的，而实质上与气隙磁场有相对运动，因此电枢绕组可用一个等效的所谓"伪静止"线圈去代替（如图 C-2 中虚线所示）。

④ 励磁绕组是静止的，电枢磁场也是静止的，而两者的轴线互相垂直。

图 C-2 表示出这些约束。

按上述约束可知

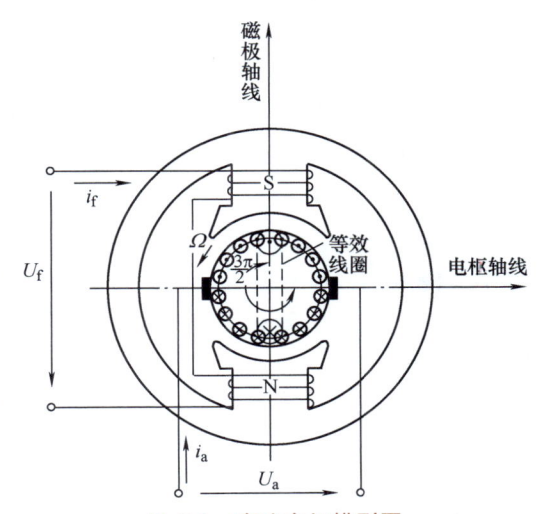

图 C-2　直流电机模型图

① $L_1 = L_f =$ 常值，$L_2 = L_a =$ 常值。

② 用左手定则、右手螺旋定则决定电枢绕组与励磁绕组轴线间的夹角 $\theta_e = \dfrac{3\pi}{2}$。

于是

$$i_1 \frac{\mathrm{d}L_1}{\mathrm{d}\theta_e} = i_f \frac{\mathrm{d}L_f}{\mathrm{d}\theta_e} = 0 \, ; \, i_2 \frac{\mathrm{d}L_2}{\mathrm{d}\theta_e} = i_a \frac{\mathrm{d}L_a}{\mathrm{d}\theta_e} = 0$$

$$M \frac{\mathrm{d}i_1}{\mathrm{d}t} = M_{\max} \cos\theta_e \frac{\mathrm{d}i_f}{\mathrm{d}t} \bigg|_{\theta_e = \frac{3\pi}{2}} = 0 \, ; \, M \frac{\mathrm{d}i_2}{\mathrm{d}t} = M_{\max} \cos\theta_e \frac{\mathrm{d}i_a}{\mathrm{d}t} \bigg|_{\theta_e = \frac{3\pi}{2}} = 0$$

$$i_2 \frac{\mathrm{d}M}{\mathrm{d}\theta_e} \Omega = -i_a M_{\max} \Omega \sin\theta_e \bigg|_{\theta_e = \frac{3\pi}{2}, \Omega = 0} = 0 \, ;$$

$$i_1 \frac{\mathrm{d}M}{\mathrm{d}\theta_e} \Omega = -i_f M_{\max} \Omega \sin\theta_e \bigg|_{\theta_e = \frac{3\pi}{2}, \Omega \neq 0} = M_{\max} i_f \Omega$$

考虑到上列关系，从式（C-9）可得出直流电动机的电动势平衡方程式为

$$\left. \begin{aligned} u_f &= R_f i_f + L_f \frac{\mathrm{d}i_f}{\mathrm{d}t} \\ u_a &= R_a i_a + L_a \frac{\mathrm{d}i_a}{\mathrm{d}t} + M_{\max} i_f \Omega \end{aligned} \right\} \quad \text{(C-11)}$$

式中，$M_{\max} = \dfrac{N'\Phi}{i_f}$。

此处 N' 为非电枢绕组每条支路实际串联匝数，且为有效串联匝数。因为每个串联的元件在空间的位置不同，其互感磁链因其空间的位置而异。换言之，每个元件在磁极轴上投影面积不等，则其互感磁链就不同，也就是每个元件的匝数相等，但所交链的磁通量不等。这种磁链不同也可认为每元件所交链的磁通量相同，而其匝数不等。这种匝数不等可用每个元件在磁极轴上投影面来计及，如图 C-3 所示。设每个元件实际匝数为 N_y，共有 n 个，相邻元件轴线间的夹角为 γ，则其等效匝数各为

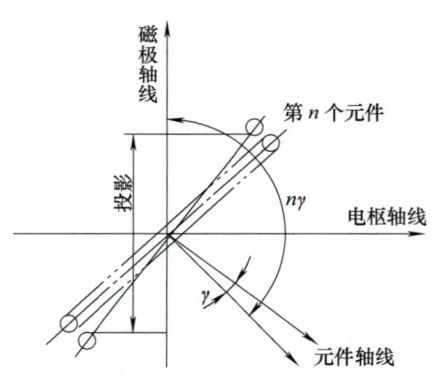

图 C-3 等效线圈之计算

$$N'_{y1} = N_y \sin 0° \, ; \quad N'_{y2} = N_y \sin\gamma \, ; \cdots ; \quad N'_{yn} = N_y \sin(n-1)\gamma \, ;$$

由此可知，每条支路有效串联匝数 N' 为

$$\begin{aligned} N' &= N'_{y1} + N'_{y2} + \cdots + N'_{yn} = N_y \left[\sin 0° + \sin\gamma + \cdots + \sin(n-1)\gamma \right] \\ &= N_y \operatorname{Im}\left[1 + \mathrm{e}^{\mathrm{j}\gamma} + \cdots + \mathrm{e}^{\mathrm{j}(n-1)\gamma} \right] \end{aligned} \quad \text{(C-12)}$$

式中 Im——取复数虚数部分的符号。

式（C-12）中复数几何级数 S 之值为

$$|S| = \left| \frac{1 - \mathrm{e}^{\mathrm{j}n\gamma}}{1 - \mathrm{e}^{\mathrm{j}\gamma}} \right| = \left| \frac{\mathrm{e}^{\mathrm{j}\frac{n\gamma}{2}} \left(\dfrac{\mathrm{e}^{\mathrm{j}\frac{n\gamma}{2}} - \mathrm{e}^{-\mathrm{j}\frac{n\gamma}{2}}}{2\mathrm{j}} \right)}{\mathrm{e}^{\mathrm{j}\frac{\gamma}{2}} \left(\dfrac{\mathrm{e}^{\mathrm{j}\frac{\gamma}{2}} - \mathrm{e}^{-\mathrm{j}\frac{\gamma}{2}}}{2\mathrm{j}} \right)} \right| = \frac{\sin\dfrac{n\gamma}{2}}{\sin\dfrac{\gamma}{2}}$$

所以式（C-12）为

$$N' = N_y n \frac{\sin\frac{n\gamma}{2}}{n\sin\frac{\gamma}{2}} = Nk_q \tag{C-13}$$

式中 $N = nN_y$——电枢绕组每条支路实际串联匝数；

$k_q = \dfrac{\sin\dfrac{n\gamma}{2}}{n\sin\dfrac{\gamma}{2}}$——绕组匝数之折扣系数［亦称绕组之分布因数，见第三章中式（3-16）］。

因 $\gamma = \dfrac{\pi}{n}$，于是

$$k_q = \frac{\sin\dfrac{\pi}{2}}{n\sin\dfrac{\pi}{2n}} = \frac{1}{n\sin\dfrac{\pi}{2n}} \tag{C-14}$$

若 $n \to \infty$，则有

$$k_q \to \frac{1}{n\dfrac{\pi}{2n}} = \frac{2}{\pi}$$

由此可得

$$N' = N\frac{2}{\pi}$$

不计饱和效应 $\Phi_0 = \Phi$

所以

$$M_{max} = \frac{N'\Phi_0}{i_f} = \frac{2}{\pi}\frac{N\Phi_0}{i_f}$$

$$M_{max} i_f \Omega = \frac{2}{\pi}\frac{N\Phi}{i_f}i_f\frac{p2\pi n}{60} = \frac{pZ}{60a}\Phi n = G_{af} i_f \Omega \tag{C-15}$$

式中 Z——电枢绕组总导线数，$Z = 4aN$；

a——支路对数。

式（C-15）与第二章中直流电机感应电动势的计算公式［见式（2-22）］完全一致。若电机作稳态运行，则电路中的电磁量和机械量均不是时间的函数。

三、三相异步电动机稳态时电动势平衡方程式的导出

第五章中三相异步电动机定子、转子电动势平衡方程式［见式（5-19）、式（5-20）］是从磁场观点导出的，同样也可以从耦合电路观点导出。

三相异步电动机的定子绕组为 A、B、C，转子绕组为 a、b、c。定子绕组 A 相与转子绕组 a 相其轴线间的夹角为

$$\theta = p\Omega t + \theta_0 \tag{C-16}$$

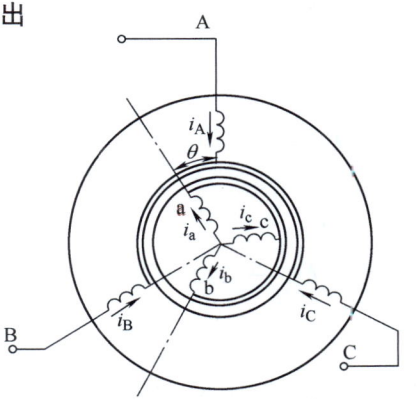

图 C-4 三相异步电动机定、转子绕组示意图

式中 Ω——机械角速度；

θ_0——转子初位置角；

p——极对数。

θ 角表示在图 C-4 中，转子按逆时针方向旋转。

由于三相异步电动机为隐极电机，不计齿槽效应，沿定子内圆各点的气隙是相同的，则定子、转子各绕组轴线上的磁路情况相同，因此定、转子各相绕组的自感系数和定子各相绕组间和转子各相绕组间的互感系数均为常数，与转子之位置无关。定子各相绕组与转子各相绕组间的互感系数为 θ 角的函数，即

$$\left.\begin{array}{l} M_{Aa} = M_{aA} = M_{Bb} = M_{bB} = M_{Cc} = M_{cC} = M_{SR}\cos\theta \\ M_{Ab} = M_{bA} = M_{Bc} = M_{cB} = M_{Ca} = M_{aC} = M_{SR}\cos(\theta + 120°) \\ M_{Ac} = M_{cA} = M_{Ba} = M_{aB} = M_{Cb} = M_{bC} = M_{SR}\cos(\theta - 120°) \end{array}\right\} \quad (C-17)$$

按耦合电路观点，列写三相异步电动机的电动势方程式的矩阵形式为

$$\boldsymbol{u} = \begin{pmatrix} \boldsymbol{u}_s \\ \boldsymbol{u}_r \end{pmatrix} = \boldsymbol{R}\boldsymbol{i} + \frac{\mathrm{d}}{\mathrm{d}t}(\boldsymbol{L}\boldsymbol{i}) = \begin{pmatrix} \boldsymbol{R}_s & 0 \\ 0 & \boldsymbol{R}_r \end{pmatrix}\begin{pmatrix} \boldsymbol{i}_s \\ \boldsymbol{i}_r \end{pmatrix} + \frac{\mathrm{d}}{\mathrm{d}t}\begin{pmatrix} \boldsymbol{L}_s & \boldsymbol{M}_{sr} \\ \boldsymbol{M}_{rs} & \boldsymbol{L}_r \end{pmatrix}\begin{pmatrix} \boldsymbol{i}_s \\ \boldsymbol{i}_r \end{pmatrix} \quad (C-18)$$

式中　$\boldsymbol{u}_s$——定子电压列向量，$\boldsymbol{u}_s = \begin{pmatrix} u_A \\ u_B \\ u_C \end{pmatrix}$；

$\boldsymbol{u}_r$——转子电压列向量，$\boldsymbol{u}_r = \begin{pmatrix} u_a \\ u_b \\ u_c \end{pmatrix}$；

$\boldsymbol{i}_s$——定子电流列向量，$\boldsymbol{i}_s = \begin{pmatrix} i_A \\ i_B \\ i_C \end{pmatrix}$；

$\boldsymbol{i}_r$——转子电流列向量，$\boldsymbol{i}_r = \begin{pmatrix} i_a \\ i_b \\ i_c \end{pmatrix}$；

$\boldsymbol{R}_s$——定子电阻矩阵，$\boldsymbol{R}_s = \begin{pmatrix} R_1 & 0 & 0 \\ 0 & r_1 & 0 \\ 0 & 0 & R_1 \end{pmatrix}$；

$\boldsymbol{R}_r$——转子电阻矩阵，$\boldsymbol{R}_r = \begin{pmatrix} R_2 & 0 & 0 \\ 0 & R_2 & 0 \\ 0 & 0 & R_2 \end{pmatrix}$；

$\boldsymbol{L}_s$——定子绕组自感系数矩阵，$\boldsymbol{L}_s = \begin{pmatrix} L_{AA} & L_{AB} & L_{AC} \\ L_{BA} & L_{BB} & L_{BC} \\ L_{CA} & L_{CB} & L_{CC} \end{pmatrix} = \begin{pmatrix} L_s & -M_s & -M_s \\ -M_s & L_s & -M_s \\ -M_s & -M_s & L_s \end{pmatrix}$；

$\boldsymbol{L}_r$——转子绕组自感系数矩阵，$\boldsymbol{L}_r = \begin{pmatrix} L_{aa} & L_{ab} & L_{ac} \\ L_{ba} & L_{bb} & L_{bc} \\ L_{ca} & L_{cb} & L_{cc} \end{pmatrix} = \begin{pmatrix} L_r & -M_r & -M_r \\ -M_r & L_r & -M_r \\ -M_r & -M_r & L_r \end{pmatrix}$；

M_{sr}——转子绕组对定子绕组之互感系数矩阵，$M_{sr} = \begin{pmatrix} M_{Aa} & M_{Ab} & M_{Ac} \\ M_{Ba} & M_{Bb} & M_{Bc} \\ M_{Ca} & M_{Cb} & M_{Cc} \end{pmatrix} =$

$$M_{SR}\begin{pmatrix} \cos\theta & \cos(\theta + 120°) & \cos(\theta - 120°) \\ \cos(\theta - 120°) & \cos\theta & \cos(\theta + 120°) \\ \cos(\theta + 120°) & \cos(\theta - 120°) & \cos\theta \end{pmatrix};$$

M_{rs}——定子绕组对转子绕组之互感系数矩阵，$M_{rs} = \begin{pmatrix} M_{aA} & M_{aB} & M_{aC} \\ M_{bA} & M_{bB} & M_{bC} \\ M_{cA} & M_{cB} & M_{cC} \end{pmatrix}$。

因 L_s、L_r 矩阵中各元素均为常数，即 L_s、L_r、M_s、$M_r =$ 常数，则 $i_s \dfrac{\mathrm{d}L_s}{\mathrm{d}t} = 0$，$i_r \dfrac{\mathrm{d}L_r}{\mathrm{d}t} = 0$，而三相异步电动机转子短路，$u_r = 0$，于是式（C-18）可简化为

$$\left.\begin{aligned} u_s &= R_s i_s + L_s \dfrac{\mathrm{d}i_s}{\mathrm{d}t} + M_{sr}\dfrac{\mathrm{d}i_r}{\mathrm{d}t} + i_r \dfrac{\mathrm{d}M_{sr}}{\mathrm{d}\theta}\dot{\theta} \\ 0 &= R_r i_r + L_r \dfrac{\mathrm{d}i_r}{\mathrm{d}t} + M_{rs}\dfrac{\mathrm{d}i_s}{\mathrm{d}t} + i_s \dfrac{\mathrm{d}M_{rs}}{\mathrm{d}\theta}\dot{\theta} \end{aligned}\right\} \quad (\text{C-19})$$

设

$$\boldsymbol{u}_s = \begin{pmatrix} u_A \\ u_B \\ u_C \end{pmatrix} = \sqrt{2}U_1 \begin{pmatrix} \sin\omega t \\ \sin(\omega t - 120°) \\ \sin(\omega t + 120°) \end{pmatrix}$$

$$\boldsymbol{i}_s = \begin{pmatrix} i_A \\ i_B \\ i_C \end{pmatrix} = \sqrt{2}I_1 \begin{pmatrix} \sin(\omega t - \varphi_1) \\ \sin(\omega t - \varphi_1 - 120°) \\ \sin(\omega t - \varphi_1 + 120°) \end{pmatrix}$$

$$\boldsymbol{i}_r = \begin{pmatrix} i_a \\ i_b \\ i_c \end{pmatrix} = \sqrt{2}I_2 \begin{pmatrix} \sin(s\omega t + \gamma - \varphi_2) \\ \sin(s\omega t + \gamma - \varphi_2 - 120°) \\ \sin(s\omega t + \gamma - \varphi_2 + 120°) \end{pmatrix}$$

式中　φ_1——定子相电流滞后于定子相电压的相位角；

　　　φ_2——转子相电流滞后于转子相电压的相位角；

　　　γ——转子相电压初相角。

将 $\boldsymbol{u}_s$、$\boldsymbol{i}_s$ 及 $\boldsymbol{i}_r$ 代入式（C-19），定子 A 相的电动势平衡方程式为

$$\sqrt{2}U_1\sin\omega t = \sqrt{2}I_1 R_1 \sin(\omega t - \varphi_1) + L_s \dfrac{\mathrm{d}}{\mathrm{d}t}[\sqrt{2}I_1\sin(\omega t - \varphi_1)] - M_s \dfrac{\mathrm{d}}{\mathrm{d}t}[\sqrt{2}I_1\sin(\omega t - \varphi_1 - 120°)] -$$

$$M_s \dfrac{\mathrm{d}}{\mathrm{d}t}[\sqrt{2}I_1\sin(\omega t - \varphi_1 + 120°)] + M_{SR}\cos\theta \dfrac{\mathrm{d}}{\mathrm{d}t}[\sqrt{2}I_2\sin(s\omega t + \gamma - \varphi_2)] +$$

$$M_{SR}\cos(\theta + 120°)\dfrac{\mathrm{d}}{\mathrm{d}t}[\sqrt{2}I_2\sin(s\omega t + \gamma - \varphi_2 - 120°)] + M_{SR}\cos(\theta - 120°)\dfrac{\mathrm{d}}{\mathrm{d}t}$$

$$[\sqrt{2}I_2\sin(s\omega t + \gamma - \varphi_2 + 120°)] + \sqrt{2}I_2\dot{\theta}\sin(s\omega t + \gamma - \varphi_2) \times \dfrac{\mathrm{d}}{\mathrm{d}\theta}[M_{SR}\cos\theta] +$$

$$\sqrt{2}I_2\dot{\theta}\sin(s\omega t + \gamma - \varphi_2 - 120°)\dfrac{\mathrm{d}}{\mathrm{d}\theta}[M_{SR}\cos(\theta + 120°)] + \sqrt{2}I_2\dot{\theta}\sin(s\omega t + \gamma - \varphi_2 +$$

$$120°)\dfrac{\mathrm{d}}{\mathrm{d}\theta}[M_{SR}\cos(\theta - 120°)]$$

经运算并整理后，并考虑到 $s\omega = \omega - p\Omega$ 的关系，可得

$$\sqrt{2}U_1\sin\omega t = \sqrt{2}IR_1\sin(\omega t - \varphi_1) + \sqrt{2}I_1\omega(L_s + M_s)\cos(\omega t - \varphi_1) + \sqrt{2}I_2\omega\left(\frac{3}{2}M_{SR}\right)\cos(\omega t + \gamma - \varphi_2) \quad (C\text{-}20)$$

因 $U_2 = 0$，则 $\gamma = 0$，I_2 的相位以 u_1 为参考。将式（C-20）写成相量形式为

$$\dot{U}_1 = R_1\dot{I}_1 + j\omega L_1\dot{I}_1 + j\omega M'_{SR}\dot{I}_2 \quad (C\text{-}21)$$

同理可得

$$0 = j\omega M'_{SR}\dot{I}_1 + \frac{R_2}{s}\dot{I}_2 + j\omega L_2\dot{I}_2 \quad (C\text{-}22)$$

式中 $L_1 = L_s + M_s$，$L_2 = L_r + M_r$

$$M'_{SR} = \frac{3}{2}M_{SR}$$

和变压器电动势平衡方程式一样，可转化成以漏抗、励磁电抗为参数的形式，即

$$\dot{U}_1 = (R_1 + j\omega L_1)\dot{I}_1 + j\omega\frac{3}{2}M_{SR}\dot{I}_2 \quad (C\text{-}23)$$

$$0 = \left(\frac{R_2}{s} + j\omega L_2\right)\dot{I}_2 + j\omega\frac{3}{2}M_{SR}\dot{I}_1 \quad (C\text{-}24)$$

经过推导和归算，将式（C-23）、式（C-24）变换为（对于绕线转子三相异步电动机 $k_e = k$）

$$\dot{U}_1 = (R_1 + jX_1)\dot{I}_1 + jX_m\dot{I}_m \quad (C\text{-}25)$$

$$0 = \left(\frac{R'_2}{s} + jX'_2\right)\dot{I}'_2 + jX_m\dot{I}_m \quad (C\text{-}26)$$

式中

$$X_1 = \omega\left(L_1 - \frac{3}{2}M_{SR}k\right)$$

$$X'_2 = \omega\left(L'_2 - \frac{3}{2}M_{SR}k\right)$$

$$X_m = \omega k\frac{3}{2}M_{SR}$$

$$\dot{I}_m = \dot{I}_1 + \dot{I}'_2$$

$$-\dot{E}_1 = -\dot{E}'_2 = jX_m(\dot{I}_1 + \dot{I}'_2)$$

根据式（C-25）、式（C-26）可画出相应的等效电路，如图 C-5 所示。

式（C-23）、式（C-24）中，定子绕组和转子绕组的等效自漏感分别为 $L_1 = L_s + M_s$，$L_2 = L_r + M_r$，标志着等效自感为定（转）子绕组之自感与定（转）子绕组间之互感的合成，而定、转子绕组之励磁电感为 $3M_{SR}/2$，即为定、转子绕组互感系数之最大值的 3/2 倍。这意味着气隙励磁磁场为合成磁场，由三相绕组合成磁动势共同建立，

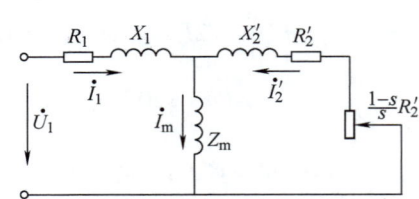

图 C-5　异步电动机的等效电路

"3/2"的意义就是三相绕组气隙合成磁动势之幅值是一相磁动势幅值的3/2倍。还必须指出，因为运用了互感系数这个参数，所以也就不用考虑铁心损耗了。总之，从耦合电路观点导出电动势平衡方程式与从合成磁场观点导出的一样，且电磁感应的概念比较清晰，但推导过程却极为复杂。

四、无阻尼绕组凸极式三相同步电动机稳态电动势平衡方程式的导出

无阻尼绕组凸极三相同步电动机稳态运行时的电动势方程式也可以由耦合电路方法推导得出，所得的结果与基于用合成磁场理论建立的凸极同步电动机电压方程一致。

设：

1）电动机是理想的，为无阻尼绕组凸极三相同步电动机。

2）电动机作稳态对称运行，仅对一相电动势方程推导即可，即 $u_A = u_1$。

3）转子直轴与定子 A 相绕组轴线间的夹角 θ，以电角度计，即 $\theta = \omega t$，ω 为角频率。

4）ψ 为内功率因数角，φ 为功率因数角，δ 为功角，并且电动机取超前电流 $\psi > 0$，$\varphi > 0$。

5）电动机的相电动势为反电动势，即 $-e_0 = \dfrac{d\psi_e}{dt}$。

由于理想电机是无阻尼绕组凸极同步电动机，故定子相绕组自感的二次谐波幅值 L_{s2} 与定子相绕组之间互感的二次谐波幅值 M_{s2} 是相等的。经 dqo 坐标变换，直轴、交轴电感 L_d、L_q 与定子相绕组自感 L_{s0}、互感平均值 M_{s0} 及互感二次谐波幅值 M_{s2} 的关系为

$$\left. \begin{array}{l} L_d = L_{s0} + M_{s0} + \dfrac{3}{2} M_{s2} \\ L_q = L_{s0} + M_{s0} - \dfrac{3}{2} M_{s2} \end{array} \right\} \quad （\text{C-27}）$$

电动机的反电动势、电压、各电流的瞬时值表达式和相量表达式为

$$-e_0 = \sqrt{2} E_0 \sin\omega t = \text{Im}(\sqrt{2}\dot{E}_0 e^{j\omega t}), \quad -\dot{E}_0 = E_0 e^{j0°}$$

$$u_A = u_1 = \sqrt{2} U_1 \sin(\omega t + \delta) = \text{Im}(\sqrt{2}\dot{U}_1 e^{j\omega t}), \quad \dot{U}_1 = U_1 e^{j\delta}$$

$$i_A = i_1 = \sqrt{2} I_1 \sin(\omega t + \psi) = \text{Im}(\sqrt{2}\dot{I}_1 e^{j\omega t}), \quad \dot{I}_1 = I_1 e^{j\psi}$$

$$i_d = \sqrt{2} I_1 \sin\varphi \sin(\omega t + 90°) = \text{Im}(\sqrt{2}\dot{I}_d e^{j\omega t}), \quad \dot{I}_d = I_d e^{j90°}$$

$$i_q = \sqrt{2} I_1 \cos\varphi \sin\omega t = \text{Im}(\sqrt{2}\dot{I}_q e^{j\omega t}), \quad \dot{I}_q = I_q e^{j0°}$$

对于无阻尼绕组的凸极同步电机定子 A 相绕组的磁链方程为

$$\psi_A = L_{AA} i_A + M_{AB} i_B + M_{AC} i_C + M_{Af} i_f \quad （\text{C-28}）$$

式中　i_f——励磁绕组电流。

定子 A 相绕组的自感 L_{AA} 与其他各相及励磁绕组之间的互感 M_{AB}、M_{AC}、M_{Af} 均为转子角位移 θ 的函数，即

$$\left. \begin{array}{l} L_{AA} = L_{s0} + L_{s2}\cos 2\theta = L_{s0} + L_{s2}\cos 2\omega t \\ M_{AB} = -M_{s0} + M_{s2}\cos(\theta + 120°) = -M_{s0} + M_{s2}\cos(2\omega t - 120°) \\ M_{AC} = -M_{s0} + M_{s2}\cos(\theta - 120°) = -M_{s0} + M_{s2}\cos(2\omega t + 120°) \\ M_{Af} = M_{af}\cos\theta = M_{af}\cos\omega t \end{array} \right\} \quad （\text{C-29}）$$

式中 M_{af}——励磁绕组轴线与定子绕组轴线重合时互感的幅值。

定子 A 相的电压方程为

$$u_A = \frac{d\psi_A}{dt} + R_a i_A = -\frac{d\psi_{e0}}{dt} + \frac{d\psi_{dq}}{dt} + R_a i_A \quad (C-30)$$

式中 $\psi_{e0} = -M_{Af} i_f = -M_{af} i_f \cos\omega t$

$\psi_{dq} = L_{AA} i_A + M_{AB} i_B + M_{AC} i_C$

$i_A = \sqrt{2} I_1 \sin(\omega t + \psi)$

$i_B = \sqrt{2} I_1 \sin(\omega t + \psi - 120°)$

$i_C = \sqrt{2} I_1 \sin(\omega t + \psi + 120°)$

利用以下关系式

$$L_{s2} = M_{s2}$$

$$\sin\omega t + \sin(\omega t - 120°) + \sin(\omega t + 120°) = 0$$

$$\cos\alpha\cos\beta + \cos(\alpha - 120°)\sin(\beta - 120°) + \cos(\alpha + 120°)\sin(\beta + 120°) = -\frac{3}{2}\sin(\alpha - \beta)$$

则 $\psi_{dq} = L_{AA} i_A + M_{AB} i_B + M_{AC} i_C$ 可简化成

$$\psi_{dq} = \sqrt{2} I_1 (L_{s0} + M_{s0}) \sin(\omega t + \psi) - \sqrt{2} I_1 \frac{3}{2} M_{s2} \sin(\omega t - \psi)$$

由式（C-29）中的关系，式（C-30）中的 $\dfrac{d\psi_{e0}}{dt}$、$\dfrac{d\psi_{dq}}{dt}$ 可分别写为

$$\frac{d\psi_{e0}}{dt} = \sqrt{2} M_{af} i_f \omega \sin\omega t / \sqrt{2} = \sqrt{2}(-E_0) \sin\omega t$$

其中 $-E_0 = \dfrac{M_{af} \omega i_f}{\sqrt{2}}$

$$\frac{d\psi_{dq}}{dt} = \sqrt{2} I_1 (L_{s0} + M_{s0}) \omega \cos(\omega t + \psi) - \sqrt{2} I_1 \frac{3}{2} \omega M_{s2} \cos(\omega t - \psi)$$

$$= \sqrt{2} I_1 (L_{s0} + M_{s0}) \omega (\cos\omega t \cos\psi - \sin\omega t \sin\psi) -$$

$$\sqrt{2} I_1 \frac{3}{2} \omega M_{s2} (\cos\omega t \cos\psi + \sin\omega t \sin\psi)$$

$$= \sqrt{2} I_1 \left\{ \left(L_{s0} + M_{s0} + \frac{3}{2} M_{s2}\right) \omega \cos\psi \cos\omega t - \left(L_{s0} + M_{s0} - \frac{3}{2} M_{s2}\right) \omega \sin\psi \sin\omega t \right\}$$

$$= \sqrt{2} I_1 L_q \omega \cos\psi \cos\omega t - \sqrt{2} I_1 L_d \omega \sin\psi \sin\omega t$$

$$= \sqrt{2} L_q \omega I_q \cos\omega t - \sqrt{2} L_d \omega I_d \sin\omega t$$

$$= \sqrt{2}(X_q I_q \cos\omega t - X_d I_d \sin\omega t)$$

$$= \sqrt{2} X_q I_q \sin(\omega t + 90°) + \sqrt{2} X_d I_d \sin(\omega t + 180°)$$

由此得到无阻尼绕组凸极三相同步电机稳态电动势方程式为

$$\sqrt{2} U_1 \sin(\omega t + \delta) = \sqrt{2}(-E_0) \sin\omega t + \sqrt{2} X_d I_d \sin(\omega t + 180°) + \sqrt{2} X_q I_q \sin(\omega t + 90°) + \sqrt{2} I_1 R_a \sin(\omega t + \psi) \quad (C-31)$$

相应的相量表达式为

$$\mathrm{Im}(\dot{U}_1 \mathrm{e}^{\mathrm{j}\omega t}) = \mathrm{Im}(-\dot{E}_0 \mathrm{e}^{\mathrm{j}\omega t}) + \mathrm{Im}[(\mathrm{j}\dot{I}_d X_d + \mathrm{j}\dot{I}_q X_q)\mathrm{e}^{\mathrm{j}\omega t}] + \mathrm{Im}(R_a \dot{I}_1 \mathrm{e}^{\mathrm{j}\omega t})$$

即
$$\dot{U}_1 = -\dot{E}_0 + \mathrm{j}\dot{I}_d X_d + \mathrm{j}\dot{I}_q X_q + R_a \dot{I}_1 \tag{C-32}$$

式中 $\dot{U}_1 = U_1 \mathrm{e}^{\mathrm{j}\delta}$，$-\dot{E}_0 = E_0 \mathrm{e}^{\mathrm{j}0°}$，$\dot{I}_1 = I_1 \mathrm{e}^{\mathrm{j}\psi}$，$\dot{I}_d = I_d \mathrm{e}^{\mathrm{j}90°}$，$\dot{I}_q = I_q \mathrm{e}^{\mathrm{j}0°}$。

由式（C-32）可知，用耦合电路法导出的无阻尼绕组凸极同步电动机的电压方程与基于合成磁场理论所建立的稳态电动势平衡方程式是一致的。

至此用耦合电路分析法导出了四大类电机基于合成磁场理论所建立的稳态电动势平衡方程式，并展示了这两种方法具有殊途同归之巧和异曲同工之妙，同时也佐证了电机是一种动态自感和互感现象的集合。

需要指出的是，在电机的分析中，之所以往往取基于合成磁场理论而弃舍耦合电路分析法，其缘由大致有如下几点：

1）用耦合电路法所建立的电机数学模型，虽然可以反映其物理本质，但由于电机是一种动态自感和互感现象的集合，故数学推导过程较为繁冗。

2）非现代计算工具，是难以较精确地分析和计算用耦合电路法所建立的适用于任何工况下的电机数学模型的，而基于合成磁场理论所建立的在稳态工况下的电机数学模型便于解析的分析和计算。

3）在用耦合电路所建立的数学模型中，其磁回路中的介质有铁磁性和非铁磁性物质交织在一起，不易进行非线性问题的局部线性化讨论。

4）基于合成磁场理论所建立的电机数学模型虽仅限于稳态工况下的分析，然而其电磁关系和物理概念较为明确，数学推导也简单得多。

附录 D 同步电动机的小振荡

本附录旨在衬托电机学科与电力电子技术交叉渗透的产物——自控式同步电动机（无换向器电动机），即同步电动机与直流电动机变异后的独特优异性。

振荡是同步电动机在运行过程中可能发生的一种特殊现象。振荡的一般含义是物体在其平衡位置附近所做的往返运动。实质上，振荡是一种不同性质能量的交换过程。在力学中的共振问题，单摆就是一例，在电学中的共振问题，电路的谐振就是一例，这都是振荡问题。前者是机械系统的振荡，后者是电学系统的振荡，而同步电动机的振荡则属于机电系统的振荡。在振荡过程中，发生着机械能与电磁能的交换。因在物理现象中有类比关系，诸如这些振荡现象的数学模型必然是相似的。

一、同步电动机小振荡的物理模型

小振荡是同步电动机在运行过程中可能发生的一种特殊现象，这种现象可类比成一种机械模型。下面就同步电动机的小振荡用这种模型做一简介。

图 D-1 是表示这种振荡的机械模型。图中 OS 与 OR 分别表

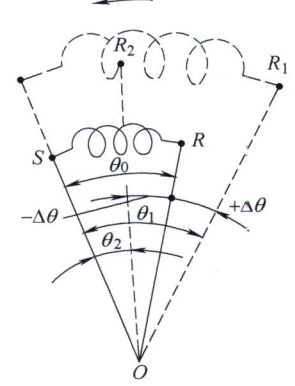

图 D-1 同步电动机小振荡的机械模型

示质量为 m_S 和 m_R 的杆件，以 O 为支点，OS 与 OR 之间有弹簧联系着，OS 拖着 OR 环绕 O 点以同步速度 Ω_s 旋转。若一定大小的外力沿切线方向作用在 m_R 上，弹簧处于某一固定的伸长情况，而整个系统仍以恒速旋转，如图中实线所示，OS 与 OR 之间保持着一定夹角 θ_0。这就是同步电动机稳定运行时的机械模型，杆件 OS 与 OR 分别类比成定子合成磁场磁极与转子励磁磁极，OS、OR 两实线分别为定转子磁极系统的轴线，弹簧类比成磁力线，弹簧弹力所形成的转矩类比成同步电动机所产生的电磁转矩，θ_0 即类比成功率角。

当同步电动机接在无穷大电网上稳定运行时，其端电压 U 及其频率 f_1 均恒定不变，感应端电压的定子合成磁场即气隙合成磁场 Φ_δ 为恒定，转速为 $\Omega = \Omega_s$（同步转速）。当负载一定时，功率角 $\theta = \theta_0$。不计凸极效应，在功角特性图 D-2 上可得运行点 "O"。此时机械负载功率 P_2、空载损耗 p_0 与电动机的电磁功率 P_e 相平衡，$P_{e0} = P_2 + p_0$。如果有某种干扰，使功率角发生微小变化 $+\Delta\theta$，则功率角变为 $\theta_1 = \theta_0 + \Delta\theta$，当干扰发生后又立即消失，这时机械负载功率 P_2 未变，空载损耗 p_0 亦未变，功率角的变化引起电磁功率相应的变化，从图 D-2 的功角特性上可得出相应于 θ_1 的 $P_e = P_{e1} = P_{e0} + \Delta P_e > P_2 + p_0$，转子受到一个加速功率 ΔP_e 后便开始加速，使 $\Delta\theta$ 渐渐减小，ΔP_e 相应地也渐渐减小，到达原平衡点 θ_0。

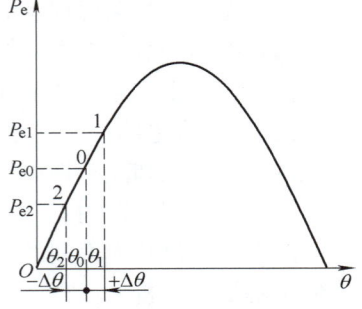

图 D-2 由同步电动机的功角特性说明其小振荡现象

此时虽已到达原先所处的功率平衡状态，即 $\Delta\theta_0$、$\Delta P_e = 0$，$P_{e0} = P_2 + p_0$，但转子转速已高于同步转速 $n > n_s$，由于惯性作用，转子磁极仍然与定子合成磁场的磁极继续发生相对移动，使功率角 θ 继续减小，$\Delta\theta$ 变负，与此同时，出现 $-\Delta P_e$，$P_e = P_{e0} - \Delta P_e < P_2 + p_0$，转子受到一个减速功率 $-\Delta P_e$ 的作用，转子就从高于同步转速的转速开始减速，当 θ 减小到 θ_2，转子转速降回到同步转速 $n = n_s$ 时，从图 D-2 的功角特性可知，不能获得功率平衡，即 $P_{e2} = P_{e0} - \Delta P_e < P_2 + p_0$，这时转子仍然受到减速功率 $-\Delta P_e$ 的作用，转子转速从同步转速继续减小，$n < n_s$，再度出现功率角增大现象，此后转子仍有负加速度，θ 又重新增大，减速功率 $-\Delta P_e$ 逐渐减小，负加速度减小，转速再逐渐上升。当 θ 恢复为 θ_0，又由于惯性作用，电动机还不能稳定运行。这种能量交换过程的继续进行，电动机转子转速便在同步转速上下不断振荡，功率角在 θ_0 左右不断发生微小变化。幸亏在这种能量交换的振荡过程中，在机械系统中所出现的摩擦损耗，在电气系统中所出现的电阻损耗以及为异步转矩性质的阻尼转矩等阻尼作用，使得系统中多余的能量逐渐消耗，振荡现象便逐渐衰减，最后电动机重新进入原功率平衡状态而再度稳定运行。

二、同步电动机小振荡时各种转矩之试析

1. 电磁转矩 T_e

由第六章中图 6-9 可知，在同步电动机不考虑凸极效应及不计定子绕组电阻时的电动势相量图中，定子电动势的相量为 $-\dot{E}_0$，若仅计电磁转矩之基本分量 [见第六章中式 (6-19)]，则为

$$T_{e0} = m \frac{U(-E_0)}{X_t \Omega_s} \sin\theta_0$$

则小振荡时的电磁转矩为

$$\begin{aligned}
T_e &= m \frac{U(-E_0)}{X_t \Omega_s} \sin(\theta_0 + \Delta\theta) \\
&= K_s (\sin\theta_0 \cos\Delta\theta + \cos\theta_0 \sin\Delta\theta) \\
&\approx K_s \sin\theta_0 + K_s \cos\theta_0 \Delta\theta \\
&= T_{e0} + K_s \Delta\theta \\
&= T_{e0} + \Delta T_e
\end{aligned} \quad (\text{D-1})$$

式中 $K_s = -m \dfrac{UE_0}{X_t \Omega_s} \cos\theta_0$；

T_{e0}——稳定运行点之电磁转矩；

ΔT_e——小振荡时电磁转矩之增量。

因为 $\cos\Delta\theta \approx 1$，$\sin\Delta\theta = \Delta\theta$。

2. 阻尼转矩 $T_{R\theta}$

阻尼转矩有两部分：①摩擦风阻所引起的阻力转矩；②笼型绕组中感应电流所引起的阻尼转矩。

（1）阻力转矩

$$T_{R\theta} = R_\theta \frac{d\theta}{dt} = R_\theta \Omega_s + R_\theta \frac{d\Delta\theta}{dt} = T_0 + R_\theta \frac{d\Delta\theta}{dt} \quad (\text{D-2})$$

式中 T_0——空载损耗转矩；

R_θ——摩擦风阻的系数；

Ω_s——稳定时的同步转速，$\Omega_s = \dfrac{d\theta_0}{dt}$。

（2）阻尼转矩 振荡时因电网频率不变，气隙合成磁场仍以同步转速转动，对转子有相对运动，阻尼绕组中将感应出一个具有转差频率的感应电流，并产生异步电机那样的转矩。小振荡时，转子转速变化不大，对定子合成磁场之相对运动也不大，即转差率 $s = \dfrac{\Omega_s - \Omega}{\Omega_s}$ 很小，所以根据异步电机转矩的性质，阻尼转矩与转差率的关系可近似地认为

$$T_{KD} = K_D s = K_D \frac{\Omega_s - \Omega}{\Omega_s} = K'_D \frac{d\Delta\theta}{dt} \quad (\text{D-3})$$

式中，$K'_D = \dfrac{K_D}{\Omega_s}$。

所以，总阻尼转矩为

$$T_D = T_0 + (R_\theta + K'_D) \frac{d\Delta\theta}{dt} \quad (\text{D-4})$$

3. 惯性转矩 T_J

因为

$$\frac{d^2\theta}{dt^2} = \frac{d^2\theta_0}{dt^2} + \frac{d^2\Delta\theta}{dt^2} = \frac{d^2\Delta\theta}{dt^2}$$

电机及拖动基础　上册　第 5 版

所以
$$T_J = J\frac{d^2\theta_0}{dt^2} + J\frac{d^2\Delta\theta}{dt^2} = J\frac{d^2\Delta\theta}{dt^2} \tag{D-5}$$

4. 负载转矩 T_2

认为负载转矩 T_2 不变，则 $T_2 = T_{e0} - T_0$。

综合式（D-1）、式（D-2）、式（D-4）和式（D-5），可得出同步电动机小振荡时转矩平衡方程式为

$$J\frac{d^2\Delta\theta}{dt^2} + D\frac{d\Delta\theta}{dt} - K_s\Delta\theta = 0 \tag{D-6}$$

根据转矩平衡的物理情况所构建的式（D-6），就是同步电动机小振荡时的数学模型，而由质块、弹簧和阻尼器所组成的机械系统共振时的数学模型为

$$m\frac{d^2\Delta x}{dt^2} + R_v\frac{d\Delta x}{dt} + K\Delta x = 0 \tag{D-7}$$

式中　m——质块的质量；
　　　K——弹簧的弹性系数；
　　　R_v——阻尼器的阻尼系数。

由电感、电容和电阻所组成的电气系统谐振时所构建的数学模型为

$$L\frac{d\Delta i}{dt} + R\Delta i + \frac{1}{C}\int\Delta i dt = 0 \tag{D-8}$$

式中　L——电感；
　　　C——电容；
　　　R——电阻。

可见式（D-6）与式（D-7）、式（D-8）极为相似，均为线性常系数微分方程式。从其特征方程式的根可知，当

对于式（D-6）　　　　　　　　　$\left(\dfrac{D}{2J}\right)^2 < \dfrac{-K_s}{J}$

对于式（D-7）　　　　　　　　　$\left(\dfrac{R_v}{2m}\right)^2 < \dfrac{K}{m}$

对于式（D-8）　　　　　　　　　$\left(\dfrac{R}{2L}\right)^2 < \dfrac{1}{LC}$

时，这些机械系统、电气系统以及同步电动机的这种机电系统均会发生共振、谐振以及小振荡。

从上述可知，在同步电动机小振荡时，惯性转矩 $T_J = J\dfrac{d^2\Delta\theta}{dt^2}$ 与电磁转矩增量 $-K_s\Delta\theta$ 在时间相位上互差180°，犹如在机械系统共振时的质块中所储的动能与弹簧中所储的势能，与电气系统中谐振时的电感器中所储的磁能、电容器中所储的电场能之性质完全一样。

综上解读，可以断言：同步电动机会发生小振荡的根本原因是系统中含有振荡的"基因"，系统中的惯性转矩 T_J 与电磁转矩的增量 ΔT_e 在时间相位上互差180°，再加之以其频率无以控制其转速。或者说频率"开环"也是发生振荡的因素。当今由电机学科与电力电子交叉和渗透所产生的同步电动机与直流电动机之变异的产物——自控式同

步电动机（无换向器电动机），其转矩特性中无振荡之"基因"，况且其机械特性与直流电动机相似，线路中又采用自控式变频器，使其输出频率完全受控于转速，从而扣制了振荡。由此可以说，自控式同步电动机是调速性能极为优异而又不会引发振荡的一种新型电动机，也是大有发展前途的一种新型电子运行电动机。粗略地知悉振荡的机理，可以远眺自控式同步电动机广阔的前景。

附录 E 机电能量转换简述

就系统理念而言，电机是一种非线性的非保守系统，其中机电能量转换过程中的机制较为复杂，兹仅就其核心问题即机电能量转换的过程加以简要阐明。

图 E-1 为一台简易而完整的机电能量转换装置（简单电机），该装置由定子铁心、转子铁心和气隙构成一个闭合的磁路。定子铁心上装有一个与电源相接的定子绕组，转子铁心上无绕组，为凸极结构。装置中气隙的主磁场由定子绕组中的电流 i 单独激励，称单边励磁。若转子上也有绕组，气隙中的主磁场由定、转子绕组中的电流共同激励的，则称为双边励磁。

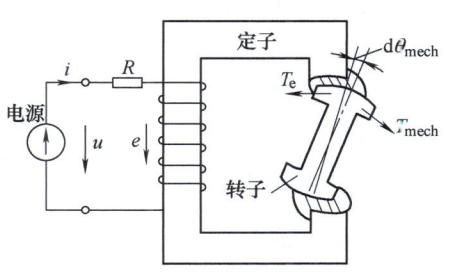

图 E-1 简易的机电装置

一、装置抽象为一个系统

电机就其功能而言，是一种进行机电能量转换的装置。任何一种装置，按"系统理论"都可以抽象为一种系统，系统的含义是"互相联系、互相制约部件的集合"。电机的主要部件有铁心、绕组、转轴等，故电机就可抽象为一个系统。

这种系统还含有三种小系统，即

(1) 电气系统 如电机的定、转子绕组等，它是系统的电端口，电能从此端口输入或输出。

(2) 机械系统 指电机的转轴等，它是系统的机械端口，机械能从该端口输出或输入（对电动机电能的输入和机械能的输出均规定为正值；发电机均为负值）。

(3) 耦合场系统 可以是磁场或电场，由于磁场在空气中储能比电场容易，且储能密度也大得多，故电机大多以磁场作为耦合场。

耦合场系统与电气系统和机械系统互相联系或互相制约，使机电能量转换得以进行。

二、损耗的处理

能量守恒原理对任何物理系统都是适用的，在机电能量转换的过程中不可避免地会产生一些损耗。在电气系统中有定、转子绕组中的电阻损耗；在机械系统中有摩擦、通风等损耗；在耦合场系统中有磁滞、涡流等介质损耗。

设装置为电动机运行，为便于分析，将电阻损耗、机械损耗分别用 i^2R 和 $\Omega^2 R_\Omega$ 表示（i 为绕组中的电流，R 为绕组中的电阻，Ω 为机械角速度，R_Ω 为机械阻力）。把这些损耗分别从电端口和机械端口移出，不计铁磁介质中的介质损耗，这样机电装置的中心部分就成为由一个无介质损耗的铁心，气隙和无电阻损耗、无机械损耗的耦合线圈所组成的无损耗储能系统,如图 E-2 所示(这样的无损耗储能系统是保守系统)。

图 E-2 无损耗储能系统

三、系统中的能量关系

这样的无损耗储能系统有三种形式的能量:

(1) 电能 从系统电端口输入或输出的电能 W_e。
(2) 机械能 从系统机械端口输出或输入的机械能 W_{mech}。
(3) 磁能 在耦合场系统中所储存的磁能 W_m。

在 dt 时间内,输入和输出的微分能量关系为

$$dW_e = dW_m + dW_{mech}$$

1. 电能的输入(输出)

电机作为电动机运行,在 dt 时间内,由外电源输入电气系统电端口(定子绕组)的电流 i 使耦合场受到激励,其场内的磁能也发生变化。对定子绕组做出反应,即定子绕组的磁链 ψ 发生变化。根据法拉第电磁感应定律,磁链 ψ 变化时,在定子绕组内感应出电动势 e,则

$$e = -\frac{d\psi}{dt} \tag{E-1}$$

绕组磁链 ψ 变化有两方面:①绕组内电流 i 变化(电磁起因),②装置可动部分发生电角位移 θ(机械运动)。在线性系统中,磁链 $\psi = Li$(L 是电感系数,i 是电流),感应电动势 e 可展开为

$$e = -\frac{d\psi}{dt} = -L\frac{di}{dt} - i\frac{\partial L}{\partial \theta}\omega_e = e_t + e_\Omega$$

式中 ω_e——可动部分电角速度。

感应电动势应有两类:$e_t = -L\dfrac{di}{dt}$ 称为变压器电动势,由电磁起因所产生;$e_\Omega = -i\dfrac{\partial L}{\partial \theta}\omega_e$ 称为运动电动势,由机械运动所导致。这两种感应电动势产生的原因不同,性质各异。由 e_t 吸收电能,进入耦合场转换为磁能,并且在电源与耦合场之间能量往返转换。由 e_Ω 吸收电能,进入耦合场转换为磁能,因有可动部分之移动,部分磁能再转换成机械能,装置如为电动机,就是从机械端口向外输出(发电机则反之)。通过感应电动势电源向耦合场输入电能,扣除电阻 R 上的损耗 i^2R,净电能为

$$dW_e = -eidt = id\psi \tag{E-2}$$

2. 机械能的输出(输入)

在 dt 时间内,当耦合场的磁能发生变化时,对机械系统(主要是转轴)做出反应,

转轴上将受到电磁转矩 T_e 的作用，转子转过机械角 $d\theta_{mech}$，则从机械端口输出总的机械能为

$$dW_{mech} = T_e d\theta_{mech} = \frac{1}{p} T_e d\theta \tag{E-3}$$

式中　$d\theta$——用电角度表示的转子转角；
　　　p——极对数。

3. 耦合场磁能的变化

耦合场与电气系统和机械系统互有关系，且介于两者之间。电能是其输入（出），机械能是其输出（入），有输入（出）和输出（入）必然会引起耦合场磁能的变化、储能的变化，即其"状态"的变化。所谓"状态"，即用一组最小（个数最少）的变量，完整（所有可能）地表征系统的"运动情况"，也可谓是"信息的集合"。这组变量称为"状态变量"，状态变量表征的函数称为"状态函数"。由于电机无损耗储能系统的函数是状态函数，故选择电机的绕组磁链 ψ 和转子转角 θ（电角度）为电机的状态变量是合适的。于是耦合场的磁链函数（储能函数）可表示为

$$W_m = W_m(\psi, \theta) \tag{E-4}$$

对 $W_m(\psi,\theta)$ 全微分，得

$$dW_m(\psi,\theta) = \frac{\partial W_m(\psi,\theta)}{\partial \psi} d\psi + \frac{\partial W_m(\psi,\theta)}{\partial \theta} d\theta \tag{E-5}$$

从式（E-2）和式（E-3）可知

$$dW_m(\psi,\theta) = dW_e - dW_{mech} = i d\psi - \frac{1}{p} T_e d\theta \tag{E-6}$$

由此

$$i = \frac{\partial W_m(\psi,\theta)}{\partial \psi}, \quad T_e = -p \frac{\partial W_m(\psi,\theta)}{\partial \theta} \tag{E-7}$$

在由耦合场作媒介的无损耗储能系统中，从电端口输入电能 dW_e 后，耦合场磁能的变化对电气系统做出反应而产生的感应电动势为 $e = -\dfrac{d\psi}{dt}$。与此同时，耦合场磁场的变化，对机械系统做出反应而产生的电磁转矩为 $T_e = -p\dfrac{\partial W(\psi,\theta)}{\partial \theta}$，并输出机械能 dW_{mech}。实质上，能量转换时，装置可动部分发生位移 θ（电角度），使耦合场磁能发生变化，对装置的电气系统做出的反应乃是运动电动势 e_Ω，而对装置的机械系统做出的反应仍是电磁转矩 T_e。装置借此完成机电能量转换。运动电动势 e_Ω 和电磁转矩 T_e 堪称一对"机电耦合项"。

四、能量转换机理分析的初步

从现代控制理论中的"状态空间理论"可知，状态变量的瞬时值仅依赖于系统那一瞬时的状态，而不依赖于过去的历史，状态变量一经确定，系统的状态也就确定了，并已经是绕组磁链 ψ 和转子转角 θ（电角度）为电机的状态变量。当电机稳态运行时，转子角转速 Ω（机械角转速）是恒定的，连续的能量转换发生，转子转过一周，状态变量 (ψ,θ) 之值与一周前相同，在一周内，系统状态仍然依旧，系统储能未增减，耦合场的磁能 $W_m(\psi,\theta)$ 不变化。则一周内磁能的平均变化率 $\left(\dfrac{dW_m(\psi,\theta)}{dt}\right)_{av}$ 应等于零。此物

理情况不仅仅是因为上述原因而存在（参考文献 [4]）。早在 20 世纪 50 年代，美国学者也有过预断。可以置信，一周内磁能平均变化率等于零。为了较深地认知所述物理情况，现用瞬时功率平衡关系做一些探讨和表达。

按惯用的电磁所规定的正方向，以电动机为例，在线性装置中，能量转换过程连续发生时，由其瞬时功率平衡关系可导出在 dt 时间内，瞬时功率平衡方程式为

$$ui - ri^2 = ei = e_t i + e_\Omega i = \left(e_t + \frac{1}{2}e_\Omega\right)i + \frac{1}{2}e_\Omega i \tag{E-8}$$

式中 $(ui - ri^2) = \dfrac{\mathrm{d}W_e}{\mathrm{d}t}$ ——输入净瞬时电功率；

$\left(\dfrac{1}{2}e_\Omega i\right) = \dfrac{\mathrm{d}W_{\mathrm{mech}}}{\mathrm{d}t}$ ——输出总瞬时机械功率；

$\left(e_t + \dfrac{1}{2}e_\Omega\right)i = \dfrac{\mathrm{d}W_m}{\mathrm{d}t}$ ——耦合场磁能变化率（由 e_t 和 $\dfrac{1}{2}e_\Omega$ 所吸收的瞬时电功率转换）。

由此可得，一周内，瞬时能量关系（微增能量关系）为

$$\mathrm{d}W_m = \mathrm{d}W_e - \mathrm{d}W_{\mathrm{mech}}$$

根据式（E-5）、式（E-6），得

$$\begin{aligned}\mathrm{d}W_m(\psi,\theta) &= 0 = \mathrm{d}W_e - \mathrm{d}W_{\mathrm{mech}} \\ &= i\mathrm{d}\psi - \frac{1}{p}T_e \mathrm{d}\theta \\ &= \frac{\partial W_m(\psi,\theta)}{\partial \psi}\mathrm{d}\psi + \frac{\partial W_m(\psi,\theta)}{\partial \theta}\mathrm{d}\theta\end{aligned} \tag{E-9}$$

所以 $\quad i\mathrm{d}\psi = \dfrac{\partial W_m(\psi,\theta)}{\partial \psi}\mathrm{d}\psi = -\dfrac{\partial W_m(\psi,\theta)}{\partial \theta}\mathrm{d}\theta = \dfrac{1}{p}T_e \mathrm{d}\theta = T_e \mathrm{d}\theta_{\mathrm{mech}} \tag{E-10}$

式（E-10）表明，输入净电能 = 输出总机械能。

这是将电机视为无损耗储能系统作电动机稳态运行时所表征的能量转换过程的简易数学模型。相应的示意图如图 E-3 所示。

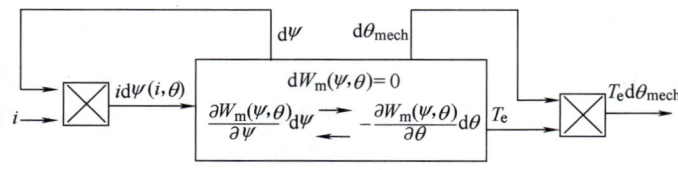

图 E-3　机电能量转换示意图

五、结束语——过程的概略

综上所述，机电能量转换的过程可以概括为：若以电动机稳态运行为例，电动机在稳态（动态系统的特殊状态）运行时的一周时间内，宏观地说，由电气系统的电端口输入净电能 $\mathrm{d}W_e$，通过运动感应电动势作用转换为耦合场的磁能，再从耦合场将等量的磁能 $\mathrm{d}W_m$ 转换成等量的总机械能 $\mathrm{d}W_{\mathrm{mech}}$，从机械系统的机械端口输出。通过变压器感应电动势作用输入的净瞬时电能，在电源和耦合场之间，反复地转换为磁能和电能。在转换过程中磁能平均变化率等于零，即 $\left(\dfrac{\mathrm{d}W_m}{\mathrm{d}t}\right)_{\mathrm{av}} = 0$（发电机则反之）。这就是机电能量转

换过程的概略。

根据"从特殊到一般"的认识规律可知，当电机（动态系统）作电动机稳态（动态系统的特殊状态）运行时，机电能量转换必须有耦合场联系其电气系统与机械系统。人曰"无场不电机"（不存在"没有耦合场的电机"），很清楚地表示了耦合场的"必要性"和"重要性"。若不计损耗，转子转过一周内磁能平均变化率等于零，此时能量作等量转换。当电机作电动机动态运行时，则一周内磁能平均变化率不再等于零，不可避免地要产生诸多损耗。纵然系统的状态有变化，系统的储能有增减，系统的效率也有高低，然而这些因素都不会影响耦合场"传媒"和"中介"作用这种奇异的功能。因此，对机电能量转换的过程也可略"知其所以然"了。

以上是对机电能量转换过程的"简述"，读者可参阅有关专著进行深层次的学习。

附录 F　就耦合场中磁能变化，试探机电能量转换之端倪——附录 E 之补充

本文旨在试证机电能量转换过程连续发生时，耦合场（储能中心）中磁能平均变化率等于零，即 $\left(\dfrac{\mathrm{d}W_\mathrm{m}}{\mathrm{d}t}\right)_\mathrm{av}=0$，它对认知机电能量转换过程的机理至关重要。

一、设定与约束

1. 设定

（1）装置　磁阻电动机（净电能输入，总机械能输出），定子具有单相绕组，转子为凸极结构。无绕组，不计齿槽效应。

（2）激励　单边激励，定子绕组自感 L_{11} 为

$$L_{11} = L_{s0} - L_{s2}\cos 2\theta$$

式中，L_{s0} 为不变部分；L_{s2} 为二次谐波幅值；$\theta = p\Omega t + \theta_0$，$\theta_0$ 为 $t=0$ 时的转子初相角，p 为极对数，Ω 为机械角转速。

（3）性质　线性（无损耗，保守系统）。

（4）端口　两个（电端口，机械端口）。

（5）储能中心　耦合场。

（6）激励变量　正弦变量（周期变量）$i = I_\mathrm{m}\sin\omega_1 t$。

（7）时间　一个周期 T。

（8）运行状态　稳态。

2. 约束

在所设定的条件下，转矩数学模型中含有正、余弦函数。根据正弦函数的正交性，当 $p\Omega = \pm\omega_1$ 时，转矩具有不等于零的平均值。

二、磁能及其相关变量之数学模型

1. 磁能 $W_\mathrm{m} = \dfrac{1}{2}LI_\mathrm{m}^2\sin\omega_1 t$

2. 磁能变化率 $\dfrac{\mathrm{d}W_\mathrm{m}}{\mathrm{d}t} = $ 瞬时功率 p_t

$$p_t = [A(+) - C\cos(2\omega_1 t + \varphi) + A(-)]$$

式中，$A(+) = \dfrac{1}{4}\omega_e \dfrac{\partial L}{\partial \theta}I_m^2 = -A(-)$；$B = \dfrac{1}{2}\omega_1 L I_m^2$；（+）表示输入；$\omega_1$ 表示角频率；

$C = [A^2(+) + B^2]^{\frac{1}{2}}$；（−）表示输出；$\omega_e$ 表示电角速度；$\varphi = \arctan\dfrac{B}{A(+)}$；

3. 磁能平均变化率等于零即 $\left(\dfrac{\mathrm{d}W_m}{\mathrm{d}t}\right)_{av} = 0$ 之数学证明

磁能平均变化率 $\left(\dfrac{\mathrm{d}W_m}{\mathrm{d}t}\right)_{av}$，即磁能变化率的平均值＝瞬时功率的平均值$(p_t)_{av}$。

$$\begin{aligned}\left(\dfrac{\mathrm{d}W_m}{\mathrm{d}t}\right)_{av} &= \dfrac{1}{T}\int_0^T \left(\dfrac{\mathrm{d}W_m}{\mathrm{d}t}\right)\mathrm{d}t = \dfrac{1}{T}\int_0^T (p_t)\mathrm{d}t \\ &= \dfrac{1}{T}\int_0^T [A(+) - C\cos(2\omega_1 t + \varphi) + A(-)]\mathrm{d}t \\ &= -\dfrac{1}{T}\int_0^T [C\cos(2\omega_1 t + \varphi)]\mathrm{d}t \\ &= 0\end{aligned}$$ (F-1)

三、磁能平均变化率等于零 $\left(\dfrac{\mathrm{d}W_m}{\mathrm{d}t}\right)_{av} = 0$ 之物理解释——机电能量转换之机理

耦合场（储能中心）中的磁能变化情景可用磁能平均变化率（瞬时功率平均值）表达。对耦合场中所储存磁能多少决定于耦合场的输入和输出之磁能之总和，再取一个周期的平均值，即为瞬时功率的平均值。

耦合场中输入瞬时功率有两部分，即不变部分和变化部分，输出瞬时功率仅有不变部分（总瞬时机械功率）。

1. 不变部分

1）输入净瞬时电功率之不变部分为

$$A(+) = \dfrac{1}{4}I_m^2 \dfrac{\partial L}{\partial \theta}\omega_e = \dfrac{1}{2}\left(p\dfrac{1}{2}I_m^2\dfrac{\partial L}{\partial \theta}\Omega\right) = \dfrac{1}{2}e_\Omega I_m = T_e \Omega \qquad (F\text{-}2)$$

2）输出总瞬时机械功率也为不变部分，即

$$A(-) = -\dfrac{1}{4}I_m^2 \dfrac{\partial L}{\partial \theta}\omega_e = -T_e \Omega \qquad (F\text{-}3)$$

输入和输出在数量上相等，对耦合场储能并无增减，储能微增量等于零，即 $\mathrm{d}W_m = 0$，不致影响耦合场储能。输入和输出的瞬时功率就是机电转换功率，即从电源向系统电端口输入净瞬时电功率，由耦合场的传媒和中介作用，将其转换成总瞬时机械功率，由系统机械端口向外输出，完成了机电能量之转换。如此一个周期一个周期连续不断地进行转换。一周内，对耦合场（储能中心）中之瞬时功率无影响，这部分磁能平均变化率为零。

2. 变化部分

在输入耦合场的瞬时功率中，尚有通过变压器电动势所吸收的瞬时电功率 $e_t i = L\dfrac{\mathrm{d}i}{\mathrm{d}t}i$

和通过运动感应电动势所吸收的瞬时电功率的二分之一，即 $\frac{1}{2}e_\Omega i = \frac{1}{2}i\frac{\partial L}{\partial \theta}\omega_e i$，两者合并进入耦合场（储能中心），且均为交变性质（周期函数），而其幅值互差 φ 电角度，总合成瞬时功率为 $-C\cos(2\omega_2 t + \varphi)$，这些瞬时功率不再转换成瞬时总机械功率，不从机械端口向外输出，仅存在于电源与耦合场之间，来回往返地转换成为电能和磁能。由于这部分瞬时功率合成总量为 $-C\cos(2\omega_1 t + \varphi)$，是正弦周期函数，其一周内磁能平均变化率也必然为零。因此对于耦合场来说，瞬时功率（磁能变化率）之不变部分和变化部分两者磁能平均变化率均为零，总的磁能平均变化率就为零，即 $\left(\frac{dW_m}{dt}\right)_{av} = 0$。显然，机电能量转换连续发生时，耦合场（储能中心）磁能平均变化率等于零，所以，耦合场是一种更神奇的传媒和中介作用的介质。这大概可以说就是机电能量转换过程的"所以然"了。

附录 G　两相异步电动机的不对称运行

单相异步电动机的分相或电容起动，电容电动机和两相伺服电动机的正常工作，都是在两相不对称情况下运行的。本附录先介绍两相电动机不对称运行的基本方法——对称分量法，然后说明对称两相电动机的不对称运行，最后介绍不对称两相电动机的运行。

一、两相对称分量法

对称运行时，加在两相电动机定子两个绕组 α 和 β 上的两相电压是对称的正序电压，此时 $\dot{U}_\alpha$ 与 $\dot{U}_\beta$ 的有效值相等，相位上 $\dot{U}_\beta$ 滞后于 $\dot{U}_\alpha$ 90°。若 $\dot{U}_\alpha$ 与 $\dot{U}_\beta$ 的有效值不相等，或者有效值虽然相等、但是 $\dot{U}_\beta$ 不是滞后于 $\dot{U}_\alpha$ 90°，则 $\dot{U}_\alpha$ 和 $\dot{U}_\beta$ 就是一组不对称的两相电压。根据对称分量法，对于任何一组不对称的两相电压 $\dot{U}_\alpha$ 和 $\dot{U}_\beta$，总可以把它分解成两组对称分量的叠加：一组称为正序分量（用下标"+"来表示），另一组称为负序分量（用下标"−"来表示）。以 α 相为基准时，有

$$\left.\begin{array}{l}\dot{U}_\alpha = \dot{U}_+ + \dot{U}_- \\ \dot{U}_\beta = -j\dot{U}_+ + j\dot{U}_-\end{array}\right\} \quad \text{(G-1)}$$
$$\phantom{\dot{U}_\alpha = }\text{正序分量}\text{负序分量}$$

由式（G-1）可以解出，正序分量 $\dot{U}_+$ 和负序分量 $\dot{U}_-$ 应为

$$\left.\begin{array}{l}\dot{U}_+ = \frac{1}{2}(\dot{U}_\alpha + j\dot{U}_\beta) \\ \dot{U}_- = \frac{1}{2}(\dot{U}_\alpha - j\dot{U}_\beta)\end{array}\right\} \quad \text{(G-2)}$$

式（G-1）和式（G-2）是两相电压的对称分量变换。对于两相不对称电流 $\dot{I}_\alpha$ 和 $\dot{I}_\beta$，同理可以将它分解为两组对称分量 $\dot{I}_+$ 和 $\dot{I}_-$ 的叠加，即

$$\left.\begin{aligned}\dot{I}_\alpha &= \dot{I}_+ + \dot{I}_- \\ \dot{I}_\beta &= -\mathrm{j}\dot{I}_+ + \mathrm{j}\dot{I}_-\end{aligned}\right\} \quad (\text{G-3})$$

和

$$\left.\begin{aligned}\dot{I}_+ &= \frac{1}{2}(\dot{I}_\alpha + \mathrm{j}\dot{I}_\beta) \\ \dot{I}_- &= \frac{1}{2}(\dot{I}_\alpha - \mathrm{j}\dot{I}_\beta)\end{aligned}\right\} \quad (\text{G-4})$$

二、对称两相异步电动机的不对称运行

若两相异步电动机的定、转子绕组和磁路均为对称,则该电机称为对称电机。通常两相异步电机的转子都是隐极的笼型转子,气隙为均匀、磁路为对称,笼型绕组又是一个对称的多相绕组,电路也是对称的,所以电机是否为对称电机,主要取决于定子两相绕组是否对称。若定子两相绕组的轴线在空间互成90°电角度,且两相绕组的有效匝数、电阻、漏抗和励磁电抗均相等,或者有效匝数和定子参数虽不相等,但经绕组归算后(把 β 相归算到 α 相)定子参数即能相等的,这两种情况都属于对称电机。若经绕组归算后,定子 α、β 两相的参数仍不相等,或者两相绕组轴线在空间不是互成90°电角度的,就是不对称电机。本节先研究对称电机的情况。

1. 定子两相绕组的有效匝数和参数相等时

图 G-1 所示为一台对称两相电动机,定子 α 相和 β 相的轴线互成90°电角度,α 相和 β 相的有效匝数 $N_1 k_{w1}$ 和参数均相等。两相绕组上所加的电压 $\dot{U}_\alpha$ 和 $\dot{U}_\beta$ 则为不对称电压。

把定子的两相不对称电压 $\dot{U}_\alpha$ 和 $\dot{U}_\beta$ 分解成正序电压和负序电压,如图 G-1 所示,则正序电压将在电动机内产生一组正序电流,负序电压将在电动机内产生一组负序电流。若电机为对称电机,电机的磁路为线性,则定子的正、负序电压 $\dot{U}_+$、$\dot{U}_-$ 和对应的正、负序电流 $\dot{I}_+$、$\dot{I}_-$ 之间的关系为

$$\dot{U}_{1+} = \dot{I}_{1+} Z_+ \quad \dot{U}_{1-} = \dot{I}_{1-} Z_- \quad (\text{G-5})$$

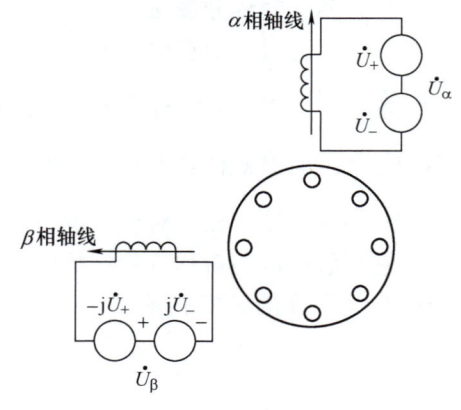

图 G-1 对称两相电机

或

$$\left.\begin{aligned}\dot{I}_{1+} &= \frac{\dot{U}_{1+}}{Z_+} = \frac{\dot{U}_\alpha + \mathrm{j}\dot{U}_\beta}{2Z_+} \\ \dot{I}_{1-} &= \frac{\dot{U}_{1-}}{Z_-} = \frac{\dot{U}_\alpha - \mathrm{j}\dot{U}_\beta}{2Z_-}\end{aligned}\right\} \quad (\text{G-6})$$

式中,Z_+ 和 Z_- 分别为电动机的正序和负序阻抗,其等效电路如图 G-2 所示。不难看出,Z_+ 和 Z_- 的差别主要在于转子对正序和负序旋转磁场的转差率不同,一个为 s,另一个

为 $2-s$，所以在等效电路中，转子所表现的等效电阻也不同，一个为 $\dfrac{R'_2}{s}$，另一个为 $\dfrac{R'_2}{2-s}$。

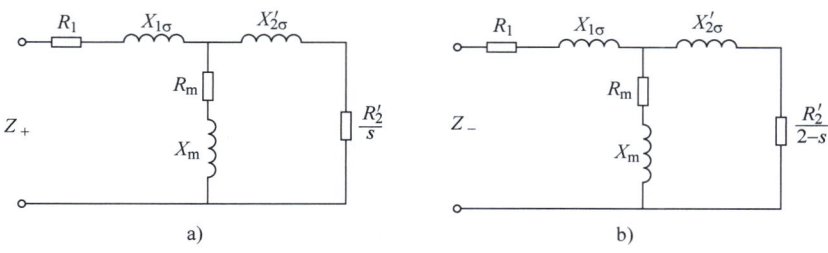

图 G-2 对称两相感应电动机的正序阻抗和负序阻抗
a）正序阻抗 b）负序阻抗

从图 G-2 可知

$$\left.\begin{aligned}
Z_+ &= R_1 + jX_{1\sigma} + \dfrac{Z_m\left(\dfrac{R'_2}{s} + jX'_{2\sigma}\right)}{Z_m + \left(\dfrac{R'_2}{s} + jX'_{2\sigma}\right)} \\
&\approx R_1 + jX_{1\sigma} + \dfrac{jX_m\left(\dfrac{R'_2}{s} + jX'_{2\sigma}\right)}{\dfrac{R'_2}{s} + j(X_m + X'_{2\sigma})} \\
Z_+ &= R_1 + jX_{1\sigma} + \dfrac{Z_m\left(\dfrac{R'_2}{2-s} + jX'_{2\sigma}\right)}{Z_m + \left(\dfrac{R'_2}{2-s} + jX'_{2\sigma}\right)} \\
&\approx R_1 + jX_{1\sigma} + \dfrac{jX_m\left(\dfrac{R'_2}{2-s} + jX'_{2\sigma}\right)}{\dfrac{R'_2}{2-s} + j(X_m + X'_{2\sigma})}
\end{aligned}\right\} \quad (G-7)$$

由此可得定子两相电流 $\dot{I}_\alpha$ 和 $\dot{I}_\beta$ 为

$$\left.\begin{aligned}
\dot{I}_\alpha &= \dot{I}_+ + \dot{I}_- = \dfrac{\dot{U}_\alpha + j\dot{U}_\beta}{2Z_+} + \dfrac{\dot{U}_\alpha - j\dot{U}_\beta}{2Z_-} \\
&= \dfrac{\dot{U}_\alpha}{2}\left(\dfrac{1}{Z_+} + \dfrac{1}{Z_-}\right) + \dfrac{j\dot{U}_\beta}{2}\left(\dfrac{1}{Z_+} - \dfrac{1}{Z_-}\right) \\
\dot{I}_\beta &= -j\dot{I}_+ + j\dot{I}_- = -j\dfrac{\dot{U}_\alpha + j\dot{U}_\beta}{2Z_+} + j\dfrac{\dot{U}_\alpha - j\dot{U}_\beta}{2Z_-} \\
&= -j\dfrac{\dot{U}_\alpha}{2}\left(\dfrac{1}{Z_+} - \dfrac{1}{Z_-}\right) + \dfrac{\dot{U}_\beta}{2}\left(\dfrac{1}{Z_+} + \dfrac{1}{Z_-}\right)
\end{aligned}\right\} \quad (G-8)$$

转子正、负序电流的归算值 I'_{2+} 和 I'_{2-} 应分别为

$$\left.\begin{aligned}I'_{2+} &= I_{1+}\left|\frac{Z_m}{Z_m+\frac{R'_2}{s}+jX'_{2\sigma}}\right| \approx I_{1+}\frac{X_m}{\left|\frac{R'_2}{s}+j(X_m+X'_{2\sigma})\right|}\\ I'_{2-} &= I_{1-}\left|\frac{Z_m}{Z_m+\frac{R'_2}{2-s}+jX'_{2\sigma}}\right| \approx I_{1-}\frac{X_m}{\left|\frac{R'_2}{2-s}+j(X_m+X'_{2\sigma})\right|}\end{aligned}\right\} \qquad (\text{G-9})$$

正、负序电磁功率 P_{e+} 和 P_{e-} 应为

$$\left.\begin{aligned}P_{e+} &= 2I'^2_{2+}\frac{R'_2}{s}\\ P_{e-} &= 2I'^2_{2-}\frac{R'_2}{2-s}\end{aligned}\right\} \qquad (\text{G-10})$$

式中 2——相数。

正、负序电磁转矩和合成电磁转矩分别为

$$\left.\begin{aligned}T_{e+} &= \frac{P_{e+}}{\Omega_s} = \frac{2}{\Omega_s}I'^2_{2+}\frac{R'_2}{s}\\ T_{e-} &= -\frac{P_{e-}}{\Omega_s} = -\frac{2}{\Omega_s}I'^2_{2-}\frac{R'_2}{2-s}\end{aligned}\right\} \qquad (\text{G-11})$$

$$T_e = T_{e+} + T_{e-} = \frac{2}{\Omega_s}\left(I'^2_{2+}\frac{R'_2}{s} - I'^2_{2-}\frac{R'_2}{2-s}\right) \qquad (\text{G-12})$$

式中 Ω_s——同步角速度。

2. 定子两相绕组有效匝数不等，绕组归算后两相参数相等时

许多两相电机，定子两相绕组 α 和 β 的有效匝数互不相等（即 $N_\alpha k_{w\alpha} \neq N_\beta k_{w\beta}$），但是 α 和 β 绕组的电阻之比和漏抗之比却近似等于其有效匝数比 k_e 的二次方，即

$$\frac{R_{1(\alpha)}}{R_{1(\beta)}} = \frac{X_{1\delta(\alpha)}}{X_{1\sigma(\beta)}} \approx k_e^2 \qquad (\text{G-13})$$

式中 $k_e = \frac{N_\alpha k_{w\alpha}}{N_\beta k_{w\beta}}$，$N_\alpha$ 和 N_β 分别为 α 相和 β 相绕组的匝数，$k_{w\alpha}$ 和 $k_{w\beta}$ 为对应的绕组因数。

另一方面，根据推导可知，α、β 绕组的励磁电抗 $X_{m(\alpha)}$ 和 $X_{m(\beta)}$ 应自动满足

$$\frac{X_{m(\alpha)}}{X_{m(\beta)}} \approx k_e^2 \qquad (\text{G-14})$$

对于这样的电机，如果以 α 相为基准，把 β 相的定子电压、定子电流和阻抗归算到 α 相，即把 $\dot{U}_\beta$、$\dot{I}_\beta$ 和 $Z_{1\sigma(\beta)}$ 变换成 $\dot{U}'_\beta$、$\dot{I}'_\beta$ 和 $Z'_{1\sigma(\beta)}$，使

$$\left.\begin{aligned}\dot{U}'_\beta &= k_e \dot{U}_\beta, \quad \dot{I}'_\beta = \frac{\dot{I}_\beta}{k_e}\\ Z'_{1\sigma(\beta)} &= k_e^2 Z_{1\sigma(\beta)}\end{aligned}\right\} \qquad (\text{G-15})$$

则该电机就可以作为对称电机来处理。对于归算后的情况，式（G-7）~式（G-12）均能适用。下面以电容电动机为例加以说明。

图 G-3 表示一台电容电动机，其主绕组用 α 表示，辅助绕组用 β 表示，辅助绕组经过电容 C 接到电源电压 $\dot{U}$。通常，α 和 β 两个绕组的有效匝数不同，但是槽形、绕组的分布情况、铜重和设计电流密度却常常相同。可以证明，这种情况将满足式（G-13）这一条件，于是可把此电机作为对称电机来处理。

在定子端点处把 $\dot{U}_\alpha$ 和 $\dot{U}'_\beta$（$\dot{U}_\beta$ 的归算值）分解成对称分量 $\dot{U}_+$ 和 $\dot{U}_-$，定子电流 $\dot{I}_\alpha$ 和 $\dot{I}'_\beta$（归算值）分解为正序分量 $\dot{I}_+$ 和负序分量 $\dot{I}_-$，可得

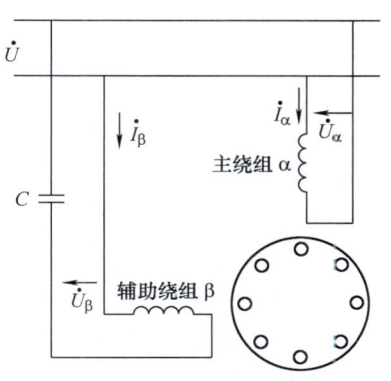

图 G-3　电容电动机

$$\dot{U}_{1+} = \dot{I}_{1+} Z_+ \quad \dot{U}_{1-} = \dot{I}_{1-} Z_- \tag{G-16}$$

$$\left.\begin{array}{l} \dot{U}_\alpha = \dot{U}_+ + \dot{U}_- = \dot{I}_{1+} Z_+ + \dot{I}_{1-} Z_- \\ \dot{U}_\beta = -\mathrm{j}\,\dot{U}_+ + \mathrm{j}\,\dot{U}_- = -\mathrm{j}\,\dot{I}_{1+} Z_+ + \mathrm{j}\,\dot{I}_{1-} Z_- \end{array}\right\} \tag{G-17}$$

另外，从图 G-3 可见，定子端电压和电源电压 $\dot{U}$ 之间的关系为

$$\left.\begin{array}{l} \dot{U}_\alpha = \dot{U} \\ \dot{U}_\beta = \dot{U} - \dot{I}_\beta Z_C \end{array}\right\} \tag{G-18}$$

式中　Z_C——电容 C 的容抗，$Z_C = -\mathrm{j}\dfrac{1}{\omega C}$。

把式（G-18）的第二式归算到 α 绕组的有效匝数，可得

$$\begin{aligned} \dot{U}'_\beta = k_e \dot{U}_\beta &= k_e \dot{U} - I \dot{I}'_\beta (k_e^2 Z_C) \\ &= k_e \dot{U} - (-\mathrm{j}\,\dot{I}_{1+} + \mathrm{j}\,\dot{I}_{1-}) Z'_C \end{aligned} \tag{G-19}$$

式中　Z'_C——Z_C 的归算值，$Z'_C = k_e^2 Z_C$。

由式（G-17）~式（G-19），可得电源电压 $\dot{U}$ 与定子正、负序电流之间的关系为

$$\left.\begin{array}{l} \dot{U} = \dot{I}_{1+} Z_+ + \dot{I}_{1-} Z_- \\ k_e \dot{U} = -\mathrm{j}\,\dot{I}_{1+} (Z_+ + Z'_C) + \mathrm{j}\,\dot{I}_{1-} (Z_- + Z'_C) \end{array}\right\} \tag{G-20}$$

求解式（G-20），可得

$$\left.\begin{array}{l} \dot{I}_{1+} = \dfrac{[Z_-(1+\mathrm{j}k_e) + Z'_C]\dot{U}}{2Z_+ Z_- + Z'_C(Z_+ + Z_-)} \\[2mm] \dot{I}_{1-} = \dfrac{[Z_+(1-\mathrm{j}k_e) + Z'_C]\dot{U}}{2Z_+ Z_- + Z'_C(Z_+ + Z_-)} \end{array}\right\} \tag{G-21}$$

于是定子 α 和 β 相的电流为

$$\left.\begin{array}{l}\dot{I}_\alpha = \dot{I}_{1+} + \dot{I}_{1-}\\ \dot{I}_\beta = k_e \mathrm{I} \dot{I}'_\beta = k_e(-\mathrm{j}\dot{I}_{1+} + \mathrm{j}\dot{I}_{1-})\end{array}\right\} \quad (\text{G-22})$$

转子的正序和负序电流以及相应的电磁转矩可仿照式（G-9）、式（G-11）和式（G-12）算出。

三、不对称两相异步电动机的运行

少数两相电动机，归算以后定子两相的参数仍不相等，这种电机就是不对称电机。事实上对于上述电容电动机，如果把电容的阻抗 Z_C 和 β 相的定子漏阻抗合并在一起，则定子 α 和 β 这两条轴线上的阻抗将互不相等。反过来，不对称电机的运行也可以仿照电容电动机的办法来分析。

若定子的 α 相和 β 相绕组在空间互成 90°电角度，则定子侧的不对称主要将由定子漏阻抗和外接阻抗所引起。设 $Z_{1\sigma(\alpha)}$ 为定子 α 相的漏阻抗，$Z'_{1\sigma(\beta)}$ 为归算到 α 相的匝数时 β 相漏阻抗的归算值，且 $Z'_{1\sigma(\beta)} > Z_{1\sigma(\alpha)}$。由于漏阻抗对气隙中的旋转磁场和电磁转矩没有直接影响，所以可以把 $Z'_{1\sigma(\beta)}$ 分成两部分：一部分为 $Z_{1\sigma(\alpha)}$；另一部分为差值 Z_Δ，$Z_\Delta = Z'_{1\sigma(\beta)} - Z_{1\sigma(\alpha)}$。这样，原来的不对称电机就转化成一台对称电机和 β 相中有一个外接阻抗 Z_Δ 的情况，如图 G-4 所示。

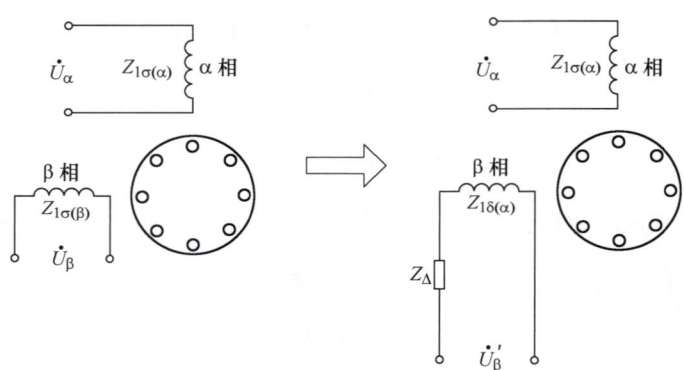

图 G-4 不对称电机转化成一台对称电机和一个外接阻抗 Z_Δ

将定子电流 $\dot{I}_\alpha$ 和 $\dot{I}'_\beta$（归算值）分解成对称分量 $\dot{I}_{1+}$ 和 $\dot{I}_{1-}$，其中

$$\dot{I}_\alpha = \dot{I}_{1+} + \dot{I}_{1-}, \quad \dot{I}'_\beta = (-\mathrm{j}\dot{I}_{1+} + \mathrm{j}\dot{I}_{1-}) \quad (\text{G-23})$$

或

$$\dot{I}_{1+} = \frac{1}{2}(\dot{I}_\alpha + \mathrm{j}\dot{I}'_\beta), \quad \dot{I}_{1-} = \frac{1}{2}(\dot{I}_\alpha - \mathrm{j}\dot{I}'_\beta) \quad (\text{G-24})$$

不难得到 α 相和 β 相的电压方程为

$$\left.\begin{array}{l}\dot{U}_\alpha = \dot{I}_{1+}Z_+ + \dot{I}_{1-}Z_-\\ \dot{U}'_\beta = \dot{I}'_\beta Z_\Delta - \mathrm{j}\dot{I}_{1+}Z_+ + \mathrm{j}\dot{I}_{1-}Z_-\\ \quad = -\mathrm{j}\dot{I}_{1+}(Z_\Delta + Z_+) + \mathrm{j}\dot{I}_{1-}(Z_\Delta + Z_-)\end{array}\right\} \quad (\text{G-25})$$

式中　Z_+、Z_-——归算到 α 绕组时，对称电机的正序和负序阻抗。

将式（G-25）的第二式乘以 j，可得

$$j\dot{U}'_\beta = \dot{I}_{1+}(Z_\Delta + Z_+) - \dot{I}_{1-}(Z_\Delta + Z_-) \\ = \dot{I}_{1+}Z_+ - \dot{I}_{1-}Z_- + (\dot{I}_{1+} - \dot{I}_{1-})Z_\Delta \tag{G-26}$$

将 $\dot{U}_\alpha$ 和 $\dot{U}'_\beta$ 分解成对称分量 $\dot{U}_{1+}$ 和 $\dot{U}_{1-}$，其中

$$\left.\begin{aligned} \dot{U}_{1+} &= \frac{1}{2}(\dot{U}_\alpha + j\dot{U}'_\beta) \\ \dot{U}_{1-} &= \frac{1}{2}(\dot{U}_\alpha - j\dot{U}'_\beta) \end{aligned}\right\} \tag{G-27}$$

将式（G-25）和式（G-26）代入式（G-27），可得

$$\left.\begin{aligned} \dot{U}_{1+} &= \dot{I}_{1+}Z_+ + \frac{1}{2}(\dot{I}_{1+} - \dot{I}_{1-})Z_\Delta \\ \dot{U}_{1-} &= \dot{I}_{1-}Z_- - \frac{1}{2}(\dot{I}_{1+} - \dot{I}_{1-})Z_\Delta \end{aligned}\right\} \tag{G-28}$$

而

$$\dot{U}_\alpha = \dot{U}_{1+} + \dot{U}_{1-} \tag{G-29}$$

由此可得图 G-5 所示不对称电机的等效电路。由式（G-28）即可解出 $\dot{I}_{1+}$ 和 $\dot{I}_{1-}$，并进一步得到 $\dot{I}_\alpha$ 和 $\dot{I}_\beta$。

式（G-28）表明，对于不对称电机，由于存在 Z_Δ，正序电流可以产生负序电压，负序电流也可以产生正序电压；换言之，正、负序电路之间具有耦合，这从图 G-5 可以清楚地看出。由于正、负序之间具有耦合，所以正序电流不仅取决于正序电压和正序阻抗，而且将受到负序电压和阻抗 Z_Δ 的影响；负序电流的情况也是这样。这是不对称电机和对称电机的区别。从式（G-28）和图 G-5 可见，对于对称电机，$Z_\Delta = 0$，正序电路和负序电路将互相独立（解耦），此时正序和负序电流将仅取决于本相序的电压和阻抗。

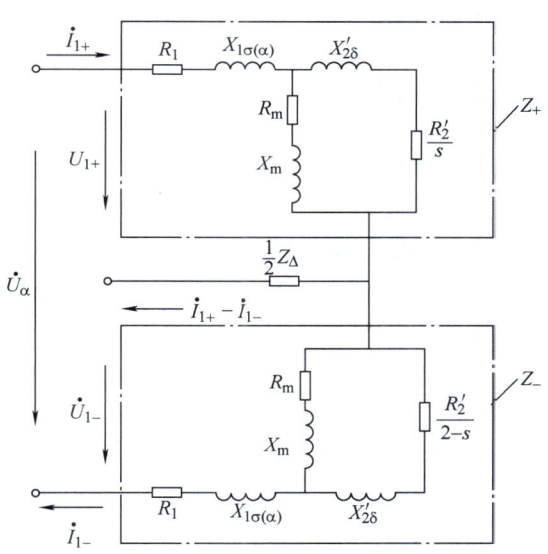

图 G-5 不对称电机的等效电路

两相不对称电机的另一种情况是，α 和 β 两相绕组在空间不是互成 90°电角度。这种情况比较少见，有兴趣的读者可以参考文献 [14]。

附录 H 电机教学基本实验

电机实验可以根据教学大纲对实验的基本要求安排。考虑到实验设备的普及性、通

用性，给出了较为灵活的实验电路基本原理图，并对实验内容、基本设备、实验报告要求、实验电路图及操作步骤做了详细说明。

实验 1　直流电动机认识实验

一、实验目的

1）学习电机实验中的基本要求与安全操作的注意事项。
2）认识直流电动机实验中常用的设备及仪表类型、等级。
3）熟悉并励直流电动机的实验接线与操作方法。

二、实验内容

1）了解实验室的电源分布、电源等级和实验设备的结构。
2）用伏安法测直流电动机电枢绕组和励磁绕组的冷态电阻值。
3）并励直流电动机的起动、调速及改变电枢转向。

三、实验设备与仪表

1. 直流稳压可调电源　　　　　　　　　　　一台
2. 并励直流电动机　　　　　　　　　　　　一台
3. 可调电阻器　　　　　　　　　　　　　　三台
4. 直流电压表　　　　　　　　　　　　　　二块
5. 直流电流表　　　　　　　　　　　　　　三块
6. 转速表或测速仪　　　　　　　　　　　　一台
7. 涡流测功机　　　　　　　　　　　　　　一台
或电机及电气技术实验装置　　　　　　　　一台

四、实验预习

1）如何正确选择电压表和电流表的量程。
2）起动直流电动机时应降低电动机电枢电压的原因和方法。
3）并励直流电动机起动时，励磁回路的可调电阻应调至的位置。
4）并励直流电动机的起动、调速及改变电枢转向的方法。
5）了解直流电动机认识实验的电路。

五、实验说明

1）本次实验是电机及拖动的第一个实验，要求实验室教师详细讲解实验的基本要求、实验室电源布置、电源等级、所用设备结构、实验线路以及实验操作方法。
2）学生应认真阅读实验电机的铭牌数据，以便合理选择仪表量程。
3）测定直流电机冷态电阻的直流电源可以用直流稳压可调电源或蓄电池。直流电动机可以采用电枢回路串电阻或起动器起动。电动机的负载可用涡流测功机或校正过的直流电机。
4）强调安全注意事项。

六、实验操作方法

（一）用伏安法测直流电动机电枢绕组的冷态电阻值

测量直流电动机电枢绕组及励磁绕组电阻的实验电路如图 H-1 所示。

1）选择直流稳压可调电源。

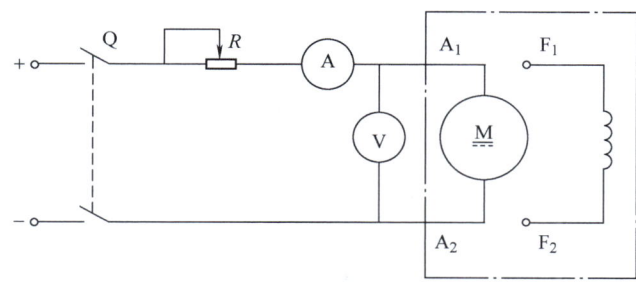

图 H-1 测电枢绕组及励磁绕组电阻的实验电路

2）选择可调电阻 R，注意被测电动机 M 的电枢绕组应处于静止状态，绕组中的电流不宜大于其额定电流的 20%。若电流过大，由于剩磁作用可能会使电动机旋转而无法测量。电流过小，则又因电刷接触电阻压降的比例过大而引起较大的测量误差。

3）断开电动机的励磁绕组，将电压加在电动机电枢绕组的 A_1、A_2 两端。合上电源开关 Q，读取电压表和电流表的读数，读表应尽快进行，以免绕组发热而影响测量的准确性。在测量电枢绕组电阻 R_a 时，为避免绕组不对称的影响，应将电枢绕组转到三个不同的位置，测量相邻两极电刷下对应的换向片之间的电压。对每个位置测量一次电压 U_a 和电流 I_a，将所测的数据记入表 H-1a 中。

4）电枢绕组电阻 R_a 值（不包括补偿绕组、换向极绕组电阻及电刷接触电阻）为

$$R_a = \frac{U_a}{I_a}$$

取电枢绕组在三个不同的位置测量的电阻算术平均值作为电枢绕组电阻的实际值。

5）将在室温下所测出的电枢绕组电阻值 R_a 换算为国家规定的基准工作温度电阻值。

（二）用伏安法测直流电动机励磁绕组的冷态电阻值

1）断开电动机的电枢绕组，将电压加在电动机励磁绕组的 F_1、F_2 两端。合上电源开关 Q，调节电阻 R，改变励磁电流 I_f 大小三次，将所测的电压 U_f 和电流 I_f 数据记入表 H-1b 中。

2）励磁绕组的电阻 R_f 值为

$$R_f = \frac{U_f}{I_f}$$

取三次测出的电阻算术平均值作为励磁绕组电阻的实际值。

3）将室温下所测出的励磁绕组电阻值换算为国家规定的基准工作温度电阻值。

表 H-1 测定电阻实验数据

a）电枢绕组电阻   θ=   ℃

序　号	1	2	3
U_a/V			
I_a/A			
R_a/Ω			
R_a 平均值			

b) 励磁绕组电阻 $\theta =$　　℃

序　号	1	2	3
U_f/V			
I_f/A			
R_f/Ω			
R_f 平均值			

（三）并励直流电动机的起动、调速及改变电枢转向

并励直流电动机起动、调速及改变电枢转向的实验电路如图 H-2 所示，图中电动机 M 转子与涡流测功机 B 机械相连接。

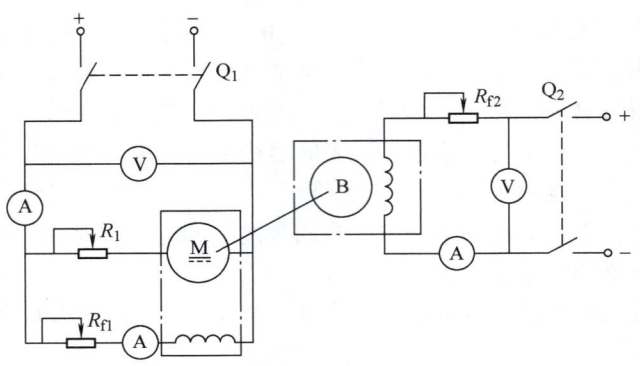

图 H-2　直流并励电动机实验电路

1. 直流电动机的起动（空载或负载）

1）直流电动机起动采用电枢回路串电阻的方法。电动机起动前先将电枢回路电阻 R_1 调至最大值，励磁回路电阻 R_{f1} 调至最小值，以限制起动时电枢电流过大而损坏绕组和磁场过小而造成电动机转速过高。

2）合上电源开关 Q_1，随着电动机转速的升高，逐步减小电枢回路所串的降压电阻 R_1 直至为零。电枢端电压 $U = U_N$ 时，电动机起动结束。

3）若电动机带负载起动，先合上涡流测功机的电源开关 Q_2，调节测功机励磁回路电阻 R_{f2}，确定负载的大小后再按上述方法起动电动机。

2. 并励直流电动机的调速

按前述步骤起动电动机并带上负载，待电动机转速稳定以后，可按下面两种方法对电动机进行调速。观察电动机的转速变化情况，注意电动机转速不得超过其额定转速 n_N 的 1.2 倍。

1）改变电枢回路电阻 R_1 进行调速。

2）改变励磁回路电阻 R_{f1} 进行调速。

3. 改变直流电动机的电枢转向

1）将直流电动机电枢绕组或励磁绕组的两端点接线对调，均可改变电动机转向。

2）同时对调电动机电枢绕组和励磁绕组的两端点接线，不改变电动机转向。

七、实验报告与要求

1）绘出测量直流电动机电枢绕组电阻 R_a 和励磁绕组电阻 R_f 的实验实际接线图。

2）绘出并励直流电动机起动及调速的实验实际接线图，并列出被试电动机的主要额定数据。

3）根据实测数据计算电枢绕组电阻 R_a 和励磁绕组电阻 R_f 的数值，并按下式换算到基准温度 75℃ 的电阻值，即

$$R_{75℃} = R_\theta \frac{235℃ + 75℃}{235℃ + \theta}$$

式中　235——绕组是铜导线时的系数；

　　　　θ——环境温度（室温）（℃）；

　　　　R_θ——室温下所测电阻值。

4）简述直流电动机起动、调速及改变电枢转向的方法。

八、实验思考

1）直流电动机电枢回路不串入降压电阻在额定电压下直接起动会出现什么情况？

2）直流电动机起动时励磁回路断线会有什么后果？

3）为什么同时对调电动机电枢绕组和励磁绕组的两端点接线不改变电动机转向？

实验2　并励直流电动机

一、实验目的

1）掌握用实验的方法测定并励直流电动机的工作特性和调速特性。

2）掌握并励直流电动机的调速方法。

二、实验内容

1. 测定并励直流电动机的固有（自然）工作特性

在保持电动机端电压 $U = U_N$ 和励磁电流 $I_f = I_{fN}$ 的条件下，测取电动机的转速特性 $n = f(I_a)$、转矩特性 $T = f(I_a)$ 和效率特性 $\eta = f(I_a)$。

2. 测定并励直流电动机的调速特性

1）改变电动机电枢电压 U_a 的调速方法是在保持电动机端电压 $U = U_N$、励磁电流 $I_f = I_{fN}$ 不变以及输出转矩 T_2 为常数的条件下，测取电动机的调速特性 $n = f(U_a)$。

2）改变电动机励磁电流 I_f 的调速方法是在保持电动机端电压 $U = U_N$、输出转矩 T_2 不变的条件下，测取电动机的调速特性 $n = f(I_f)$。

三、实验设备与仪表

1. 并励直流电动机	一台
2. 可调电阻器	三台
3. 直流电压表	二块
4. 直流电流表	三块
5. 转速表或测速仪	一台
6. 涡流测功机	一台
或电机及电气技术实验装置	一台

四、实验预习

1) 预习并励直流电动机固有工作特性的定义及测定条件。
2) 预习并励直流电动机的调速原理及各种调速方法的特点。
3) 了解测定并励直流电动机工作特性和调速特性的实验电路。
4) 了解测定并励直流电动机的工作特性和调速特性的方法。

五、实验说明

1) 直流电动机应由起动器起动或降低电枢电压起动。
2) 用涡流测功机作负载时,要注意是否规定了电动机的转向。
3) 若用直流发电机作为直流电动机的负载,工作特性中转速特性 $n=f(I_a)$ 为实测数据,转矩特性 $T=f(I_a)$ 和效率特性 $\eta=f(I_a)$ 则应根据实验数据经计算求得。
4) 实验前,了解被试电动机的主要额定数据。

六、实验操作方法

测定并励直流电动机工作特性和调速特性的实验电路如图 H-3 所示,图中涡流测功机 B 与并励电动机 M 转子机械相联接作为电机的机械负载。

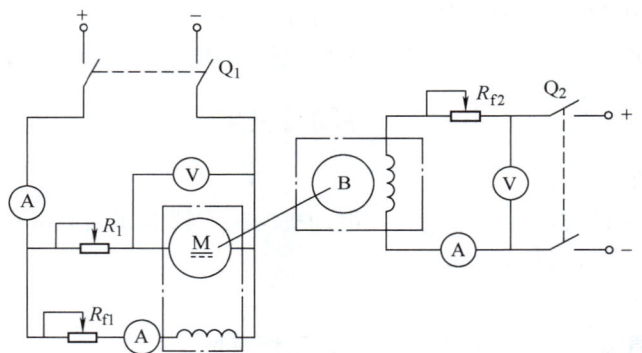

图 H-3 测定并励直流电动机工作特性与调速特性的实验电路

（一）并励直流电动机的工作特性

1) 调节并励直流电动机电枢回路电阻 R_1 为最大值、励磁回路电阻 R_{f1} 为最小值,合上电源开关 Q_1 起动并励直流电动机。
2) 逐步减小电枢回路电阻 R_1 直至为零,使电动机电枢端电压为额定值 $U_a = U_N$,电动机起动结束。
3) 将测功机励磁回路电阻 R_{f2} 调至最大值,合上测功机电源开关 Q_2,给电动机施加负载。
4) 在保持电动机电枢端电压 $U_a = U_N$、励磁电流 $I_f = I_{fN}$ 和转速 $n = n_N$ 的条件下,逐步减小测功机励磁回路的电阻 R_{f2} 增加电动机的负载,直到电动机的输入电流达到额定值为止。此时即为电动机的额定运行状态。
5) 读取额定点数据 U_N、I_N、I_{fN}、n_N 和测功机转矩 T_2。在仍然保持电动机电枢端电压 $U_a = U_N$ 及励磁电流 $I_f = I_{fN}$ 不变的条件下,逐步增大测功机励磁回路电阻 R_{f2} 以减小电动机负载直至空载（即断开测功机的电源开关 Q_2）为止。每次记下电动机的输入电流

I、转速 n 和测功机转矩 T_2 的数据，共读取 5～7 组，将所读数据记入表 H-2 中。

表 H-2　工作特性实验数据

$U_N =$ 　　V，$I_{fN} =$ 　　A，$n_N =$ 　　r/min

序　号	1	2	3	4	5	6	7
I/A							
I_a/A							
n/(r/min)							
T_2/(N·m)							
P_2/W							
η							

表中 $I_a = I - I_{fN}$。

（二）并励直流电动机的调速特性

1. 改变电动机电枢端电压 U_a 调速

1）按前述步骤起动电动机。

2）将电枢回路电阻 R_1 调至零值，此时电枢端电压 $U_a = U_N$。调节励磁回路电阻 R_{f1}，使励磁电流 $I_f = I_{fN}$ 并保持不变。

3）合上测功机电源开关 Q_2，调节测功机励磁回路电阻 R_{f2} 以适当增加电动机负载，使电动机输入电流 $I ≈ 0.5 I_N$ 并保持此时测功机转矩 T_2 不变。

4）在上述条件下，逐步增加电枢回路电阻 R_1 值，降低电枢端电压 U_a，使电动机转速减小。每次读取电枢电压 U_a、转速 n 和输入电流 I 的数据，在电枢回路电阻 R_1 可调范围内共读取 5～7 组数据，将所读数据记入表 H-3 中。

表 H-3　改变电枢电压调速实验数据

$I_{fN} =$ 　　A，$T_2 =$ 　　N·m

序　号	1	2	3	4	5	6	7
U_a/V							
n/(r/min)							
I/A							
I_a/A							

表中，$I_a = I - I_{fN}$。

2. 改变电动机励磁电流 I_f 调速

1）按前述步骤起动电动机。

2）将电枢回路电阻 R_1 调至零值，保持电枢端电压 $U_a = U_N$ 不变。调节测功机励磁回路电阻 R_{f2} 以适当增加电动机负载，使电动机输入电流 $I ≈ 0.5 I_N$ 并保持此时测功机转矩 T_2 不变。

3）在上述条件下，逐步增加励磁回路电阻 R_{f1} 以减小励磁电流 I_f，使电动机转速增加直至 $n = 1.2 n_N$ 为止。每次读取励磁电流 I_f、转速 n 和输入电流 I 的数据，共读取 5～7 组，将所读数据记入表 H-4 中。

表 H-4　改变励磁电流调速实验数据

$U_N =$　　V，$T_2 =$　　N·m

序　号	1	2	3	4	5	6	7
I_f/A							
n/(r/min)							
I/A							
I_a/A							

表中，$I_a = I - I_f$。

七、实验报告与要求

1) 列出被试电动机的主要额定数据。

2) 绘出测定并励直流电动机工作特性和调速特性的实验接线图。

3) 根据表 H-2 的实验数据做出转速特性曲线 $n = f(I_a)$、转矩特性曲线 $T = f(I_a)$ 和效率特性曲线 $\eta = f(I_a)$。

效率特性曲线 $\eta = f(I_a)$ 可根据实验数据由下式求出，即

$$\eta = \frac{P_2}{P_1} \times 100\%$$

式中，电动机输入电功率 $P_1 = UI$，输出机械功率 $P_2 = 0.105 n T_2$。

从测功机上直接读取的转矩 T_2 是电动机输出转矩，由此数据所做的曲线是电动机输出转矩特性 $T_2 = f(I_a)$。如已测得电动机电枢电阻 R_a，则可根据实验数据计算求得电磁转矩特性曲线 $T_{em} = f(I_a)$。电磁功率 P_{em} 和电磁转矩分别按下式求得，即

$$P_{em} = I_a [U - (R_a + R_1)]$$

$$T_{em} = \frac{P_{em}}{2\pi n/60}$$

4) 根据工作特性实验数据计算被测电动机的转速变化率，即

$$\Delta n\% = \frac{n_0 - n_N}{n_N} \times 100\%$$

式中 n_0——电动机空载转速（即断开测功机电源开关 Q_2 时的电动机转速）。

5) 根据表 H-3 和表 H-4 的实验数据分别做出改变电枢电压和励磁电流调速的调速特性曲线性 $n = f(U_a)$、$n = f(I_f)$。

6) 分析并励直流电动机两种调速方法的优缺点。

八、实验与思考

1) 测定并励直流电动机的工作特性时为什么要求保持励磁电流 $I_f = I_{fN}$ 不变？

2) 测定并励直流电动机的调速特性时为什么要求电动机的输出转矩 T_2 保持不变？

3) 如何理解并励直流电动机在 $U_a = U_N$ 和负载转矩一定时，减小励磁电流 I_f 时电枢电流 I_a 会变大？

实验 3　直流发电机

一、实验目的

1) 掌握并励直流发电机建立稳定电压的操作过程。

2）掌握用实验方法测定直流发电机的运行特性。

二、实验内容

1）观察并励直流发电机的自励过程。

2）测定他励直流发电机的空载特性 $U_0 = f(I_f)$、外特性 $U = f(I)$ 和调整特性 $I_f = f(I)$。

3）测定并励直流发电机的外特性 $U = f(I)$。

三、实验设备与仪表

1. 直流发电机　　　　　　　　　　　　一台
2. 直流电动机　　　　　　　　　　　　一台
3. 可调电阻器　　　　　　　　　　　　三台
4. 直流电压表　　　　　　　　　　　　两块
5. 直流电流表　　　　　　　　　　　　三块
6. 转速表或测速仪　　　　　　　　　　一台
7. 可调负载电阻或灯箱　　　　　　　　一台
或电机及电气技术实验装置　　　　　　一台

四、实验预习

1）复习并励直流发电机的自励条件及达到自励条件应采取的措施。

2）预习直流发电机的空载特性和外特性的定义及测定的条件。

3）了解测取直流发电机空载特性和外特性的实验电路。

五、实验说明

1）注意正确起动直流电动机，使直流电动机的转向与发电机规定的转向一致。若电动机容量小则可以直接起动。

2）并励直流发电机实验时，应检查发电机是否有剩磁，若无剩磁应对发电机进行充磁。

3）直流发电机的负载可以使用可调电阻或灯箱，所加负载不能超过发电机的额定容量。若用灯箱，注意发电机的端电压不能超过灯泡的额定电压。

4）实验电路图中 Q_2 是双向开关，可以闭合直流发电机励磁回路至他励位置或并励位置。

5）直流发电机空载实验时，励磁电流应单方向调节。

六、实验操作方法

直流发电机的实验电路如图 H-4 所示，作为驱动电动机的并励直流电动机 M 转子与直流发电机 G 转子机械相连接。

（一）并励直流发电机的自励过程

1）将并励直流电动机 M 电枢回路的起动电阻 R_1 调至最大值、励磁回路电阻 R_{f1} 调至最小值，断开直流发电机 G 的励磁开关 Q_2 和负载开关 Q_3。

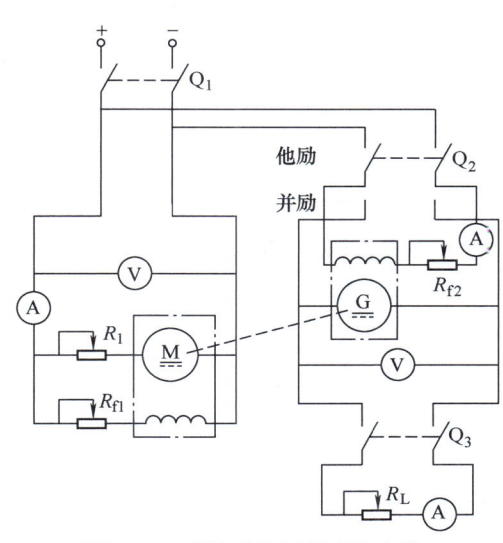

图 H-4　直流发电机的实验电路

2)闭合电源开关 Q_1 起动直流电动机,调节电动机电枢回路电阻 R_1 和励磁回路电阻 R_{f1},使电动机转速达到额定值 n_N 并保持不变。

3)检查直流发电机有无剩磁的方法是,断开发电机励磁回路双向开关 Q_2,在发电机转速 $n=n_N$ 的状态下,用电压表测量发电机电枢两端有无剩磁电压。若无剩磁电压,则将发电机励磁回路双向开关 Q_2 闭合至他励位置进行充磁即可。

4)将直流发电机励磁回路电阻 R_{f2} 调至最大值,双向开关 Q_2 闭合至并励位置。

5)在发电机空载且转速 $n=n_N$ 的状态下,逐步减小励磁回路电阻 R_{f2} 值,观察发电机电枢两端的电压 U_a 的变化情况。若电枢电压 U_a 上升,即发电机励磁绕组与电枢绕组的连接极性正确。若电枢电压 U_a 减小,则发电机励磁绕组与电枢绕组的连接极性错误。此时应断开电源开关 Q_1,待机组停机后,再断开励磁回路双向开关 Q_2,对调发电机励磁绕组的连接极性或改变发电机的转向。注意两者只取其一,不可同时改变。

6)并励直流发电机在有剩磁、励磁绕组极性接法正确和励磁回路总电阻小于临界电阻的条件下,才能建立起稳定的电压。

(二)测定他励直流发电机的空载特性

1)将双向开关 Q_2 置于中间位置,闭合电源开关 Q_1,如前述起动直流电动机,并注意观察电动机转向是否与规定的转向一致。

2)调节直流电动机的转速,使发电机的转速达到 $n=n_N$。

3)断开发电机负载开关 Q_3,调节发电机励磁回路电阻 R_{f2} 至最大值位置,同时将直流发电机励磁回路双向开关 Q_2 闭合至他励位置。

4)逐步减小发电机的励磁回路电阻 R_{f2} 值,使发电机空载电压 $U_0 \approx 1.25 U_N$。

5)在保持发电机空载及转速额定的条件下,从 $U_0 \approx 1.25 U_N$ 开始,单方向逐步增加励磁回路电阻 R_{f2} 值,使发电机励磁电流 I_{f2} 逐步减小。

6)每次记下发电机空载电压 U_0 和励磁电流 I_{f2} 的数据,应在 $U_0 = U_N$ 附近增加数据的测量点,直至 $I_{f2}=0$(即断开发电机励磁回路开关 Q_2,此时所测的即为剩磁电压)。共读取 7~9 组数据,将所读数据记入表 H-5 中。

表 H-5 空载实验数据

序 号	1	2	3	4	5	6	7
U_0/V							
I_{f2}/A							

(三)测定他励直流发电机的外特性

1)如前述起动直流电动机并保持发电机转速 $n=n_N$,调节发电机励磁回路电阻 R_{f2} 值,使发电机输出电压为 $U_0=U_N$。

2)将发电机负载电阻 R_L 调至最大值,闭合负载开关 Q_3。

3)逐步减小负载电阻 R_L 值,使负载电流逐步增加,同时调节发电机输出电压与转速,使 $U=U_N$、$n=n_N$ 和 $I=I_N$,此时为发电机的额定运行点。额定运行点对应的励磁电流为额定励磁电流 $I_{f2}=I_{f2N}$,记录下该组数据。

4)在保持直流发电机 $n=n_N$ 和 $I_{f2}=I_{f2N}$ 不变的条件下,逐步增加负载电阻 R_L 值,使发电机负载电流逐步减小。每次记下发电机负载电流 I、输出电压 U 直至空载（即断开负载开关 Q_3）的数据，共读取 5~6 组，将所读数据记入表 H-6 中。

表 H-6　他励发电机外特性实验数据

$n_N=$　　　r/min，$I_{f2N}=$　　　A

序　号	1	2	3	4	5	6
I/A						
U/V						

（四）测定他励直流发电机的调整特性

1）如前述起动直流电动机并保持发电机转速 $n=n_N$，调节发电机励磁回路的电阻 R_{f2} 值，使发电机输出电压为 $U_0=U_N$。将发电机负载电阻 R_L 调至最大值，然后闭合负载开关 Q_3。

2）在保持直流发电机 $n=n_N$ 和 $U=U_N$ 不变的条件下，逐步增加发电机的输出电流 I。当负载电流增加时，为保持发电机输出电压为 U_N 不变，要相应调节发电机励磁电流 I_{f2}。在负载电流 $I=0$ 至 $I=I_N$ 的范围内，每次记下负载电流 I 和发电机励磁电流 I_{f2} 的数据，共读取 5~6 组，将所读数据记入表 H-7 中。

表 H-7　他励发电机调整特性实验数据

$n_N=$　　　r/min，$U_N=$　　　V

序　号	1	2	3	4	5	6
I_{f2}/A						
I/A						

（五）测定并励直流发电机的外特性

1）并励直流发电机的外特性是在 $n=n_N$ 和 $R_{f2}=R_{f2N}$ 保持不变的条件下测取的，操作步骤参照他励发电机方法进行。

2）将发电机励磁回路双向开关 Q_2 闭合至并励位置，调节发电机至 $n=n_N$、$U_0=U_N$ 和 $I=I_N$ 的额定工作状态，并保持发电机在此额定状态下的励磁回路电阻 $R_{f2}=R_{f2N}$ 不变（并非保持 $I_{f2}=I_{f2N}$ 不变）。

3）在上述状态下，逐步增加负载电阻 R_L 值，以减小发电机的负载电流直至 $I=0$。每次记下发电机输出电压 U 和输出电流 I 的数据，共读取 5~6 组，将所读数据记入表 H-8 中。

表 H-8　并励发电机外特性实验数据

$n_N=$　　　r/min，$R_{f2N}=$　　　Ω

序　号	1	2	3	4	5	6
I/A						
U/V						

七、实验报告与要求

1）列出被试并励发电机的主要额定数据。

2）绘出直流发电机实验的实际接线图。

3）根据实验数据做出他励直流发电机的空载特性 $U_0 = f(I_f)$、外特性曲线 $U = f(I)$、调整特性曲线 $I_f = f(I)$ 及并励发电机的外特性曲线 $U = f(I)$。并将他励和并励发电机的外特性曲线 $U = f(I)$ 绘在同一坐标纸上。

4）根据实验数据按下式求出他励和并励发电机在额定负载下的电压调整率 ΔU

$$\Delta U = \frac{U_0 - U_N}{U_N} \times 100\%$$

5）对他励和并励情况下发电机电压调整率 ΔU 的差异原因进行分析。

八、实验思考

1）直流发电机空载实验时，其励磁电流为什么必须单方向调节？

2）直流发电机外特性实验时，当发电机负载电流增加时，机组转速发生变化的原因是什么？

3）为什么并励直流发电机的空载特性要用他励方式测取？

实验4 单相变压器

一、实验目的

1）掌握通过空载实验（也称开路实验）和短路实验（也称负载实验）测定单相变压器电压比及参数的方法。

2）通过不同性质的负载实验测定、计算单相变压器的运行特性。

二、实验内容

1）测定单相变压器的电压比 k。

2）由空载实验测定单相变压器的空载特性 $U_0 = f(I_0)$ 和空载损耗 $p_0 = f(U_0)$。

3）由短路实验测定单相变压器的短路特性 $U_k = f(I_k)$ 和短路损耗 $p_k = f(I_k)$。

4）由不同性质的负载实验测定单相变压器的外特性 $U_2 = f(I_2)$。

三、实验设备与仪表

1. 单相变压器	一台
2. 单相调压变压器	一台
3. 交流电压表	两块
4. 交流电流表	两块
5. 低功率因数功率表	一块
6. 高功率因数功率表	一块
7. 单相可调电阻器或灯箱	一台
8. 功率因数表	一块
9. 单相可调电抗器	一台
或电机及电气技术实验装置	一台

四、实验预习

1）了解变压器空载、短路实验的线路。

2）变压器空载和短路实验中，为减小测量误差各种仪表应采取不同的连接方法。

3）理解进行变压器空载和短路实验时，电源电压加在变压器不同侧的原因。

4）了解测定变压器额定运行时铁耗和铜耗的实验方法。

五、实验说明

1）中小型电力变压器的空载电流为 $I_0 = (3 \sim 10)\% I_N$，短路电压为 $U_k = (5 \sim 10)\% U_N$，以此选择电流表和功率表的量程。

2）空载实验应选择低功率因数功率表测量功率，短路实验选择高功率因数功率表测量功率，以减小测量误差。实验时应辨明调压变压器的输入和输出端，以免错接而损坏实验设备。

3）空载和短路实验时，若电源电压加在变压器一次侧，由所测数据计算的参数不必归算到一次侧。若电源电压加在变压器二次侧，由所测数据计算的参数应归算到一次侧。

4）空载实验时，应注意读取额定电压 U_N 时的相关数据。短路实验时，应注意读取额定电流 I_N 时的相关数据。

5）变压器的铁耗与电源电压的频率及波形有关，实验要求电源电压的频率等于或接近被测试变压器的额定频率（允许偏差不超过 ±1%），其波形应属实际正弦波。

6）变压器短路实验时操作应尽快进行，以免线圈发热而引起电阻阻值的变化。

7）变压器负载实验时，所加负载不应超过变压器的额定容量。

六、实验操作方法

（一）测定变压器电压比 k

测定变压器电压比的实验电路如图 H-5 所示。

1）电源经开关 Q、调压器 T 接至变压器 T_1 二次绕组，一次绕组开路。

2）合上电源开关 Q，由调压器将变压器二次绕组电压调至约 $0.5U_N$，然后逐步降低电压。在此范围内对应不同的外施电压，每次测量变压器二次绕组电压 U_{ax} 和一次绕组电压 U_{AX} 的数据，共读取 3 组，将所读数据记于表 H-9 中。

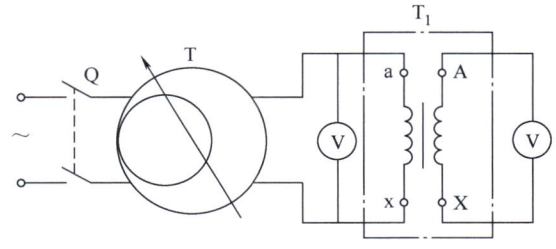

图 H-5 测定变压器电压比的实验电路

表 H-9 测电压比实验数据

序　　号	1	2	3
U_{ax}/V			
U_{AX}/V			
k			

（二）变压器空载实验

变压器空载实验电路如图 H-6 所示。

1）空载实验时，一般将电源电压加在变压器的二次侧，一次侧开路。

2）合上电源开关 Q 之前，调压器应调整输出电压为最小值位置，以避免合闸时冲击电流损坏电流表和功率表。

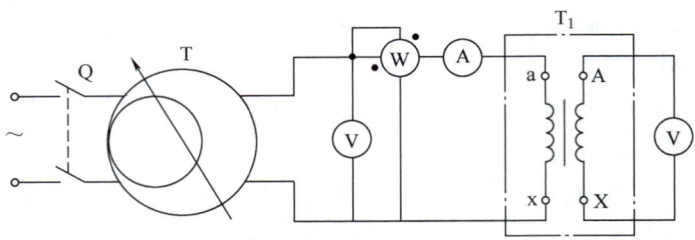

图 H-6　变压器空载实验电路

3）合上电源开关 Q，由调压器将变压器二次电压调至 $1.2U_N$，然后逐步降低电压。在 $(1.2 \sim 0.5)U_N$ 范围内，每次测量空载电压 U_0、空载电流 I_0 和空载损耗 p_0 的数据，共读取 6～7 组，将所读数据记入表 H-10 中。

表 H-10　空载实验数据

序　号	1	2	3	4	5	6	7
U_0/V							
I_0/A							
p_0/W							

（三）变压器短路实验

变压器短路实验电路如图 H-7 所示。

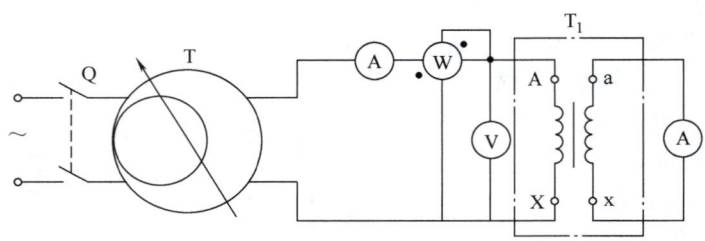

图 H-7　变压器短路实验电路

1）短路实验时，一般将电源电压加在变压器的一次侧，二次侧短路。

2）合上电源开关 Q 之前，调压器应调整输出电压为最小值位置，以避免合闸时短路电流过大。

3）合上电源开关 Q，由调压器将变压器一次电压逐步增加，使短路电流上升至 $1.1I_N$，再逐步降低短路电流。在 $(1.1 \sim 0.5)I_N$ 范围内，每次测量短路电压 U_k、短路电流 I_k 和短路损耗 p_k 的数据，共读取 4～5 组，将所读数据记入表 H-11 中。

表 H-11　短路实验数据

$\theta = $　　℃

序　号	1	2	3	4	5
U_k/V					
I_k/A					
p_k/W					

4）读取数据后，立即测量被测试变压器周围的环境温度 θ，作为实验时绕组的实际温度。

（四）变压器负载实验

变压器负载实验电路如图 H-8 所示。

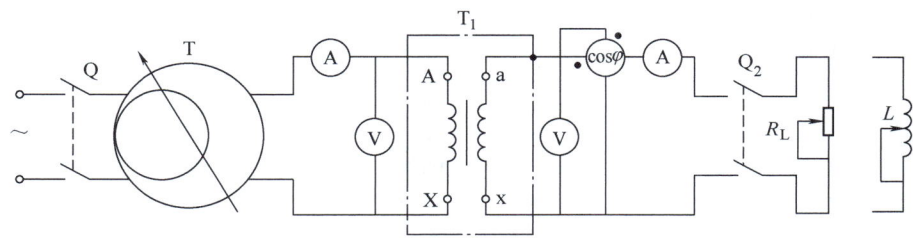

图 H-8　变压器负载实验电路

1. 纯电阻负载实验（$\cos\varphi_2 = 1$）

1）合上负载开关 Q_2 之前，将可调负载电阻 R_L 调至最大值。

2）合上电源开关 Q_1，保持变压器一次电压 $U_1 = U_N$ 不变。合上负载开关 Q_2，变压器处于负载运行状态。

3）逐步减小负载电阻 R_L 值，使负载电流从 $I_2 = 0$ 逐渐增至 $I_2 = I_{2N}$，在此范围内每次测量变压器二次电压 U_2 和电流 I_2，其中 $I_2 = 0$ 和 $I_2 = I_{2N}$ 数据必须读取。共读取 5~6 组数据，将所读数据记入表 H-12 中。

表 H-12　纯电阻负载实验数据

$\cos\varphi_2 = 1$

序　号	1	2	3	4	5	6
U_2/V						
I_2/A						

2. 感性负载实验（$\cos\varphi_2 = 0.8$）

1）在以上纯电阻负载实验电路中再增加一个可调电抗器 L，与可调负载电阻 R_L 并联或串联组成一个感性负载。

2）合上负载开关 Q_2 之前，将可调负载电阻 R_L 和可调电抗器 L 调至最大值。

3）合上电源开关 Q_1，保持变压器一次电压 $U_1 = U_N$ 不变，再合上负载开关 Q_2。逐步减小可调负载电阻 R_L 和可调电抗器 L 的值以增加负载电流 I_2，同时保持功率因数 $\cos\varphi_2 = 0.8$ 不变。

4）在保持功率因数不变的条件下逐步减小负载电阻 R_L 及电抗器 L 值，使负载电流从 $I_2 = 0$ 逐渐增至 $I_2 = I_{2N}$。在此范围内每次测量变压器二次电压 U_2 及电流 I_2，其中 $I_2 = 0$ 和 $I_2 = I_N$ 数据必须读取，共读取 5~6 组数据，将所读数据记入表 H-13 中。

表 H-13　感性负载实验数据

$\cos\varphi_2 = 0.8$

序　号	1	2	3	4	5	6
U_2/V						
I_2/A						

七、实验报告与要求

1）列出被试变压器的主要额定数据。

2）绘出单相变压器空载实验的实际接线图。

3）计算变压器电压比 k。

根据测电压比实验所得 3 组数据，分别计算出电压比，然后取其算术平均值作为变压器的实际电压比 k，即

$$k = \frac{U_{AX}}{U_{ax}}$$

4）由空载实验数据做出变压器空载特性曲线 $U_0 = f(I_0)$ 和空载损耗曲线 $p_0 = f(U_0)$，根据实验数据计算单相变压器的励磁参数 R_m、X_m、Z_m。

由于变压器的空载电流 I_0 很小，空载时铜耗可以忽略，故认为空载实验所测的空载损耗 p_0 即为变压器铁耗 p_{Fe}。励磁电阻 R'_m、励磁阻抗 Z'_m 和励磁电抗 X'_m 应由与额定空载电压 U_N 相对应的空载电流 I_0 和空载损耗 p_0 计算求得，即

$$R'_m = \frac{p_0}{I_0^2}$$

$$Z'_m = \frac{U_0}{I_0}$$

$$X'_m = \sqrt{Z'^2_m - R'^2_m}$$

空载实验因电源电压加在变压器二次侧，故励磁参数归算到一次侧为

$$R_m = k^2 R'_m$$

$$Z_m = k^2 Z'_m$$

$$X_m = k^2 X'_m$$

5）绘出单相变压器短路实验的实际接线图。

6）由短路实验数据做出变压器短路特性曲线 $U_k = f(I_k)$ 和 $p_k = f(I_k)$，根据实验数据计算变压器的短路参数 R_k、X_k、Z_k。

实验温度 θ 时的短路电阻 R_k、短路阻抗 Z_k 和短路电抗 X_k 应由与短路电流 $I_k = I_N$ 相对应的短路电压 U_k 和短路损耗 p_k 计算求得，即

$$R_k = \frac{p_k}{I_N^2}$$

$$Z_k = \frac{U_k}{I_N}$$

$$X_k = \sqrt{Z_k^2 - R_k^2}$$

将实验温度 θ 时的电阻值换算到国家标准规定的基准工作温度 75℃ 时的数值（换算方法参照第二章第四节内容），则短路阻抗 $Z_{k75℃}$ 值为

$$Z_{k75℃} = \sqrt{R_{k75℃}^2 + X_k^2}$$

7）绘出测定单相变压器不同性质负载实验的实际接线图。

8）根据表 H-12 和表 H-13 不同性质负载的实验数据，绘出变压器外特性曲线 $U_2 = f(I_2)$。

9) 根据负载实验数据计算变压器的运行特性。

① 计算变压器的电压调整率 ΔU。

由变压器在不同性质负载功率因数 $\cos\varphi_2 = 1$ 和 $\cos\varphi_2 = 0.8$ 时的外特性曲线 $U_2 = f(I_2)$ 分别计算其额定负载下的电压调整率 ΔU 为

$$\Delta U = \frac{U_{20} - U_2}{U_{2N}} \times 100\%$$

并对计算结果进行比较分析。

② 计算变压器的效率 η。

采用间接法计算负载功率因数 $\cos\varphi_2 = 0.8$ 时变压器的效率特性曲线 $\eta = f(I_2)$ 为

$$\eta = \frac{P_2}{P_1} \times 100\% = \frac{P_2}{P_2 + p_0 + \beta P_{kN}} \times 100\%$$

式中　$P_2 = \beta S_N \cos\varphi_2$；

S_N——变压器额定容量；

p_0——额定电压下的空载损耗；

P_{kN}——额定电流下的短路损耗；

β——负载系数，$\beta = I_2/I_{2N}$。

分别将 $\beta = 0.2$、0.4、0.6、0.8、1.0、1.2 时的效率计算结果记入表 H-14 中。

表 H-14　效率的计算数据

β	0.2	0.4	0.6	0.8	1.0	1.2
P_2/W						
η						

③ 计算被测变压器最大效率时的负载系数 β_m。

$$\beta_m = \sqrt{\frac{p_0}{P_{kN}}}$$

八、实验思考

1) 实验中测变压器电压比时，电源电压加在变压器二次侧，所加电压为什么是 $0.5U_N$？能否为 U_N？

2) 为什么变压器励磁参数应在额定电压下计算求取？短路参数则应在额定电流下计算求取？

3) 在不同的电压下，变压器的励磁阻抗为何不同？

实验 5　三相变压器极性与联结组标号的测定

一、实验目的

1) 掌握测定三相变压器极性的方法。
2) 用实验的方法确定三相变压器的联结组标号。

二、实验内容

1) 测定三相变压器的相间极性。
2) 测定三相变压器一次侧与二次侧的同名端（极性）。

3）用时钟表示法确定三相变压器的联结组标号。

4）观察不同铁心结构和不同绕组连接时三相变压器的空载电流和电动势波形。

三、实验设备与仪表

1. 三相调压变压器　　　　　　　　　　　一台
2. 三相心式变压器　　　　　　　　　　　一台
3. 三相组式变压器　　　　　　　　　　　一组
4. 多量程交流电压表　　　　　　　　　　一块
5. 可调电阻器　　　　　　　　　　　　　一台
6. 示波器　　　　　　　　　　　　　　　一台
或电机及电气技术实验装置　　　　　　　 一台

四、实验预习

1）明确三相变压器极性和联结组的定义。

2）了解国家标准规定的电力变压器联结组标号。

3）三相变压器铁心结构和绕组连接方式不同对空载电流和电动势波形的影响。

4）了解测定三相变压器极性和联结组标号的实验电路。

五、实验说明

1）实验时应辨明三相调压变压器的输入和输出端,以免错接。

2）实验时外施电压不能过低,以免引起仪表读数误差过大。

六、实验操作方法

（一）三相心式变压器相间极性的测定

三相心式变压器相间极性测定的实验电路如图 H-9 所示。

1）用万用表电阻档测出三相变压器 T_1 一次侧和二次侧属同一绕组的两个出线端子,对 12 个出线端子暂定标记为 A、B、C、X、Y、Z 和 a、b、c、x、y、z。

2）将调压器 T 输出电压调至零位置,同时将 Y、Z 两个端子用导线相连接。

3）闭合电源开关 Q,经调压器在 A 相绕组施加低电压（约 $0.5U_N$）,用电压表（最好用高内阻电压表）测量 U_{BY}、U_{CZ} 及 U_{BC} 三处电压。若所测电压值为 $U_{BC} = |U_{BY}| - |U_{CZ}|$,表明暂定的端子标记正确。若所测电压值为 $U_{BC} = |U_{BY}| + |U_{CZ}|$,则表明暂定的端子标记错误,应将 B、C 两相中任一相的端子标记互换（如将 B、Y 换为 Y、B）。

4）用同样的方法,在已定出标记的 B 相绕组上施加低电压,确定 A、C 相的相间极性。

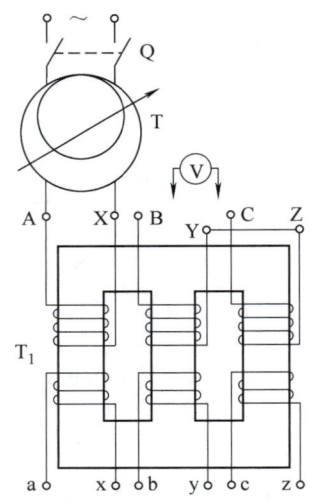

图 H-9　测定三相心式变压器相间极性的实验电路

5）测出三相变压器一次绕组的相间极性后,根据国家标准将一次绕组各相的首、末端子做正式的标记。

（二）测定变压器一次与二次绕组的极性

三相心式变压器一次与二次绕组极性测定的实验电路如图 H-10 所示。

1）将变压器 T_1 一次与二次绕组均连接成星形联结，同时将一次与二次绕组的中性点用导线连接。

2）闭合电源开关 Q，经调压器 T 在变压器一次侧的三相绕组上施加低电压（约 $0.5U_N$），用电压表测量 U_{AX}、U_{BY}、U_{CZ}、U_{ax}、U_{by}、U_{cx} 及 U_{Aa}、U_{Bb}、U_{Cc} 共九处电压，若所测电压值为 $U_{Aa} = |U_{AX}| - |U_{ax}|$，表明 U_{AX} 与 U_{Aa} 是同相位，且 A 与 a 端子极性相同（为同名端）。若所测电压值为 $U_{Aa} = |U_{AX}| + |U_{ax}|$，则表明 U_{AX} 与 U_{Aa} 是反相位，A 与 a 端点极性相反。

3）用同样的方法确定变压器 B、C 两相一次与二次绕组的极性。

4）当变压器一次绕组的极性确定后，根据国家标准将二次绕组各相的首、末端做正式的标记。

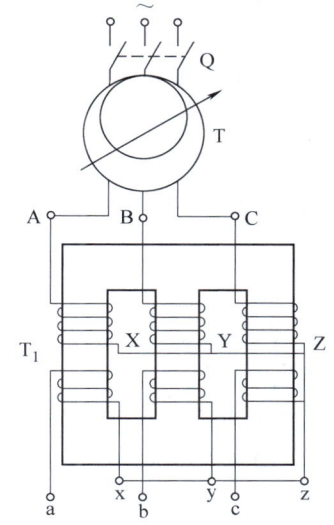

图 H-10　测定三相心式变压器一次与二次绕组极性的实验电路

（三）确定三相变压器的联结组标号

1. 确定 Yy0 联结组标号

确定 Yy0 联结组标号的实验电路如图 H-11 所示。

1）将变压器 T_1 一次与二次绕组连接成星形联结，同时用导线将 A 与 a 两端子连接。

2）闭合电源开关 Q，经调压器 T 在变压器一次侧三相绕组上施加三相对称电压，用电压表测量 U_{AB}、U_{ab}、U_{Bb}、U_{Cc} 及 U_{Bc} 共五处电压，将所测数据记入表 H-15 中。

3）根据 Yy0 联结组的电压相量图可知

$$U_{Bb} = U_{Cc} = (k-1)U_{ab}$$

$$U_{Bc} = \sqrt{k^2 - k + 1}\, U_{ab}$$

式中　k——变压器线电压比，

$$k = U_{AB}/U_{ab}。$$

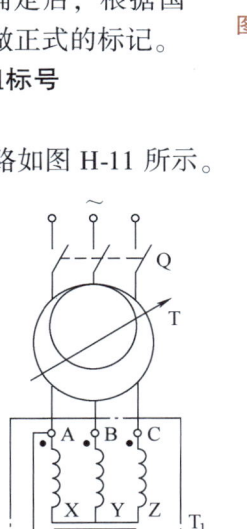

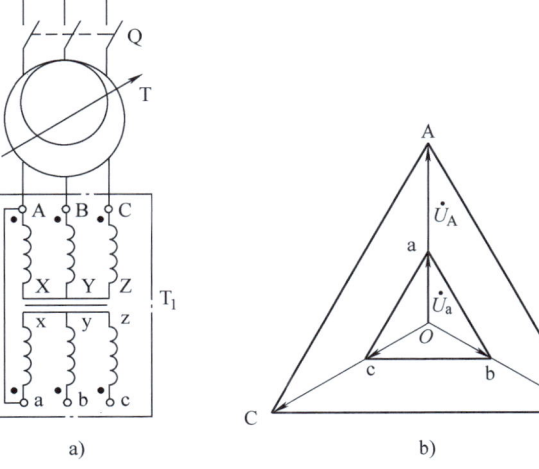

图 H-11　确定 Yy0 联结组标号的实验电路
a）实验电路　b）电压相量图

若实测电压 U_{Bb}、U_{Cc} 及 U_{Bc} 与按上两式计算值相同，则表明该变压器的联结组标号为 Yy0。

2. 确定 Yy6 联结组标号

确定 Yy6 联结组标号的实验电路如图 H-12 所示。

1）断开上面实验中的变压器电源开关 Q，将该变压器二次侧各相绕组的首、末端标记对调，同时将一次绕组 A 端与二次绕组调换后的 a 端用导线连接。

2) 闭合电源开关 Q，经调压器在变压器一次侧三相绕组上施加三相对称电压，用电压表测量 U_{Bb}、U_{Cc}、U_{Bc} 及 U_{ab} 共四处电压，将所测数据记入表 H-15 中。

3) 根据 Yy6 联结组的电压相量图可知

$$U_{Bb} = U_{Cc} = (k+1)U_{ab}$$

$$U_{Bc} = \sqrt{k^2+k+1}\,U_{ab}$$

若实测电压 U_{Bb}、U_{Cc} 及 U_{Bc} 与按上两式计算值相同，则表明该变压器的联结组标号为 Yy6。

3. 确定 Yd11 联结组标号

确定 Yd11 联结组标号的实验电路如图 H-13 所示。

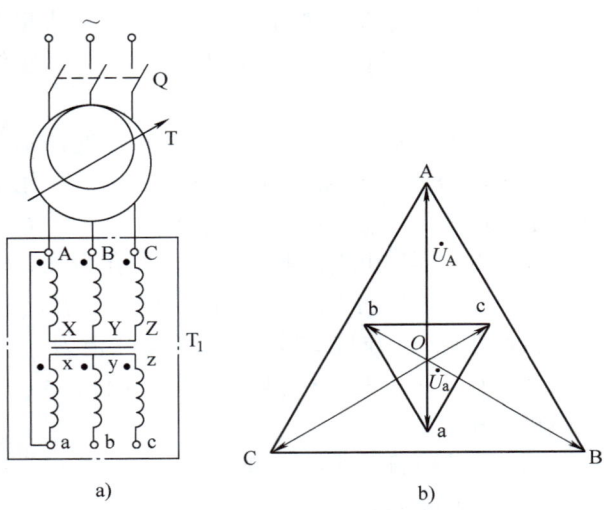

图 H-12　确定 Yy6 联结组标号的实验电路

a) 实验电路　b) 电压相量图

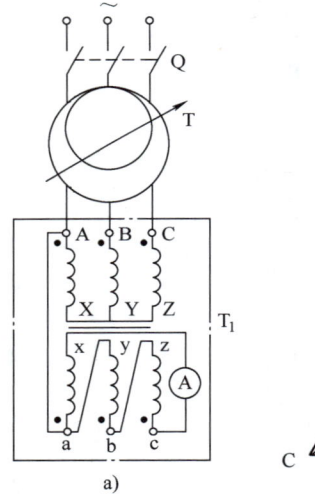

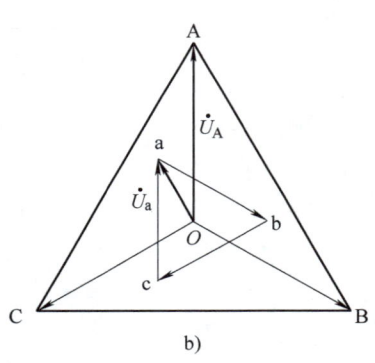

图 H-13　确定 Yd11 联结组标号的实验电路

a) 实验电路　b) 电压相量图

1) 将变压器一次绕组连接成星形联结，二次绕组连接成三角形联结，同时用导线将 A 与 a 两端连接。

2) 闭合电源开关 Q，经调压器在变压器一次侧三相绕组上施加三相对称电压，用电压表测量 U_{AB}、U_{Bb}、U_{Cc}、U_{Bc} 及 U_{ab} 共五处电压，将所测数据记入表 H-15 中。

3) 根据 Yd11 联结组的电压相量图可知

$$U_{Bb} = U_{Cc} = \sqrt{k^2-\sqrt{3}k+1}\,U_{ab}$$

$$U_{Bc} = \sqrt{k^2-\sqrt{3}k+1}\,U_{ab}$$

式中 k——变压器线电压比，$k = U_{AB}/U_{ab}$。

若实测电压 U_{Bb}、U_{Cc} 及 U_{Bc} 与按上两式计算值相同，则表明该变压器的联结组标号为 Yd11。

为避免二次绕组连接错误而造成短路，可将二次侧三相绕组串接一个电流表后再连接成三角形联结。一次绕组经调压器施加三相对称电压后，电压由零值逐渐调高，注意观察电流表读数。若连接方法正确，则电流表读数应为零或接近零。

4. 确定 Yd5 联结组标号

确定 Yd5 联结组标号的实验电路如图 H-14 所示。

1）断开上面实验中的变压器电源开关 Q，将该变压器二次侧各相绕组的首、末端子标记对换，同时将一次绕组 A 端子与二次绕组调换后的 a 端点用导线连接。

2）闭合电源开关 Q，经调压器在变压器一次侧三相绕组上施加三相对称电压，用电压表测量 U_{Bb}、U_{Cc}、U_{Bc} 及 U_{ab} 共四处电压，将所测数据记入表 H-15 中。

3）根据 Yd5 联结组的电压相量图可知

$$U_{Bb} = U_{Cc} = \sqrt{k^2 + \sqrt{3}k + 1}\, U_{ab}$$

$$U_{Bc} = \sqrt{k^2 + \sqrt{3}k + 1}\, U_{ab}$$

若实测电压 U_{Bb}、U_{Cc} 及 U_{Bc} 与按上两式计算值相同，则表明该变压器的联结组标号为 Yd5。

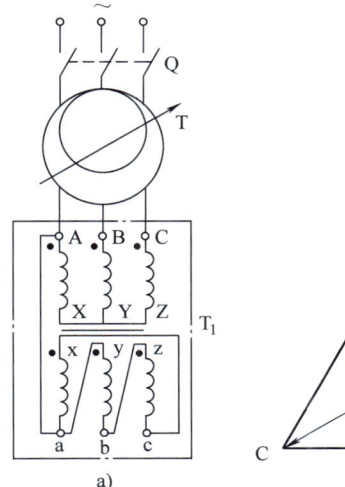
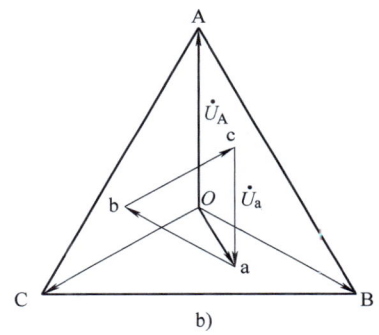

图 H-14 确定 Yd5 联结组标号的实验电路
a) 实验电路 b) 电压相量图

表 H-15 确定三相变压器的联结组的实验数据

联结组标号	实验数据					计算数据		
	U_{AB}	U_{ab}	U_{Bb}	U_{Cc}	U_{Bc}	U_{Bb}	U_{Cc}	U_{Bc}
Yy0								
Yy6								
Yd11								
Yd5								

（四）分别观察三相心式变压器和组式变压器绕组在不同连接方式时其空载电流及电动势的波形

实验变压器先选用三相心式变压器。

1. Yy 联结

Yy 联结实验观察电路如图 H-15 所示。

1）将三相心式变压器 T_1 一次、二次绕组作 YNy 联结，断开中性线开关 Q_2，空载电流波形信号从变压器一次侧 C 相绕组所串联的电阻 R 上输出。相电动势波形信号可从变压器二次侧任一相绕组输出，线电动势波形信号可从变压器二次侧任两相绕组间输出。

2) 合上电源开关 Q_1，经调压器 T 施加三相对称电压至变压器一次绕组。在外施电压为 $0.5U_N$ 和 U_N 两种情况下，用示波器观察三相心式变压器此时的空载电流 i_0、二次相电动势 e_φ 和线电动势 e_L 波形。

3) 同时测量变压器二次相电压和线电压，并计算二者之比值。

2. YNy 联结

实验线路仍为图 H-15，闭合中性线开关 Q_2，以接通变压器一次侧中性线。重复上述实验步骤，用示波器观察三相心式变压器此时的空载电流 i_0、二次相电动势 e_φ 和线电动势 e_L 波形。同时测量变压器二次相电压和线电压，并计算二者之比值。

3. Yd 联结

Yd 联结实验观察电路如图 H-16 所示。

1) 将三相心式变压器一次、二次绕组作 Yd 联结，断开二次绕组开关 Q_2，相电动势波形信号可从变压器一次侧任一相绕组两端输出，谐波电动势波形信号可从变压器二次绕组开关 Q_2 两端引出。

2) 开关 Q_2 断开后，使得变压器二次绕组已不构成三角形闭合回路。闭合电源开关 Q_1，经调压器施加三相对称电压至变压器一次绕组，并调节外施电压至额定值 U_N。用示波器观察变压器一次相电动势 e_φ 的波形，测量和观察二次侧开关 Q_2 两端的谐波电压 u_v 数值及波形。

3) 闭合开 Q_2，使变压器二次绕组构成三角形闭合回路，经调压器施加三相对称电压至变压器一次绕组。调节外施电压至额定值 U_N。用示波器观察变压器一次相电动势 e_φ 的波形，测量和观察二次绕组内部的谐波电流 i_v 的数值及波形。

将实验变压器更换为三相组式变压器，重复上述对各种波形的观察，并做出分析比较。

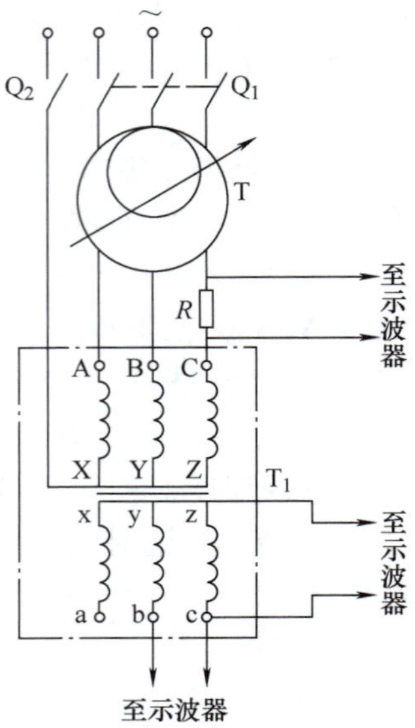

图 H-15 观察三相变压器 Y 和 YNy 联结时空载电流和电动势波形实验电路

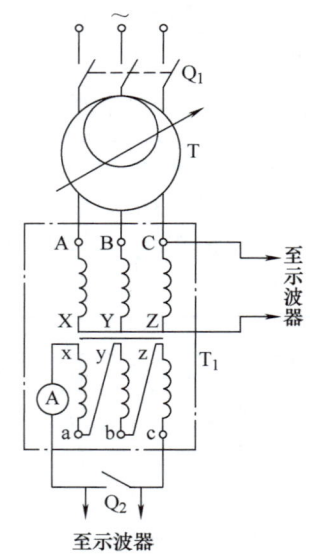

图 H-16 观察三相变压器 Yd 联结时空载电流和电动势波形实验电路

七、实验报告与要求

1) 绘出测定三相变压器相间极性和一次侧、二次侧同名端（极性）的实际接线图，列出被试变压器的主要额定数据。

2) 绘出测定三相变压器不同联结组标号的实际接线图。

3) 对于不同联结组标号的三相变压器，根据实测电压值与计算电压值数据，并进行分析比较。

4) 分析三相变压器不同铁心结构和不同绕组连接方式时，对变压器空载电流及二次电动势数值大小、波形的影响。

5) 用表 H-16 中的公式对实测几种三相变压器联结组标号的数据进行校核。

表 H-16　双绕组三相变压器联结组校核公式

设：$U_{ab}=1$，$U_{AB}=k$

三相变压器联结组标号	电　压		
	$U_{Bb}=U_{Cc}$	U_{Bc}	U_{Bc}/U_{Bb}
0	$k-1$	$\sqrt{k^2-k+1}$	>1
1	$\sqrt{k^2-\sqrt{3}k+1}$	$\sqrt{k^2+1}$	>1
2	$\sqrt{k^2-k+1}$	$\sqrt{k^2+k+1}$	>1
3	$\sqrt{k^2+1}$	$\sqrt{k^2+\sqrt{3}k+1}$	>1
4	$\sqrt{k^2+k+1}$	$k+1$	>1
5	$\sqrt{k^2+\sqrt{3}k+1}$	$\sqrt{k^2+\sqrt{3}k+1}$	=1
6	$k+1$	$\sqrt{k^2+k+1}$	<1
7	$\sqrt{k^2+\sqrt{3}k+1}$	$\sqrt{k^2+1}$	<1
8	$\sqrt{k^2+k+1}$	$\sqrt{k^2-k+1}$	<1
9	$\sqrt{k^2+1}$	$\sqrt{k^2-\sqrt{3}k+1}$	<1
10	$\sqrt{k^2-k+1}$	$k-1$	<1
11	$\sqrt{k^2-\sqrt{3}k+1}$	$\sqrt{k^2-\sqrt{3}k+1}$	=1

八、实验思考

1) 测定三相变压器联结组标号时为什么将一次、二次绕组的 A、a 两端子用寻线连接？

2) 为什么三相组式变压器的三次谐波电动势比三相心式变压器大？

3) 分析三相组式变压器不宜采用 Yyn 与 Yy 联结方式的原因。

4) 在 Yd 联结的三相变压器中，若将二次侧三角形绕组的一角打开，开口处电压大不大？闭口后电流大不大？为什么（分别对组式和心式加以说明）？

实验 6　三相异步电动机参数及工作特性的测定

一、实验目的

1) 掌握三相异步电动机空载、堵转实验及参数计算的方法。

2) 用实验的方法测定三相异步电动机的工作特性。

二、实验内容

1) 测定三相异步电动机定子绕组的冷态电阻。

2) 测定三相异步电动机定子绕组的首、末端。

3) 三相异步电动机空载实验。

4) 三相异步电动机堵转实验。

5）测定三相异步电动机的工作特性曲线 I_1、T_2、n、$\cos\varphi_1$、$\eta = f(P_2)$。

三、实验设备与仪表

1. 三相笼型异步电动机　　　　　　　　　　　　　　　一台
2. 单相感应调压器　　　　　　　　　　　　　　　　　一台
3. 三相感应调压器　　　　　　　　　　　　　　　　　一台
4. 涡流测功机　　　　　　　　　　　　　　　　　　　一台
5. 可调电阻器　　　　　　　　　　　　　　　　　　　一台
6. 交流电压表　　　　　　　　　　　　　　　　　　　一块
7. 交流电流表　　　　　　　　　　　　　　　　　　　三块
8. 低功率因数功率表　　　　　　　　　　　　　　　　两块
9. 高功率因数功率表　　　　　　　　　　　　　　　　两块
10. 转速表或测速仪　　　　　　　　　　　　　　　　 一台
或电机及电气技术实验装置　　　　　　　　　　　　　一台

四、实验预习

1）了解三相异步电动机空载、堵转和工作特性实验的线路。

2）预习由三相异步电动机实验数据求取电机参数的方法。

3）预习三相异步电动机的工作特性的定义及求取工作特性的实验方法。

4）测取三相异步电动机铁耗和铜耗的实验方法。

五、实验说明

1）测量三相异步电动机的电功率可以采用"三表法"或"二表法"，采用"二表法"时，功率表读数可能会有正负，使用时要注意功率表连接极性"＊"。

2）被测电动机也可以选用三相绕线转子异步电动机。

3）用涡流测功机作三相异步电动机的负载时，要注意是否规定了电动机的转向。

4）本实验采用一个电压表通过转换开关测量三相电源电压，每相电压取三相电压的平均值，实验时要注意三相异步电动机定子绕组星形或三角形联结。

5）进行堵转实验时，定子绕组所加电压不能过高，实验速度要快，以避免电动机绕组过热。对电动机进行堵转制动可以采用涡流测功机或其他机械工具，但应确保制动工具安全可靠。

六、实验操作方法

（一）测定三相异步电动机定子绕组的冷态电阻

1）三相异步电动机定子绕组的冷态电阻可以采用分别测量每相绕组的电阻，也可以将三相绕组串联后再测量其电阻。若三相绕组分别测量，每相绕组电阻 r_1 应取三相定子绕组电阻的平均值。

2）用万用表电阻档找出属于同一相定子绕组的两个出线端子，并记录实验时的室温 θ。

3）用伏安法或电桥法测量定子每相绕组的电阻 r_1，伏安法测量见本章第一节有关内容。

（二）测定三相异步电动机定子绕组的首端和末端

测定三相异步电动机定子绕组首、末端的实验电路如图 H-17 所示。

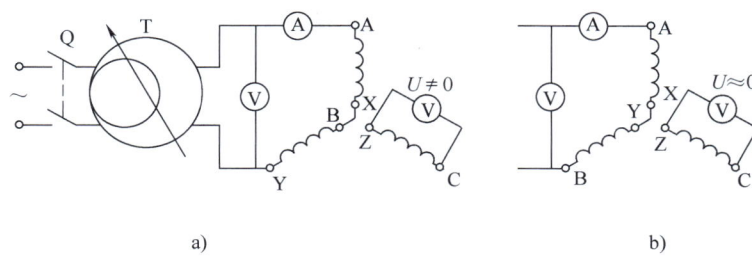

图 H-17　测定三相异步电动机定子绕组首、末端的实验电路

1）按图 H-17 所示将电动机三相定子绕组的六个出线端子的任意两相绕组串联，接至单相调压器 T 的输出端。

2）闭合电源开关 Q，调节调压器使两相串联绕组的电压为 $U = 80 \sim 100\mathrm{V}$。注意输入电流不要超过该绕组的额定值且通电时间不宜过长，以免绕组发热。测量时电动机转子应保持静止不动，以减小测量误差。

3）用电压表测量未串联的另一相定子绕组端电压，若电压表有一定的读数，表明所串联的两相绕组为末端与首端相连接，如图 H-17a 所示。若电压表的读数 $U \approx 0$，则表明所串联的两相绕组为末端与末端（或是首端与首端）相连接，如图 H-17b 所示。

4）用同样的方法可以测定三相异步电动机定子第三相绕组的首端和末端。

（三）三相异步电动机空载实验

三相异步电动机空载的实验电路如图 H-18 所示，涡流测功机 B 与三相异步电动机 M 转子机械相连接作为电动机的机械负载。

1）三相异步电动机定子绕组联结方式为星形或三角形均可以，进行空载实验时应选用低功率因数功率表。

2）断开涡流测功机开关 Q_2，将三相调压器 T 的输出电压调至零位置。闭合电源开关 Q_1，调节三相调压器使其端电压逐渐升高至 $U = U_N$，起动电动机。

3）保持电动机在额定电压 U_N 下空载运行数分钟，待机械摩擦损耗稳定后再进行实验。

4）调节三相异步电动机外施端电压，使其端电压由 $U = 1.2U_N$ 开始逐步下降，直到电动机转速有明显变化及定子电流开始回升为止（电动机容量小，电流回升可能不明显）。每次记下空载电压 U_{AB}、U_{BC}、U_{CA}，空载电流 I_A、I_B、I_C 和空载损耗功率 P_I、P_{II} 的数据，在额定电压 U_N 附近应多测几点，共读取 $7 \sim 9$ 组，将所读数据记入表 H-17 中。

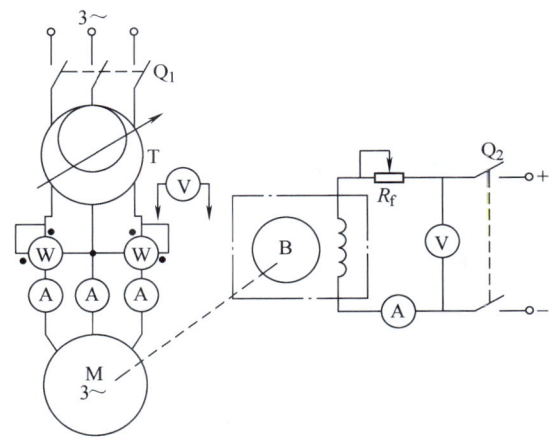

图 H-18　测定三相异步电动机空载、堵转和工作特性的实验电路

表 H-17　空载实验数据

序号	U/V				I/A				P/W			$\cos\varphi_0$
	U_{AB}	U_{BC}	U_{CA}	U_0	I_A	I_B	I_C	I_0	P_I	P_{II}	p_0	
1												
2												
3												
4												
5												
6												
7												

表中，U_0 和 I_0 分别为相电压和相电流的平均值；$p_0 = P_I + P_{II}$ 为空载时三相输入功率。

（四）三相异步电动机堵转实验

三相异步电动机的堵转实验电路如图 H-18 所示。

1）进行堵转实验时选用高功率因数功率表。

2）断开涡流测功机电源开关 Q_2，用制动工具卡住电动机转子并确保接入电源时转子不能转动。

3）将三相调压器输出电压调至零位置，闭合电源开关 Q_1，经三相调压器向电动机施加低电压。在保持电动机转速 $n = 0$ 的状态下，调节调压器缓慢升高电动机定子端电压，直到定子电流达 $I_k = 1.2I_N$ 为止。

4）降低调压器输出电压使电动机堵转电流从 $1.2I_N$ 逐步下降到 $0.3I_N$，在此范围内读取电动机三相的堵转电压 U_k、堵转电流 I_k 和堵转损耗功率 p_k 的数据，共读取 4~5 组，将所读数据记入表 H-18 中。

表 H-18　堵转实验数据

序号	U/V				I/A				P/W			$\cos\varphi_k$
	U_{AB}	U_{BC}	U_{CA}	U_k	I_A	I_B	I_C	I_k	P_I	P_{II}	p_k	
1												
2												
3												
4												
5												

表中，U_k 和 I_k 分别为相电压和相电流的平均值；$p_k = P_I + P_{II}$ 为堵转时三相输入功率。

（五）三相异步电动机负载实验

三相异步电动机的负载实验电路仍如图 H-18 所示。

1）进行负载实验时选用高功率因数功率表，将三相调压器输出电压调至零位置，断开测功机励磁回路电源开关 Q_2。

2）闭合电源开关 Q_1，调节三相调压器使其端电压逐渐升高至 $U = U_N$，起动电动机。

3) 保持电动机端电压 $U = U_N$ 不变,闭合测功机电源开关 Q_2,逐步减小测功机励磁回路电阻 R_f 以增加电动机负载,直至电动机定子电流上升到 $1.25I_N$ 为止。

4) 逐步增加测功机励磁回路电阻 R_f,减小电动机负载直至空载。每次记录电动机三相输入电流 I、输入功率 P_1 以及电动机的转速 n、输出转矩 T_2 的数据,共读取 5~6 组,将所读数据记入表 H-19 中。

表 H-19 负载实验数据

序号	I/A				P/W			$T_2/(\text{N·m})$	$n/(\text{r/min})$
	I_A	I_B	I_C	I_1	P_I	P_II	P_1		
1									
2									
3									
4									
5									
6									

表中,$I_1 = (I_A + I_B + I_C)/3$ 为定子线电流平均值;$P_1 = P_\text{I} + P_\text{II}$ 为负载时三相输入功率。

七、实验报告与要求

1) 绘出三相异步电动机空载、堵转和负载实验的实际接线图,列出被试电动机的主要额定数据。

2) 根据实验数据计算出三相异步电动机定子每相绕组的电阻值,并将室温下所测的电阻值换算成国家规定的基准温度电阻值。

3) 根据表 H-17 和表 H-18 的空载和堵转实验数据绘出空载特性曲线 $U_0 = f(I_0)$、$p_0 = f(U_0)$、$\cos\varphi_0 = f(U_0)$ 及堵转特性曲线 $I_k = f(U_k)$、$p_k = f(U_k)$、$\cos\varphi_k = f(U_k)$。空载和堵转实验时的功率因数 $\cos\varphi_0$、$\cos\varphi_k$ 分别为

$$\cos\varphi_0 = \frac{p_0}{3U_0I_0}$$

$$\cos\varphi_k = \frac{p_k}{3U_kI_k}$$

4) 根据空载实验数据计算三相异步电动机的励磁参数 R_m、X_m、Z_m。

① 为求励磁参数,应先分离铁耗 p_Fe 和机械损耗 p_fw。由于三相异步电动机的空载电流 I_0 较变压器大得多,空载铜耗 $3I_0^2R_1$ 不能忽略,故应求出 $P_0' = p_0 - 3I_0^2R_1$ 并做曲线 $P_0' = f(U_0^2)$ 如图 H-19 所示。

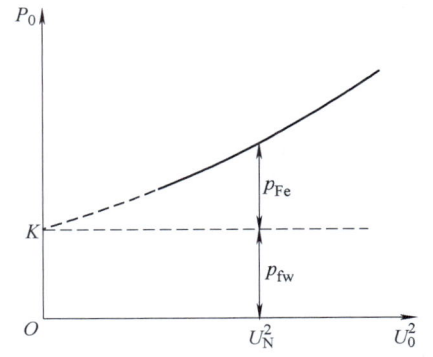

图 H-19 由空载损耗分离铁损耗与机械损耗

延长曲线交至纵坐标轴 K 点,K 点的纵坐标即为机械损耗 p_fw,过 K 点做平行于横坐标的直线,即可求得相应于不同电压值时的铁耗 p_Fe。

② 空载阻抗 Z_0、励磁电阻 R_m、励磁电抗 X_m 和励磁阻抗 Z_m 应由与空载额定相电压 $U_0 = U_N$ 相对应的空载相电流 I_0 和空载铁耗 p_{Fe} 实验数据计算求得（其中 $Z_0 \approx X_0$，定子漏电抗 X_1 可由堵转实验求取）。

$$Z_0 = \frac{U_0}{I_0}$$

$$R_m = \frac{p_{Fe}}{3I_0^2}$$

$$X_m = X_0 - X_1$$

$$Z_m = \sqrt{X_m^2 + R_m^2}$$

5）根据堵转实验数据计算三相异步电动机的堵转参数 R_k、X_k、Z_k。

实验温度为 θ 时的短路电阻 R_k、短路电抗 X_k 和短路阻抗 Z_k 应与短路电流 $I_k = I_N$ 相对应的短路电压 U_k 和短路损耗 p_k 计算求得，即

$$Z_k = \frac{U_k}{I_k}$$

$$R_k = \frac{p_k}{3I_k^2}$$

$$X_k = \sqrt{Z_k^2 - R_k^2}$$

将实验温度为 θ 时的电阻值换算到国家标准规定的基准工作温度 75℃ 时的数值（换算方法参照第二章第四节内容），则短路阻抗 $Z_{k75℃}$ 值为

$$Z_{k75℃} = \sqrt{R_{75℃}^2 + X_k^2}$$

转子电阻的归算值为 $R_2' \approx R_k - R_1$，定子、转子漏电抗为 $X_1 \approx X_2' \approx \frac{X_k}{2}$。

6）根据负载实验所测数据计算三相异步电动机的工作特性，并将实验和计算数据记入表 H-20 中。输出功率 P_2、功率因数 $\cos\varphi_1$ 和效率 η 可由下式求得，即

$$P_2 = 0.105nT_2$$

$$\cos\varphi_1 = \frac{P_1}{\sqrt{3}U_1I_1}$$

$$\eta = \frac{P_2}{P_1} \times 100\%$$

7）由表 H-20 中数据绘出三相异步电动机的工作特性曲线 I_1、T_2、n、$\cos\varphi_1$、$\eta = f(P_2)$。

表 H-20 工作特性数据

序号	电动机输入		电动机输出		计算值		
	I_1/A	P_1/W	T_2/(N·m)	n/(r/min)	P_2/W	η	$\cos\varphi_1$
1							
2							
3							
4							
5							
6							

八、实验思考

1）空载实验为何不宜在过低的电压下进行？

2）空载实验中电动机的端电压逐步降低至转速有明显变化时，为何定子电流会回升？

3）堵转实验中电动机定子电流达到额定电流时，为什么电动机的电磁转矩并不大？

实验7　三相同步电动机

一、实验目的

1）熟悉三相同步电动机的异步起动方法。

2）掌握三相同步电动机 V 形曲线及工作特性曲线的测取方法。

二、实验内容

1）三相同步电动机的异步起动。

2）测取三相同步电动机 V 形曲线 $I_1 = f(I_f)$。

3）测取三相同步电动机工作特性曲线 I_1、T_2、$\cos\varphi$、$\eta = f(P_2)$。

三、实验设备与仪表

1. 凸极式三相同步电动机　　　　　　　　一台
2. 三相调压器　　　　　　　　　　　　　一台
3. 功率表　　　　　　　　　　　　　　　两块
4. 功率因数表　　　　　　　　　　　　　一块
5. 交流电压表　　　　　　　　　　　　　一块
6. 交流电流表　　　　　　　　　　　　　三块
7. 直流电压表　　　　　　　　　　　　　两块
8. 直流电流表　　　　　　　　　　　　　两块
9. 涡流测功机　　　　　　　　　　　　　一台
10. 可调电阻器　　　　　　　　　　　　三台
11. 转速表或测速仪　　　　　　　　　　一台
或电机及电气技术实验装置　　　　　　　一台

四、实验预习

1）了解三相同步电动机异步起动的原理。

2）了解三相同步电动机异步起动和测取 V 形曲线的实验电路。

3）预习三相同步电动机的 V 形特性曲线及测取的条件。

4）预习三相同步电动机的工作特性及测取的条件。

五、实验说明

1）三相同步电动机的负载可以用涡流测功机，也可以用直流发电机带灯箱作为负载。

2）三相同步电动机的定子绕组为星形联结，测量电动机三相功率可以用"二表法"或"三表法"，用一个电压表通过电压转换开关测量电动机三相电压。

3）起动前应注意电动机转向是否符合规定的方向，同时将电流表、功率表和功率因数表的电流线圈短接，以免起动时冲击电流损坏仪表。

4）起动时电动机转子励磁回路不允许开路，应在转子励磁回路串联一个限流电阻 R，其阻值为转子绕组电阻的 8~10 倍。

六、实验操作方法

三相同步电动机的实验电路如图 H-20 所示，同步电动机 MS 转子与涡流测功机 B 机械相连接。

（一）三相同步电动机的异步起动

1）断开涡流测功机电源开关 Q_4，将同步电动机转子励磁回路双向开关 Q_2 投向电阻 R 侧位置，使三相同步电动机的转子经串联电阻 R 成为闭合回路，闭合电动机转子励磁电源开关 Q_3。

2）将调压器 T 输出电压置于零值位置，闭合电源开关 Q_1 起动同步电动机，调节调压器逐步增加电动机端电压直至 $U=U_N$ 为止。

3）待电动机转速上升至额定转速附近时，迅速将双向开关 Q_2 投向接通转子励磁电流的位置，使电动机牵入同步。同时调节励磁回路电阻 R_{f1}，使电动机电枢电流 I 达最小值，完成起动过程。

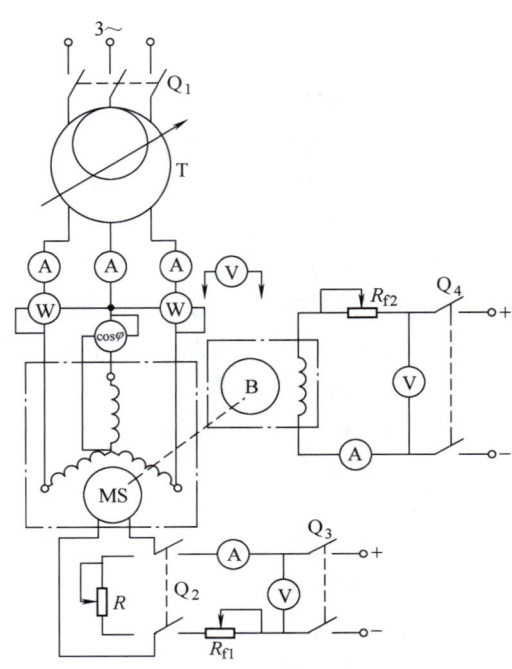

图 H-20　三相同步电动机的实验电路

（二）测取三相同步电动机的 V 形曲线

1. 输出功率 $P_2 \approx 0$ 时的 V 形曲线

1）在按上述步骤起动同步电动机后，保持电动机端电压 $U=U_N$、频率 $f=f_N$ 和输出功率 $P_2 \approx 0$（空载）不变。

2）调节同步电动机励磁回路电阻 R_{f1} 使励磁电流 I_f 增加，此时电动机电枢电流也随之增加，直至电枢电流达到 $I_1=I_N$ 为止，电动机处于过励状态。

3）调节同步电动机励磁电流 I_f 使之逐步减小，此时电动机电枢电流也随之减小，直至电枢电流达到最小值 $I_1=I_{min}$。记录该点的励磁电流 I_f 及电枢电流 I_1 数据，该点是 V 形曲线中的最低点。

4）继续减小同步电动机的励磁电流 I_f，此时电动机电枢电流反而增加，直至电枢电流达到 $I_1=I_N$ 为止，电动机处于欠励状态。

5）在以上三相同步电动机处于过励和欠励的状态过程中，读取励磁电流 I_f、电枢电流 I_1 和输入功率 P_1 的数据，共各读取 5~6 组，将所读数据记入表 H-21 中。

表 H-21　$P_2 \approx 0$ 时的 V 形曲线实验数据

$U=U_N$，$n=$ 　　r/min

序号	I/A				I_f/A	P_1/W		
	I_A	I_B	I_C	I_1	I_f	P_I	P_{II}	P_1
1								
2								

（续）

序号	I/A				I_f/A	P_1/W		
	I_A	I_B	I_C	I_1	I_f	P_I	P_{II}	P_1
3								
4								
5								
6								

表中，$I_1 = (I_A + I_B + I_C)/3$ 为电枢电流平均值；$P_1 = P_I + P_{II}$ 为三相输入功率。

2. 输出功率 $P_2 \approx 0.5P_N$ 时的 V 形曲线

1) 按前述方法起动同步电动机。闭合涡流测功机电源开关 Q_4，在电动机端电压 $U = U_N$ 和频率 $f = f_N$ 的条件下，调节测功机励磁回路电阻 R_{f2} 增加负载并保持同步电动机输出功率 $P_2 \approx 0.5P_N$ 不变（$P_2 = 0.105nT_2$，式中 T_2 为电动机输出转矩，单位为 N·m，可从测功机上直接读取）。

2) 重复上述实验步骤，读取同步电动机励磁电流 I_f、电枢电流 I_1 及输入功率 P_1 的数据，对过励和欠励状态各读取 5~6 组，将所读数据记入表 H-22 中。

表 H-22 $P_2 \approx 0.5P_N$ 时的 V 形曲线实验数据

$U = U_N$，$n = $ r/min

序号	I/A				I_f/A	P_1/W		
	I_A	I_B	I_C	I_1	I_f	P_I	P_{II}	P_1
1								
2								
3								
4								
5								
6								

表中，$I_1 = (I_A + I_B + I_C)/3$ 为电枢电流平均值；$P_1 = P_I + P_{II}$ 为三相输入功率。

（三）三相同步电动机工作特性曲线的测取

1) 按前述方法起动同步电动机。闭合涡流测功机电源开关 Q_4 使电动机带上负载，调节调压器使电动机端电压 $U = U_N$ 并保持不变。

2) 调节测功机励磁回路电阻 R_{f2} 以增加电动机负载，在电动机输出功率 $P_2 = P_N$ 时（即 $I_1 = I_N$），调节电动机的励磁电流 I_f，使功率因数 $\cos\varphi = 1$。

3) 保持此时同步电动机的励磁电流 I_f 不变，逐步减小电动机负载直至为零。在此范围内读取同步电动机定子电流 I_1、输入功率 P_1、功率因数 $\cos\varphi$ 和输出转矩 T_2 的数据，共读取 6~7 组，将所读数据记入表 H-23 中。

表 H-23　工作特性曲线实验数据

$U = U_N$, $I_f =$ 　　A, $n =$ 　　r/min

序号	电动机输入								电动机输出		
	I_A/A	I_B/A	I_C/A	I_1/A	P_I/W	P_{II}/W	P_1/W	$\cos\varphi$	T_2/(N·m)	P_2/W	η
1											
2											
3											
4											
5											
6											

表中，$I_1 = (I_A + I_B + I_C)/3$ 为电枢电流平均值；$P_2 = 0.105 n T_2$ 为输出功率；效率为 $\eta = \dfrac{P_2}{P_1} \times 100\%$。

七、实验报告与要求

1）绘出三相同步电动机异步起动、测取 V 形曲线和工作特性曲线实验的实际接线图，列出被试同步电动机的主要额定数据。

2）根据实验数据绘出 $P_2 = 0$ 和 $P_2 \approx 0.5 P_N$ 时的同步电动机 V 形曲线 $I_1 = f(I_f)$。

3）根据实验数据绘出同步电动机的工作特性曲线 $I_1 = f(P_2)$、$T_2 = f(P_2)$、$\cos\varphi = f(P_2)$、$\eta = f(P_2)$。

八、实验思考

1）三相同步电动机异步起动时，为什么转子励磁回路不允许开路或直接短接？

2）三相同步电动机牵入同步转速前后，其励磁电流及转速有什么变化？为什么？

3）三相同步电动机的 V 形曲线是在什么条件下测出的？为什么同步电动机功率因数可以人为进行调节？

4）在保持电动机恒功率输出条件下测取 V 形曲线时，三相同步电动机的输入功率有什么变化？

实验 8　交流伺服电动机特性的测定

一、实验目的

1）掌握获得时间上相位互差 90°电角度的两相交流电源的方法。

2）了解交流伺服电动机有无"自转"现象的原理。

3）掌握用实验方法测取交流伺服电动机的机械特性和调节特性。

二、实验内容

1）由三相四线制交流电源获得时间上相位互差 90°电角度的两相交流电源。

2）观察交流伺服电动机有无"自转"现象以及改变交流伺服电动机转向的方法。

3）采用幅值控制方式测取交流伺服电动机的机械特性 $n = f(T)$ 和调节特性 $n = f(U_C)$。

三、实验设备与仪表

1. 交流伺服电动机　　　　　　　　　　　　　　　　　一台

2. 单相调压器   两台
3. 交流电压表   两块
4. 交流电流表   三块
5. 转速表或测速仪   一台
6. 涡流测功机   一台
7. 可调电阻器   一台

或电机及电气技术实验装置   一台

四、实验预习

1）预习交流伺服电动机的控制方式。

2）理解交流伺服电动机的机械特性和调节特性的定义以及测取机械特性、调节特性的方法和条件。

3）了解测取交流伺服电动机机械特性和调节特性的实验设备及线路。

五、实验说明

1）为使交流伺服电动机获得起动转矩，应在气隙内建立一定大小的旋转磁场。使两相绕组所产生的磁动势大小相等且在时间上互差 90°电角度，是获得圆形旋转磁场的方法之一。

2）由三相四线制交流电源获得时间上相位互差 90°电角度的两相交流电源方法是，将线电压 U_{AB} 接到交流伺服电动机的励磁绕组 W_f 上，相电压 U_{CO} 接到交流伺服电动机的控制绕组 W_C 上，则线电压 U_{AB} 必与相电压 U_{CO} 在时间上相位互差 90°电角度，其相量图如图 H-21 所示。

3）可根据设备条件选做交流伺服电动机的其他控制方式实验。

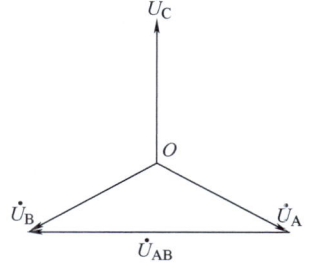

图 H-21 线电压 U_{AB} 与相电压 U_{CO} 的相量图

六、实验操作方法

（一）采用幅值控制方式测取交流伺服电动机的机械特性 $n = f(T)$

幅值控制方式测取交流伺服电动机机械特性的实验电路如图 H-22 所示，涡流测功机 B 与交流伺服电动机 SM 转子机械相连。三相电源 A、B 线电压 U_{AB} 经开关 Q_1 和调压器 T_1 接至伺服电动机励磁绕组 W_f，C 相的相电压 U_{CO} 经开关 Q_2 和调压器 T_2 接至伺服电动机控制绕组 W_C。

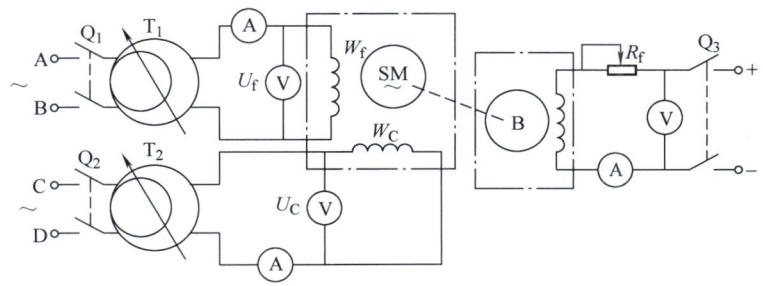

图 H-22 测取幅值 – 相位控制的交流伺服电动机机械特性和调节特性的实验电路

1）在交流伺服电动机空载状态下合上电源开关 Q_1，调节调压器 T_1 的输出电压，使伺服电动机的励磁电压 $U_f = U_{fN}$ 保持不变。

2) 合上电源开关 Q_2，调节调压器 T_2 的输出电压，使伺服电动机的控制电压 U_C 从零开始逐渐增加，直至控制电压 $U_C = U_{CN}$ 为止。交流伺服电动机随着控制电压 U_C 的增加而开始转动，观察交流伺服电动机开始转动时的最小控制电压 U_C，并记录伺服电动机在控制电压为 U_{CN} 时的空载转速 n_0 数据。

3) 将测功机励磁回路电阻 R_f 调至最大值，闭合测功机电源开关 Q_3，逐步减小测功机励磁回路电阻 R_f，使伺服电动机增加负载直至电动机堵转为止。每次读取伺服电动机的输出转矩 T 和转速 n 数据，共读取 5~6 组，将所读数据记入表 H-24a 中。

表 H-24 机械特性实验数据

a) $U_f = U_{fN} =$　　V, $U_C = U_{CN}$

序　号	1	2	3	4	5	6
$n/(r/min)$						
$T/(N \cdot m)$						

b) $U_f = U_{fN} =$　　V, $U_C = 0.75 U_{CN}$

序　号	1	2	3	4	5	6
$n/(r/min)$						
$T/(N \cdot m)$						

c) $U_f = U_{fN} =$　　V, $U_C = 0.5 U_{CN}$

序　号	1	2	3	4	5	6
$n/(r/min)$						
$T/(N \cdot m)$						

d) $U_f = U_{fN} =$　　V, $U_C = 0.25 U_{CN}$

序　号	1	2	3	4	5	6
$n/(r/min)$						
$T/(N \cdot m)$						

4) 在保持伺服电动机励磁电压 $U_f = U_{fN}$ 不变的条件下，调节调压器 T_2 的输出电压，在伺服电动机控制电压分别为 $U_C = 0.75 U_{CN}$、$0.5 U_{CN}$、$0.25 U_{CN}$ 时重复上述实验步骤。每次实验读取 5~6 组数据，将所读数据记入表 H-24b、c 和 d 中，根据实验数据可绘出交流伺服电动机的一组机械特性 $n = f(T)$。

(二) 采用幅值控制方式测取交流伺服电动机的调节特性 $n = f(U_C)$

幅值控制方式测取交流伺服电动机调节特性的实验电路如图 H-22 所示。

1) 合上电源开关 Q_1，调节调压器 T_1 的输出电压，使伺服电动机的励磁电压 $U_f = U_{fN}$ 保持不变。

2) 保持伺服电动机负载转矩 $T = 0$（空载），合上电源开关 Q_2，由调压器 T_2 调节电动机控制电压至 $U_C = U_{CN}$。

3)调节调压器 T_2 逐步减小伺服电动机的控制电压 U_{CN} 直至零值,每次读取伺服电动机的转速 n 和控制电压 U_C 的数据,在此范围内共读取 5~6 组,将所读数据记入表 H-25a 中。

4)保持伺服电动机的励磁电压 $U_f = U_{fN}$ 不变,合上测功机电源开关 Q_3,调节测功机励磁回路电阻 R_f,在伺服电动机负载转矩分别为 $T = 0.25T_N$、$0.5T_N$、$0.75T_N$ 时重复上述实验步骤。每次实验读取 5~6 组数据,将所读数据记入表 H-25b、c 和 d 中,根据实验数据可绘出交流伺服电动机的一组调节特性 $n = f(U_C)$。

表 H-25 调节特性实验数据

a) $U_f = U_{fN} = $　　V,$T = 0$

序 号	1	2	3	4	5	6
$n/(\text{r/min})$						
U_C/V						

b) $U_f = U_{fN} = $　　V,$T = 0.25T_N$

序 号	1	2	3	4	5	6
$n/(\text{r/min})$						
U_C/V						

c) $U_f = U_{fN} = $　　V,$T = 0.5T_N$

序 号	1	2	3	4	5	6
$n/(\text{r/min})$						
U_C/V						

d) $U_f = U_{fN} = $　　V,$T = 0.75T_N$

序 号	1	2	3	4	5	6
$n/(\text{r/min})$						
U_C/V						

(三)观察交流伺服电动机有无自转现象

当交流伺服电动机处于空载运行状态时,迅速断开电源开关 Q_2 或迅速由调压器 T_2 将电动机控制电压 U_C 调至零值。在控制电压 $U_C = 0$ 时,观察伺服电动机有无"自转现象"并比较这两种方法使电动机停止转动的时间。若电动机不停止转动,则有"自转现象"。将控制电压 U_C 的相位改变 180° 电角度,注意观察伺服电动机转向有无变化。

七、实验报告与要求

1)绘出测取交流伺服电动机机械特性和调节特性的实验实际接线图,列出被试伺服电动机的主要额定数据。

2)根据实验数据在同一坐标纸上绘出不同控制电压 U_C 时的交流伺服电动机机械特性 $n = f(T)$ 曲线。

3)根据实验数据在同一坐标纸上绘出不同负载转矩 T 时的交流伺服电动机调节特

性 $n=f(U_C)$ 曲线。

4）根据实验数据所绘出的曲线，分析幅值控制时交流伺服电动机调节特性的线性度。

八、实验思考

1）交流伺服电动机控制电压 U_C 变化时，为什么电动机转速能发生变化？

2）实验中是否注意到交流伺服电动机的堵转电流与额定电流相差多少？原因是什么？

3）交流伺服电动机产生"自转现象"的原因是什么？

实验 9　直流测速发电机特性的测定

一、实验目的

1）了解直流测速发电机的线性误差和产生线性误差的原因。

2）掌握用实验的方法测定直流测速发电机的输出特性。

二、实验内容

1）测定直流测速发电机空载和不同负载电阻下的输出特性曲线 $U=f(n)$。

2）测定直流测速发电机的线性误差。

三、实验设备与仪表

1. 直流稳压可调电源　　　　　　　　　　　　　　　一台
2. 直流伺服电动机—测速发电机机组　　　　　　　　一台
3. 直流电压表　　　　　　　　　　　　　　　　　　四块
4. 直流电流表　　　　　　　　　　　　　　　　　　一块
5. 可调电阻器　　　　　　　　　　　　　　　　　　四台
6. 转速表或测速仪　　　　　　　　　　　　　　　　一台

或电机及电气技术实验装置　　　　　　　　　　　　一台

四、实验预习

1）理解直流测速发电机输出特性的定义。

2）了解在不同负载时直流测速发电机输出特性的区别。

3）直流测速发电机的线性误差。

4）了解测定直流测速发电机的实验电路。

五、实验说明

1）阅读被试电机的铭牌数据，根据铭牌数据计算直流测速发电机额定负载时的电阻 R_{LN}。实验时应注意直流测速发电机的转速不宜超过额定转速 n_N，负载电阻不宜小于 R_{LN} 值。

2）直流测速发电机的原动机可以采用直流伺服电动机或其他可调速的原动机。

3）直流伺服电动机和直流测速发电机的励磁均采用他励方式，也可以采用永磁式直流测速发电机。

4）在转速较低时，直流测速发电机的输出特性上有一个不灵敏区，在这一范围内，发电机虽然有输入信号（转速），但输出电压却很小。

5）根据教学要求，直流测速发电机可以选做顺、逆两个旋转方向实验或只做一个旋转方向实验。若只做一个旋转方向的实验，参加实验的各组应统一旋转方向。

六、实验操作方法

测取直流测速发电机特性的实验电路如图 H-23 所示,作为驱动电机的直流伺服电动机 SM 转子与直流测速发电机 TG 转子机械相连。

1) 将直流测速发电机负载开关 Q_4 开路。合上直流伺服电动机的励磁电源开关 Q_2,调节电动机励磁回路电阻 R_2,使其励磁电压为额定值 U_{sfN} 并保持不变(即保持励磁电流不变)。

2) 合上伺服电动机电源开关 Q_1,调节电枢回路电阻 R_1,用改变伺服电动机电枢电压的方法来调节其转速并使转速 $n = n_N$。

3) 合上直流测速发电机的励磁电源开关 Q_3,调节发电机励磁回路电阻 R_3,使其励磁电压为额定值 U_{TfN} 并保持不变(即保持励磁电流不变)。

4) 直流测速发电机在空载(即负载开关 Q_4 开路)状态下,调节伺服电动机电枢回路电阻 R_1,改变测速发电机的转速,将转速从 $n = n_N$ 逐步减小到 $n = 0$,每次读取测速发电机的输出电压 U_0 与转速 n 数据,共读取 7~8 组,将所读数据记入表 H-26a 中。

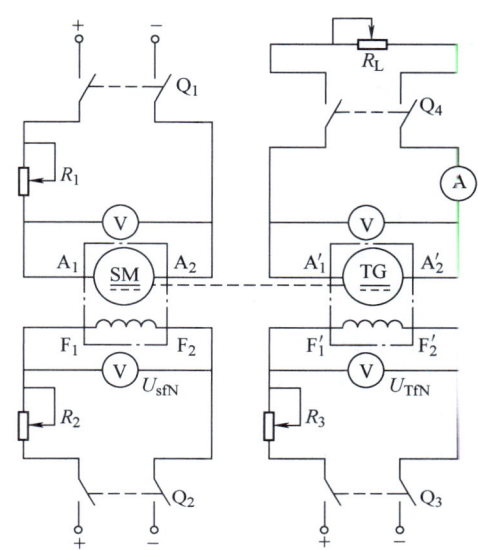

图 H-23 测取直流测速发电机特性的实验电路

5) 测量测速发电机在不同负载时的输出电压 U 与转速 n。合上测速发电机负载开关 Q_4,调节负载电阻 R_L,在负载电阻分别为 $R_L = 5.0 R_{LN}$、$2.5 R_{LN}$ 和 $1.0 R_{LN}$ 时重复上述实验步骤。每次实验读取 7~8 组数据,将实验所读数据分别记入表 H-26b、c 和 d 中。

表 H-26 输出特性数据

a) 空载 $R_L = \infty$

序 号	1	2	3	4	5	6	7	8
$n/(\text{r/min})$								
U/V								

b) 负载 $R_L = 5 R_{LN}$

序 号	1	2	3	4	5	6	7	8
$n/(\text{r/min})$								
U/V								

c) 负载 $R_L = 2.5 R_{LN}$

序 号	1	2	3	4	5	6	7	8
$n/(\text{r/min})$								
U/V								

d) 负载 $R_L = R_{LN}$

序 号	1	2	3	4	5	6	7	8
n/(r/min)								
U/V								

七、实验报告与要求

1) 绘出测定直流测速发电机输出特性实验的实际接线图,列出被试测速发电机的主要额定数据。

2) 根据实验数据在同一坐标纸上绘出直流测速发电机空载和不同负载下的输出特性曲线 $U = f(n)$。

3) 根据实验数据分析直流测速发电机输出特性的线性误差与哪些因素有关。

八、实验思考

1) 直流测速发电机会出现剩余电压吗?

2) 为什么直流测速发电机与直流伺服电动机是两种互为可逆的运行方式?

3) 直流测速发电机在转速很低时,其输出特性上为什么会有一个不灵敏区?

实验 10　自整角机特性的测定

一、实验目的

1) 通过实验加深理解力矩式、控制式自整角机的工作原理。

2) 掌握力矩式和控制式自整角机输出特性的测定方法。

3) 了解力矩式自整角机静态误差的测定方法。

二、实验内容

1) 测定力矩式自整角机的转矩特性(即整步转矩 T 与失调角 θ 的关系)$T = f(\theta)$。

2) 测定力矩式自整角机的静态误差角 $\Delta\theta$。

3) 测定控制式自整角机的输出特性(即输出电压 U_2 与失调角 θ 的关系)$U_2 = f(\theta)$。

三、实验设备与仪表

1. 自整角机　　　　　　　　　　　　一对
2. 单相调压器　　　　　　　　　　　一台
3. 指针分度盘　　　　　　　　　　　一个
4. 机械式分度头(测角器)　　　　　两个
5. 交流电压表　　　　　　　　　　　一块
6. 高精度数字式电压表　　　　　　　一块
7. 砝码　　　　　　　　　　　　　　若干
或电机及电气技术实验装置　　　　　一台

四、实验预习

1) 了解力矩式、控制式自整角机工作原理及运行特性的测定方法。

2) 预习力矩式自整角机的失调角、整步转矩及静态误差的定义。

3) 了解控制式自整角机的协调位置,控制式自整角机与力矩式自整角机接线的区别。

4）了解测定力矩式自整角机输出特性、静态误差和控制式自整角机输出特性的实验电路。

五、实验说明

1）将力矩式自整角机的发送机安装在分度头（测角器）上，其转子是随分度头而转动的，接收机安装在指针分度盘上。

2）砝码可用弦线绕挂在固定于接收机转轴上的小轮上，如图 H-24 所示。

3）测定力矩式自整角机的转矩特性时，在小轮上增加砝码质量应使接收机整步转矩达到最大值时为止（失调角 θ 约在 90°位置）。实验完毕后，应先取下砝码再断开励磁电源开关。

4）测定力矩式自整角机的静态误差角 $\Delta\theta$ 时，应按接收机选择电磁性能相同的标准发送机（零位度数误差不大于 5′）。

5）进行测定控制式自整角机输出特性 $U_2 = f(\theta)$ 实验时，将自整角发送机和自整角接收机转子绕组（即励磁绕组）互相垂直位置作为协调位置。自整角机系统在控制式运行时，接收机也称为自整角变压器。

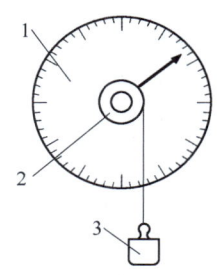

图 H-24　指针分度盘

1—刻度盘　2—小轮　3—砝码

六、实验操作方法

（一）测定力矩式自整角机的转矩特性 $T = f(\theta)$

测定力矩式自整角机转矩特性的实验电路如图 H-25 所示，自整角发送机 TX 和接收机 TR 的励磁绕组 Z_1、Z_2 和 Z_1'、Z_2' 共同接至单相调压器 T_1 输出端，发送机和接收机的同步绕组 D_1、D_2、D_3 和 D_1'、D_2'、D_3' 彼此对应连接。

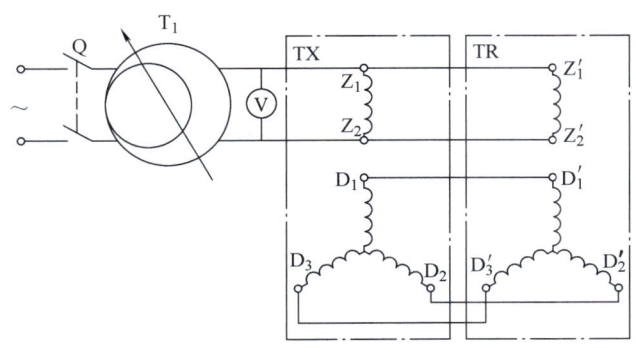

图 H-25　测定力矩式自整角机的转矩特性的实验电路

1）实验前先将力矩式自整角发送机和接收机的起始角度数值在分度头及分度盘上均调至零位置，并将发送机角度数固定在分度头零位置不动，再将弦线绕挂在固定于接收机转轴上的小轮上以增挂砝码。

2）合上电源开关 Q，调节单相调压器 T_1 使发送机与接收机的励磁电压均为额定值，并保持不变。

3）在接收机转轴的小轮上逐步增挂砝码的质量，使其产生失调角 θ，每次记录砝码的质量 G 及接收机转轴偏转的失调角度 θ。在偏转角 θ 从 0°~90° 范围内，每隔 10° 测量一次数据，将所读数据记入表 H-27 中。

表 H-27　转矩特性的数据

$\theta/(°)$	10	20	30	40	50	60	70	80	90
G/N									
$T/(\text{N}\cdot\text{m})$									

表中，$T = G \times R$ 为整步转矩，式中 R 为小轮半径，单位为 m。

（二）测定力矩式自整角机的静态误差角 $\Delta\theta$

1）将自整角机按力矩式运行方式接线，实验电路仍如图 H-25 所示。

2）实验前先将发送机和接收机的起始角度数在分度头及分度盘上均调至零位置，发送机起始角度数在分度头上的零位置不做固定。

3）合上电源开关 Q，调节调压器 T_1 使发送机与接收机的励磁电压均为额定值且保持不变。然后均匀、缓慢地转动发送机分度头，按顺时针和逆时针方向各转一周。比较发送机转过 θ_1 角与受试接收机指针转动的 θ_2 角，超前为正误差，滞后为负误差。每隔 15° 读取一次接收机指针在顺时针和逆时针方向实际转过的角度 θ_2 值，将所读数据记入表 H-28a、b 中。

表 H-28　力矩式自整角机的静态误差实验数据

a）顺时针方向旋转一周

$\theta_1/(°)$	15	30	45	60	75	…	360
$\theta_2/(°)$						…	
误差							

b）逆时针方向旋转一周

$\theta_1/(°)$	15	30	45	60	75	…	360
$\theta_2/(°)$						…	
误差							

（三）测定控制式自整角机的输出特性 $U_2 = f(\theta)$

测定控制式自整角机输出特性的实验电路如图 H-26 所示。

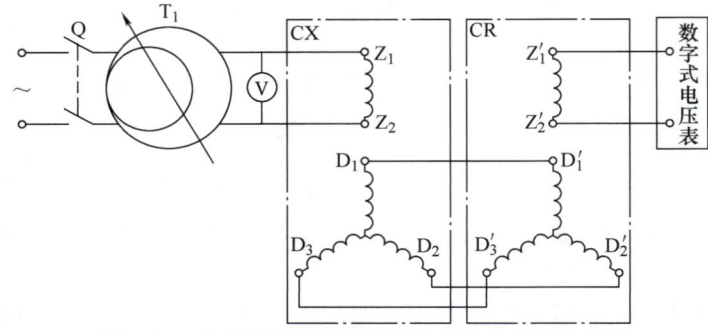

图 H-26　测定控制式自整角机输出特性的实验电路

1) 自整角机按控制式运行接线。将自整角发送机 CX 和自整角变压器 CR 分别安装在分度头上，自整角变压器转子绕组 Z_1'、Z_2' 两端从电源断开，并在 Z_1'、Z_2' 两端接入高精度数字式电压表。

2) 合上电源开关 Q，调节调压器 T_1 使自整角发送机励磁绕组两端 Z_1、Z_2 的电压为额定值，并保持不变。

3) 缓慢旋转自整角变压器的分度头，接在自整角变压器转子绕组 Z_1'、Z_2' 两端的数字式电压表应有相应的读数。找到自整角变压器输出电压为最小值的位置，作为起始零点的协调位置，同时将自整角发送机的分度头固定在此协调位置不动。

4) 继续均匀、缓慢旋转自整角变压器的分度头，在失调角 θ 为 0°~90°范围内，每旋转 10°测量一次自整角变压器的输出电压 U_2，将所读数据记入表 H-29 中。

表 H-29 输出特性数据

$\theta/(°)$	10	20	30	40	50	60	70	80	90
U_2/V									

七、实验报告与要求

1) 绘出测定力矩式自整角机转矩特性实验的实际接线图，列出被试自整角机的主要额定数据，按所测定的数据绘制力矩式自整角机的转矩特性 $T=f(\theta)$。

2) 绘出测定力矩式自整角机静态误差角 $\Delta\theta$ 实验的实际接线图，按所测定的数据计算力矩式自整角机的静态误差角 $\Delta\theta$。

取测试过程中所出现的最大正误差角 $+\Delta\theta_{max}$ 与最大负误差角 $-\Delta\theta_{max}$ 绝对值之和的一半，作为受试接收机的静态误差角 $\Delta\theta$，其计算式为

$$\Delta\theta = \frac{|+\Delta\theta_{max}| + |-\Delta\theta_{max}|}{2}$$

力矩式自整角机的精度由静态误差角 $\Delta\theta$ 来确定，共分为三级：0 级为 0.5°，1 级为 1.2°，2 级为 2.0°。

3) 画出测定控制式自整角机输出特性的实验电路，并按所测定的数据绘制控制式自整角机的输出特性 $U_2=f(\theta)$。

八、实验思考

1) 力矩式自整角机的整步转矩是怎样产生的？与哪些因素有关？

2) 力矩式自整角机产生静态误差的原因有哪些？

3) 为什么自整角变压器的输出电压 U_2 只与失调角 $\Delta\theta$ 有关，而与发送机和接收机转子本身位置无关？

上册部分习题参考答案

第一章

1-7　（1）0.5A，（2）0.614A。　1-8　(1) 10.5A，（2）0.345A。　1-9　1736 匝。
1-10　（1）1234.3A，（2）−960A，（3）1351A。

第二章

2-1　808A。　2-15　（1）17.6kW，（2）14.96kW，（3）2.64kW，（4）480W，
(5) 546W，(6)155W，(7) 150W，(8) 1309W。　2-16　183V。　2-17　（1）1834N·m，
(2) 2006N·m，(3) 524r/min，(4) 471r/min。　2-18　（1）54N·m，(2) 58.6N·m，
(3) 86.9%，(4) 3143r/min　(5) 2812r/min。　2-19　（1）1.8Ω，（2）57.5%。
2-20　952r/min　2-21　（1）1529r/min，（2）1739r/min。　2-22　（1）19.1N·m，
(2) 1000r/min。　2-23　0.822Ω。　2-24　6 匝。

第三章

3-9　（1）2/3 I_0，（2）2 I_0。　3-11　110V，330V。　3-12　−7.3°　3-13　（1）22.43Ω，
12.55Ω，18.59Ω，（2）615W，（3）1.86%，471V，98.12%。3-14　（1）98.1%，
(2) 0.56。　3-19　41.6A，52.1A，25kV·A。

第四章

4-6　0.96。　4-7　0.966。4-15　604A，1000r/min，0，8.68A，−200 r/min，
−6.26A，143 r/min。　4-17　481A。　4-18　0.00526Wb。4-20　3548V，6138V，
1.16V，2.01V，1.45V，2.51V。

第五章

5-13　（1）0.038，（2）1.9Hz，（3）301W，（4）87%，（5）15.85A。
5-14　20.38A（线电流），0.86（滞后），11539W，86.6%。　5-15　（1）1455r/min，
(2) 1.82N·m，(3) 67.5N·m，(4) 65.7N·m。　5-16　（1）0.0373，（2）21.18A，
19.5A，5.5A，（3）19.5V，1.865Hz，（4）11772W，（5）75N·m。

第六章

6-3　（1）6377.5V，（2）15295N·m。　6-4　114.5kV·A，55.8kV·A。

参 考 文 献

[1] 顾绳谷. 电机及拖动基础 [M]. 4 版. 北京: 机械工业出版社, 2009.
[2] 杜世俊, 唐海源, 张晓江. 电机及拖动基础实验 [M]. 北京: 机械工业出版社, 2007.
[3] 唐海源, 张晓江. 电机及拖动基础习题解答与学习指导 [M]. 2 版. 北京: 机械工业出版社, 2010.
[4] 汤蕴璆. 电机学——机电能量转换: 上册 [M]. 北京: 机械工业出版社, 1981.
[5] 汤蕴璆. 电机学 [M]. 西安: 西安交通大学出版社, 1993.
[6] 汤蕴璆, 史乃. 电机学 [M]. 2 版. 北京: 机械工业出版社, 2005.
[7] 汤蕴璆. 电机学 [M]. 4 版. 北京: 机械工业出版社, 2011.
[8] 汪国梁. 电机学 [M]. 北京: 机械工业出版社, 1988.
[9] 杨渝钦. 控制电机 [M]. 2 版. 北京: 机械工业出版社, 1998.
[10] 刘竞成. 交流调速系统 [M]. 上海: 上海交通大学出版社, 1984.
[11] RAKOSH DAS BEGAMUDRE. Electric-mechanical Energy Conversion with Dynamics of Machines [M]. New York: WILEY Eastern Limited, 1988.
[12] DC 怀特, 等. 机电能量变换 [M]. 曾继铎, 译. 上海: 上海科学技术出版社, 1964.
[13] 陈鸣. 用耦合电路法导出凸极同步电机的电压方程 [J]. 中小型电机, 2003 (3).
[14] MLiwschitz-Garik. ccwhipple. A-c Machines [M]. 2nd. Van-Nostrand, 1961.